# 光伏发电
## 设备及运维

宁夏中科嘉业新能源研究院
宁夏立能新能源职业技能培训学校 编
宁夏鑫汇瑞能电力发展有限公司

中国电力出版社
CHINA ELECTRIC POWER PRESS

# 内 容 摘 要

本书依据国家及行业规程和标准系统地阐述了光伏发电设备基本原理、设备运行及维护的方法和要求、光功率预测方法。本书共 9 章，主要内容包括光伏发电设备基础及原理、光伏发电设备运维、光伏发电功率预测、光伏电站并网及调度管理、光伏电站继电保护及自动化、变电（升压）站设备及运维、光伏电站站用电设备及辅助系统运维、光伏电站常见故障分析与处理、光伏电站验收与投运，书后附录列出了并网验收项目清单。

本书可作为光伏发电站运行、检测和安装专业员工的培训教材，也可作为新能源专业本、专科生的教材，还可作为从事新能源工作的工程技术人员的参考用书。

**图书在版编目（CIP）数据**

光伏发电设备及运维/宁夏中科嘉业新能源研究院，宁夏立能新能源职业技能培训学校，宁夏鑫汇瑞能电力发展有限公司编. —北京：中国电力出版社，2024.4（2025.1重印）
ISBN 978-7-5198-8731-5

Ⅰ. ①光… Ⅱ. ①宁… ②宁… ③宁… Ⅲ. ①太阳能光伏发电–发电设备–维修 Ⅳ. ①TM615

中国国家版本馆 CIP 数据核字（2024）第 048682 号

出版发行：中国电力出版社
地　　　址：北京市东城区北京站西街 19 号（邮政编码 100005）
网　　　址：http://www.cepp.sgcc.com.cn
责任编辑：薛　红（010-63412346）
责任校对：黄　蓓　郝军燕　于　维
装帧设计：赵丽媛
责任印制：石　雷

印　　刷：中国电力出版社有限公司
版　　次：2024 年 4 月第一版
印　　次：2025 年 1 月北京第二次印刷
开　　本：787 毫米×1092 毫米　16 开本
印　　张：24.25
字　　数：602 千字
印　　数：2001—2500 册
定　　价：96.00 元

# 编 委 会

主　　　任　李　立

副 主 任　李维萍

成　　　员　张林森　马全福　杨　轩　孙靖惠　李柯萦

编写组组长　马全福

编写组成员　贾　鹏　马耀东　李君宏　孙改霞　王怀敬

　　　　　　薛国军　王　威

# 前　言

　　2020年9月，第七十五届联合国大会中国阐明，应对气候变化《巴黎协定》代表了全球绿色低碳转型的大方向，是保护地球家园需要采取的最低限度行动，各国必须迈出决定性步伐。同时宣布，中国将提高国家自主贡献力度，采取更加有力的政策和措施，二氧化碳排放力争于2030年前达到峰值，努力争取2060年前实现碳中和。这一"双碳"目标的实现，非化石能源占一次能源消费比重要实现大幅度的增加，将达到25%左右，风电、太阳能发电总装机容量将达到12亿kW以上。由于太阳能光伏电源技术属于跨多学科的新兴学科，它涉及气象、光学、半导体、电力、电子、计算机和机械等多种学科技术，要求从业的技术人员应掌握广泛而深入的技术知识。目前从事光伏电站设备运维人员的水平参差不齐，为适应发展，对运维人员的培训工作也越来越重要了。

　　目前的培训教材，它们共同的特点是内容全面且注重理论分析，但是，对于实际操作方面介绍得不够，尤其对刚参加工作的光伏电站设备运维人员的学习和工作指导性不强。本书的特点是：①理论联系实际，以国家和行业标准、规范为依据，以理论为指导，实操为主线。既有理论知识，也有实际操作方法和技能。②内容丰富，涵盖了光伏电站所涉及的光伏组件、一次设备的结构原理、继电保护及自动装置、倒闸操作及危险点分析与预控、光伏发电系统设备巡视与缺陷分析、自动化系统、事故预想分析以及光伏电站验收等方面的技术知识。③实用性强，针对光伏电站设备运维人员岗位需求，将光伏组件、一二次设备、继电保护、自动化系统、倒闸操作及危险点分析与预控、设备验收、事故预想分析等内容结合起来，对从事光伏电站运维工作的人员有较强的指导意义。

　　本书共分9章，主要内容包括光伏发电设备基础及原理、光伏发电设备运维、光伏发电功率预测、光伏电站并网及调度管理、光伏电站继电保护及自动化、变电（升压）站设备及运维、光伏电站站用电设备及辅助系统运维、光伏电站常见故障分析与处理、光伏电站验收与投运，书后附录列出了并网验收项目清单。

　　本书由宁夏中科嘉业新能源研究院、宁夏立能新能源职业技能培训学校、宁夏鑫汇瑞能电力发展有限公司组织编写。国网宁夏超高压公司、国网宁夏中卫供电公司、内蒙古电力鄂尔多斯供电分公司在编写过程中给予了大力支持，在此表示衷心的感谢！

　　由于作者水平有限，书中难免存在不妥之处，敬请读者批评指正。

编者

2023年12月

# 目 录

# 第一章　光伏发电设备基础及原理

## 第 一 节　光 伏 发 电 基 本 原 理

### 一、光伏发电的物理基础

光伏发电的物理基础是由两种不同半导体材料构成的大面积 PN 结，以及非平衡少数载流子在 PN 结内电场作用下形成的漂移电流。由于 PN 结两边的电子和空穴的浓度不同，电子要从 N 区向 P 区进行扩散，空穴要向相反的方向扩散，这两种电荷的移动在半导体内部形成了一个内建电场，这个电场在 PN 结处又形成一个内部电位差，促使电子和空穴进一步扩散。包含这两种电荷层的区域为空间电荷区，电子和空穴的扩散通过空间电荷区的作用达到 PN 结内部的平衡状态。所以，光伏电池在无太阳光照射时，呈现的是硅二极管的特性。

当太阳光照射在太阳能电池上并且光在界面层被接纳时，具有足够能量的光子可以推动在 P 型硅和 N 型硅中的电子从共价键中进行运动，致使产生电子−空穴对。界面层临近的电子和空穴在复合之前，将经由空间电荷的电场作用被相互运动，电子向带正电的 N 区而空穴向带负电的 P 区运动。经由界面层的电荷将分别在 P 区和 N 区之间形成一个向外的可测试的电压。此时可在硅片的两边加上电极并接入电压表。对晶体硅太阳能电池来说，开路电压的典型数值为 0.5～0.6V。经由光照在界面层产生的电子−空穴对越多，电流越大。界面层接纳的光能越多，界面层即电池面积越大，在太阳能电池中形成的电流也越大。

### 二、PN 结的形成

采用不同的掺杂工艺，通过扩散作用，将 P 型半导体与 N 型半导体制作在同一块半导体硅基片上，它们的交界面所形成的空间电荷区便称为 PN 结。

光伏电池实际上是一块大面积的硅半导体器件。纯净的硅半导体晶体结构如图 1-1 所示，图中正电荷表示硅原子，负电荷表示围绕在硅原子周围的 4 个电子，当将硼或磷的杂质（元素）掺入半导体硅晶体中时，因为硼原子周围只有 3 个电子，磷原子周围有 5 个电子，所以会产生如图 1-2 所示的带有空穴的晶体结构和带有多余电子的晶体结构，形成 P 型或 N 型半导体。

由于 P 型半导体中含有较多的空穴，N 型半导体中含有较多的电子，当 P 型和 N 型半导体结合在一起时，两种半导体的交界面区域会形成一个特殊的薄层，薄层的 P 型一侧带负电，N 型一侧带正电，如图 1-3 所示，形成了 PN 结。

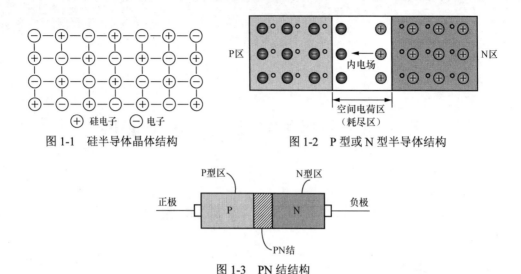

图 1-1 硅半导体晶体结构 图 1-2 P 型或 N 型半导体结构

图 1-3 PN 结结构

## 三、光生伏特效应

光生伏特效应，简称光伏效应，英文名称为 Photovoltaic Effect，指光照使不均匀半导体或半导体与金属结合的不同部位之间产生电位差的现象。它首先是由光子（光波）转化为电子、光能量转化为电能量的过程；其次是形成电压的过程。有了电压，就像筑高了大坝，如果两者之间连通，就会形成电流的回路，如图 1-4 所示即太阳能电池发电原理图。

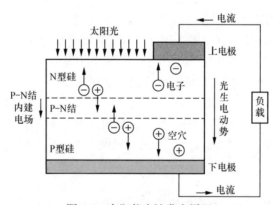

图 1-4 太阳能电池发电原理

早在 1839 年，法国科学家贝克雷尔（Becqurel）就发现，光照能够使半导体材料的不同部位之间产生电位差。这种现象后来被称为光生伏特效应，简称光伏效应。1954 年，美国科学家恰宾和皮尔松在美国贝尔实验室首次制成了实用的单晶硅太阳电池，诞生了将太阳光能转换为电能的实用光伏发电技术。太阳能电池工作原理的基础是半导体 PN 结的光生伏特效应，即当物体受到光照时，物体内的电荷分布状态发生变化而产生电动势和电流的一种效应。也就是当太阳光或其他光照射半导体的 PN 结时，会在 PN 结的两边出现电压，叫作光生电压，使 PN 结短路，就会产生电流。

光伏发电是利用半导体界面的光生伏特效应而将光能直接转变为电能的一种技术。这种技术的关键元件是太阳能电池。太阳能电池经过串联后进行封装保护可形成大面积的太阳能电池组件，再配合上功率控制器等部件就形成了光伏发电装置。光伏发电的优点是较少受地域限制，因为阳光普照大地；光伏系统还具有安全可靠、无噪声、低污染、无需消耗燃料和架设输电线路即可就地发电供电及建设同期短的优点。

# 第二节 光伏组件及基本原理

太阳能光伏组件也叫太阳能电池组件，通常还称为太阳能组件或光伏电池板，英文名称为 Solar Module 或 PV Module。太阳能光伏组件（简称光伏组件）是把多个单体的晶体硅电池片根据需要串、并联起来，并使用专用材料通过专门生产工艺进行封装的产品。

## 一、光伏组件的基本要求与分类

### （一）光伏组件的基本要求

（1）能够提供足够的机械强度，使光伏组件能经受运输、安装和使用过程中，由于冲击、震动等而产生的应力，能经受冰雹的冲击力。

（2）具有良好的密封性，能够防风、防水，隔绝大气条件下对光伏电池片的腐蚀。

（3）具有良好的电绝缘性能。

（4）抗紫外线辐射能力强。

（5）工作电压和输出功率可以按不同的要求进行设计，可以提供多种接线方式，满足不同的电压、电流和功率输出的要求。

（6）因光伏电池片串、并联组合引起的效率损失小。

（7）光伏电池片间连接可靠。

（8）工作寿命长，要求光伏组件在自然条件下能够使用 25 年以上。

（9）在满足前述条件下，封装成本尽可能低。

### （二）光伏组件的分类

光伏组件的种类较多，根据光伏电池片的不同类型可分为晶体硅（单、多晶硅）组件、非晶硅薄膜组件及砷化镓组件等；按照用途不同可分为普通型光伏组件和建材型光伏组件。普通型光伏组件包括常规光伏组件及近几年开发生产的半片光伏组件、叠瓦光伏组件和双面发电光伏组件。建材型光伏组件又可分为双玻光伏组件和中空玻璃光伏组件等。由于用晶体硅电池片制作的光伏组件应用占到市场份额的 85% 以上，在此主要介绍用晶体硅电池片制作的各种光伏组件。

## 二、光伏组件的构成与工作原理

### （一）普通型光伏组件

1. 常规光伏组件

目前常规光伏组件的外形如图 1-5 所示。单块最大功率已经可以做到 450W，是目前光伏发电系统中见得最多、应用最普遍的主流产品。该类组件主要由面板玻璃、硅电池片、两层 EVA 胶膜、光伏背板、铝合金边框及接线盒等组成，结构如图 1-6 所示。面板玻璃覆盖在光伏组件的正面构成组件的最外层，它既要透光率高，又要坚固耐用，起到长期保护电池片的作用。两层 EVA 胶膜夹在面板玻璃、硅电池片和光伏背板之间，通过熔融和凝固的工艺过程，将玻璃与电池片及背板黏结成一体。光伏背板要具有良好的耐候性能，并能与 EVA 胶膜牢固结合。镶嵌在光伏组件四周的铝合金边框既对组件起保护作用，又方便组件的安装固定及光伏组件方阵间的组合连接。接线盒用硅胶黏结固定在背板上，作为光伏组件引出线与外引线之间的连接部件。

图 1-5　常规光伏组件的外形

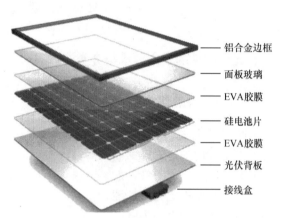

铝合金边框
面板玻璃
EVA胶膜
硅电池片
EVA胶膜
光伏背板
接线盒

图 1-6　常规光伏组件的结构

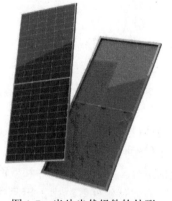

图 1-7　半片光伏组件的外形

### 2. 半片光伏组件

图 1-7 所示为目前流行的半片光伏组件的外形图，这种组件是目前许多厂家研发和生产的主流产品，半片光伏组件使用成熟的红外激光切割技术将整片的电池片切成半片后一分为二串焊封装，其结构与常规光伏组件一样。半片光伏组件将同样数量的电池片一分为二后，每块电池的工作电流降低了一半，焊带上的热损耗显著降低，组件功率可以提升 2%以上，同时有效降低了阴影遮挡造成的功率损失，同时还能降低组件工作温度与热斑造成的局部温升，在系统应用中可有效降低单瓦系统成本，具有更好的发电性能及可靠性。

### 3. 叠瓦光伏组件

叠瓦光伏组件的基本结构是把电池片切割成更小尺寸，然后通过导电胶水把电池片边缘栅线正负极叠加黏结串联在一起，如同瓦片铺设一样，电池片边缘一片压一片，在组件面板上看不到主栅线，也不需要互连条焊带，组件电池片受光面没有焊带遮挡，提高了组件的发电效率。叠瓦光伏组件目前有一定的量产和应用，但由于专利、成本等问题，其还没有大规模生产和应用。

4．双面发电光伏组件

在太阳能电池和光伏组件的先进技术应用中，除半片组件及叠瓦组件外，双面发电光伏组件通过合适的系统优化设计，对系统发电性能的提升效果非常显著。目前双面太阳能电池、组件、系统相关技术发展迅速，利用双面发电组件技术提高发电效益，将是未来光伏发电的主要趋势。

双面发电光伏组件的结构与建材型双玻光伏组件类似，只是双面发电光伏组件采用了新型的双面发电电池片进行封装制作，这种电池片可以双面同时发电，从而可有效提高发电效率。按照光伏组件常规的倾斜角安装，只要组件背面能接收到光线，就可以贡献额外的发电量，正面发电不受任何影响。与常规组件相比，在相同的安装环境下，双面发电组件的背面发电量增益可提高 5%～30%。双面发电光伏组件背面发电主要利用的是被周围环境反射到组件背面的地面反射光和空间散射光。太阳能庭院灯灯具上面的扇形组件及灯杆中间的组件全部都是双面发电光伏组件。由于双面发电光伏组件的正面和背面都可以发电，所以可以任意朝向安装，安装倾角也可以任意设置，更适合应用于农光互补电站、地面电站、水面电站、光伏大棚、公路铁路隔声墙、隔声屏障、光伏车棚及 BIPV 等场合。双面发电光伏组件在倾斜安装时，与普通光伏组件相比，由于组件背面环境场景存在差异，组件背面受光强度不同，进而组件背面发电功率也会随之变化。通过实验，当地面为白颜色背景（白色漆或涂料涂刷）时，反射效果最好，背面发电增益最高，依次是铝箔、水泥面、黄沙、草地等。

双面发电光伏组件采用双面玻璃结构，可有效降低积雪等对光线的阻挡，而且比常规组件拥有更强的可靠性、耐候性、透光性和抗 PID 能力。同时在进行光伏方阵的设计时，需要充分考虑方阵背面的光通量，一是要考虑光伏支架的高度，要比普通光伏组件支架高一些，以使光伏组件背面获得更多的反射光线；二是尽量避免光伏支架导轨等结构件及附属设备对双面组件背面的遮挡。

**（二）建材型光伏组件**

建材型光伏组件就是将光伏组件融入建筑材料中，或者与建筑材料紧密结合，将光伏组件作为建筑材料的一部分进行使用，可以在新建建筑物或改造建筑物的过程中一次安装完成，即同时完成建筑施工与光伏组件的安装施工。建材型光伏组件的应用降低了组件安装的施工费用，使光伏发电系统成本降低。建材型光伏组件具有良好的耐久性和透光性，符合建筑要求，可以与建筑完美结合，广泛用于建筑物透光屋顶，建筑物光伏幕墙，建筑护栏、遮雨棚，农业光伏大棚，光伏车棚，公交站台和阳光房等设施中。

常见的建材型光伏组件包括双玻光伏组件和中空玻璃光伏组件等。它们的共同特点是可作为建筑材料直接使用，如窗户、玻璃幕墙和玻璃屋顶材料等，既可以采光，又可以发电。设计时通过调整组件上电池片与电池片的间隙，即可调整室内需要的采光量。

1．双玻光伏组件

双玻光伏组件就是把电池片夹在两层玻璃之间，组件的受光面采用低铁超白钢化玻璃，背面一般采用普通钢化玻璃，其用作窗户玻璃时玻璃厚度可选择 2.0mm+2.0mm、2.5mm+2.5mm、3.2mm+3.2mm 等；用作玻璃幕墙时根据单块玻璃尺寸大小，选择玻璃组合厚度为 3.2mm+5mm、4mm+5mm、5mm+5mm 等；用作玻璃屋顶时，要根据单块玻璃尺寸大小，选择玻璃组合厚度为 5mm+5mm、5mm+8mm、8mm+8mm 等。双玻光伏组件的外形和结构分别如图 1-8 和图 1-9 所示，其在光伏屋顶的应用如图 1-10 所示。

图 1-8　双玻光伏组件的外形

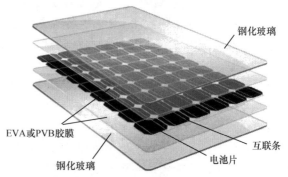

钢化玻璃

EVA或PVB胶膜

钢化玻璃

互联条

电池片

图 1-9　双玻光伏组件的结构

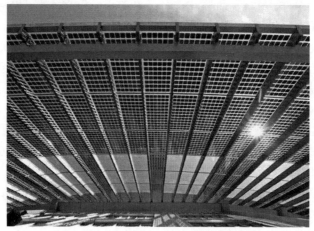

图 1-10　双玻组件在光伏屋顶的应用

2. 中空玻璃光伏组件

中空玻璃光伏组件除了具有采光和发电的功能外，还具有隔声、隔热、保温的功能，常作为各种光伏建筑一体化发电系统的玻璃幕墙光伏组件。中空玻璃光伏组件是在双玻光伏组件的基础上，再与一片玻璃组合构成的。在组件与玻璃间用内部装有干燥剂的空心铝隔条隔离，并用丁基胶、结构胶等进行密封处理，把接线盒及正负极引线等也都用密封胶密封在前后玻璃的边缘夹层中，与组件形成一体，使组件安装和组件间线路连接都非常方便。中空玻璃光伏组件同目前广泛使用的普通中空玻璃一样，能够达到建筑安全玻璃要求。

建材型光伏组件除了要满足光伏组件本身的电气性能要求外，还必须符合建筑材料所要求的各种性能：①符合机械强度和耐久性要求；②符合防水性的要求；③符合防火、耐火的要求；④符合建筑色彩和建筑美观的要求。

3. 新型电池组件

新型电池组件主要包括带逆变器的交流输出电池组件、双面发电电池组件、带融雪功能的电池组件、有蓄电功能的电池组件等。

交流输出电池组件是在每个组件的背面都安装了一个小型交流逆变器，也称组件式逆变器，外形如图 1-11 所示。由于每块电池组件都直接输出交流电，因此通过并联组合就可以很方便地得到需要的交流电功率。它可以比较简单、快速地构成太阳能光伏发电系统。交流输出电池组件具有下列特点：

（1）可以以组件的块数为单位增设系统容量，系统扩容方便。

（2）MPPT 控制到每一块组件，能减少组件因阳光部分遮挡以及多方位设置等造成的损耗，提高系统效率。

（3）省去了直流配线，可减少因电气连接及锈蚀等出现的故障。

（4）单块组件就能构成一个交流光伏发电系统，增加了系统设置的灵活性。

图 1-11　交流输出电池组件外形

目前交流输出电池组件的输出功率为 200～500W，线路连接如图 1-12 所示。

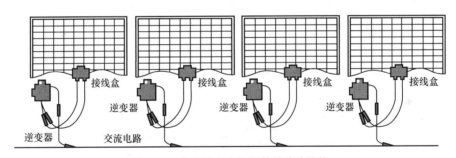

图 1-12　交流输出电池组件的线路连接

### 三、光伏组件的制造工艺及生产流程

太阳能光伏组件是光伏发电系统中最重要的组成部件，它主要由硅电池片、面板玻璃、EVA 胶膜、背板材料、铝合金边框、接线盒等组成，这些材料和部件对光伏组件的质量、性能和使用寿命都具有很大的影响。另外，光伏组件在整个光伏发电系统中的成本，占到光伏发电系统建设总成本的 40% 以上，而且光伏组件的质量好坏，直接关系到整个光伏发电系统的质量、发电效率、发电量、使用寿命和收益率等。因此，了解构成光伏组件的各种原材料和部件的技术特性，熟悉光伏组件的制造工艺技术和生产流程非常重要。

### （一）光伏组件的主要原材料及部件

#### 1. 硅电池片

硅电池片的基片材料是 P 型或 N 型的单晶硅或多晶硅，它是将单晶硅硅棒或多晶硅硅锭

（如图 1-13 所示）通过专用切割设备切割成厚度为 $180\mu m$ 左右的硅片后，再经过一系列的加工工序制作完成的，硅电池片的生产工艺流程如图 1-14 所示。

（a） （b）

图 1-13 硅棒和硅锭外形图
（a）单晶硅硅棒；（b）多晶硅硅锭

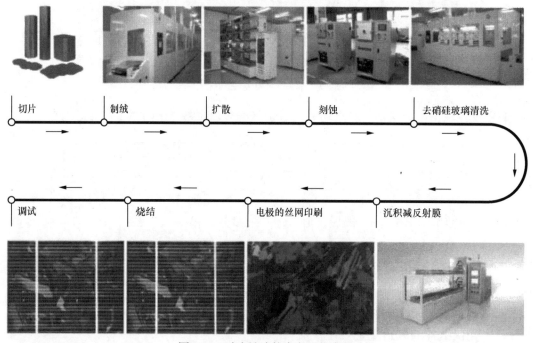

图 1-14 硅电池片的生产工艺流程

（1）硅电池片的特点。硅电池片是电池组件中的主要材料，外形如图 1-15 所示，合格的硅电池片应具有以下特点。

1）具有稳定高效的光电转换效率，可靠性高。

2）采用先进的扩散技术，保证片内各处转换效率的均匀性。

3）运用先进的 PECVD 成膜技术，在电池片表面镀上深蓝色的氮化硅减反射膜，颜色均匀美观。

4）应用高品质的银和银铝金属浆料制作背场和栅线电极，确保良好的导电性、可靠的附着力和很好的电极可焊性。

5）高精度的丝网印刷图形和高平整度，使得电池片易于自动焊接和激光切割。

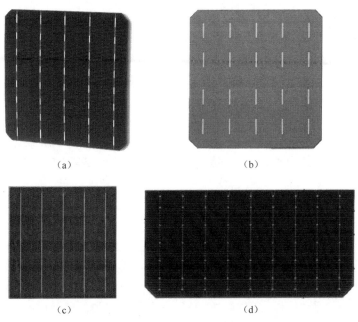

图 1-15　硅电池片的外形
(a) 单晶硅 5 栅线电池片；(b) 单晶硅 5 栅线电池片（背面）；
(c) 多晶硅 5 栅线电池片；(d) 单晶硅 12 栅线半片电池片

（2）硅电池片的分类及外观结构。硅电池片按用途可分为地面用晶体硅电池、海上用晶体硅电池和空间用晶体硅电池；按基片材料的不同可分为单晶硅电池和多晶硅电池。硅电池片常见的规格尺寸有 156mm×156mm、156.75mm×156.75mm、166mm×166mm、182mm×182mm、210mm×210mm 等，电池片厚度一般为 150～200μm。图 1-15 实际过程中可以看到，电池片表面有一层蓝色的减反射膜，还有银白色的电极栅线。其中很多条细的栅线，是电池片表面电极向主栅线汇总的引线，几条宽一点的银白线就是主栅线，也叫电极线或上电极（目前有 4、5 条甚至 12 条主线的电池片在生产）。电池片的背面也有几条与正面相对应的间断的银白色主线，叫下电极或背电极。电池片与电池片之间的连接，就是把互连条焊接到主栅线上实现的。一般正面的电极线是电池片的负极线，背面的电极线是电池片的正极线。太阳能电池无论面积大小（整片或切割成小片），单片的正负极间输出峰值电压均为 0.52～0.56V。而电池片的面积大小与输出电流和发电功率成正比，面积越大，输出电流和发电功率越大。

（3）单晶硅与多晶硅电池片的区别。由于单晶硅电池片和多晶硅电池片的前期生产工艺不同，它们从外观、导电性能等方面都有一些区别。从外观上看，单晶硅电池片四个角呈圆弧缺角状，随着电池片制造技术的发展，目前已经有了小倒角或者是方角的单晶电池片，表面没有花纹；多晶硅电池片四个角为方角，表面有类似冰花一样的花纹。单晶硅电池片减反射膜绒面表面颜色一般呈现为黑蓝色，多晶硅电池片减反射膜绒面表面颜色一般呈现为蓝色。

对于使用者来说，相同转换效率的单晶硅电池和多晶硅电池是没有太大区别的。单晶硅电池和多晶硅电池的寿命和稳定性都很好，虽然单晶硅电池的平均转换效率比多晶硅电池的平均转换效率高 1% 左右，但是由于单晶硅太阳能电池只能做成准正方形（四个角是圆弧或小倒角），当组成光伏组件时就有一部分面积填不满，而多晶硅电池片是正方形，不存在这个问题，因此对于光伏电池组件的效率来讲几乎是一样的。另外，由于两种电池材料的制造工艺不一样。多晶硅电池制造过程中消耗的能量要比单晶硅电池少 30%左右，所以过去几年多晶硅电池占全场电池总产量的份额越来越大，制造成本也大大小于单晶硅电池，从生产工艺角度看，使用多晶硅电池更节能、更环保。

随着多晶硅电池片制造技术的不断发展，目前多晶硅电池片的转换效率已经从 17%提高到 19%以上，高效多晶硅电池片比传统的电池片效率高 0.3%～0.7%。高效多晶硅电池片的技术原理，就是将原有电池表面较大尺寸的凹坑经过化学刻蚀的方法处理成许多细小的小坑，即在原有电池的纳米结构上生成纳米尺寸小孔，让电池表面的反射率从原来的 15%降到 5%左右。通过化学反应得到的电池片材料在外观上呈现黑色，故得名"黑硅"，该项技术也被称为黑硅技术。

从目前的制造技术看，多晶硅电池片的转换效率已经接近实验室水平，要达到 19%以上比较困难，上升空间有限。随着单晶硅电池片制造技术的不断改进，P 型和 N 型单晶硅电池片的转换效率已分别达到 19%～19.5%和 21%～24%的水平，转换效率的提高，使单晶硅电池片的制造成本逐渐下降，到目前已经基本与多晶硅电池片持平，单晶硅电池片在光伏发电系统（电站）的发电量、度电成本和发电收益率等方面的优势将逐步显现出来。根据测算，按照目前行业普遍承诺的 25 年使用年限来计算，一个相同规模的光伏电站，使用单晶硅光伏组件比使用晶矿光伏组件要多 13.4%的发电收益。尽管目前单晶硅光伏组件比多晶硅光伏组件每瓦成本高 6%左右，但由于单晶硅光伏组件发电效率高，同样的装机容量占地面积小，基础、支架、电缆等器材使用量也相应减少，综合投入成本基本相当。

（4）硅电池片的等效电路分析。硅电池片的内部等效电路如图 1-16 所示。为便于理解，可以形象地把太阳能电池的内部看成是一个光电池和一个硅二极管的复合体，既在光电池的两端并联一个处于正向偏下的二极管，同时电池内部还有串联电阻和并联电阻的存在。由于有二极管的存在，在外电压的作用下，会产生通过二极管 P-N 结的漏电流 $I_0$，这个电流与光生电流的方向相反，因此会抵消小部分光生电流。串联电阻主要是由半导体材料本身的导体电阻、扩散层横向电阻、金属电板与电池片体的接触电阻及金属电极本身的电阻等组成的，其中扩散层横向电阻是串联电阻的主要形式。正常电池片的串联电阻一般小于 10Ω，并联电阻又称旁路电阻，主要是由于半导体晶体缺陷引起的边缘漏电、电池表面污染等使一部分本来应该通过载的电流短路形成电流 $I_r$，相当于有一个并联电阻的作用，因此在电路中等效为并联电阻，并联电阻的阻值一般为几千欧，通过分析说明，光伏电池的串联电阻越小，旁路电阻越大，越接近于理想的电池，该电池的性能就越好。

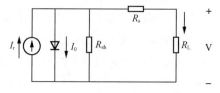

图 1-16　硅电池片的内部等效电路

（5）硅电池片的主要性能参数。硅电池片的性能参数主要包括短路电流、开路电压、峰值电流、峰值电压、峰值功率、填充因子和转换效率等。

1）短路电流（$I_{SC}$）：当将电池片的正负极短路，使 $U=0$ 时，此时的电流就是电池片的短路电流。短路电流的单位是 A（安培），短路电流随着光强的变化而变化。

2）开路电压（$U_{oc}$）：当将电池片的正负极不接负载，使 $I=0$ 时，此时太阳能电池正负极间的电压就是开路电压，开路电压的单位是 V（伏特），单片太阳能电池的开路电压不随电池片面积的增减变化，一般为 0.6～0.7V，当用多个电池片串联连接的时候可以获得较高的电压。

3）峰值电流（$I_m$）：峰值电流也叫最大工作电流或最佳工作电流。峰值电流是指太阳能电池片输出最大功率时的工作电流，峰值电流的单位是 A。

4）峰值电压（$U_m$）：峰值电压也叫最大工作电压或最佳工作电压。峰值电压是指太阳能电片输出最大功率时的工作电压，峰值电压的单位是 V。峰值电压不随电池片面积的增减而变化，一般为 0.5～0.55V。

5）峰值功率（$P_m$）：峰值功率也叫最大输出功率或最佳输出功率。峰值功率是指太阳能电池片正常工作或测试条件下的最大输出功率，也就是峰值电流与峰值电压的乘积：$P_m=I_m \times U_m$，峰值功率的单位是 W。太阳能电池的峰值功率取决于太阳辐照度、太阳光谱分布和电池的工作温度，因此太阳能电池的测量要在标准条件下进行，测量标准为欧洲委员会的 101 号标准，其条件是辐照度为 1kW/m$^2$、光谱为 AM1.5、测试温度为 25℃。

6）填充因子（$FF$）：填充因子也叫曲线因子，是电池片的峰值输出功率与开路电压和短路电流乘积的比值：$FF=P_m/I_{SC} \times U_{oc}$。填充因子是一个无单位的量，是评价和衡量电池输出特性好坏的一个重要参数，它的值越高，表明太阳能电池输出特性越趋于矩形，太阳能电池的光电转换效率越高。

太阳能电池内部的串、并联电阻对填充因子有较大影响，太阳能电池的串联电阻越小，并联电阻越大，填充因子的系数越大。填充因子的系数一般为 0.7～0.85，也可以用百分数表示。

7）转换效率（$\eta$）：电池片转效率用来表示照射在电池表面的光能量转换成电能量的大小，一般用输出能量与入射能量的比值来表示，也就是电池受光照时的最大输出功率与照射到电池上的太阳能量功率的比值。即 $\eta = \dfrac{P_m(\text{电池片的峰值功率})}{A(\text{电池片的面积})} \times P_{in}$（单位面积的入射光功率），其中 $P_{in}=1000\text{W/m}^2 = 100\text{mW/cm}^2$。

2. 面板玻璃

光伏组件采用的面板玻璃是低铁超白绒面或光面钢化玻璃。一般厚度为 3.2mm 和 4mm，双玻组件一般采用 2mm 和 2.5mm 厚度的钢化玻璃；建材型光伏组件有时要用到 5～10mm 厚度的钢化玻璃。无论厚薄都要求透光率在 91% 以上，光谱响应的波长范围为 320～1100nm，对大于 1200nm 的红外光有较高的反射率。

低铁超白即指这种玻璃的含铁量比普通玻璃低，含铁量（$Fe_2O_3$）≤150×10$^{-6}$，从而增加了玻璃的透光率。

绒面的意思就是说这种玻璃为了减少阳光的反射，在其表面通过物理和化学方法进行减反射处理，使玻璃表面形成绒毛状，从而增加了光线的入射量。有些厂家还利用溶胶、凝胶、纳米材料和精密涂布技术（如磁控喷溅法、双面浸泡法等），在玻璃表面涂布一层含纳米材料的薄膜，这种镀膜玻璃不仅可以使面板玻璃的透光率提高 2% 以上，还可以显著减少光线反射，而且还有自洁功能，可以减少雨水、灰尘等对组件玻璃表面的污染，保持清洁，减少光衰，并提高发电率 1.5%～3%。

钢化处理是为了增加玻璃的强度，抵御风沙冰雹的冲击，起到长期保护太阳能电池的作用。面板玻璃的钢化处理，是通过水平钢化炉将玻璃加热到 700℃左右，利用冷风将其快速均匀冷却使其表面形成均匀的压应力，而内部则形成张应力，有效提高了玻璃的抗弯和抗冲击性能。面板玻璃进行钢化处理后，强度可比普通玻璃提高 4～5 倍。

**3. EVA 胶膜**

EVA（Polyethylene vinylacetate，聚乙烯-聚醋酸乙烯酯共聚物）胶膜是乙烯与醋酸乙烯酯的共聚物，是一种热固性的膜状热熔胶，在常温下无黏性，经过一定条件热压便发生熔融黏结与交联固化，变得完全透明，是目前光伏组件封装中普遍使用的黏结材料。EVA 胶膜的外形如图 1-17 所示。光伏组件中要加入两层 EVA 胶膜，两层 EVA 胶膜夹在面板玻璃、电池片和 TPT（聚氟乙烯复合膜）背板材料之间，将玻璃、电池片和 TPT 黏结在一起。它和玻璃黏合后能提高玻璃的透光率，起到增透的作用，并对电池组件功率输出有增益作用。

图 1-17　EVA 胶膜的外形

EVA 胶膜具有表面平整、厚度均匀、透明度高、柔性好，热熔黏结性，熔融流动性好，常温下不粘连、易切制、价格较廉等优点。EVA 胶膜内含交联剂，能在 150℃的固化温度下交联，采用挤压成型工艺形成稳定的胶层。其厚度一般为 0.2～0.8mm，常用厚度为 0.46mm 和 0.5mm。EVA 的性能主要取决于其分子量与醋酸乙烯酯的含量，不同的温度对 EVA 的交联度有比较大的影响，而 EVA 的交联度直接影响到组件的性能和使用寿命。在熔融状态下，EVA 胶膜与太阳能电池片、面板玻璃、TPT 背板材料产生黏合，此过程既有物理的黏结也有化学的键合作用。为提高 EVA 的性能，一般要通过化学交联的方式对 EVA 进行改性处理，具体方法是在 EVA 中添加有机过氧化物交联剂，当 EVA 加热到一定温度时，交联剂分解产生自由基，引发 EVA 分子之间的结合，形成三维网状结构，导致 EVA 胶层交联固化，当交联度达到 60%以上时能承受正常气压的变化，同时不再发生热胀冷缩。因此 EVA 胶膜能有效地保护电池片，防止外界环境对电池片的性能造成影响，增强光伏组件的透光性。

EVA 胶膜在光伏组件中不仅是起黏结密封作用，而且对太阳能电池的质量与寿命起着至关重要的作用。因此用于组件封装的 EVA 胶膜必须满足以下主要性能指标。

（1）固化条件：快速固化型胶膜，加热至 135～140℃，恒温 15～20min；常规型胶膜，加热至 145℃，恒温 30min。

（2）透光率：大于 90%。

（3）交联度：快速固化型胶膜大于 70%，常规型胶膜大于 75%。

（4）制离强度：玻璃/胶膜大于30N/cm，TPT/胶膜大于20N/cm。

（5）耐温性：高温85℃，低温-40℃，不热胀冷缩，尺寸稳定性较好。

（6）光老化性能（1000h，83℃）：黄变指数小于2，长时间紫外线照射下不龟裂、不老化、不黄变。

（7）耐热老化性能（1000h，85℃）：黄变指数小于3。

（8）湿热老化性能（1000h，相对湿度90%，85℃）：黄变指数小于3。

为使EV胶膜在光伏组件中发挥应有的作用，在使用过程中，要注意防潮防尘，避免与带色物体接触，空气胶膜如不能当天使用，应遮盖紧密。EVA胶膜若吸潮，会影响胶膜和玻璃的黏结力；若吸尘，会影响透光率；和带色不洁的物体接触，由于EVA胶膜的吸附能力强，容易被污染。

4．背板材料

背板材料根据光伏使用要求不同，可以有多种选择。目前主要用TPT、KPK、TPE（Thermoplastic Elastomer丁二烯或异戊二烯与苯乙烯嵌段型的共聚物）类复合胶膜和钢化玻璃。用钢化玻璃作为背板主要是制作双面发电或双面透光建材型光伏组件，除此以外目前使用最广的就是TPT类复合膜。通常见到的光伏组件背面的白色覆盖物大多就是这类复合膜，外形如图1-18所示。背板主要分为含氟背板与不含氟背板两大类，其中含氟背板又分为双面含氟（如TPT、KPK等）与单面含氟（如TPE、KPE等）两种；而不含氟的背板则多通过胶粘剂将多层PET胶粘复合而成。目前，光伏组件的使用寿命要求为25年，而背板作为直接与外环境大面积接触的光伏封装材料，应具备卓越的耐长期老化（湿热、干热、紫外）、老气绝缘、水蒸气阻隔等性能。因此，如果背板膜在耐老化、耐绝缘、耐水气等方面无法满足光伏组件25年的环境考验，最终将导致组件中太阳能电池的可靠性、稳定性与耐久性无法得到保障，使光伏组件在普通气候环境下使用8～10年或在特殊环境状况下（高原、海岛、湿地）下使用5～8年即出现脱层、龟裂、起泡、黄变等不良状况，造成电池片脱落、移滑，电池片有效输出功率降低等现象，更危险的是光伏组件会在较低电压和电流值的情况下出现电拉弧现象，引起光伏组件燃烧并促发火灾，造成人员安全损害和财产损失。

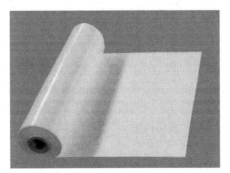

图1-18　TPT类背板材料外形

目前，有些背板材料和组件生产企业考虑到双面含氟材料给整个背板材料和组件产品造成的成本压力，采用EVA材料（或其他烯烃聚合物）替代双面含氟的"氟材料-聚酯-氟材料"结构的背板膜内层的氟材料，推出了由"氟材料-聚酯-EVA"三层材料构成的单面含氟的复合胶膜。此类结构的背膜在与组件封装用的EVA胶膜黏结后，由于其光照面无含氟材料对背板膜的 PET 主体基材进行有效保护，组件安装后背膜无法经受长期的紫外线照射老化考验，在几年之内组件就会出现背膜变黄、脆化老化等不良现象，严重影响组件的长期发电效能。但由于这类背板材料少用一层氟材料，其性能虽然不及 TPT，但成本约为 TPT 的 2/3，与 EVA 的黏合性能也较好，故常用于一些小组件的封装。

TPT（KPK）是"氟膜-聚酯（PET）薄膜-氟膜"复合材料的简称。这种复合材料中俗称"塑料王"的氟膜具有耐老化、耐腐蚀、防潮抗湿性好的优点，聚酯薄膜具有优异的机械性能、高绝缘性能和水汽阻隔性能，因此复合而成的 TPT（KPK）胶膜具有不透气、强度好、耐候性好、使用寿命长、层压温度下不起任何变化、与黏结材料结合牢固等特点。这些特点正适合封装光伏电池组件，作为光伏组件的背板材料有效地防止了各种介质尤其是水、氧、腐蚀性气体等对 EVA 和电池片的侵蚀与影响。

除 TPT（KPK）以外，常见复合材料还包括 TAT（即 Tedlar 与铝膜的复合膜）和 TIT（即 Tedlar 与铁膜的复合膜）等中间带有金属膜夹层结构的复合膜。这些复合膜具有高强、自洁、散热性能好等特性，白色的复合膜还可对阳光起反射作用，能提高光伏组件的转换效率，对红外线也有较强的反射性能，可降低光伏组件在强阳光下的工作温度。

目前，双面含氟背板根据生产工艺的不同可分为覆膜型和涂覆型两大类，覆膜型背板就是将 PVF（聚氟乙烯）、PVDF（聚偏氟乙烯）、ECTFE（三氟氯乙烯-乙烯共聚物）和 THV（四氟乙烯-六氟丙烯-偏氟乙烯共聚物）等氟塑料膜通过胶黏剂与作为基材的 PET 聚酯胶膜黏结复合而成，而涂覆型背板是以含氟树脂如 PTFE（聚四氟乙烯）树脂、CTFE（三氟氯乙烯）树脂、PVDF 树脂和 FEVE（氟乙烯-乙烯基醚共聚物）为主体树脂的涂料采用涂覆方式涂覆在 PET 聚酯胶膜上复合固化而成的。

5. 铝合金边框

光伏组件的边框材料主要采用铝合金，也有用不锈钢和增强塑料的。光伏组件安装边框，一是为了保护层压后的组件玻璃边缘；二是结合硅胶打边加强了组件的密封性能；三是大大提高了光伏组件整体的机械强度；四是方便了光伏组件的运输、安装。光伏组件无论是单独还是组成光伏方阵都要通过边框与光伏组件支架固定。一般都是在边框适当部位打孔，支架的对应部位也打孔，然后通过螺栓固定连接，也有通过专用压块压在组件边框进行固定。

光伏组件铝合金边框材料一般采用国际通用牌号为 6063-T5 的铝合金材料，边框的铝合金材料表面通常要进行表面氧化处理，氧化处理分为阳极氧化、喷砂氧化和电泳氧化三种。

阳极氧化是对铝合金材料的电化学氧化，是将铝合金的型材作为阳极置于相应电解液（如硫酸、铬酸、草酸等）中，在特定条件和外加电流作用下，进行电解。阳极的铝合金氧化表面上形成氧化铝薄膜层，其厚度为 $5\sim20\mu m$，硬质阳极氧化膜可达 $60\sim200\mu m$。金属氧化物薄膜改变了铝合金型材的表面状态和性能，如改变表面着色、提高耐腐蚀性、增强耐磨性及硬度、保护金属表面等。

喷砂氧化是将铝合金型材经喷砂处理后，表面的氧化物全部被处理，并经过喷砂撞击，表面层金属被压迫成致密排列，且金属晶体变小，在铝合金表面形成牢固致密、硬度较高的氧化层。

电泳氧化是利用电解原理在铝合金表面镀上一薄层其他金属或合金的过程。电镀时，层金属做阳极，被氧化成阳离子进入电镀液；待镀的铝合金制品做阴极，镀层金属的阳离子在合金表面被还原形成镀层。为排除其他阳离子的干扰，且使镀层均匀、牢固，需用含镀层金属阳离子的溶液做电镀液，以保持镀层金属阳离子的浓度不变。电镀的目的是在基材上镀上金属镀层，改变基材表面的性质或尺寸。电镀能增强金属的抗腐蚀性（镀层金属多采用耐腐蚀的金属）、增加硬度、防止磨耗，增强了铝合金型材的润滑性、耐热性和表面美观性。

　　铝合金边框型材的常用规格根据组件尺寸大小可分为 17、25、30、35、40、45、50m 等。铝合金边框的框架四个角有两种固定方法，一种是在框架四个角中插入齿状角铝（俗称角码）进行固定，然后用专用撞角机撞击固定或用自动组框机组合固定；另一种方法是用不锈钢螺栓对边框四角进行固定。

　　6. 接线盒

　　接线盒是光伏组件内部输出线路与外部线路连接的部件，常用接线盒外形如图 1-19 所示。从光伏组件内引出的正负极汇流条（较宽的互连条）进入接线盒内，插接或用焊锡焊接到接线盒中的相应位置，外引线也通过插接、焊接和螺栓压接等方法与接线盒连接。接线盒内还留有旁路二极管安装的位置或直接安装有旁路二极管，用以对光伏组件进行旁路保护。接线盒除了上述作用以外，还要最大限度地减少其本身对光伏组件输出功率的消耗，最大限度地减少本身发热对光伏组件转换效率造成的影响，最大限度地提高光伏组件的安全性和可靠性。

图 1-19　常用接线盒外形

　　有些接线盒还直接带有输出电缆引线和电缆连接器插头，方便光伏组件或方阵的快速连接。当引线长度不够时，还可以使用带连接器插头的延长电缆进行连接。

　　接线盒的产品规格除了尺寸外均有适用功率范围，选用时要和组件功率的大小相匹配，另外还要结合组件的引出线数量，是两条、三条或四条以及是否接旁路二极管等来确定所采用接线盒的规格尺寸和内部构造等。

　　7. 互连条

　　互连条也叫涂锡铜带、焊带，宽一些的互连条也叫汇流条，外形如图 1-20 所示。它是光伏组件中电池片与电池片连接的专用引线。它以纯铜铜带为基础，在铜带表面均匀地涂镀了一层焊锡。纯铜铜带是含铜量为 99.99% 的无氧铜或紫铜，焊锡涂层分为含铅焊锡和无铅焊锡两种，焊锡单面涂层厚度为 0.01～0.05mm，熔点为 160～230℃，要求涂层均匀，表面光亮、平整。互连条的规格根据其宽度

图 1-20　互连条外形

和厚度的不同可有 20 多种，宽度为 0.08～30mm，厚度为 0.04～0.8mm。

　　8．有机硅胶

　　有机硅胶是一种具有特殊结构的密封胶材料，具有较好的耐老化、耐高低温、耐紫外线性能，抗氧化、抗冲击、防污防水、高绝缘。主要用于光伏组件边框的密封、接线盒与光伏组件的新接密封、接线盒的浇注与灌封等。有机硅胶固化后将形成高强度的弹性橡胶体，在外力的作用下具有变形的能力，外力去除后又恢复原来的形状。因此光伏组件采用有机硅胶密封，将兼具密封、缓冲和防护的功能。

　　一般用于光伏组件的有机硅胶有两种，一种是用于组件与铝型材边框及接线盒的黏结密封的中性单组分有机硅密封胶，它的主要性能特点：①室温中性固化，深层固化速度快，组件的表面清洗清洁工作可以在 3h 后进行；②密封性好，对铝材、玻璃、TPT、TPE 背板材料、接线盒塑料等有良好的黏附性；③胶体耐高温、耐黄变，独特的固化体系，与各类 EVA 有良好的相容性；④可提高组件抗机械振动和外力冲击的能力。

　　另一种是用于接线盒灌封的双组分有机硅导热胶。这种硅胶是以有机硅合成的新型导热绝缘材料，其主要性能特点：①室温固化，固化速度快，固化时不发热、无腐蚀、收缩率小；②可在很宽的温度范围（-60～200℃）内保持橡胶弹性，电性能优异，导热性能好；③防水防潮，耐化学介质，耐黄变，耐气候老化 25 年以上；④与大部分塑料、橡胶、尼龙等材料黏附性良好。常用的有机硅胶外形如图 1-21 所示。

图 1-21　常用的有机硅胶外形

**（二）光伏组件生产流程和工序**

　　晶体硅光伏组件生产的内容主要是将单片电池片进行串、并互连后固化封装，以保护电池片表面、电极和互连线等不受到氧化腐蚀，另外封装也避免了电池片的碎裂，因此光伏组件的生产过程，其实也就是电池片的焊接和封装过程，电池片焊接和封装质量的好坏决定了光伏组件的使用寿命。

　　1．工艺流程

　　（1）手工生产线工艺流程：电池片测试分选→激光划片（整片使用时无此步骤）→电池片单焊（正面焊接）并自检验→电池片串焊（背面串接）并自检验→中检测试→叠层敷设（玻璃清洗、材料下料切割、敷设）→层压（层压前灯检、层压后削边、清洗）→终检测试→装边框（涂胶、装镶嵌角铝、装边框、撞角或螺栓固定、边框打孔或冲孔、擦洗余胶）→装接线盒、焊接引线→高压测试→清洗、贴标签→组件抽检测试→组件外观检验→包装入库。

　　（2）全自动化生产线工艺流程：自动串焊机→自动裁切铺设机→自动摆串机→自动焊汇流条→EL 检测→外观检查→自动层压机→自动修边机→外观检查→自动组框机→安装接线盒→自动固化线→外观清洗→自动绝缘测试→自动 IV 测试→EL 检测→产品外观检查→自动分档→自动化包装。

　　2．手工生产线工序简介

　　（1）电池片测试分选：由于电池片制作条件具有随机性，制造出来电池能参数不尽相同，为了有效地将性能一致或相近的电池片组合在一起，应根据其性能参数进行分类。电池片测试即通过测试电池片的输出电流、电压和功率大小等对其进行分类。以提高电池的利用率，做出质量合格的电池组件。分选电池片的设备叫电池片分选仪，自动化生产时使用电池片自动分选设备。除了对电池片性能参数进行分选外，还要对电池片的外观进行分选，重点是色差和栅线尺寸等。

（2）激光划片：用激光划片机将整片的电池片根据需要切割成组件所需要规格尺寸的电池片。例如在制作一些小功率组件时，就要将整片的电池片切制成二等份、四等份、六等份、九等份等。

（3）电池片单焊（正面焊接）：正面焊接是将互连条焊接到电池片的正面（负极）的主栅线上。要求焊接平直、牢固，用手沿 45°左右方向轻提互连条不脱落，过高的焊接温度和过长的时间会导致过低的撕拉强度或电池裂片产生。手工焊接时一般用恒温电烙铁，大规模生产时使用自动焊接机。焊带的长度约为电池片边长的 2 倍。多出的焊带在背面焊接时与后面的电池片的背面电极相连。

（4）电池片串焊（背面焊接）：背面焊接是将规定片数的电池片串接在一起形成一个电池串，然后用汇流条将若干个电池串进行串联或并联焊接，最后汇合成电池组件并引出正负极引线。手工焊接时电池片的定位主要靠模具板，模具板上面有 9～12 个放置电池片的凹槽，槽的大小和电池的大小相对应，槽的位置已经设计好，不同规格的组件使用不同的模板，操作者使用电烙铁和焊锡丝将"前面电池"的正面电极（负极）焊接到"后面电池"的背面电极（正极）上。使用模具板保证了电池片间的间距一致。同时要求每串电池片的间距也要均匀、颜色一致。

（5）中检测试：简称中测，是将串焊好的电池片放在组件测试仪上进行检测，看测试结果是否符合设计要求，通过中测可以发现电池片的虚焊及电池片本身的隐裂等。经过检测合格可进行下一道工序。标准测试条件：AM1.5，组件温度为 25℃，辐照度为 1000W/m$^2$。测试结果包括以下参数：开路电压、短路电流、工作电压、工作电流、最大功率等。

（6）叠层敷设：是将背面接好且经过检测合格后的电池串，与玻璃和裁制切割好的 EVA、TPT 背板按照一定的层次敷设好，准备层压。玻璃事先要进行清洗，EVA 和 TPT 要根据需要的尺寸（一般是比玻璃尺寸大 10mm）提前下料裁制。敷设时要保证电池串与玻璃等材相对应，调整好电池串间的距离及电池串与玻璃四周边缘的距离，为层压打好基础。层次（由下向上）为玻璃、EVA、电池、EVA、TPT 背板。

（7）组件层压：将敷设好的电池组件放入层压机内，通过抽真空将组件内的空气抽出。后加热使 EVA 固化并加压使熔化 EVA 流动充满玻璃、电池片和 TPT 背板膜之间的间隙，排出中间的气泡，将电池、玻璃和背板紧密黏合在一起，最后降温固化取出组件。层压工艺是组件生产的关键一步，层压温度和层压时间要根据 EVA 的性质决定。层压时 EVA 熔化后向外延伸固化易形成毛边，所以层压完毕应用快刀将其切除，要求层压好的组件内电池片无碎裂、无裂纹、无明显移位，不能在组件的边缘和任何一部分电路之间形成连续的气泡或脱层通道。

（8）终检测试：简称终测，是将层压出的电池组件放在组件测试仪上进行检测，通过测试结果看组件经过层压之后性能参数有无变化或组件中是否发生开路或短路等故障等。同时进行外观检测，看电池片是否有移位、裂纹等情况，组件内是否有斑点、碎渣等。经过检测合格方可进入装边框工序。

（9）装边框：就是给玻璃组件装铝合金边框，增加组件的强度，进一步密封电池组件，延长电池的使用寿命。边框和玻璃组件的缝隙用硅胶填充，各边框间用角铝镶嵌连接或螺栓固定连接。手工装边框一般用撞角机，自动装边框时用自动组框机。

（10）安装接线盒：接线盒一般安装在组件背面的引出线处，用硅胶黏结，并将电池组件引出的汇流条正负极引线用焊锡与接线盒中相应的引线柱焊接。有些接线盒是将汇流条伸入接线盒中的弹性插件卡子里连接的。安装接线盒要注意安装端正，接线盒与边框的距离统一，旁路二极管也直接安装在接线盒中。

（11）高压测试：高压测试是指在组件边框和电极引线间施加一定的电压，测试组件的耐压性和绝缘强度，以保证组件在恶劣的自然条件（雷击等）下不被损坏。测试方法是将组件引出线短路后接到高压测试仪的正极，将组件暴露的金属部分接到高压测试仪的负极，以不大于 500V/s 的速率加压，直到 1000V 加两倍最大系统电压，维持 1min，如果开路电压小于 50V，则所加电压为 500V。

（12）清洗、贴标签：用 95% 的无水乙醇将组件的玻璃表面、铝合金边框和 TPT 背板表面的 EVA 胶痕、污物及残留的硅胶等清洗干净，然后在背板接线盒下方贴上组件出厂标签。

（13）组件测试及外观检验：组件抽查测试的目的是对电池组件按照质量管理的要求进行产品抽查检验，以保证组件 100% 合格。抽查和包装入库的同时，还要对每一块电池件进行一次外观检验，其主要内容如下。

1）检查标签的内容与实际板形是否相符。

2）电池片外观色差是否明显。

3）电池片的片与片之间、行与行之间间距是否统一，横、竖间距是否成 90°角。

4）焊带表面是否做到平整、光亮，无堆积、无毛刺。

5）电池板内部有无细碎杂物。

6）电池片是否有缺角或裂纹。

7）电池片行或列与外框边缘是否平行，电池片与边框间距是否相等。

8）接线盒位置是否统一或是否因密封胶未干造成移位或脱落。

9）接线盒内引线焊接是否牢固、圆滑或是否有毛刺。

10）电池板输出正负极与接线盒标示是否相符。

11）是否因铝合金外框角度或尺寸不正确造成边框接缝过大。

12）是否因铝合金边框四角未打磨造成有毛刺。

13）外观清洗是否干净。

14）包装箱是否规范。

（14）包装入库：将清洗干净、检测合格的电池组件按规定数量装入纸箱。纸箱两侧要各垫一层材质较硬的纸板，组件与组件之间也要用塑料泡沫或薄纸板隔开。

### 四、光伏组件的性能参数与技术要求

光伏组件的性能主要是它的电流-电压输入输出特性，将太阳的光能转换成电能的能力到底有多大，就是通过光伏组件的输入输出特性体现出来的。图 1-22 所示的曲线就反映了当太阳光照射到光伏组件上时，光伏组件的输出电压、输出电流及输出功率的关系，因此这条曲线也叫作光伏组件的输出特性曲线。如果用 $I$ 表示电流，用 $U$ 表示电压，则这条曲线也

称为光伏组件的 $I$–$U$ 特性曲线。在光伏组件的 $I$–$U$ 特性曲线上有 3 个具有重要意义的点，即峰值功率、开路电压和短路电流。

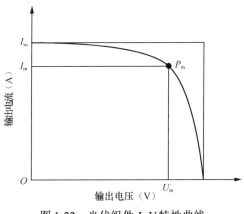

图 1-22　光伏组件 $I$–$U$ 特性曲线

### （一）光伏组件的性能参数

光伏组件的性能参数主要包括短路电流、开路电压、峰值电流、峰值电压、峰值功率、填充因子和转换效率等。

（1）短路电流（$I_{SC}$）：当将光伏组件的正负极短路，使 $U=0$ 时，此时的电流就是光伏组件的短路电流，短路电流的单位是 A（安培），短路电流随着光强的变化而变化。

（2）开路电压（$U_{oc}$）：当伏组件正负极不接负载时，组件正负极的电压就是开路电压，开路电压的单位是 V（伏特），光伏组件的开路电压随电池片串联数量的增减而变化，60 片电池片串联的组件开路电压为 35V 左右。

（3）峰值电流（$I_m$）：峰值电流也叫最大工作电流或最佳工作电流。峰值电流是指光伏组件输出最大功率时的工作电流，峰值电流的单位是 A。

（4）峰值电压（$U_m$）：峰值电压也叫最大工作电压或最佳工作电压。峰值电压是指电池输出最大功率时的工作电压，峰值电压的单位是 V。组件的峰值电压随电池片串联数量的增减而变化，一般 60 片电池片串联的组件峰值电压为 31～32.5V。

（5）峰值功率（$P_m$）：峰值功率也叫最大输出功率或最佳输出功率。峰值功率是指光伏组件在正常工作或测试条件下的最大输出功率，也就是峰值电流与峰值电压的乘积：$P_m=I_m \times U_m$。峰值功率的单位是 W（瓦）。光伏组件的峰值功率取决于太阳辐照度、太阳谱分布和组件的工作温度，因此光伏组件的测量要在标准条件下进行，测量标准为欧洲委员会的 101 号标准，其条件是辐照度为 1000W/m²；光谱为 AM1.5；测试温度为 25℃。

（6）填充因子（$FF$）：填充因子也叫曲线因子，是指光伏组件的最大功率与开路电压和短路电流乘积的比值：$FF=P_m/I_{SC} \times U_{oc}$。填充因子是评价光伏组件所用电池片输出特性好坏的一个重要参数，它的值越高，表明所用电池片输出特性越趋于矩形，电池的光电转换效率越高。光伏组件的填充因子系数一般为 0.65～0.85，也可以用百分数表示。

（7）转换效率（$\eta$）：转换效率是指光伏组件受光照时的最大输出功率与照射到组件上的

太阳能量功率的比值。即 $\eta = \dfrac{P_{\mathrm{m}}(\text{光伏组件峰值功率})}{A(\text{光伏组件的有效面积})} \times P_{\mathrm{in}}$（单位面积的入射光功率），其中 $P_{\mathrm{in}}=1000\mathrm{W/m}^2=100\mathrm{mW/cm}^2$。

**（二）影响光伏组件输出特性的主要因素**

（1）负载阻抗：当负载阻抗与光伏组件的输出特性（$I$–$U$曲线）匹配得好时，光伏组件就可以输出最高功率，产生最大的效率。当负载阻抗较大或者因为某种因素增大时，光伏组件将运行在高于最大功率点的电压上，这时组件效率和输出电流都会减少。当负载阻抗较小或者因为某种因素变小时，光伏组件的输出电流将增大，光伏组件将运行在低于最大功率点的电压上，组件的运行效率同样会降低。

（2）日照强度：光伏组件的输出功率与太阳辐射强度成正比，日照增强时组件输出功率也随之增强。日照强度变化对组件 $I$–$U$ 曲线的影响如图1-23所示。从图中可以看出，当环境温度相同时，随着日照强度的变化，光伏组件的输出电流始终随着日照强度的增长而线性增长，同时最大功率点也随同上升；而光伏组件的输出电压变化不大，说明日照强度对光伏组件的输出电压影响很小。

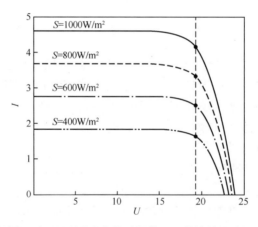

图1-23　日照强度变化对组件 $I$–$U$ 曲线的影响

（3）组件温度：光伏组件的温度越高，组件的工作效率越低。随着组件温度上升，工作电压将下降，最大功率点也随之下降。环境温度每升高1℃，光伏组件中每片电池片的输出电压将减少5mV左右；随着温度的升高，输出电流略有上升。总体来说，光伏组件温度升高，其输出功率下降，光伏组件温度每升高1℃，输出功率减少0.35%。组件温度变化与输出电压的关系曲线如图1-24所示。

（4）热斑效应：在光伏组件或方阵中，当有阴影（例如树叶、鸟粪、污物等）遮挡了光伏组串或组件的某一部分，或光伏组件内部某一电池片损坏时，局部被遮挡或损坏的电池片将茶做负载（在组件中相当于一个反向工作的二极管），其电阻和电压降都很大，消耗其他正常工作的电池片或光伏组件所产生的能量，不仅消耗功率，还产生高温发热，这种现象就叫热斑应。热斑效应严重地破坏光伏组件，特别是在高电压大电流的光伏方阵中，热斑效应会造电池片碎裂、焊带脱落、封装材料烧毁甚至引起火灾。

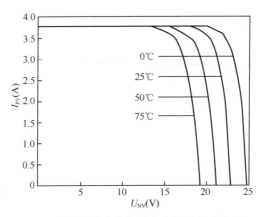

图 1-24　组件温度变化与输出电压的关系曲线

### （三）光伏组件的技术要求

光伏组件的技术要求如下：

（1）光伏组件在规定工作环境下，使用寿命应大于 25 年。

（2）组件功率衰降在 20 年内不得低于原功率的 80%。

（3）组件的电池上表面颜色应均匀一致，无机械损伤，焊点及互连条表面无氧化斑。

（4）组件的每片电池与互连条应排列整齐，组件的框架应整洁，无腐蚀斑点。

（5）组件的封装层中不允许气泡或脱层在某一片电池与组件边缘形成一个通路，气泡或脱层的几何尺寸和个数应符合相应产品的详细规范规定。

（6）组件的功率面积比大于 65W/m，功率重量比大于 4.5W/kg，填充因子 $FF$ 大于 0.65。

（7）组件在正常条件下的绝缘电阻不得低于 200MΩ。

（8）组件 EVA 的交联度应大于 65%，EVA 与玻璃的剥离强度大于 30N/cm，EVA 与组件背板材料的剥离强度大于 40N/cm。

（9）每块组件都要有包括如下内容的标签：

1）产品名称与型号。

2）主要性能参数：包括短路电流 $I_{SC}$、开路电压 $U_{oc}$、峰值工作电流 $I_m$、峰值工作电压 $U_m$、峰值功率 $P_m$ 以及 $I-U$ 曲线图、组件重量、测试条件、使用注意事项等。

3）制造厂名、生产日期及品牌商标等。

### （四）光伏组件的检验测试

光伏组件的各项性能测试，一般都是按照 GB/T 9535—2005《地面用晶体硅光伏组件设计与定型》中的要求和方法进行。以下为光伏组件的一些基本性能指标与检测方法。

1. 电性能测试

在规定的标准测试条件下（AM：1.5；光强辐照度：1000W/m；环境温度：25℃）对光伏组件的开路电压、短路电流、峰值输出功率、峰值电压、峰值电流及伏安特性曲线等进行测量。

2. 电绝缘性能测试

以 1kV 的直流电压通过组件边框与组件引出线，测量绝缘电阻，绝缘电阻要求大于

200MΩ，以确保在应用过程中组件边框无漏电现象发生。

3．热循环试验

将组件放置于有自动温度控制、内部空气循环的气候室内，使组件在 40～85℃之间循环规定次数，并在极端温度下保持规定时间，监测试验过程中可能产生的短路和断路、外观缺陷电性能衰减率、绝缘电阻等，以确定组件由于温度重复变化引起的热应变能力。

4．热-湿冷试验

将组件放置于有自动温度控制、内部空气循环的气候室内，使组件在一定温度和湿度条件下往复循环，保持一定恢复时间，监测试验过程中可能产生的短路和断路、外观缺陷、电性能衰减率、绝缘电阻等，以确定组件承受高温高湿和低温低湿的能力。

5．机械载荷试验

在组件表面逐渐加载，监测试验过程中可能产生的短路和断路、外观缺陷、电性能衰减率、绝缘电阻等，以确定组件承受风雪、冰雹等静态载荷的能力。

6．冰雹试验

以钢球代替冰雹从不同角度以一定动量撞击组件，检测组件产生的外观缺陷、电性能衰减，以确定组件抗冰雹撞击的能力。

7．老化试验

老化试验用于检测光伏组件暴露在高湿和高紫外线辐照场地时是否具有有效抗衰减能力。将光伏组件样品放在温度 65℃、光谱约 6.5 的紫外太阳下辐照，最后检测光电特性，看其下降损失。值得一提的是，在暴晒老化试验中，电性能下降是不规则的。

## 五、光伏组件的选型

光伏组件是光伏电站最重要的组成部件，其在整个光伏电站中的成本占到光伏电站建设成本的 40%以上，而且光伏组件的质量好坏，直接关系到整个光伏电站的质量、发电效率、发电量、使用寿命和收益率等。因此光伏组件的正确选型非常重要。

### （一）光伏组件形状尺寸的确定

在光伏发电系统组件或方阵的设计计算中，虽然可以根据用电量或计划发电量计算出光伏组件或整个方阵的容量和功率，确定光伏组件的串、并联数量，但是还需要根据光伏组件的具体安装位置来确定光伏组件的形状及外形尺计，以及整个方阵的整体排列等，有些异型和特殊尺寸的光伏组件还需要与生产厂商定制。

例如，从尺寸和形状上讲，同一功率的光伏组件可以做成长方形，也可以做正方形或圆形、梯形等其他形状；从电池片的用料上讲，同一功率的光伏组件可以是单晶或多晶硅组件，也可以是非晶硅组件等，这就需要我们选择和确定。光伏组件的外形和尺寸确定后，才能进行组件的组合、固定和支架、基础等内容的设计。

在对光伏组件类型进行选择时，不能错误地认为单晶组件就一定比多晶组件的效率高，或者 72 片电池片构成的组件就一定比 60 片电池片构成的组件效率高，其实同样输出功率的单晶组件和多晶组件的转换效率是一样的，输出功率为 300W 的 60 片组件和输出功率为 400W 的 72 片组件的转换效率也是一样的。

光伏组件选型还要适应市场流行趋势，以便于批量采购，同时还要结合施工现场的搬运安装条件，条件允许的情况下，尽量选择大尺寸和高效率的产品。效率相近而规格不同的组件单瓦价格基本相同，只是选择大尺寸组件时，在组件安装费用、组件间的连接线缆数量和线路损耗方面能比小尺寸组件有所降低；同时，相同排列方式下，大尺寸组件的支架和基础成本也会略有降低。

### （二）多晶组件与单晶组件的选择

光伏组件的正确选型对电站的发电量及稳定性都有着重要的关系，一般来讲，多晶光伏组件和单晶光伏组件的性能、价格都比较接近，差别不大。由于多晶光伏组件的价格比单晶组件稍低，从控制工程造价方面考虑，选用多晶光伏组件有一定优势。多晶光伏组件在生产过程中的耗能比单晶光伏组件低一些，因此，采用多晶组件相对更环保。但是随着近几年单晶光伏组件使用金刚线切割，其生产成本与多晶光伏组件生产成本趋于一致，2018 年以后市场整体选择单晶光伏组件多一些。

由于单晶光伏组件的转换效率可以做到比多晶组件稍高，通常为了在有效的面积安装更多容量的场合要选用单晶光伏组件，有些场合还可以考虑选用双面发电光伏组件。另外，当侧重考虑光伏发电系统的长期发电量和投资收益率时，也应该选用转换效率较高的单晶光伏组件或双面发电光伏组件，因为这类组件更具有度电成本的优势。

度电成本是指光伏发电项目单位上网电量所发生的综合成本，主要包括光伏项目的投资成本、运行维护成本和财务费用。根据测算，按照目前行业普遍承诺的 25 年使用年限计算，一个相同规模的电站,使用转换效率更高的单晶组件要比使用多晶组件多出 13% 左右的收益，虽然单晶组件每瓦比多晶组件成本高出 10% 左右，但单晶组件最高发电效率更高，同样的装机容量占地面积更小，连同节省的光伏支架、光伏线缆等系统周边成本，综合投入与使用多晶组件相差不多，即光伏组件以外的投资基本能抵消单晶组件 10% 的成本差距，因此，从度电成本的角度看，选择单晶组件更具优势。

目前，光伏组件产品正朝着高效、高可靠性、智能化、高发电量的方向发展，在光伏组件单位价格相近的情况下，优先选用采用新工艺、新材料、新技术、高转换效率、单片峰值功率大的组件，以提高单位发电效率，减少辅材的使用量。

## 六、光伏方阵

光伏方阵也称光伏阵列，英文名称为 Solar Array 或 PV Array。

### （一）光伏方阵的组成

光伏方阵是为满足高电压、大功率的发电要求，由若干个光伏组件通过串、并联连接，并通过一定的机械方式固定组合在一起的。除光伏组件的串、并联组合外，光伏方阵还需要防流（防反充）二极管、旁路二极管、直流线缆等对光伏组件进行电气连接，还需要配专用的带避雷器的直流汇流箱及直流防雷配电柜等。有时为了防止鸟粪等玷污光伏方阵表面而产生"热斑效应"，还要在方阵顶端安装驱鸟器。另外整个光伏方阵要固定在光伏支架上，因此支架要有足够的强度和刚度，整个支架要牢固地安装在支架基础上。

1. 光伏组件的热斑效应

当光伏组件的某一部分或光伏组串的某几块组件表面不清洁，有划伤、泥沙沉积或者被鸟粪、树枝树叶、积雪、建筑物阴影、云层阴影、前后方阵之间阴影覆盖或遮挡时，被覆盖或遮挡部分所获得的太阳能辐射会减少，其相应电池片的输出功率（发电量）自然随之减少，相应组件的输出功率也将随之降低。由于整个组件的输出功率与被遮挡面积不是线性关系，所以即使一个组件中只有一片电池片被覆盖，整个组件的输出功率也会大幅度降低。如果被遮挡部分只是方阵组件串的并联部分，那么问题还较为简单，只是该部分输出的发电电流减小，如果被遮挡的是方阵组件串的串联部分，则问题较为严重，一方面会使整个组件串的输出电流减少为该被遮挡部分的电流，另一方面被遮挡的电池片不仅不能发电，还会被当作耗能器件以发热的方式消耗其他有光照的光伏组件的能量，长期遮挡就会引起光伏组件局部反复过热，产生热斑，这就是热斑效应。这种效应会严重地破坏电池片及组件，可能会使组件焊点熔化、封装材料破坏，甚至会使整个组件寿命缩短或失效损坏。产生热斑效应的原因除了以上情况外，还有个别质量不好的电池片混入光伏组件、电极焊片虚焊、电池片隐裂破损、电池片性能变坏等。

为了防止热斑效应对光伏组件造成损伤以及对光伏发电系统发电效率产生影响，在生产光伏组件时，都要在组件接线盒中各个电池串之间反向并联旁路二极管，对因各种阴影而无法正常发电的电池串或组件进行旁路导通，保证光伏发电系统基本正常发电。

2. 光伏组件的串、并联组合

光伏方阵的连接有串联、并联和串并混几种方式。当每个单体的光伏组件性能一致时，多个光伏组件的串联连接，可在不改变输出电流的情况下，使整个方阵输出电压成比例地增加；组件并联连接时，则可在不改变输出电压的情况下，使整个方阵的输出电流成比例地增加；串、并联混合连接时，既可增加方阵的输出电压，又可增加方阵的输出电流。但是，组成方阵的所有光伏组件性能参数不可能完全一致，所有的连接电缆、连接器插接电阻也不相同，于是各串联光伏组件的工作电流受限于其中电流最小的组件；而各并联光伏组件的输出电压又受其中电压最低的光伏组件钳制。因此方阵组合会产生组合连接损失，使方阵的总效率总是低于所有单个组件的效率之和。组合连接损失的大小取决于光伏组件性能参数的离散型，因此除在光伏组件的生产工艺过程中尽量提高光伏组件性能参数的一致性外，还可以对光伏组件进行测试、筛选、组合，即把特性相近的光伏组件组合在一起。例如，串联组合的各组件工作电压要尽量相近，每串与每串的总工作电压也要考虑搭配得尽量相近，最大限度地减少组合连接损失。方阵组合连接要遵循下列4条原则：

（1）串联时需要工作电流相同的组件，并为每个组件并接旁路二极管。

（2）并联时需要工作电压相同的组件，并在每一条并联线路中串联防逆流二极管。

（3）尽量考虑组件连接线路最短，并用较粗的导线。

（4）严格防止个别性能变坏的光伏组件混入光伏方阵。

3. 防逆流（防反充）和旁路二极管

在光伏方阵中，二极管是很重要的器件，常用的二极管基本是硅整流二极管，在选用时要注意规格参数留有余量，防止击穿损坏。一般反向峰值击穿电压和最大工作电流都要取最大运行工作电压和工作电流的2倍以上。二极管在光伏发电系统中主要分为以下两类。

（1）防逆流（防反充）二极管。防逆流二极管的作用：一是当光伏组件或方阵不发电时，在离网系统中是防止蓄电池的电流反过来向组件或方阵倒送，不仅消耗能量，而且会使组件或方阵发热甚至损坏。二是在光伏方阵中，防止方阵各支路之间的电流倒送。因为串联各支路的输出电压不可能绝对相等，各支路电压总有高低之差，或者某一支路因为故障、阴影遮蔽等使该支路的输出电压降低，高电压支路的电流就会流向低电压支路，甚至会使方阵总体输出电压降低。在各支路中串联接入防逆流二极管就避免了这一现象的发生。

在离网光伏发电系统中，一般光伏控制器的电路已经接入了防反充二极管，即控制器带有防反充功能时，组件输出就不需要再接二极管了。同理，在并网光伏发电系统中，一般直流汇流箱或逆变器输入电路中也都接入了防反充二极管，组件输出也就不需要再接二极管了。

（2）旁路二极管。当有较多的光伏组件串联组成光伏方阵或光伏方阵的一个支路时，需要在每块电池板的正负极输出端反向并联 1 个（或 2、3 个）二极管，这个并联在组件两端的二极管就叫旁路二极管。

旁路二极管的作用是防止方阵串中的某个组件或组件中的某一部分被阴影遮挡或出现故障停止发电时，在该组件旁路二极管两端会形成正向偏压使二极管导通，组件串工作电流绕过故障组件，经二极管旁路流过，不影响其他正常组件的发电，同时也保护被旁路组件避免受到过高的正向偏压或由于"热斑效应"发热而损坏。

旁路二极管一般直接安装在组件接线盒内，如图 1-25 所示，根据组件功率的大小和电池片串的多少，安装 1～3 个二极管，如图 1-26 所示。其中图 1-26（a）采用 1 个旁路二极管，当该组件被遮挡或有故障时，组件将被全部旁路：图 1-26（b）和（c）分别采用 2 个和 3 个二极管将光伏组件分段旁路，则当该组件的某一部分有故障时，可做到只有旁路组件的 1/2 或 1/3 停止工作，其余部分仍然可以继续正常工作。

图 1-25　旁路二极管在接线盒内的安装

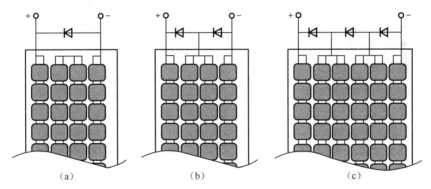

图 1-26　旁路二极管接法示意图

旁路二极管也不是任何场合都需要的，当组件单独使用或并联使用时，是不需要接旁路二极管的。对于组件串联数量不多且工作环境较好的场合，也可以考虑不用旁路二极管。

**4. 光伏方阵的电路**

光伏方阵的基本电路由光伏组件串、旁路二极管、防逆流二极管和带避雷器的直流汇流箱等构成，常见电路形式有并联方阵电路、串联方阵电路，以及串、并联混合方阵电路。

**5. 光伏方阵组合的能量损失**

光伏方阵由若干光伏组件及成千上万的电池片组合而成，这种组合不可避免地存在各种能量损失，归纳起来大致有以下4类。

（1）连接损失：因为连接电缆的本身电阻和接插件连接不良所造成的损失。

（2）离散损失：主要是因为光伏组件产品性能和衰减程度不同、参数不一致造成的功率损失。方阵组合选用不同厂家、不同出厂日期、不同规格参数以及不同牌号电池片等，都会造成光伏方阵的离散损失。

（3）串联压降损失：电池片及光伏组件本身的内电阻不可能为零，即构成电池片的 PN 结有一定的内电阻，造成组件串联后的压降损失。

（4）并联电流损失：电池片及光伏组件本身的反向电阻不可能无穷大，即构成电池片的 PN 结有一定的反向漏电流，造成组件并联后的漏电流损失。

### （二）光伏方阵组合的计算

光伏方阵是根据负载需要将若干个组件通过串联和并联进行组合连接，得到设计需要的输出电流和电压，为负载提供电力。方阵的输出功率与组件串、并联的数量有关，串联是为了获得所需要的工作电压，并联是为了获得所需要的工作电流。

一般离网光伏发电系统电压往往被设计成与蓄电池的标称电压相对应或者是它的整数倍。而且与用电器的电压等级一致，如 192、96、48、36、24，12V 等，并网光伏发电弱方阵的电压等级往往为 250、400、600V 等，对电压等级更高的光伏发电系统，则采用多个方阵进行串、并联，组合成与电网等级相同的电压等级，如组合成 800V、1kV 等，再通过逆变器后直接与公共电网连接，或通过升压变压器后与 35、110、220kV 等高压输变电线路连接。

方阵所需要串联的组件数量主要由系统工作电压或逆变器的额定输入电压范围来确定，离网系统还要考虑蓄电池的浮充电压、线路损耗以及温度变化等因素。一般带蓄电池的光伏发电系统方阵的输出电压=1.43×蓄电池组标称电压。对于不带蓄电池的光伏发电系统，在计算方阵的输出电压时一般将其额定电压提高10%，再选定组件的串联数。

例如，一个组件的最大输出功率为245W，最大工作电压为29.9V，设选用逆变器为交流三相额定电压 380V，逆变器采取三相桥式接法，则直流输出电压 $U_p = U_{ab}/0.817 = 380/0.817 \approx 465V$ 再来考虑电压富裕量，光伏方阵的输出电压应增大到 1.1×465=512V，则计算出组件的串联数为512/29.9≈18，即为 18 块。

也可以由系统输出功率来计算光伏组件的总数。现假设负载要求功率为 30kW，则组件总额为 30000/245≈123，从而计算出组件并联数为 123/18≈7，可选取并联数为 7 块。结论：该系统应选择上述功率的组件18串7并联，组件总数为18×7=126，系统输出最大功率为126×245W=30.87kW。

## 第三节 逆变器构成及原理

将直流电能变换成为交流电能的过程称为逆变，完成逆变功能的电路称为逆变电路，而实现逆变过程的装置称为逆变器或逆变设备。光伏发电系统中使用的逆变器是一种将光伏组件所产生的直流电能转换为交流电能的转换装置。逆变器的转换过程，追求最小的转换损耗和最佳的电能质量，它使转换后的交流电的电压、频率与电力系统交流电的电压、频率相一致，以满足为各种交流用电负载供电及并网发电的需要。图 1-27 所示为常见光伏逆变器的外形图。

图 1-27　常见光伏逆变器的外形图

光伏发电系统对逆变器的基本要求如下：

（1）合理的电路结构，严格的元器件筛选，具备各种保护功能。

（2）较宽的直流输入电压适应范围。

（3）较少的电能变换中间环节，以节约成本、提高效率。

（4）高的转换效率。

（5）高可靠性，无人值守和维护。

（6）输出电压、电流满足电能质量要求，谐波含量小，功率因数高。

（7）具有一定的过载能力。

## 一、光伏逆变器的分类及电路结构

### （一）光伏逆变器的分类

（1）按照逆变器输出交流电的相数，可分为单相逆变器、三相逆变器和多相逆变器。

（2）按照逆变器逆变转换电路工作频率的不同，可分为工频逆变器、中频逆变器和高频逆变器。

（3）按照逆变器输出电压波形的不同，可分为方波逆变器、阶梯波逆变器和正弦波逆变器。

（4）按照逆变器线路原理的不同，可分为自激振荡型逆变器、阶梯波叠加型逆变器、脉宽调制型逆变器和谐振型逆变器等。

（5）按照逆变器主电路结构的不同，可分为单端式逆变结构、半桥式逆变结构、全桥式逆变结构、推挽式逆变结构、多电平逆变结构、正激逆变结构和反激逆变结构等。其中，小功率逆变器多采用单端式逆变结构、正激逆变结构和反激逆变结构，中功率逆变器多采用半桥式逆变结构、全桥式逆变结构等，高压大功率逆变器多采用推挽式逆变结构和多电平逆变结构。

（6）按照逆变器输出功率大小的不同，可分为小功率逆变器（<10kW）、中功率逆变器（10～100kW）、大功率逆变器（>100kW）。

（7）按照逆变器隔离方式的不同，可分为带工频隔离变压器方式、带高频隔离变压器方式和不带隔离变压器方式等。

（8）按照逆变器输出电能的去向不同，可分为有源逆变器和无源逆变器。将逆变器输出的电能向电网输送的逆变器，称为有源逆变器；将逆变器输出的电能输向用电负载的逆变器称为无源逆变器。对光伏发电系统来说，在并网光伏发电系统中使用的是有源逆变器，在离网光伏发电系统中使用的是无源逆变器。

在光伏发电系统中还可将逆变器分为离网逆变器和并网逆变器。

在并网逆变器中，又可根据光伏组件或方阵接入方式的不同，分为集中式逆变器、组串式逆变器、微型（组件式）逆变器和双向储能逆变器等。

### （二）光伏逆变器的电路结构

逆变器主要由半导体功率器件和逆变器驱动、控制电路两大部分组成。随着微电子技术和电力电子技术的迅速发展，新型大功率半导体开关器件和驱动、控制电路的出现促进了逆变器的快速发展和技术完善。目前的逆变器多数采用功率场效应晶体管（VMOSFET）、绝缘栅双极型晶体管（IGBT）、MOS 控制晶体管（MGT）、MOS 控制晶闸管（MCT）、静电感应晶体管（SIT）以及智能功率模块（IPM）等多种先进且易于控制的大功率器件，控制逆变驱动电路也从模拟集成发展到单片机控制，甚至采用数字信号处理器（DSP）控制，使逆变器向着高频化、节能化、可控化、集成化和多功能化方向发展。

逆变器的基本电路构成如图 1-28 所示。其主要由输入升压电路、逆变转换电路（简称逆变电路）、控制电路、输出电路、辅助电路和保护电路等构成，各电路作用如下。

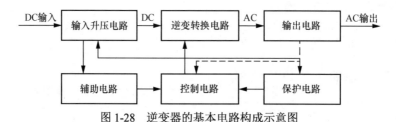

图 1-28　逆变器的基本电路构成示意图

（1）输入升压电路。输入升压电路的主要作用就是为主逆变电路提供可确保其正常工作的直流工作电压。光伏发电的直流电能经过输入电路滤波后进入升压电路，带 MPPT 功能的输入电路将保证光伏组件或方阵产生的直流电能最大限度地被逆变器所使用。输入电路同时为逆交器提供绝缘阻抗、输入电流、输入电压的检测装置。升压电路通过半导体开关器件的导通与关断完成升压过程，由控制电路提供脉冲控制信号。

（2）逆变转换电路。逆变转换电路是逆变器的核心，它的主要作用是通过半导体开关器的导通和关断完成逆变的功能，把升压后的直流电压转换成交流电压和电流。逆变电路可分为隔离式和非隔离式两大类。

逆变器根据逆变转换电路工作频率的不同可分为工频逆变器和中、高频逆变器。工频逆变器首先把直流电逆变成工频低压交流电，再通过工频变压器升压成 220V/50Hz 或 380V/50Hz 的交流电供负载使用。工频逆变器的优点是结构简单，各种保护功能均可在较低电压下实现，因其逆变电源与负载之间有工频变压器存在，故逆变器运行稳定、可靠，过载能力和抗冲击能力强，并能够抑制波形中的高次谐波成分。但是工频变压器存在笨重和价格高的问题，而且其效率也比较低，一般不会超过 90%，同时因为工频变压器在满载和轻载下运行时铁损基本不变，高频逆变器首先通过高频 DC–DC 变换技术，将低压直流逆变为高频低压交流电，然后经过高频变压器升压，再经过高频整流滤波电路整流成 360V 左右的高压直流电，最后通过工频逆变电路得到 220V 或 380V 工频交流电供负载使用。由于逆变器采用的是体积小、重量轻的高频磁性材料，因而大大提高了电路的功率密度，使逆变电源的空载损耗很小，逆变效率提高。因此在一般用电场合，特别是造价较高的光伏发电系统，首选高频逆变器。

（3）输出电路。输出电路主要是对主逆变电路输出的交流电的波形、频率、电压、电流幅值和相位等进行修正、补偿、调理，再经过滤波后，将符合要求的交流电馈入电网。输出电路同时含有电网电压检测、输出电流检测、接地故障漏电保护和输出隔离继电器等电路装置。

（4）保护电路。保护电路主要是监测逆变器运行状态，并在出现异常时，触发内部保护元件实施保护。保护电路包括输入过电压、欠电压保护，输入过流保护，输出过电压、欠电压保护，以及输出限流保护、电网电压保护、电网频率保护、防孤岛保护、防雷保护、对地绝缘保护、漏电流保护等。

（5）控制电路。控制电路主要是为直流升压电路和主逆变电路提供一系列的控制脉冲来控制逆变器开关器件的导通与关断，配合主逆变电路完成逆变功能。控制电路控制逆变器的运行，还通过显示电路及显示屏显示逆变器的运行状况；当设备出现异常时，显示屏显示故障代码，同时根据需要控制保护电路触发输出继电器，使逆变器的交流输出安全脱离电网，保护逆变器内部元器件免受损坏。

（6）辅助电路。辅助电路主要是将输入电压变换成适合控制电路工作的直流电压。辅助电路还包含了多种检测电路。

## 二、光伏逆变器的电路原理

### （一）逆变器的工作原理

逆变器的工作原理是通过功率半导体开关器件的导通和关断作用，将直流电能变换成交流电能。单相逆变器的基本电路包括半桥式和全桥式等。在电路中使用具有开关特性的半导体功率器件，由控制电路周期性地对功率器件发出开关脉冲控制信号，控制各个功率器件轮流导通和关断，再经过变压器耦合升压或降压后，整形滤波输出符合要求的交流电。

### （二）并网型光伏逆变器的控制技术及电路原理

并网型光伏逆变器是并网光伏发电系统的核心部件。与离网型光伏逆变器相比，并网型光伏逆变器不仅要将光伏组件发出的直流电转换为交流电，还要对交流电的电压、电流、频率、相位与同步等进行控制，也要解决对电网的电磁干扰、自我保护、单独运行和孤岛效应以及最大功率跟踪等技术问题，因此对并网型光伏逆变器要有更高的技术要求。

1. 并网型光伏逆变器的技术要求

光伏发电系统的并网运行，对逆变器提出了较高的技术要求，具体如下：

（1）要求系统能根据日照情况和规定的日照强度，在光伏方阵发出的电力能有效利用的限制条件下，对系统进行自动启动和关闭。

（2）要求逆变器必须输出正弦波电流。光伏系统馈入公用电网的电力，必须满足电网规定的指标，如逆变器的输出电流不能含有直流分量，高次谐波必须尽量减少，不能对电网造成谐波污染。

（3）要求逆变器在负载和日照变化幅度较大的情况下均能高效运行。光伏系统的能量来自太阳能，而日照强度随着气候而变化，所以工作时输入的直流电压变化较大，这就要求逆变器在不同的日照条件下都能高效运行。同时要求逆变器本身也要有较高的逆变效率，一般中、小功率逆变器满载时的逆变效率要求达到 88%～93%，大功率逆变器满载时的逆变效率要求达到 95%～99%。

（4）要求逆变器能使光伏方阵始终工作在最大功率点状态。光伏组件的输出功率与日照强度、环境温度的变化有关，即其输出特性具有非线性关系。这就要求逆变器具有最大功率点跟踪控（MPPT）功能，即不论日照、温度等如何变化，都能通过逆变器的自动调节实现光伏组件阵的最大功率输出，这是保证太阳能光伏发电系统高效率工作的重要环节。

（5）要求具有较高的可靠性。许多光伏发电系统处在边远地区和无人值守与维护的状态，这就要求逆变器具有合理的电路结构和设计，具备一定的抗干扰能力、环境适应能力、瞬时过载保护能力以及各种保护功能，如输入直流极性接反保护、交流输出短路保护、过热保护、过载保护等。

（6）要求有较宽的直流电压输入适应范围。光伏组件及方阵的输出电压会随着日照强度、气候条件的变化而变化。对于接入蓄电池的并网光伏系统，虽然蓄电池对光伏组件输出电压具有一定的钳位作用，但由于蓄电池本身电压也随着蓄电池的剩余电量和内阻的变化而波动，特别是不接蓄电池的光伏系统或蓄电池老化时的光伏系统，其端电压的变化范围很大。例如，接 12V 蓄电池的光伏系统，它的端电压会在 11～17V 之间变化。这就要求逆变器必须在较宽的直流电压输入范围内都能正常工作，并保证交流输出电压的稳定。

（7）测自网功能。并网型光伏逆变器在并网发电之前，需要从电网上取电，检测电网的电压、频率、相序等参数，然后调整自身发电的参数，与电网的参数保持同步一致，然后才会进入并网发电状态。

（8）要求在电力系统发生停电时，并网光伏系统既能独立运行，又能防止孤岛效应，能快速检测并切断向公用电网的供电，防止触电事故的发生。待公用电网恢复供电后，逆变器能自动恢复并网供电。

（9）要求具有零（低）电压穿越功能。当电网系统发生事故或扰动现象，引起光伏发电系统并网点电压出现电压暂降时，在一定的电压跌落范围和时间间隔内，逆变器要能够保证不脱网连续运行，甚至需要逆变器向电网注入适量的无功功率以帮助电网尽快恢复稳定。

（10）要求具有数据采集功能。主要采集光伏逆变器和光伏方阵等设备的实时运行数据，并对系统运行状态进行实时记录。数据采集系统一般要求具备以下功能：

1）相关范围光伏发电系统输出的电压、电流、频率、总功率值等，三相电压的不平衡度，逆变器的各种工作状态、故障信息，各接入光伏方阵的输出电压、电流。

2）能够执行按指定地址切断逆变器的输出、切断光伏方阵的输出等操作指令。

3）能够将采集的系统数据和故障信息进行存储，可进行人工查阅，并能以数据报表的形式进行打印。

2. 并网型光伏逆变器的控制电路原理

（1）三相并网型光伏逆变器的控制电路原理。三相并网型光伏逆变器的输出电压一般为交流 380V 或更高电压，频率为 50Hz/60Hz，其中 50Hz 为中国和欧洲标准，60Hz 为美国和日本标准。三相并网型光伏逆变器多用于容量较大的光伏发电系统，输出波形为标准正弦波，功率因数接近 1.0。

三相并网型光伏逆变器的控制电路原理，分为主电路和微处理器电路两个部分。其中，主电路主要完成 DC-DC-AC 的变换和逆变过程。

微处理器电路主要完成系统并网的控制过程。系统并网控制的目的是使逆变器输出的交电压值、波形、相位等维持在规定的范围内，因此，微处理器控制电路要完成电网、相位实时检测，电流相位反馈控制，光伏方阵最大功率跟踪以及实时正弦波脉宽调制信号发生等内容。其具体工作过程：公用电网的电压和相位经过霍尔电压传感器送给微处理器的 A/D 转换器，微处理器将回馈电流的相位与公用电网的电压相位做比较，其误差信号通过 PID 运算器运算调节后送脉宽调制器（PWM），这就完成了功率因数为 1 的电能回馈过程。微处理器完成的另一项主要是实现光伏方阵的最大功率输出。光伏方阵的输出电压和电流分别由电压、电流传感器检测并相乘，得到方阵的输出功率，然后调节 PWM 输出占空比。这个占空比的调节实质上就是调节回馈电压的大小，从而实现最大功率寻优。当 $U$ 的幅值变化时，回馈电流与电网电压之间的位角 $\phi$ 也将有一定的变化。由于电流相位已实现了反馈控制，因此自然实现了相位有幅值的解耦控制，使微处理器的处理过程更简便。

（2）单相并网型光伏逆变器的控制电路原理。单相并网型光伏逆变器的输出电压为交流 220V 或 110V 等，频率为 50Hz，波形为正弦波，多用于小型的户用系统。单相并网型光伏逆变器的逆变和控制过程与三相并网型光伏逆变器基本类似。

（3）并网型光伏逆变器孤岛运行的检测与防止。在光伏并网发电过程中，由于光伏发电系统与电力系统并网运行，光伏发电系统不仅向本地负载供电，还要将剩余的电力输送到电网。当电网系统由于电气故障、人为或自然因素等发生异常而中断供电时，如果光伏发电系统不能随之停止工作或与电网系统脱开，则会向电网输电线路继续供电，这种运行状态被形象地称为"孤岛运行"。特别是当光伏发电系统的发电功率与负载用电功率平衡时，即使电网系统断电，光伏发电系统输出端的电压和频率等参数也不会快速随之变化，使光伏发电系统无法正确判断电网系统是否发生故障或中断供电，因而极易导致孤岛运行现象的发生。

孤岛运行会产生严重的后果。当电网发生故障或中断供电后，由于光伏发电系统仍然继续给电网供电，会威胁到电力供电线路的修复及维修作业人员和设备的安全，造成触电事故。不仅妨碍了停电故障的检修和正常运行的尽快恢复，而且会因为电网不能控制孤岛供电系统的电压和频率，使电压幅值的变化及频率的漂移给配电系统及一些负载设备造成损害。因此为了确保维修作业人员的安全和电力供电的及时恢复，当电力系统停电时，必须使光伏发电系统停止运行或与电力系统自动分离（某些光伏发电系统可以自动切换成独立供电系统继续运行，为应急负载和必要负载供电）。当越来越多的光伏发电系统并于电网时，发生孤岛运行的概率就越高，所以必须有相应的对策来解决孤岛运行的问题。

在逆变器电路中，检测出光伏系统孤岛运行状态的功能称为孤岛运行检测。检测出孤岛运行状态，并使光伏发电系统停止运行或与电力系统自动分离的功能就叫孤岛运行停止或孤岛运行防止。

孤岛运行检测功能可分为被动式检测和主动式检测两种方式。

1）被动式检测方式。当电网发生故障而断电时，逆变器的输出电压、输出频率、电压相位和谐波都会发生变化，被动式检测方式就是通过实时监视电网系统的电压、频率、相位和谐波的变化，检测因电网电力系统停电使逆变器向孤岛运行过渡时的电压波动、相位跳动、频率变化和谐波变化等，检测出孤岛运行状态。

被动式检测方式包括电压相位跳跃检测法、频率变化率检测法、电压谐波检测法、输出功率变化率检测法等，其中电压相位跳跃检测法较为常用。

电压相位跳跃检测法的检测过程：周期性地测出逆变器的交流电压周期，如果周期的偏移超过某设定值时，则可判定为孤岛运行状态。此时使逆变器停止运行或脱离电网运行。通常与电力系统并网的逆变器是在功率因数为1（即电力系统电压与逆变器的输出电流同相）的情况下运行，逆变器不向负载供给无功功率，而由电力系统供给无功功率。但孤岛运行时电力系统无法供给无功功率，逆变器不得不向负载供给无功功率，其结果是使电压的相位发生骤变。检测电路检测出电压相位的变化，判定光伏发电系统处于孤岛运行状态。

被动式检测方式的优点是不向电网加干扰信号，不会造成电网污染，也没有能量损耗。不足之处是当逆变器的输出功率正好与局部负载功率平衡时就很难检测出孤岛运行的发生。因此被动式检测方式存在局限性和较大的检测盲区。

2）主动式检测方式。主动式检测方式是由逆变器的输出端主动向电网系统发出电压、频串或输出功率等变化量的扰动信号，并观察电网是否受到影响，根据参数变化检测出是否处于孤岛运行状态。在电网正常工作时，由于电网是一个很大的电压源，对扰动信号具有平衡和吸收作用，所以检测不到这些扰动信号，当电网发生故障停电时，逆变器输出的扰动信号就会形成超标的频率和电压信号而被检测到。

主动式检测方式包括频率偏移方式、有功功率变动方式、无功功率变动方式以及负载变动方式等，较常用的是频率偏移方式。

根据 GB/T 19939—2005《光伏系统并网技术要求》中的规定，光伏发电系统并网时应与电网同步运行，电网额定频率为 50Hz，光伏发电系统并网后的频率允许偏差为±0.5Hz，当超出频率范围时，必须在 0.2s 内动作，将光伏发电系统与电网断开。

频率偏移方式的工作原理：该方式是根据孤岛运行中的负载状况，使光伏发电系统输出的交流电频率在允许的变化范围内变化，根据系统是否跟随其变化来判断光伏发电系统是否处于孤岛运行状态。例如，使逆变器的输出频率相对于系统频率做±0.1Hz的波动，在与系统并网时，此频率的波动会被系统吸收，所以系统的频率不会改变。当系统处于孤岛运行状态时，此频率的波动会引起系统频率的变化，根据检测出的频率可以判断为孤岛运行。一般当频率波动持续 0.2s 以上时，则逆变器会停止运行或与电力电网脱离。

主动式检测方式精度高、检测盲区小，但是控制复杂，而且降低了逆变器输出电能的质量。目前更先进的检测方式是被动式检测方式与主动式检测方式相结合的组合检测方式。

（4）并网型光伏逆变器的开关结构类型。并网型光伏逆变器的成本一般来说占整个光伏发电系统总成本的 10%～15%，而并网型光伏逆变器的成本主要取决于其内部的开关结构类型和功率电子部件，目前的并网型光伏逆变器一般包括以下 3 种开关结构类型。

1）带工频变压器的逆变器。这种开关结构类型的逆变器通常由功率晶体管（如 MOSFET）构成的单相逆变桥和后置工频变压器两部分组成，工频变压器既可以轻松实现与电网电压的匹配，又可以起到 DC-AC 隔离作用。采用工频变压器技术的逆变器工作非常稳定可靠，且在低功率范围有较好的经济性。这种结构的缺点是体积大、笨重，逆变效率相对较低。

2）带高频变压器的逆变器。使用高频电子开关电路可以显著减小逆变器的体积和重量。这种开关结构类型由一个将直流电压升至 300 多伏的直流变换器和由 IGBT 构成的桥式逆变电路组成。高频变压器比工频变压器的体积、重量都小许多，如一个 2.5kW 逆变器的工频变压器重约 20kg，而相同功率逆变器的高频逆变器只有约 0.5kg。这种结构类型的逆变器工作效率较高，缺点是高频开关电路及部件的成本也较高，甚至还要依赖进口。但总体衡量成本劣势并不明显，特别是高功率应用有相对较好的经济性。

3）无变压器的逆变器。这种开关结构类型因为减小了变压器环节带来的损耗，因而有相对较高的转换效率，但抗干扰及安全措施的成本将提高。

# 第四节　光伏发电其他设备

## 一、直流汇流箱

光伏直流汇流箱是指将光伏组串连接并配有必要的保护器件，实现光伏组串间并联的箱体。由于光伏直流汇流箱布置在户外，一般要求防护等级在 IP65 以上。

光伏直流汇流箱组串输入侧一般采用熔断器作为保护器件，输出侧采用直流断路器作为保护器件，在直流母排上加装防雷器。直流汇流箱的基本电路构成如图 1-29 所示。

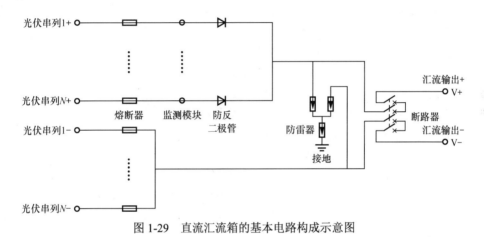

图 1-29　直流汇流箱的基本电路构成示意图

## 二、交流汇流箱

太阳能光伏系统的交流配电单元主要通过交流汇流箱给逆变器提供并网接口，配置输出交流断路器直接供交流负载使用，另外还含有（市电或发电机）网侧断路器、光伏防雷模块、逆变器输出计量电能表（可带 RS-485 接口），交流电网侧配置电压、电流表等测量仪表等，方便系统管理。

光伏交流汇流箱常用于组串式逆变器的光伏发电系统，安装于逆变器交流输出侧和并网点/负载之间。内部配置有输入断路器、输出断路器、交流防雷器，可选配智能监控仪表（监测系统电压、电流、功率、电能等信号）。

交流汇流箱的主要作用：汇流多个逆变器的输出电流，同时保护逆变器免受来自交流并网侧/负载的危害，作为逆变器输出断开点，提高系统的安全性，保护安装维护人员的安全性。

## 三、升压变压器

小容量的分布式光伏发电系统一般均采用用户侧直接并网的方式，接入电压等级为 0.4kV 的低压电网，以自发自用为主，不向中高压电网馈电。容量为几百千瓦以上的分布式光伏发电站往往需要并入中高压电网，逆变器输出的电压必须升高到跟所并电网的电压一致，才能实现并网和电能的远距离传输。实现这一功能的升压设备主要是升压变压器以及由升压变压器和高低压配电系统组合而成的箱式变电站。

光伏电站使用的升压变压器是将逆变器输出的低压交流电升压到并网点处高压交流电的升压设备,升压变压器从相数上可分为单相和三相变压器;从结构上可分为双绕组、三绕组和多绕组变压器;从容量大小上可分为小型(630kVA及以下)、中型(800~6300kVA)、大型(8000~63000kVA)变压器和特大型(90000kVA及以上)变压器;从冷却方式上可分为干式变压器和油浸式变压器,两者的冷却介质不同,后者是以变压器油作为冷却及绝缘介质,前者是以空气作为冷却介质。油浸式变压器是把由铁芯和绕组组成的器身置于一个盛满变压器油的油箱中。干式变压器是把铁芯和绕组用环氧树脂浇注包封起来,也有用特殊的绝缘纸再浸渍专用绝缘漆的非包封式的绕组等,起到防止绕组或铁芯受潮的作用。

干式变压器因为没有变压器油,大多应用在需要防火防爆的场所,如大型建筑、高层建全等,可安装在负荷中心区,以减少电压损失和电能损耗。但干式变压器价格高、体积大、防潮防尘性差,而且噪声大。而油浸式变压器造价低、维护方便,但是可燃、可爆,万一发生事故会造成变压器油泄漏、着火等,大多应用在室外场合。干式变压器具有轻便、易搬运的特点,油浸式变压器具有容量大、负载能力强和输出稳定的优势。

油浸式升压变压器一般为整体密封结构,没有储油柜。变压器在封装时采用真空注油工艺,完全去除了变压器中的潮气,运行时变压器油不与大气接触,可有效地防止空气和水分浸入变压器而使变压器绝缘性能下降或变压器油老化,变压器箱体要具有良好的防腐能力,要能有效地防止风沙和沿海盐雾的侵蚀。

变压器器身与冷却油箱应紧密配合,并有固定装置。高低压引线全部采用软连接,分接引线与无载分接开关之间采用冷压焊接并用螺栓紧固,其他所有连接(绕组与后备熔断器、插入式熔断器、负荷开关等)都采用冷压焊接,紧固部分带有自锁防松措施,变压器能够承受长途运输的震动和颠簸,到达用户安装现场后无需进行常规的吊芯检查。

升压变压器低压侧一般采用断路器自带保护,高压侧一般采用负荷开关加熔断器,作为过载及短路保护。

## 四、光伏线缆与连接器

在光伏发电系统中,除了主要设备如光伏组件、逆变器、升压变压器等外,配套连接的光伏线缆材料对光伏电站系统运行的安全性、高效性及整体盈利的能力,同样起着至关重要的作用。

光伏线缆是连接系统设备、进行电力传输和保障系统安全运行的重要部件,所以其也被称为输送能量的血脉。

光伏电缆一般型号为PV1-F,是适用于室内外太阳能装置设备的电器安装用线。PV1-F光伏电缆具有优越的防紫外线、耐热、耐寒、耐紫外线照射、耐臭氧、耐水解、耐酸、耐盐腐蚀的能力,以及全天候能力和耐磨损能力。

光伏连接器,又称MC4或者H4,其组成如图1-30所示。光伏连接器的主要作用是实现接线盒、汇流箱、组件和逆变器之间的快速连接。在光伏系统中,光伏连接器占比很小,但如果不注意选型、加工和考虑兼容性,则很

图1-30　连接器组成示意图

容易出现故障。据统计，在电站各种故障中，连接器损坏或烧毁造成的发电量损失排在第 2 位。

## 五、光伏发电系统的检测系统

光伏发电系统的检测系统是企业针对光伏发电系统开发的管理服务软件平台，可对光伏组件方阵、直流/交流汇流箱、逆变器、交直流配电柜、升压变压器等各种设备及电站周边环境、气象状况等进行实时监测和控制。系统监测装置通过各种样式的图表及数据快速掌握光伏系统的运行情况，用友好的用户界面、强大的分析功能、完善的故障报警确保光伏发电系统的安全可靠和稳定运行。小型并网光伏发电系统可配合逆变器对系统进行实时持续的监视记录和控制、系统故障记录与报警以及各种参数的设置，还可通过有线或无线网络进行远程监控和数据传输。中大型并网光伏发电系统的管理平台则要通过现代化物联网技术、人工智能及云端大数据分析技术等实现光伏发电系统的智能化数据监测和运维管理。

光伏发电系统监测装置一般具有下列功能。

1. 实时监测功能

（1）可实时采集、监测并显示光伏发电系统的当前发电总功率、日总发电量、累计总发电量、累计 $CO_2$ 总减排量等数据。

（2）可实时采集、查看并显示每台逆变器的运行参数，如逆变器直流侧的直流电压、电流和功率；交流侧的交流电压、电流、功率和频率；交流侧的有功功率、无功功率、视在功率及功率因数的大小；单台逆变器的日发电量、累计发电量、累计 $CO_2$ 减排量、日运行时间、总运行时间、每日发电功率曲线等。

（3）通过光伏电站配备的环境检测系统，可实时采集和显示环境温度、环境湿度、风向风速、组件温度、太阳辐射强度等参数。

（4）可实时采集并显示智能直流汇流箱工作状态及输入到汇流箱的各光伏组串支路的输入电流。

（5）可对箱式变压器及电能质量监测仪的运行数据进行查询和显示。

2. 故障信息的存储和查看功能

当光伏发电系统出现故障时，监控系统可存储和查看发生故障的相关信息、发生故障的原因及发生故障的时间。可存储和查看的故障信息主要包括：电网电压过高或过低；电网频率过高或过低；直流侧电压过高或过低；逆变器过载、过温或短路；逆变器风扇故障及散热器过热、逆变器孤岛运行、逆变器软启动故障等；系统紧急停机、通信失败、环境温度过高等。

3. 历史数据查询功能

如气象仪数据查询、逆变器数据查询、汇流箱数据查询、箱式变压器数据查询、开关柜数据查询、电能质量监测仪数据查询、智能电能表数据查询等。

4. 日常报表的统计

通过监测系统可以获得发电量报表、逆变器运行日报表、周报表、月报表等。

5. 运行图表分析

通过监测系统可以获得发电量与辐射量对比分析图表、光伏方阵输出功率与太阳辐射强度对比图表、日负荷曲线图表等。

# 第二章 光伏发电设备运维

## 第一节 光伏发电设备运维一般规定

### 一、运行规定

#### （一）光伏组件

（1）光伏组件在运行中不得有物体长时间遮挡。

（2）光伏组件表面出现玻璃破裂或热斑、背板灼焦、颜色明显变化、光伏组件接线盒变形扭曲开裂或烧损、接线端子无法良好连接时，应及时进行更换。

（3）定期对每一串光伏组件的电流进行监测，对偏离值较大的需查明原因。

（4）在大风过后需对子阵光伏组件进行一次全面巡回。

（5）巡回过程中尽量不要接触接线插头及组件支架，如需进行工作必须接触接线插头及组件支架时，工作人员需要使用绝缘工器具，方可进行工作。

（6）光伏组件、汇流箱、直流配电柜运行中，正极、负极严禁接地。

#### （二）直流配电柜

（1）正常运行时，直流配电柜所有支路开关闭合。

（2）当直流汇流箱设备故障退出运行时，则相应直流配电柜支路开关拉开。

（3）当直流配电柜内任一支路开关跳闸时，应查明原因方可合闸。

（4）直流配电柜内直流开关损坏需更换时，相应逆变器退出运行，拉开逆变器交直流侧开关。

（5）拉开支路汇流箱内开关。

（6）直流汇流箱正极对地、负极对地的绝缘电阻应大于 $1M\Omega$。直流汇流箱内熔断器更换时需更换同容量的熔断器，不得随意更改。

#### （三）直流汇流箱

（1）投切汇流箱熔断器时，工作人员必须使用绝缘工具，防止人身触电。

（2）在汇流箱进行工作时，须取下汇流箱各支路熔断器及断开连接的电池组串，断开直流配电柜对应的开关，并悬挂标示牌。

（3）进行电池板维护工作时，太阳能组件边框必须牢固接地；在相同的外部条件下，同一光伏组件表面温度差异应小于20℃；在相同的外部条件下，测量接入同一汇流箱的组件的输入电流，其偏差不应超过5%。工作人员工作时，应使用绝缘工具。防止人身触电。

（4）发生直流柜开关跳闸时，应对相应的汇流箱和电缆进行检查，测量绝缘正常后方可合闸送电。

### （四）逆变器

（1）逆变器并网运行时有功功率不得超过所设定的最大功率。当超出设定的最大功率时，应查明原因，设法恢复到规定功率范围内，如无法恢复，将逆变器停机。

（2）当逆变器并网运行，系统发生扰动后，逆变器将自动解列，在系统电压、频率未恢复到正常范围之前，逆变器不允许并网。当系统电压、频率恢复正常后，逆变器需要经过一个可延时时间后才能重新并网。由于所选逆变器厂家不同，逆变器重启时间有所差异。

（3）逆变器正常运行时不得更改逆变器任何参数。

（4）逆变器由于某种原因退出运行，再次投入运行时，应检查直流电压及电流变化情况。

（5）逆变器在运行中，必须保证逆变器功率模块风机运行正常，室内通风良好，禁止关闭或堵塞进、出风口。

（6）应定期对逆变器设备进行清扫工作，保证逆变器在最佳环境中工作。

（7）逆变器在关机20min后，方可打开柜门工作。在进行逆变器逆变模块维护工作时，在逆变器模块拔出5min后，方可进行模块的维护工作。工作结束10min后，方能重新插入机柜。

（8）逆变器自动并网，无需人为干预。输入电压在额定的直流电压范围、电网电压在正常工作范围时自动并网。

（9）逆变器自动解列，无需人为干预。输入直流电压超出额定的直流电压范围、电网电压异常时自动解列。

### （五）箱式变压器

（1）箱式变压器压力释放器在运行中产生非常压力时，释放器自动释放；油箱压力正常后，释放器的阀盖应自动的封闭。如释放器动作，阀盖就把指示杆顶起，须手动压复位，此时微动开关动作，必须扳动扳手使机械复位，以备下次动作再发信号。释放器触点宜作用于跳闸。

（2）箱式变压器有下列情况时应立即停运。

1）内部响声很大且不均匀，并伴有爆裂、电击声。

2）油温超过105℃。

3）负荷及冷却装置正常时，温度不正常且上升很快。

4）变压器严重漏油，油面急剧下降。

5）压力释放器动作。

6）套管有严重裂纹、破坏和放电。

### （六）箱式干式变压器

箱式干式变压器除遵守油浸式变压器的相关规定外，还应遵守以下规定：

（1）绕组温度高于温控器启动值时，应自动启动风机。

（2）绕组温度达到温控器超温值时，应发出"超温"报警信号，绕组温度超过极限值时，应自动跳开电源断路器。

（3）定期检查变压器冷却系统及风机的紧固情况，检查风道是否畅通。

（4）变压器室内通风良好，环境温度满足技术条件要求。

（5）箱式干式变压器投运前应投入保护和温度报警。

（6）定期更换冷却装置的润滑脂。

（7）定期进行变压器单元的清扫。

（8）定期进行测温装置的校验。

## 二、组件清洗规定

### （一）清洗原则

（1）光伏组件在运行中应保持表面清洁，光伏组件出现污物时必须对电池组件进行清洗，以保证电池组件的转换效率。

（2）目测电池板表面较脏时安排清洗。

（3）同一时间用高精度直流电能表实时测量 2 个组串的电量及 2 个清洗后的组串的电量，两个电量的对比值相差不小于 4%。

（4）清洗电池板时应用清水，不得使用锐利物件进行刮洗，以免划伤表面。不得使用腐蚀性溶剂冲洗擦拭。

### （二）清洗方式

（1）环境温度较高时，宜采用清水清洗的方式。压力水流清洁时，组件玻璃表面的水压不得超过光伏组件厂家规定范围。

（2）环境温度较低时，宜采用人工超细纤维擦洗的方式。超细纤维抹布必须及时更换，避免伤及组件。

### （三）清洗注意事项

（1）严禁清洗组件背面。

（2）组件严禁承受额外的外力。

（3）防止机械等外力碰压电池组件。

（4）电池板组件不可使用压力风吹扫，防止风压致组件损坏。

### （四）清洗验收项目

（1）目视电池板整体外观清洁、明亮、无污渍。

（2）抽样检查电池板表面无积灰。

（3）用手轻轻触摸电池板表面无粉尘未处理干净。

（4）达到距组件 1.5m 内看不到电池板有尘土。

（5）抽查组串电流，同辐照量下对比组串电流升高百分数。

（6）做好清洗前后逆变器电流、电压、功率对比表，检查清洁效果，确定实际提高百分数。

## 三、电站设备维护规定

### （一）日常维护要求

（1）日常维护要做好工器具和备件、人员和车辆等的准备工作；维护前做好安全措施，严格按照工艺要求、质量标准、技术措施进行工作；维护完成后应做到工完场清，认真填写好检修交代。

（2）日常维护工作应结合资源情况安排。

（3）日常维护可结合定期维护、年度定检完成。

### （二）日常维护内容

（1）金属支架螺栓松动和焊缝开裂及时处理，表面防腐涂层出现开裂或脱落现象及时补刷等。

（2）光伏组件定期清洗表面，保证组件间接线头连接良好无开路，组件无法正常工作及时更换等。

（3）汇流箱内部损坏元器件及时更换，防火泥脱落应及时处理，定期用热成像仪对其测温，发现温度异常及时处理等。

（4）直流柜发现接线端子松动、腐蚀现象，及时处理，定期清扫，定期用热成像仪对其测温，发现温度异常及时处理等。

（5）逆变器内部损坏元器件及时更换，通风口有异物堵塞时及时清理，定期清灰处理等。

（6）箱式变压器定期开展油位观察、油质检测和更换工作，定期清灰等。

（7）气象站环境监测系统定期清洗采集器的灰尘，检查牢固程度等。

（8）电缆定期对其温度和绝缘阻值进行测试，定期清理室外电缆井内的堆积物、垃圾，发现外皮破损及时处理。

（9）通信系统对数据丢失、数据不准等情况及时处理，定期开展现场与控制室后台汇流支路电流的对比工作。

### （三）定期维护要求

（1）应制定设备（设施）定期维护项目并逐年完善；定期项目应逐项进行，对所完成的维护检修项目应记入维修记录中，并存档管理，长期保存；定期维护必须进行较全面（包括跟踪式）的检查、清扫、试验、测量、检验、注油润滑和修理，清除设备和系统的缺陷，更换已到期的需定期更换的部件。

（2）定期维护具有固定周期，一般为半年、一年，一些特殊项目为三、五年。

（3）定期维护开工前，必须做好各项准备工作，并进行复查。

（4）定期维护施工阶段应根据检修计划要求，做好以下各项组织工作：检查各项安全措施，确保人身和设备安全；严格执行各项质量标准、工艺措施，保证检修质量。

（5）严格执行维护的有关规程与规定。各种维护技术文件齐全、正确、清晰，定期维护现场整洁。

（6）定期维护过程中，应及时做好记录。记录的主要内容包括设备技术状况、维护内容、测量数据和试验结果等。所有记录应做到完整、正确。

（7）定期维护完成后应编制定期维护报告。

### （四）年度定检要求

（1）包括一、二次设备和绝缘工具定检及计量表计的校验。

（2）按照电力行业规程规范及时定检。

（3）做好的台账管理工作。

## 四、电站设备检修规定

### （一）电站检修基本要求

（1）光伏发电站的检修应严格按照《电力安全工作规程　变电部分》《电力安全工作规程　线路部分》《光伏发电站安全规程》《光伏发电站运行规程》《光伏发电站逆变器检修维护规程》《光伏组件检修规程》《光伏发电站监控系统技术要求》《电力变压器检修导则》和《气体绝缘金属封闭开关设备运行维护规程》中的要求执行检修工作。

（2）设备检修时，应根据情况合理安排，避开大风、雷雨等天气，以避免在发电高峰期安排汇流箱和逆变器的停运检修工作。

（3）应做好以下检修管理的基础工作：

1）做好技术资料的管理工作，应整理和收集原始资料，建立技术档案、设备台账、设备缺陷统计台账、检修台账及设备变更记录等，实行分级管理，明确各级职责。

2）设备检修维护后应做好相关记录，并存档。对检修维护中发现的设备缺陷、故障隐患应详细记录。

3）做好检修工具、机具、仪器仪表的管理和维护工作。

4）做好备品备件的管理工作。

5）检修维护中所使用的配件及主要损耗材料应满足国家相关产品技术标准，满足现场技术要求；配件更换的周期参照设备技术要求执行。

（4）检修应达到的基本目标：

1）检修中严格执行安全规程，做到文明施工、安全作业，不发生人身伤害和设备损坏事故。

2）设备检修后，做到消除设备缺陷隐患，设备状态满足运行要求并优于检修前状态。

3）完成全部规定的标准检修项目和非标准检修项目，保证检修任务在计划时间内完成。

4）检修应达到检修计划要求，检修费用不超过批准的限额。

5）严格执行检修的有关规程与规定。

6）各种检修技术文件齐全、正确、清晰。

7）检修结束后，要做到"工完、料净、场地清"。

### （二）电站设备台账、资料要求

（1）建立设备缺陷统计台账。

（2）建立工器具管理台账。

（3）建立设备异动记录台账清单。

（4）建立各类技术监督报表、设备巡检记录、设备试验台账。

（5）建立消耗物资登记使用记录、设备说明书、设备技术规范和设备用户手册。

## （三）检修项目

1. 光伏组件

（1）检查电池组件封装面完好，背面引出线密封性良好。

（2）检查组件与组件、组件与电缆之间的连接良好，绝缘包扎是否紧密。

（3）检查组件钢化玻璃无裂纹，背板完整无起包现象，电池片颜色一致无明显变色。

（4）检查支架间的焊接及各螺栓连接点牢固，支架有无变形。

（5）对地基下陷的组件支架进行地基加固处理。

（6）支架的接地装置应每年进行一次防雷接地检测试验。

2. 电缆

（1）检查电缆各部分有无机械损伤，电缆外层钢铠有无锈蚀。

（2）检查电缆终端头接地连接是否良好。

（3）检查电缆接线端子与设备的连接是否可靠，有无过热及松动现象。

（4）清扫电缆终端头表面脏污，检查有无电晕放电痕迹。

（5）检查电缆终端头瓷套管有无裂纹及放电痕迹。

（6）检查电缆终端头有无漏油、漏胶现象，有无水分、变质及空隙。

3. 逆变器

（1）检查逆变器本体清洁无杂物，电气接点无放电痕迹。

（2）逆变器直流侧接线紧固，母排（线）的各连接点紧固。

（3）检查逆变器电缆、母排（线）的各连接点是否变色。

（4）检查逆变器二次接线是否有松动现象。

（5）测试逆变器内部冷却风机是否运行正常。

（6）检查逆变器本体直流开关触头有无变色。

（7）检查逆变器直流侧电缆孔洞防火封堵是否完整。

4. 直流配电柜

（1）检查功率模块、通信模块是否正常。

（2）紧固直流母线、接地母线、隔离变接线螺栓。

（3）检查母线夹板及支撑件，测试母线相间及对地绝缘，并记录。

（4）检查冷却风机运行状态，清扫滤网。

（5）检查紧固各模块二次接线螺栓及插件。

5. 直流汇流箱

（1）检查汇流箱工作状态及各接线连接正常。

（2）检查每路光伏电池组件串联的直流输入接线是否紧固，输出直流开关、防雷器、熔断器是否完好。

（3）检查汇流箱并联电池组件串联的正负极接线是否正确。

（4）检查测量每路光伏电池组件串联的直流开路电压是否一致。

# 第二节　光伏发电设备巡视

光伏电站设备巡视是运行工作中的重要一环，是保障设备健康水平不发生事故的重要途径；目的是随时掌握运行设备的健康情况，及时发现设备隐患和异常，确保运行中设备和系统能够安全稳定运行。

## 一、设备巡视分类及要求

### 1. 设备巡视分类

（1）正常巡视：值班人员按运行规程所规定的时间和巡视内容对设备进行常规巡视。

（2）特殊巡视：突发事件后和天气不正常时（往往是指轻度地震后，洪水漫溢过，在雷雨、大风、大雪、浓雾等恶劣条件下），待事发后及时对设备做针对性的巡视。在浓雾、细雨天气进行特殊巡视更有必要，有利于查看设备放电情况。

（3）设备正常检修、事故抢修和继电保护动作后应对所涉及的设备作相应的巡视检查。

### 2. 设备巡视要求

（1）巡视要两人同时进行，以便对设备异常情况做到及时发现、随时记录、认真分析、总结汇报。

（2）在巡视中，要严格按照规定的巡视路线行走，严格执行有关规程规定。禁止移动或跨越遮栏，禁止攀登设备，禁止打开柜门，禁止用任何器械去接触运行中设备的带电部位。

（3）雷雨天气，巡视高压设备时，应穿绝缘鞋，不得靠近避雷针和避雷器。

（4）进出高压室、二次设备室、低压等配电室应随手将门关好，以防止小动物进入室内。巡视结束后，应检查门、窗及相应的电源是否关好。

## 二、设备巡视检查内容

### 1. 光伏组件巡视检查

（1）检查电池组件的框架整洁、平整，所有螺栓、焊缝和支架连接牢固可靠，无锈蚀、塌陷。

（2）检查电池组件边框铝型材接口处无明显台阶和缝隙。缝隙由硅胶填满，螺栓拧紧无毛刺；铝型材与玻璃间缝隙用硅胶密封，硅胶涂抹均匀，光滑无毛刺现象。

（3）检查组件表面无污渍、划痕、碰伤、破裂等现象。

（4）检查电池组件运行时背板无发黄、破损、污渍、高温烧穿等现象。

（5）检查电池组件背板设备参数标示无脱落。

（6）检查电池组件商标印刷、电性能参数值符合要求。

（7）检查电池组件引线无交叉，横平竖直、固定牢固。

（8）检查电池组件间连接插头无脱落、烧损现象。

（9）检查电池组件接线盒内汇流带平滑，无虚焊，无发热氧化痕迹。

（10）检查电池组件接线盒螺母是否拧紧；沿导线伸出的竖直方向施加拉力，导线不松脱。

（11）检查电池组件接线盒旁路二极管无烧损。

（12）检查各电池组件接地线良好，无开焊、松动等现象。

（13）检查电池组件板间连线牢固、组串与汇流箱内的连线牢固，无过热及烧损，穿管处绝缘无破损。

（14）检查同一电流或电压的电池板安装在同一子串和子阵，不同规格、型号的组件不应在同一子串和子阵安装。

2．组件支架巡视检查

（1）检查外漏的金属预埋件是否进行了防腐、防锈处理，无腐蚀。

（2）检查混凝土支架基础无下沉或移位。

（3）检查混凝土支架基础无松动脱皮。

（4）检查基础的尺寸偏差在允许偏差范围，基础直径偏差不大于 5%。

（5）检查紧固点牢固，无弹垫未压平的现象。

（6）检测支撑光伏组件的支架构件倾角和方位角符合设计要求。

（7）检查支撑光伏组件的支架构件直线度符合设计要求，弯曲矢高 1/1000 且不应大于 10mm。

（8） 检查固定支架的防腐处理符合设计要求。锌层表面应均匀，无毛刺、过烧、挂灰、伤痕、局部未镀锌（2mm 以上）等缺陷，不得有影响安装的锌瘤。螺纹的锌层应光滑，螺栓连接件应能拧入。

（9）检查底座与基础连接牢固。

（10）检查焊缝平整、饱满及防腐处理良好。

（11）检查子阵支架间的连接牢固，支架与接地系统的连接可靠，电缆屏蔽层与接地系统的连接可靠。

3．直流配电柜巡视检查

（1）检查直流防雷配电柜本体正常，无变形现象。

（2）检查直流防雷配电柜表面清洁无积灰。

（3）检查直流配电柜的门锁齐全完好，照明良好。

（4）检查直流配电柜标号无脱落、字迹清晰准确。

（5）检查直流配电柜柜内无异声、无异味、无放电现象。

（6）检查直流配电柜内电缆连接牢固，无过热、变色的现象，进出线电缆完好无破损、无变色。柜内各连接电缆无过热现象。

（7）检查直流防雷配电柜接地线连接良好。

（8）检查断路器的位置信号是否与断路器实际位置相对应。

（9）检查各支路进线电源开关位置准确，无跳闸脱口现象。

（10）检查各支路进线电源开关保护定值正确，符合运行要求。

（11）检查电流表、电压表指示正常，与逆变器直流侧电压、电流指示基本相等。

（12）对直流配电柜进行巡视检查的同时，接地线连接良好，母线运行正常，无异常声响。通风温度适宜，配电柜旁的安全用具、消防设施齐备合格，配电柜柜身和周围无影响安全运行的异常声响和异常现象，如漏水，掉落杂物等。

4．直流汇流箱巡视检查

（1）检查直流汇流箱各部件正常无变形，安装牢固无松动现象。

（2）检查直流汇流箱外观干净无积灰、设备标号无脱落，设备标号字迹清晰准确。

（3）检查直流汇流箱锁具完好，密封性良好。

（4）直流汇流箱正常运行时各熔断器全部投入，采集板运行正常，防雷器、开关全部投入运行。

（5）检查各元件无过热、异味、断线等异常现象，各电气元件在运行要求的状态。

（6）采集板电源模块运行指示灯亮，各元件无异常。

（7）CPU 控制模块运行指示灯亮，告警指示灯灭。

（8）防雷模块无击穿现象。

（9）各支路熔断器无明显破裂。

（10）检查直流汇流箱的直流开关配置正确，无脱口，保护定值正确。

（11）检查数据采集器指示正常，信号显示与实际工况相符。

（12）直流汇流箱柜体接地线连接可靠；断裂、脱落及时向当班值班负责人汇报并进行处理。

（13）检查直流汇流箱进出线电缆完好，无变色、掉落、松动或断线现象。

5．逆变器巡视检查

（1）检查逆变器外观完整且干净无积灰。

（2）检查逆变器柜门闭锁正常。

（3）逆变器防尘网清洁完整无破损。

（4）设备标识标号齐全、字迹清晰。

（5）检查逆变器内部接线正确、牢固、无松动。

（6）检查逆变器接线排相序正确，螺栓牢固、无松动。

（7）逆变器相应参数整定正确、保护功能投入正确。

（8）逆变器运行时各指示灯工作正常，无故障信号。

（9）检查逆变器运行声音无异常。

（10）检查逆变器一次回路连接线连接紧固，无松动、无异味、无异常温度上升。

（11）检查逆变器液晶显示屏图像、数字清晰。

（12）检查逆变器各模块运行正常，运行温度在正常范围。

（13）检查逆变器直流侧、交流侧电缆无老化、发热、放电迹象。

（14）检查逆变器直流侧、交流侧开关位置正确，无发热现象。

（15）检查逆变器室环境温度在正常范围内，通风系统正常。

（16）检查逆变器工作电源切换回路工作正常，必要时进行电源切换试验。

（17）检查逆变器冷却风扇工作电源切换正常。

（18）用红外线测温仪测量电缆沟内逆变器进出线电缆温度。

（19）检查逆变器各运行参数在规定范围内，重点检查以下运行参数，并核对与后台监控的数据是否一致。

1）直流电压、直流电流、直流功率。

2）交流电压、交流电流。

3）发电功率、日发电量、累计发电量。

4）检查逆变器输出功率与同型号逆变器输出功率的偏差≤3%。

**6．箱式变压器巡视检查**

（1）箱体基础型钢架在运行中不发生变形、塌陷。

（2）混凝土基础不应有下沉或移位，箱体顶盖的倾斜度不小于3°。

（3）基础型钢与主地线连接和将引进箱内的地线连接牢固。

（4）外露的金属预埋件未发生腐锈。

（5）箱式变压器的基础应高于室外地坪，周围排水畅通。

（6）检查高压室门电磁锁和带电显示器工作正常。

（7）箱式变压器外门应加装机械锁，高压侧带电时高压室门不得打开，门上应有明显的带电警示标志。

（8）高压电缆端子连接头、电缆终端头应无过热，且接地和防火封堵完好。

（9）低压电缆头应无过热、无黏结，且接地和防火封堵完好。

（10）油浸式高压负荷开关指示正确，分段操作灵活，高压熔断器完好，三相电压、电流指示正确；避雷器外观无闪络，且接地完好。

（11）断路器接线牢固、指示正确，分断操作灵活；电流互感器无异声，三相电流指示正确；低压避雷器外观无闪络，且接地完好。

（12）检查端子排接线牢固。

（13）检查测控装置工作正常无报警。

（14）检查箱式变压器测控装置与中控监控机通信无异常，箱式变压器遥测、遥信、遥控信息正常。

（15）高、低压侧电缆外护层无受力挤压破损现象，如发现破损及时进行防护处理。

（16）高、低压侧电缆无下坠现象，如发现下坠及时提升并进行固定处理。

（17）高、低压侧电缆接线端子是否因电缆下坠或压接不良，出现松动及拔出问题，发现松动及拔出时进行压接处理。

（18）检查高、低压侧电缆与接线端子之间的绝缘胶带有无松开，以免造成相间及接地短路。

（19）用红外线测温仪测量电缆沟内箱式变压器高、低压侧电缆温度无明显升高。

**7．电力电缆巡视检查**

（1）电缆沟盖板完整无缺，沟道内无积水或杂物。

（2）电缆桥架、支架牢固，无锈蚀。

（3）电缆伸出地面的防护措施完好可靠，引入室内的电缆穿孔封堵严密。

（4）电缆的各种标志无丢失、脱落，清晰且相色正确。

（5）电缆头的绝缘体颜色正常，芯线绝缘套管完整、清洁，无闪络放电现象。

（6）电缆头的绝缘胶无塌陷、软化、溢出现象；电缆头与设备的连接接触良好，无发热现象。

（7）电缆头的芯线和引线的相间及对地距离符合规定。

（8）电缆的各处接地线连接可靠。

## 第三节　光伏发电设备倒闸操作

### 一、操作术语

1. 电气操作术语

（1）倒闸操作。倒闸操作是指根据操作任务和该电气设备的技术要求，按一定顺序将所操作的电网或电气设备从一种运用状态转变到另一种运用状态的操作。

（2）事故处理。事故处理是指在发生危及人身、电网及设备安全的紧急状况或发生电网和设备事故时，为迅速解救人员、隔离故障设备、调整运行方式，以便迅速恢复正常运行的操作过程。

（3）倒母线。倒母线是指双母线接线方式将一组母线上的线路或变压器全部或部分倒换到另一组母线上的操作。

（4）倒负荷。倒负荷是指将线路（或变压器）负荷转移至其他线路（或变压器）供电的操作。

（5）母线正常运行方式。母线正常运行方式是指调度部门明确规定的母线正常接线方式，包括母联断路器状态。

（6）过负荷。过负荷是指发电机、变压器及线路的电流超过额定的允许值或规定值。

（7）并列。并列是指发电机（调相机）与电网或电网与电网之间在同期条件下连接为一个整体运行的操作。

（8）解列。解列是指通过人工操作或自动化装置使电网中断路器断开，使发电机（调相机）脱离电网或电网分成两个及以上部分运行的过程。

（9）合环。合环是指将线路、变压器或断路器串构成的网络闭合运行的操作。

（10）同期合环。同期合环是指通过自动化设备或仪表检测同期后自动或手动进行的合环操作。

（11）解环。解环是指将线路、变压器或断路器串构成的闭合网络开断运行的操作。

（12）跳闸。跳闸是指未经人工操作的断路器由合闸位置转为分闸位置。

（13）重合闸成功。重合闸成功是指断路器跳闸后，重合闸装置动作，断路器自动合上的过程。

（14）重合闸不成功。重合闸不成功是指断路器跳闸后，重合闸装置动作，断路器自动合上送电后，由自动装置再次动作跳闸的过程。

（15）重合闸未动。重合闸未动是指重合闸装置投入，但不满足动作的相关技术条件，断路器跳闸后重合闸装置不动作。

（16）充电。充电是指使线路、母线等电气设备带标称电压，但不带负荷。

（17）送电。送电是指对设备充电带标称电压并可带负荷。

（18）试送电。试送电是指线路等电气设备故障后经处理首次送电。

（19）强送电。强送电是指线路等电气设备故障后未经处理即行送电。

（20）用户限电。用户限电是指通知用户按调度指令要求自行限制用户用电。

（21）拉闸限电。拉闸限电是指拉开线路断路器或负荷开关强行限制用户用电。

（22）停电。停电是指使带电设备转为冷备用或检修。

（23）冲击合闸。冲击合闸是指以额定电压给设备充电。

（24）核相。核相是指用仪表或其他手段检测两电源或环路的相位、相序是否相同。

（25）定相。定相是指新建、改建的线路或变电站在投运前，核对三相标志与运行系统是否一致。

（26）相位正确。相位正确是指断路器两侧 A、B、C 三相相位均对应相同。

（27）装设接地线。装设接地线是指通过接地短路线使电气设备全部或部分可靠接地的操作。

（28）拆除接地线。拆除接地线是指将接地短路线从电气设备上取下并脱离接地的操作。

2．操作常用动词

（1）合上。合上是指各种断路器、隔离开关、接地开关、跌落式熔断器、空气开关通过人工操作使其由分闸位置转为合闸位置的操作。

（2）断开。断开是指各种断路器、跌落式熔断器、空气开关通过人工操作使其由合闸位置转为分闸位置的操作。

（3）拉开。拉开是指各种隔离开关、接地开关通过人工操作使其由合闸位置转为分闸位置的操作。

（4）投入、退出或停用。投入、退出或停用是指使继电保护、安全自动装置、故障录波装置等二次设备达到指令状态的操作。

（5）取下或给上。取下或给上是指将熔断器退出或嵌入工作回路的操作。

（6）投入或退出。投入或退出是指将二次回路的连接片接入或退出工作回路的操作。

（7）验电。验电是指用合格的相应电压等级验电工具验明电气设备是否带电。

3．调度操作执行术语

（1）双重命名。双重命名是指按照有关规定确定的电气设备中文名称和编号。

（2）复诵。复诵是指将对方说话内容进行原文重复表述，并得到对方的认可。

（3）回令。回令是指运行值班人员或下级值班调度员向发布调度指令的值班调度员报告调度指令的执行情况。

4．操作指令

（1）综合令。综合令是指值班调度员说明操作任务、要求、操作对象的起始和终结状态，具体操作和操作顺序项目由受令人拟定的调度指令。只涉及一个受令单位完成的操作才能使用综合令。

（2）单项令。单项令是指由值班调度员下达的单项操作的操作指令。

（3）逐项令。逐项令是指根据一定的逻辑关系，按顺序下达的多条综合令或单项令。

（4）操作预令。操作预令是指为方便受令人做好操作准备，值班调度员在正式发布调度指令前，预先对受令人下达的有关操作任务和内容的通知。

## 二、电气倒闸操作原则及规定

1．操作原则

（1）倒闸操作必须严格遵守《电业生产安全工作规程》《电网调度规程》及其他有关规定。

（2）电气设备停、送电操作原则：停电操作时，先停一次设备，后停保护、自动装置；送电操作时，先投入保护、自动装置，后投入一次设备。

（3）一次设备倒闸操作过程中，保护及自动装置必须在投入状态。

（4）设备停电时，先拉开设备各侧断路器，然后拉开断路器两侧隔离开关；设备送电时，先合上断路器两侧隔离开关，后合上该设备断路器。

（5）设备停电时，停电顺序是从负荷侧（厂内为负荷侧）逐步向电源侧（线路）操作；设备送电时，送电的顺序是从电源侧逐步向负荷侧操作；严禁带负荷拉、合隔离开关。

（6）投入接地开关或装设接地线前，必须检查接地开关两侧隔离开关（断路器）在拉开（分闸）状态，应进行验电，确认无电压后方可投入接地开关或装设接地线。

（7）倒闸操作中发生断路器或隔离开关拒动时，应查明原因后方可进行，不得随意解除闭锁。

（8）下列操作可以不填写倒闸操作票，但必须做好相关运行记录。

1）事故处理。

2）断开或合上断路器的单一操作。

3）拆除或拉开全站仅有的一组接地线或接地开关。

2．一般规定

（1）倒闸操作必须按值班调度员或运行值班负责人的指令进行。

（2）倒闸操作必须有操作票，每张操作票只能填写一个操作任务，不准无票操作和弃票操作。

（3）操作中不得擅自更改操作票，不得随意解除闭锁。

（4）开始操作前，应先在模拟图（或微机监控装置）上进行核对性模拟预演无误后，再进行操作。

（5）倒闸操作必须由两人进行，并严格执行操作监护制，一般由对设备较为熟悉的人员监护、值班员操作。

（6）在执行倒闸操作时，操作人应先根据操作票在系统图上模拟倒闸操作，模拟操作无误后，由当值值长下达操作命令后方可执行。

（7）倒闸操作应由两人进行，一人操作一人监护。

（8）操作时，必须先核对设备的名称和编号，并检查断路器、隔离开关、自动装置的状态，操作中，必须执行监护制度和复诵制度，每操作完一项即由监护人在操作前面画"√"。

（9）倒闸操作中发生任何疑问，必须立即停止操作，并向当班值长询问情况后再进行操作，不得擅自更改操作票操作顺序，操作票在执行过程中不得漏项、跳项、添项。

（10）操作中必须按规定使用合格的安全工器具和专用工器具。

（11）雷雨天时，应停止室外设备倒闸操作，雷电时禁止进行倒闸操作。

（12）线路及主变压器操作时，电站主要负责人必须到现场进行安全监护。

3．操作注意事项

（1）除事故处理外，倒闸操作尽可能避免在交接班、重负荷时进行。雷电天气时，严禁倒闸操作。

（2）母线充电前，应先将电压互感器加入运行。

（3）使用隔离开关可进行下列操作：

1）拉、合无故障的电压互感器、避雷器。

2）拉、合母线及直接连接在母线上设备的电容电流。

3）拉、合励磁电流不超过 2A 的空载变压器及电容电流不超过 5A 的空载线路。

4）手动拉、合隔离开关时，必须迅速果断。隔离开关操作完毕后，应检查是否操作到位。

5）对调度指令有疑问时，应询问清楚再操作；当调度重复指令时，则必须执行。如果操作指令直接威胁人身和设备安全，可以拒绝执行并报告调度及主管领导。

6）执行一个操作任务，中途不得换人，操作中严禁做与操作无关的事。

7）操作时必须戴安全帽及绝缘手套，雨天操作室外高压设备时，绝缘杆应有防雨罩，还应穿绝缘靴。接地电阻不符合要求时，晴天操作也应穿绝缘靴。

8）操作中严禁解除闭锁操作，如必须解锁才能操作时，应汇报上级领导同意后方可进行。

## 三、倒闸操作票规定

1. 操作票填写项目

（1）拉、合的断路器和隔离开关。

（2）检查断路器和隔离开关的实际位置。

（3）检查设备上有无接地短路以及接地线是否拆除。

（4）装设接地线前的验电。

（5）装、拆接地线。

（6）取下或给上断路器的合闸、控制熔断器及储能熔断器。

（7）取下或给上电压互感器（TV）的二次熔断器。

（8）退出或投上保护装置的连接片。

（9）检查保护或自动装置确已投入（退出）。

（10）倒负荷时，检查确已带上负荷。

（11）检查负荷分配。

2. 操作票填写规定

（1）操作票上填写的术语应符合规定，设备名称、双重编号应符合现场实际。

（2）操作票应统一编号，作废的操作票要盖"作废"章，不得撕毁；未执行的，应注明"未执行"字样；执行完毕的操作票，在最后一页加盖"已执行"章。

（3）每张操作票只能填写一个操作任务，操作任务应填写设备双重名称。一个操作序号内只能填写一个操作项目，操作项目顺序不能颠倒，不得漏项、并项、添项或涂改。

（4）一个操作任务需填写两页及以上的操作票时，在前页右下角注明"转下页"，在后页左上角注明"接上页"。

（5）操作项目应连续编号，每页操作票均应有操作人、监护人和值班负责人签名。

（6）操作中，每执行完一项，应在相应的操作项目后打钩。全部操作完毕后进行复查。

（7）操作票未使用完的空格应从第一行起盖"以下空白"章。

（8）拆除、装设接地线（包括验电）要写明具体地点，接地线应有编号。

（9）下列操作可不填写操作票，但在操作完成后应做好记录：

1）拉、合断路器（开关）的单一操作。

2）拉开或拆除全站唯一的一组接地开关或接地线。

3）投、退一组保护连接片。

4）取下、给上操作小熔断器或 TV 二次熔断器。

## 四、倒闸操作过程管理

倒闸操作过程及标准见表 2-1。

表 2-1　　　　　　　　　　　倒闸操作过程及标准

| 阶段 | 序号 | 操作过程 | 标准 |
|---|---|---|---|
| 受令阶段 | 1 | 电话录音 | 在确认为调度电话后，必须使用电话录音（若当时不具备条件或未及时使用录音，必须请求调度重新下发调度命令） |
| | 2 | 报名 | 接受命令时，必须先报"×××光伏电站，×××" |
| | 3 | 接受命令 | 应听清楚发令调度的姓名、发令时间、操作内容（设备名称、编号、操作任务、是否立即执行及其他注意事项），并同时做好记录（包括时间、下令人、受令人、操作任务，是否立即执行） |
| | 4 | 受令复诵 | 根据记录进行复诵，复诵时必须语言清楚、声音洪亮 |
| | | | 复诵内容（时间、设备名称、编号、操作任务、是否立即执行及其他注意事项）必须清晰 |
| | | | 复诵过程中必须使用调度术语 |
| | 5 | 确认操作任务 | 有需要时重听电话录音确认操作任务及其他注意事项正确 |
| 填写操作票阶段 | 1 | 填票前准备 | 检查模拟图板的运行方式与实际运行相符 |
| | | | 检查电脑钥匙完好，能传输操作票 |
| | 2 | 任务交代 | 由值班负责人向监护人和操作人交代操作任务、注意事项 |
| | | | 由监护人针对操作任务向操作人交代操作注意事项及危险点，操作人应答复"明确"及加以补充 |
| | 3 | 操作票填写 | 由操作人填写操作票，同时将操作票填写时间填入 |
| | 4 | 审核操作票 | 值班负责人、监护人审核操作票，必须作到以下几项：<br>1）操作票无漏项；<br>2）操作任务和内容与实际运行方式符合；<br>3）操作步骤正确、操作内容正确；<br>4）操作票填写符合《倒闸操作票填写与管理原则规定》 |
| | 5 | 签字认可 | 监护人、操作人、值班负责人确认操作票正确后分别签字认可 |
| 模拟预演阶段 | 1 | 录音器录音 | 正确开启录音器，并试录音。唱票录制操作票编号、操作任务、监护人、操作人 |
| | 2 | 模拟预演 | 1）监护人大声唱票。例"拉开 1213 隔离开关"<br>2）操作人手指（或用鼠标）到模拟屏相应设备处大声复诵。例"拉开 1213 隔断开关"<br>3）操作人在模拟屏上预演，预演完毕汇报"已操作"<br>4）整个过程中，声音洪亮，指示正确，无多余的与预演操作无关的动作和语言 |
| | 3 | 预演后检查 | 检查操作后的结果与操作任务相符 |
| 现场倒闸操作过程 | 1 | 前往操作现场 | 监护人和操作人必须同时到达操作现场被操作设备点处 |
| | 2 | 设备地点确认 | 监护人提示"确认操作地点"，操作人汇报"×××开关处"（或隔离开关、保护屏），监护人再次确认后回诵"正确" |
| | 3 | 操作过程 | 操作人、监护人认真履行倒闸操作复诵制，见（典型设备操作步骤规定） |
| | | | 整个唱诵、复诵过程，声音洪亮，指示正确，无多余的与操作无关的动作和语言 |
| | 4 | 全面检查 | 在电脑钥匙回传，模拟屏能正确变位动作后，监护人和操作人再次确认实际操作符合操作任务。监护人、操作人应再次对照操作票回顾操作步骤和项目无遗漏（全面检查作为一个操作项应完成唱诵、复诵的过程及录音） |

续表

| 阶段 | 序号 | 操作过程 | 标准 |
|------|------|----------|------|
| 现场倒闸操作过程 | 5 | 关闭录音器 | 操作结束后，应在录音笔中录入《将×××由运行转检修》操作完毕"。正确关闭录音器 |
| | 6 | 记录时间 | 全部操作完毕后记录操作完毕时间 |
| 汇报阶段 | 1 | 汇报 | 拨通电话后立即录音 |
| | | | 先报"×××光伏电站，×××" |
| | | | 根据操作任务和注意事项并使用调度术语汇报 |
| | | | 在得到调度复诵确认后放下电话关闭录音 |
| | 2 | 记录 | 由监护人在值班记录上记录（包括时间、汇报人、接受汇报人、汇报内容） |

## 五、危险点分析与控制措施

危险点分析与控制措施见表 2-2。

表 2-2　　　　　　　　　　　　　　危险点分析与控制措施

| 危险点分析 | 控制措施 |
|-----------|----------|
| 误听调度命令 | 接受调度命令后应同时做好记录，并根据记录重复命令。有需要时，重听命令录音（重点是调度发布的命令），确认操作任务、操作注意事项及是否立即执行。在正班转发命令时，副班应在旁监听 |
| 操作票错误导致误操作 | 操作前，监护人和值班负责人必须严格进行操作票审查，操作中若发现操作票有错误，应立即停止操作，重新审核并填写正确的操作票后再行操作，禁止凑合使用错票跳步操作或凭经验操作 |
| 操作中断导致误操作 | 由于任何原因导致操作中断，在继续操作时均需按操作票步骤对操作设备的编号名称、设备位置等进行检查，监护人和操作人均确认无误后，方可继续进行操作 |
| 操作中失去监护导致误操作 | 正班必须履行监护的责任，在任一操作中，均不得有失去监护的操作发生 |
| 使用失效的验电器或表计导致判断错误 | 在使用验电器或表计前，必须在有电的地方进行试验，不得使用有问题的验电器或表计 |
| 任意解锁导致误操作 | 在操作中若遇锁具问题或微机防误程序确实有误时，应在监护人、操作人均确认需要解锁后，向有关领导及专责如实汇报情况，得到解锁许可后，方可进行解锁操作。用万能钥匙只能操作申请解锁的部分操作，并立即封存万能钥匙。不得任意使用万能钥匙进行其余正常操作 |
| 误投、退继电保护或自动装置连接片 | 填写操作票时，应查阅现场运行规程和典型操作票，根据操作任务所涉及的继电保护或自动装置情况，按规程要求投、退继电保护或自动装置连接片。在投入、退出保护连接片时，保护装置应无相应的启动及出口信号 |
| 走错间隔导致误操作 | 操作人、监护人到达设备处后必须进行设备地点确认；监护人提示"确认操作地点"，操作人汇报"×××开关处"（或隔离开关、保护屏） |

## 六、光伏电站典型操作票

### （一）组串式逆变光伏电站操作

#### 1. 逆变器操作

正常情况下无需关停逆变器，但需要进行维护或维修工作时，需要关停逆变器。具体操作可按以下步骤进行。

（1）逆变器由运行转检修。

1）按下逆变器停运按钮。

2）检查逆变器交流侧三相电流和有功功率为零。

3）检查逆变器直流侧各支路电流为零。

4）断开外部交流断路器。

5）检查交流断路器在"分闸位置"。

6）断开外部直流断路器，将直流开关1～4旋至"OFF"位置。

等待至少5min，直至内部的电容完全放电，做好相关的安全措施，即可进行相应的维护工作。

（2）逆变器由检修转运行。

1）检查逆变器在关断位置。

2）合上外部直流断路器，将直流开关1～4旋至"ON"位置。

3）合上外部交流断路器。

4）检查交流断路器在"合闸位置"。

5）按下逆变器投运按钮。

6）检查逆变器直流侧各支路电流正常。

7）检查逆变器交流侧三相电流和有功功率正常。

2．箱式变压器操作

（1）箱式变压器由运行转检修。

1）在监控后台按下逆变器"集停"按钮。

2）检查1号逆变器交流侧电流和有功功率为零。

3）断开1号逆变器交流侧断路器。

4）检查1号逆变器交流侧断路器在"分闸位置"。

5）检查2号逆变器交流侧电流和有功功率为零。

6）断开2号逆变器交流侧断路器。

7）检查2号逆变器交流侧断路器在"分闸位置"。

8）检查3号逆变器交流侧电流和有功功率为零。

9）断开3号逆变器交流侧断路器。

10）检查3号逆变器交流侧断路器在"分闸位置"。

11）检查4号逆变器交流侧电流和有功功率为零。

12）断开4号逆变器交流侧断路器。

13）检查4号逆变器交流侧断路器在"分闸位置"。

14）检查5号逆变器交流侧电流和有功功率为零。

15）断开5号逆变器交流侧断路器。

16）检查5号逆变器交流侧断路器在"分闸位置"。

17）检查6号逆变器交流侧电流和有功功率为零。

18）断开6号逆变器交流侧断路器。

19）检查6号逆变器交流侧断路器在"分闸位置"。

20）检查 7 号逆变器交流侧电流和有功功率为零。

21）断开 7 号逆变器交流侧断路器。

22）检查 7 号逆变器交流侧断路器在"分闸位置"。

23）检查 8 号逆变器交流侧电流和有功功率为零。

24）断开 8 号逆变器交流侧断路器。

25）检查 8 号逆变器交流侧断路器在"分闸位置"。

26）断开箱式变压器低压侧断路器。

27）检查箱式变压器低压侧断路器在"分闸位置"。

28）断开箱式变压器高压侧负荷开关。

29）检查箱式变压器高压侧负荷开关在"分闸位置"。

30）取下箱式变压器高压侧熔断器。

31）在箱式变压器低压侧套管处验明无电压。

32）在箱式变压器低压侧套管处装设接地线一组。

33）在箱式变压器高压侧套管处验明无电压。

34）在箱式变压器高压侧套管处装设接地线一组。

（2）箱式变压器由检修转运行。

1）拆除箱式变压器高压侧套管处接地线。

2）拆除箱式变压器低压侧套管处接地线。

3）检查箱式变压器处无接地短路。

4）安上箱式变压器高压侧三相熔断器。

5）合上箱式变压器高压侧负荷开关。

6）检查箱式变压器高压侧负荷开关在"合闸位置"。

7）合上箱式变压器低压侧断路器。

8）检查箱式变压器低压侧断路器在"合闸位置"。

9）检查 1 号逆变器开关在关断位置。

10）合上 1 号逆变器交流侧断路器。

11）按下 1 号逆变器启动开关。

12）检查 1 号逆变器交流侧三相电流有功功率正常。

13）检查 2 号逆变器开关在关断位置。

14）合上 2 号逆变器交流侧断路器。

15）按下 2 号逆变器启动开关。

16）检查 2 号逆变器交流侧三相电流有功功率正常。

17）检查 3 号逆变器开关在关断位置。

18）合上 3 号逆变器交流侧断路器。

19）按下 3 号逆变器启动开关。

20）检查 3 号逆变器交流侧三相电流有功功率正常。

21）检查 4 号逆变器开关在关断位置。

22）合上 4 号逆变器交流侧断路器。

23）按下 4 号逆变器启动开关。

24）检查 4 号逆变器交流侧三相电流有功功率正常。

25）检查 5 号逆变器开关在关断位置。

26）合上 5 号逆变器交流侧断路器。

27）按下 5 号逆变器启动开关。

28）检查 5 号逆变器交流侧三相电流有功功率正常。

29）检查 6 号逆变器开关在关断位置。

30）合上 6 号逆变器交流侧断路器。

31）按下 6 号逆变器启动开关。

32）检查 6 号逆变器交流侧三相电流有功功率正常。

33）检查 7 号逆变器开关在关断位置。

34）合上 7 号逆变器交流侧断路器。

35）按下 7 号逆变器启动开关。

36）检查 7 号逆变器交流侧三相电流有功功率正常。

37）检查 8 号逆变器开关在关断位置。

38）合上 8 号逆变器交流侧断路器。

39）按下 8 号逆变器启动开关。

40）检查 8 号逆变器交流侧三相电流有功功率正常。

### （二）集中式逆变光伏电站操作

**1. 逆变器操作**

（1）逆变器由运行转检修。

1）按下逆变器停止按钮。

2）检查交流侧三相电流有功功率为零。

3）断开逆变器交流侧开关。

4）检查逆变器交流侧开关在"断开位置"。

5）断开逆变器直流侧总开关。

6）检查逆变器直流侧总开关在"断开位置"。

7）检查直流侧 1～6 支路电流均为零。

8）将直流旋钮 1～6 扭转至断开位置。

9）保持冷却风扇运行 30min。

10）断开 QS2 开关。

11）检查 QS2 开关在"断开位置"。

（2）逆变器由检修转运行。

1）检查逆变器按钮开关在"断开位置"。

2）检查逆变器交流侧开关在"断开位置"。

3）检查逆变器交流侧三相电流为零。

4）检查逆变器直流侧 1～6 开关在"断开位置"。

5）检查逆变器直流侧 1～6 各支路电流为零。

6）合上辅助电源主开关 QS2。

7）检查辅助电源主开关 QS2 在"合闸位置"。

8）检查前面的指示灯面板指示正常。

9）合上逆变器直流侧 1～6 路开关。

10）合上逆变器直流侧总开关。

11）检查模块的指示灯面板指示正常。

12）合上逆变器交流侧开关。

13）检查逆变器交流侧开关在"合闸位置"。

14）按下逆变器启动按钮。

15）检查逆变器两侧电流正常。

2．箱式变压器操作

（1）箱式变压器由运行转检修。

1）投运逆变器。

2）检查箱式变压器三相电流、有功功率为零。

3）断开箱式变压器低压侧断路器。

4）检查断路器在"分闸位置"。

5）断开箱式变压器各辅助空气开关。

6）断开箱式变压器高压侧负荷开关。

7）检查箱式变压器高压侧负荷开关在"分闸位置"。

8）在箱式变压器低压侧套管处验明无电压。

9）在箱式变压器低压套管处装设一组接地线。

10）在箱式变压器高压侧验明无电压。

11）在箱式变压器高压套管处装设一组接地线。

（2）箱式变压器由检修转运行。

1）检查变压器试验数据正常。

2）检查箱室内及周围无杂物，设备完好，部件齐全。

3）检查变压器各处无渗油、漏油现象，油位、油压正常，油位在 1/2～3/4 之间。

4）检查变压器散热器无异物堵塞、遮挡。

5）检查变压器接线正确完整，各部件无松动现象。

6）检查分接开关在额定工作档位。

7）检查高压侧断路器、低压侧断路器处于断开位置。

8）合上高压侧负荷开关。

9）检查高压侧负荷开关在"合闸位置"。

10）检查变压器声音正常，变压器无明显振动、异声。

11）合上变压器辅助空气开关，检查各仪表、信号灯指示正常。

12）合上变压器低压侧断路器。

13）检查变压器低压侧断路器在"合闸位置"。

14）各相电压正常。

# 第四节　光伏发电设备试验检测

## 一、试验检测定义及符号表示

1．试验检测定义

（1）预防性试验。预防性试验是指为了发现运行中设备的隐患，预防发生事故或设备损坏，对设备进行的检查、试验或监测，也包括取油样或气样进行的试验。

（2）在线监测。在线监测是指在不影响设备运行的条件下，对设备状况连续或定时进行的监测，通常是自动进行的。

（3）带电测量。带电测量是指对在运行电压下的设备，采用专用仪器，由人员参与进行的测量。

（4）绝缘电阻。绝缘电阻是指在绝缘结构的两个电极之间施加的直流电压值与流经该对电极的泄漏电流值之比。常用绝缘电阻表直接测得绝缘电阻值。

（5）吸收比。吸收比是指在同一次试验中，1min 时的绝缘电阻值与 15s 时的绝缘电阻值之比。

（6）极化指数。极化指数是指在同一次试验中，10min 时的绝缘电阻值与 1min 时的绝缘电阻值之比。

2．试验检测符号表示

（1）$U_m$：设备最高电压。

（2）$U_0/U$：电缆额定电压（其中 $U_0$ 为电缆导体与金属套或金属屏蔽之间的设计电压，$U$ 为导体与导体之间的设计电压）。

（3）$U_{1mA}$：避雷器直流 1mA 下的参考电压。

（4）$\tan\delta$：介质损耗因数。

## 二、试验检测规定

1．试验人员要求

（1）参加试验人员必须熟悉《电业安全工作规程》有关部分和有关高压试验规程，并经考试合格。

（2）参加试验的人员必须熟悉试验设备的性能、结线、操作方法和注意事项，以及试验标准。

（3）在电气设备上进行试验工作，必须填写工作票。

（4）一切高压工作结束后，工作负责人必须填写试验报告，并经班长或技术员审核，在 3 天之内上报部门技术室。如为机组大修预试，则在大修工作结束后 10 天内上报。

（5）每次试验工作，不得少于 2 人，其中必须有一个是工作负责人。

（6）每次试验，须经工作负责人的许可才能试验；试验超过标准电压时，操作人员及时通报；降压后，及时切断电源，并通报工作负责人。

（7）试验中，如遇人身触电，危及人身、设备安全等情况，操作人员应立即降压，切断电源。

（8）装拆试验电源，必须两人进行；如在低压配电盘上装拆电源，须办理工作许可手续。

（9）工作负责人的职责：办理工作票许可手续；工作成员分工；安全检查及监护；发布各种试验命令；质量验收和收工检查；办理工作票手续；对试验结果做出必要的分析、判断和写出结论；写试验报告。

（10）工作班成员的职责：认真遵守安全工作规程，服从工作负责人的统一命令；试验前的准备工作；安全、正确地进行试验工作；试验结束后的收尾工作。试验时思想集中，不得随意高声交谈；试验时，未经许可，不得擅离职守。

2．试验设备要求

（1）每次试验之前，必须先对试验设备进行检查。

（2）试验设备的电源开关，必须使用明显断开点的隔离开关，电源板应放在升压操作员旁边，便于迅速断电。

（3）试验设备应安放平稳牢固，并尽可能靠近被试品，高压引线应尽量短，必要时用绝缘物支持牢固。

（4）装车搬运时，试验设备应妥善装箱和绑扎牢固，以防震坏、撞坏设备。同时考虑防雨措施。

（5）每次设备大修前后，所有试验设备都应进行一次全面检查，修理有缺陷的设备。

（6）试验用仪器、仪表应每年定期校验一次，以保证试验的准确性。

（7）试验设备应放置在干燥、清洁的场所，并避免挤压、堆砌、注意防尘，如无法满足要求，应用塑料布等将设备包裹覆盖。

（8）重要的试验设备，应由专人负责保管。所有试验设备应设保管员负责管理，并建立设备技术台账。

（9）试验用的绝缘工具，应每年进行一次耐压试验，必要时，在使用前进行耐压试验检查。

（10）外单位借用试验设备，须经部门批准，并办理手续；还回的设备，应进行验收；有损坏的，应向借用单位索赔。

3．被试品要求

（1）被试品的电源应切除，对外连接线也应全部拆除，或有明显断开点，方能进行试验。

（2）被试品金属外壳应妥善接地。

（3）被试品外绝缘的表面应清洁、干燥，必要时应作屏蔽处理。

（4）试验前后，被试品必须短路接地，应对其进行充分放电。

（5）被试品与带电设备和工作人员的安全距离，应符合《电业安全工作规程》的有关规定。

（6）被试品在保持规定的试验电压及时间后，应在 5s 内将电压均匀降至试验电压的 25%以下，然后才可切除电源。

（7）高压直流试验时，当试验降压至"零"位后，应切断电源，用放电棒将被试品对地放电。对大电容试品，需经放电电阻放电，然后再直接放电，放电时，还应戴绝缘手套。

（8）被试品若进行感应高压试验，必须在其绝缘性能即绝缘电阻、油耐压、介质损耗、直流电阻符合要求后，方能进行。试验前后，其空载特性也不应有明显变化，否则要查找原因。

（9）对电容量大的被试品进行绝缘电阻测量时，在未拉开绝缘电阻表引线前，不得将绝缘电阻表停下。

4. 试验中的注意事项

（1）试验室的试验电源电压不能波动太大，正弦波允许波形失真率不超过 5%，对波形有严格要求时，尽可能取线电压作为试验电源。

（2）试验室应设固定围栏或临时遮栏，并在遮栏向外悬挂"止步，高压危险！"标示牌。

（3）试验开始前，应由工作负责人全面检查接线情况和试验现场。

（4）加压前，应先打铃或口头通知；在升压过程中，应逐级报升压数值。

（5）试验完毕须更改接线时，应切断电源，放电后在试品加压部分上短路接地。

（6）试验现场应设临时遮栏，并向外悬挂"止步，高压危险！"标示牌。

（7）被试品的两端不在同一地点时，另一端应派专人看守。

（8）参加试验人员，在试验现场应顾及相邻的带电设备，其安全距离应符合《电业安全工作规程》的有关规定。

（9）应注意到电气开断点之间，试验电压与系统电压的迭加问题。

（10）在试验现场，拆除被试品的连接线时，要考虑与相邻的带电设备的安全距离及装接方便，同时还应绑牢拆除的连接线。

（11）拆除被试品的连接线，若无明显相色或无确切相序时，应做好拆除连接线的标记。

（12）在室外，如雨来，或近区有雷电活动，应及时停止试验，撤离现场。

（13）搬动竹（铝）梯等长物，应注意与带电设备的安全距离。

（14）出现干扰时，应采取相应的技术措施。

（15）在试验现场，必须记录对试验有影响的其他条件。

（16）为减少试验误差，试验中应使用不低于 0.5 级的仪表、仪器。

（17）在进行试验时，先以较低电压输入被试品，观察仪表反应正常，才能升至额定。

（18）测量用的短路开关，应在定值时才能迅速打开，读取数值后即合回，不能长期打开。

（19）试验中发现有下列情况时，应立即降压，断开电源，并查找原因：

1）测量仪表摆动太大；

2）被试品发生闪络；

3）被试品发生异常的放电声。

（20）耐压时，升压速度不能过快或过慢，更不能全压突然加上；升压速度一般从试验电压的 1/2 到全值，不得少于 15s。严禁在全压下切除试验电源。

（21）试验中，如被试品发生表面放电，只要仍保持试验电压，仪表指示无变化，即可不中断试验。

（22）试验应在良好的天气下进行，且被试品温度及周围空气温度不低于+5℃，空气相对湿度一般不高于 80%，否则，其测量结果仅供参考。

（23）测量用 2500V 绝缘电阻表，其量程不得少于 10000MΩ；500V 绝缘电阻表，其量程不得少于 50000MΩ。

（24）试验现场摆放的仪器、仪表，应放置平稳，要校正水准的仪表，应满足其要求。

5. 试验记录

（1）测量变压器绕组直流电阻（干式变压器除外），一定要记录变压器上层油温、分接开关的档位。

（2）试验过程中，如遇设备或环境温度变化较大时，应在完成其中一相（或一项）试验后，立即记录设备或环境温度。

（3）为能在事后更好地分析试验数据，在使用有倍率的表计时，应在记录试验数据的同时，记录表计的倍率档和指示刻度。

（4）使用直流高压发生器进行氧化锌避雷器试验时，应以外附件标准分压器为准，为便于今后分析判断，可同时将发生器和分压器指示的电压一起记录下来。

（5）对多条并联电缆进行试验时，应注明试验现场地和各条电缆的记号，如前后、左右等，并注明以××为参照物。

（6）对某一设备进行耐压试验时，其连带的设备在耐压前后，均应进行绝缘电阻的测量，并在原始记录中明显反映出来。

（7）在进行工频耐压试验时，可几台设备或两种设备连在一起进行，但记录时，应注明与××设备连在一起试验。

6．试验终结

（1）试验完毕后，应将高压降为"零"位，并切断其电源，试验电源回路必须明显断开。将被试品短路接地，充分放电后，才能恢复被试品原有的接线。

（2）试验结束后，拆除自装的接地短路线，并对被试品进行全面检查，严防其他东西遗留在被试设备上。

（3）试验结果应与前次或出厂试验数据比较，并按有关公式换算到25℃（或20℃）的值。

（4）如与以往数据比较，其数值超过规定，则必须找出原因，加以处理和重测。

（5）清理现场后，试验人员和试验设备全部撤出现场。

## 三、试验检测项目、周期及要求

### （一）光伏组件相关检测标准

GB/T 18911—2002《地面用薄膜光伏组件　设计鉴定和定型》

GB/T 18912—2002《光伏组件盐雾腐蚀试验》

GB/T 29595—2013《地面用光伏组件密封材料　硅橡胶密封剂》

GB/T 29848—2018《光伏组件封装用乙烯—醋酸乙烯酯共聚物（EVA）胶膜》

GB/T 31984—2015《光伏组件用乙烯—醋酸乙烯共聚物中醋酸乙烯酯含量测试方法　热重分析法（TGA）》

GB/T 34160—2017《地面用光伏组件光电转换效率检测方法》

GB/T 36965—2018《光伏组件用乙烯—醋酸乙烯共聚物交联度测试方法　差示扫描量热法》

GB/T 37240—2018《晶体硅光伏组件盖板玻璃透光性能测试评价方法》

JC/T 2170—2013《太阳能光伏组件用减反射膜玻璃》

JG/T 535—2017《建筑用柔性薄膜光伏组件》

NB/T 42104.1—2016《地面用晶体硅光伏组件环境适应性测试要求　第1部分：一般气候条件》

NB/T 42104.2—2016《地面用晶体硅光伏组件环境适应性测试要求　第2部分：干热气候条件》

NB/T 42104.3—2016《地面用晶体硅光伏组件环境适应性测试要求　第3部分：湿热气

候条件》

NB/T 42104.4—2016《地面用晶体硅光伏组件环境适应性测试要求　第4部分：高原气候条件》

NB/T 42131—2017《光伏组件环境试验要求　通则》

NB/T 42143—2018《光伏组件功率优化器技术规范》

SJ/T 11549—2015《晶体硅光伏组件用免清洗助焊剂》

SJ/T 11550—2015《晶体硅光伏组件用浸锡焊带》

SJ/T 11571—2016《光伏组件用超薄玻璃》

SJ/T 11572—2016《运输环境下晶体硅光伏组件机械振动测试方法》

SJ/T 11722—2018《光伏组件用背板》

GB/T 37410—2019《地面用太阳能光伏组件接线盒技术条件》

GB/T 37663.1—2019《湿热带分布式光伏户外实证试验要求　第1部分：光伏组件》

GB/T 37882—2019《地面光伏组件背轨粘接用有机硅胶粘剂》

GB/T 37888—2019《地面光伏组件用密封材料　压敏胶粘带》

T/CECS 10043—2019《绿色建材评价　光伏组件》

## （二）检测项目及方法

1. 外观检查

（1）检验方法：目测。

（2）检验环境：室内，照度不低于1000lx。

（3）检验程序：对每一个组件仔细检查下列情况。

1）开裂、弯曲、不规则或损伤的外表面。

2）破碎的单体电池。

3）有裂纹的单体电池。

4）互联线或接头有毛病。

5）电池互相接触或与边框相接触。

6）密封材料失效。

7）在组件的边框和电池之间形成连续通道的气泡或脱层。

8）塑料材料表面有沾污物。

9）引线端失效带电部件外露。

10）可能影响组件性能的其他任何情况。

（4）技术要求：有下列之一者判为不合格，其他判合格。

1）开裂、弯曲 、不规整或损伤的外表面。

2）某个电池的一条裂纹，其延伸可能导致组件减少该电池面积10%以上。

3）在组件的边缘和任何一部分电路之间形成连续的气泡或脱层道通；丧失机械完整性，导致组件的安装和/或工作受影响。

2. 标准测试条件下电性能

（1）检验装置。

1）在自然阳光下测量：太阳能电池 $I$–$U$ 特性测试装置。

2）模拟阳光测量：脉冲太阳模拟器。

（2）技术要求。标准条件为：

电池温度为 25℃±2℃。

辐照度为 1000W/m²。

光谱分布为 AM1.5。

（3）测试程序：太阳能电池 $I-U$ 特性测试装置。

1）调整太阳跟踪器跟踪阳光。

2）将太阳能电池组件放在跟踪器支架上，连好与可变负载的接线。

3）打开太阳能电池可变负载测试仪开关，根据组件情况，确定组件电流、组件电压、标准电池的量程，按下按钮。

4）打开计算机，完成安装程序。

5）双击 solar 桌面，出现被测件登记表，填写后，单击"确定"按钮。

6）出现太阳能电池 $I-U$ 特性测试框图。

7）单击"工作模式"中"稳态测试"，出现稳态测试工作台，单击"开始测试"按钮。

8）单击"可变负载测试仪复位"后触发，出现测试曲线。

9）单击"设置"档中"曲线修正"，可完成修正功能。

10）结束测试，存盘。

3．绝缘试验

（1）检验装置：有限流装置的直流绝缘测试仪。

（2）检验方法：在周围环境温度、相对湿度不超过 75% 的条件下，进行以下检验。

1）将组件引出线短路后接到直流绝缘测试仪的正极。

2）将组件暴露的金属部分接到直流绝缘测试仪的负极。

3）以不大于 500V/s 增加绝缘测试仪的电压，直到等于 1000V 加上两倍的系统最大电压，维持此电压 1min，如果系统的最大电压不超过 50V，应以不大于 500V/s 增加直流绝缘测试仪的电压，直到等于 500V，维持此电压 1min。

4）在不拆卸组件连接线的情况下，将电压降到零，将绝缘测试仪的正负极短路 5min。

5）拆去绝缘测试仪正负极的短路。

6）按照步骤 1）和 2）的方式连线，对组件加一不小于 500V 的直流电压，测量绝缘电阻。

（3）技术要求。

1）组件在检验步骤 3）中，无绝缘击穿（小于 50μA），或表面无破裂现象。

2）绝缘电阻不小于 50MΩ。

4．热斑耐久试验

（1）试验装置。

1）辐射源 1：稳态太阳模拟器或自然阳光，辐照度不低于 700W/m²，不均匀度不超过 ±2%，瞬间稳定度在 ±5% 以内。

2）辐射源 2：C 类或更好的稳态太阳模拟器或自然阳光，辐照度为 1000×（1±0.1）W/m²。

3）组件 $I-U$ 曲线测试仪。

4）对试验单片太阳能电池被遮光的情况,光增强量为 5% 的一组不透明盖板。

5）如果需要，加一个适用的温度探测器。

（2）试验方法。所有试验应在环境温度为 25℃±5℃、风速小于 2m/s 时进行，在组件试验前，应安装制造厂推荐的热斑保护装置。

1）对串联连接方式的组件的试验方法：

① 将不遮光的组件在不低于 700W/m² 的辐射源 1 下照射，测试其 $I$–$U$ 特性和最大功率时的电流值 $I_{mP}$。

② 使组件短路，用下列方法选择一片电池：

a）组件在稳定的辐照度不小于 700W/m² 的辐射源照射下，用适当的温度探测器测定最热的电池。

b）在步骤①规定的辐照度下，依次完全挡住每一个电池，选择其中一个当它被挡住时，短路电流减小最大，在这一过程中，辐照度变化不超过±5%。

③ 将温度传感器接到温度监测仪，将组件的两个引线端接到连续性测试仪，将组件的一个引线端和框架连接到绝缘监测仪。

④ 同样在步骤①所规定的辐照度（±3%内）下，完全挡住选定的电池,检查组件的 $I_{SC}$ 是否比步骤①所测定的 $I_{mP}$ 小。如果这种情况不发生，便不能确定是否会在一个电池内产生最大消耗功率。此时继续完全挡住所选电池，省略步骤⑤。

⑤ 逐渐减少对所选择电池的遮光面积，直到组件的 $I_{SC}$ 最接近 $I_{mP}$，此时在该电池内消耗的功率最大。

⑥ 用辐射源 2 照射组件，记录 $I_{SC}$ 值，保持组件在消耗功率最大的状态，必要时重新调整遮光，使 $I_{SC}$ 维持在特定值。

⑦ 1h 后挡住组件不受辐射，并验证 $I_{SC}$ 不超过 $I_{mP}$ 的 10%。

⑧ 30min 后，恢复辐照度到 1000W/m²。

⑨ 重复步骤⑥、⑦、⑧ 5 次。

2）对串联并联连接方式的组件的试验方法。

①将遮光的组件在不低于 700 W/m² 的辐照源 1 下照射，测试其特性，假定所有串联组件产生的电流相同，用下列方程计算热斑最大功率消耗时对应的短路电流 $I^*_{SC}$，即

$$I^*_{SC}=I_{SC}(p-1)/p+I_{mP}/P$$

式中 $I_{SC}$——不遮光组件的短路电流；

$I_{mP}$——不遮光组件最大功率时的电流，A；

$P$——组件并联组数。

② 使组件短路，用下列方法之一选择一片电池：

a）组件在稳定的辐照度不小于 700W/m² 的辐射源 1 照射下，用适当的温度探测器测定最热的电池。

b）在步骤 1）②规定的辐照度下，依次完全挡住每一个，当它被挡住时，短路电流减小的程度最大。在这一过程中，辐照度变化不超过±5%。

③ 同样在步骤 1）①所规定的辐照度（±3%内）下，完全挡住选定的电池，检查组件是否比步骤 1）①所规定的 $I_{mP}$ 小。如果这种情况不发生，就不能确定是否会在一个电池内产生最大消耗功率。此时继续完全挡住所选电池。省略步骤 1）⑤。

④ 逐渐减少对所选择电池的遮光面积，直到组件的 $I_{SC}$ 最接近 $I^*_{SC}$，此时在该电池内消耗的功率最大。

⑤ 用辐射源 2 照射组件，记录 $I_{SC}$ 值，保持组件在消耗功率最大的状态，必要时重新调整遮光，使 $I_{SC}$ 维持在特定值。

⑥ 1h 后挡住组件不受辐射，并验证 $I_{SC}$ 不超过 $I_{mP}$ 的 10%。

⑦ 30min 后，恢复辐照度到 1000 W/m²。

⑧ 重复步骤 2）⑤、2）⑥、2）⑦、2）⑧ 5 次。

3）以上三种试验中，不管哪一种，在试验结束后使组件恢复至少 1h，然后转光伏测试组进行外观检查，在标准试验条件下进行性能测试、绝缘试验。

（3）技术要求。

1）试验后无如下严重外观缺陷：

① 破碎、开裂、弯曲、不规整或损伤的外表面。

② 某个电池的一条裂纹，其延伸可能导致组件减少该电池面积 10% 以上。

③ 在组件边缘和任何一部分电路之间形成连续的气泡或脱层通道。

④ 表面机械完整性，导致组件的安装和/或工作都受到影响。

2）标准测试条件下最大输出功率的衰减不超过试验前的 5%。

3）绝缘电阻应满足初始试验的同样要求。

5．**热循环试验**

（1）试验装置。

1）热循环实验箱，有自动温度控制，使内部空气循环，且避免在试验过程中水分凝结在组件表面的装置，而且能容纳一个或多个组件进行如图 2-1 所示的热循环试验。

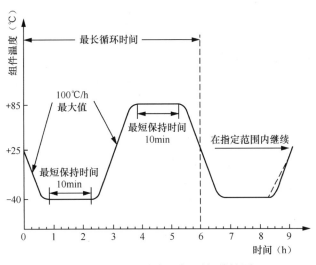

图 2-1　热循环试验温度-时间特性图

2）在实验箱中有安装或支撑组件的装置，并保证周围的空气能自由循环。安装或支撑装置的热传导要小，因此，实际上应使组件处于绝热状态。

3）测量和记录组件温度的仪器，准确度为 ±1℃ 的温度传感器应置于组件中部的前后表面。如多个组件同时试验，只需检测一个组件的温度。

4）在整个试验过程中监测每一个组件内部电路连续性的仪器。

5）监测每一个组件的一个引线端与边框之间绝缘完整性的仪器。

（2）实验方法。

1）在室温下将组件装入气候室，如组件的边框导电效果不好，将其安装在一金属框上来模拟敞开支架。

2）将温度传感器接到温度监测仪，将组件的两个引线端接到连续性测试仪，将组件的一个引线端和框架连接到绝缘监测仪。

3）关闭实验箱，使组件周围空气的循环速度不低于 2m/s，按图 2-1 所示，使组件的温度在-40℃±2℃和 85℃±2℃之间，最高和最低之间的温度变化速率不超过 100℃/h。在每个极端温度下，应保持稳定至少 10min。一次循环不超过 6h。

循环次数：

① 在试验程序分组中属于热循环后继续进行湿冷试验的两个组件，热循环进行 50 次。

② 在试验程序分组中属于只进行热循环试验的两个组件，热循环进行 200 次。

4）在整个试验过程中，记录组件的温度，并检测在试验中可能产生的任何断路或漏电现象。

5）热循环试验结束后组件至少恢复 1h，然后将组件转光伏测试组进行外观检查，标准试验条件的性能测试、绝缘试验。

（3）技术要求。

1）在试验过程中无间歇短路或漏电现象。

2）试验后无如下严重外观缺陷：

① 破碎、开裂、弯曲、不规整或损伤的外表面。

② 某个电池的一条裂纹，其延伸可能导致组件减少该电池面积 10%以上。

③ 在组件边缘和任何一部分电路之间形成连续的气泡或脱层通道。

④ 表面机械完整性，导致组件的安装和/或工作都受到影响。

3）标准测试条件下最大输出功率的衰减不超过试验前的 5%。

4）绝缘电阻应满足初始试验的同样要求。

6. 湿-冷试验

（1）试验装置。

1）一个气候室，有自动温度和湿度自动控制，能容纳一个或多个组件进行如图 2-2 所规定的湿-冷循环试验。在零下的温度，气候室内空气的露点为该室的温度。

2）测量和记录组件温度的仪器，准确度为±1℃。如多个组件同时试验，只需监测一个代表组件的温度。

3）在整个试验过程中，监测每一个组件内部电路连续性的仪器。

4）检测每一个组件的引线端和边框或支承架之间电绝缘完好性的仪器。

（2）试验方法。

1）将温度传感器置于一个有代表性的组件中部的前面或后面。

2）在室温下将组件装入气候室，使其与水平面倾角不小于 5°，如组件边框导电不好，将其安装在一模拟敞开式支撑架的金属框架上。

3）将温度传感器接到温度检测仪，将组件的两个引线端子接到连续性测试仪，将组件的一个引线端与框架或支撑架连接到绝缘检测仪。

4）关闭气候室，使组件完成如图 2-2 所示的 10 次循环，最高和最低温度应在所设定值的±2℃以内，室温以上各温度下，相对湿度应保持在所设定值的±5%以内。

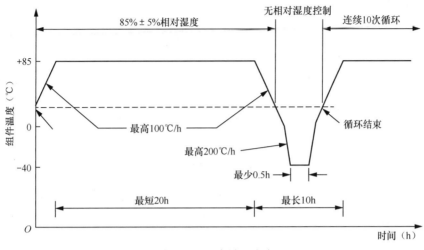

图 2-2 湿–冷循环试验

5）整个试验过程中，记录组件的温度，并监测试验中可能产生的任何断路或漏电现象。

6）在 2～4h 的恢复时间后，将组件转光伏测试组进行外观检查，及标准试验条件下的性能测试、绝缘测试。

（3）技术要求。

1）在试验过程中无间歇短路或漏电现象。

2）试验后无如下严重外观缺陷：

① 破碎、开裂、弯曲、不规整或损伤的外表面。

② 某个电池的一条裂纹，其延伸可能导致组件减少该电池面积 10%以上。

③ 在组件边缘和任何一部分电路之间形成连续的气泡或脱层通道。

④ 丧失机械完整性，导致组件的安装和/或工作都受到影响。

3）标准测试条件下最大输出功率的衰减不超过试验前的 5%。

4）绝缘电阻应满足初始试验的同样要求。

7. 湿–热试验

（1）试验装置。

1）恒定湿热试验箱，有温度控制装置，能容纳一个或多个组件进行温度为 85℃±2℃、相对湿度为 85%±5%的恒定湿热试验。

2）在试验箱中有安装或支撑组件的装置，并保证周围的空气能够自由循环。

3）测试和记录温度的仪器，准确度为 1，温度传感器应置于组件中部当前或后表面。如多个组件同时试验，只需检测一个代表组件的温度。

（2）试验方法。

1）在室温下将组件装入实验箱，使其与水平面的倾角不小于 5°，并保证周围的空气能够自由循环。

2）将试验箱的温度在不加湿的条件下升到 85℃，以对试验样品进行预热，待组件温度稳定后，再加湿，以免组件产生凝露。

3）试验结束后组件在室温下恢复 2～4h。

4）将组件转到光伏测试组进行外观检查，标准试验条件的性能测试、绝缘试验。

（3）技术要求。

1）在试验过程中无间歇短路或漏电现象。

2）试验后无如下严重外观缺陷：

① 破碎、开裂、弯曲、不规整或损伤的外表面。

② 某个电池的一条裂纹，其延伸可能导致组件减少该电池面积 10%以上。

③ 在组件边缘和任何一部分电路之间形成连续的气泡或脱层通道。

④ 表面机械完整性，导致组件的安装和/或工作都受到影响。

3）标准测试条件下最大输出功率的衰减不超过试验前的 5%。

4）绝缘电阻应满足初始试验的同样要求。

8. 室外暴晒试验

初步评价组件经受室外条件暴露的能力，并可能揭示出试验室试验中测不出来的综合衰减效应（本试验仅只能作为可能存在问题的指示）。

（1）试验装置。太阳辐照度监测仪，准确到±10%。

（2）试验程序。将组件短路，用制造厂所推荐的方式安装在室外，与辐照度监测仪共平面，使组件受到累计 $60kWh/m^2$ 的总辐射量。

（3）技术要求。

1）试验后无如下严重外观缺陷：①破碎、开裂、弯曲、不规整或损伤的外表面；②某个电池的一条裂纹，其延伸可能导致组件减少该电池面积 10%以上；③在组件边缘和任何一部分电路之间形成连续的气泡或脱层通道；④表面机械完整性，导致组件的安装和/或工作都受到影响。

2）标准测试条件下最大输出功率的衰减不超过试验前的 5%。

3）绝缘电阻应满足初始试验的同样要求。

9. 冰雹试验

（1）试验目的。验证组件能够经受冰雹冲击。

（2）试验装置。

1）冰箱：−10℃±5℃。

2）冰球：直径为 25×（1±0.05）mm，质量为 7.53（1±0.02）g，速度为 23×（1±0.05）m/s。

3）天平：准确度为±2%。

4）速度测试仪表：准确度为±2%。

5）冰球发射机。

（3）技术要求。

1）试验后无如下严重外观缺陷：

① 破碎、开裂、弯曲、不规整或损伤的外表面。

② 某个电池的一条裂纹，其延伸可能导致组件减少该电池面积 10%以上。

③ 在组件边缘和任何一部分电路之间形成连续的气泡或脱层通道。

④ 表面机械完整性，导致组件的安装和/或工作都受到影响。

2）标准测试条件下最大输出功率的衰减不超过试验前的 5%。

3）绝缘电阻应满足初始试验的同样要求。

10．引线端强度试验

（1）试验目的。确定引线端及其附件是否能承受正常安装和操作过程中所承受的力。

（2）引出端类型。考虑三种类型的组件引出端。

A 型：直接自电池板引出的导线。

B 型：接线片、接线螺栓、螺栓等。

C 型：接插件。

（3）程序。

预处理：在标准大气压条件下进行 1h 的测量和试验。

1）A 型引出端。

拉力试验：满足下列条件。

① 所有引出端均应试验。

② 拉力不能超过组件重量。

弯曲试验：满足以下条件：

① 所有引出端均应试验。

② 用方法 1 实施 10 次循环（每次循环为各相反方向均弯曲一次）。

2）B 型引出端。

拉力和弯曲试验：

① 对于引出端暴露在外的组件应与 A 型引出端的试验一样，试验所有引出端。

② 如果引出端封闭于保护盒内，则应采取如下程序：将组件制造厂所推荐型号和尺寸的电缆切为合适的长度，依其推荐方法与盒内引出端相接，利用所提供的电缆夹小心地将电缆自封闭套的小孔中穿出，盒盖应牢固放置原处，再按 A 型引出端的试验方法进行试验。

转矩试验：满足下列条件：

① 所有引出端均应试验。

② 严酷度为 1。

除永久固定的指定设计外，螺母、螺栓均能松启。

3）C 型引出端。将组件制造厂推荐型号和尺寸的电缆切为合适的长度，依其推荐方法与盒内引出端相接，然后按 A 型引出端的试验方法进行试验。

（4）最后试验。重复外观检查和电性能测试。

（5）要求。应满足下列要求：

1）无机械损伤现象。

2）最大输出功率的衰减不超过试验前测试值的 5%。

3）绝缘电阻应满足初始试验同样的要求。

# 第三章　光伏发电功率预测

新能源发电功率预测是基于新能源电力波动性和不稳定性特征而产生的一种需求。由于太阳光照强度随时在变化，不确定性较大，光伏发电具备波动性和间歇性特征。由于电能不易存储，且电能生产过程是连续的，发电、输电、变电、配电和用电这五个生产环节在同一瞬间完成，而且发电、供电、用电之间，必须时刻保持基本平衡。因此电网需要根据下游的用电需求（一般下游用电需求相对稳定且可预测）提前做出发电规划，根据用电需求，按时间段安排火电、水电、新能源电力等多种电源的发电出力，并根据实时的电力平衡情况做出实时的电力调节和控制，由此产生了对新能源发电功率预测的需求。

光伏发电功率预测技术是电网合理安排光伏发电计划，提高光伏发电接纳能力的关键技术。需要根据气象条件、参数、统计规律等技术和手段，对光伏发电站有功功率进行预报。根据预测范围分为中期光伏发电功率预测（预测未来 10 天，时间分辨率 15min，预测准确率按照顺序依次递减，第 10 天≥70%）、短期光伏发电功率预测（预测未来 3 天，时间分辨率 15min）和超短期光伏发电功率预测（预测未来 15min 至 4h，时间分辨率 15min）。

## 第一节　光伏发电功率特性

与常规能源不同，光伏电站属于能量密度低、稳定性差、调节能力弱的能源，其输出功率受天气及地域的影响较大，具有明显的间歇波动特性，大规模光伏发电接入将给电网安全稳定运行带来一定冲击。随着各地风电、光伏等可再生能源比例的增加，弃风、弃光现象时有发生。

光伏发电功率预测是解决此问题的关键技术之一，开展光伏电站发电功率预测方法与系统研究具有重要的学术与应用价值。因此，如何准确地开展光伏电站的功率预测，这几年成为研究的热点，备受国内外学者的青睐。

目前，德国能接纳的光伏发电峰值出力高达 70%，而国内基本只能接纳 30% 以内。其中最重要的原因，就是德国的光功率预测做得好，而国内这方面才刚起步。

### 一、天气情况与发电特性分析

日平均负荷特征描述的是光伏电站的日平均负荷水平，该指标与天气类型相关，不同的天气类型下光伏输出负荷的大小存在较大不同，如图 3-1 所示，阴天、雨雪天气云层遮挡作用较强，光伏电站负荷水平不高，以 12MW 电站为例，日平均负荷分别仅为 8.33MW 与 2.2MW，晴天地表太阳辐照度较高，负荷水平较高，日平均负荷达到 12MW。

光伏电站的负荷曲线有固有的波动特性，呈正态分布，负荷按照季度的日照时间不同，负荷的时长也不相同。从负荷分布来看，每日早上至 11 时为负荷爬坡阶段，随着日照辐射度的不断增加，组件的电流增大，负荷在 11 时达到相对顶峰，稳定输出，到 15 时，辐射量开始下降，负荷也不断下降，至 20 时无负荷输出。

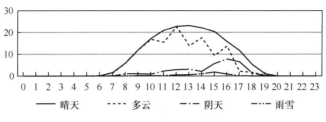

图 3-1　不同天气下的光伏输出负荷曲线

图 3-1 是典型的各类天气的光伏发电系统有功功率随气象的不同变化曲线，可以看出阳光辐照度对光伏发电系统实际有功功率的影响是非常明显的，阳光辐照度也是影响实际有功功率最主要的因素。在阴雨天时，有时变化速率可超过每秒 10% 额定功率。而由于太阳辐照度受实际环境的影响具有一定的随机性，因此每日的实际有功功率也具有一定随机性，这给发电量预测造成了难度。

### 二、太阳辐照度与发电特性分析

光伏系统的有功功率与太阳辐照度的关系曲线如图 3-2 所示。

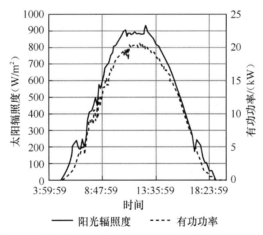

图 3-2　光伏系统的有功功率与太阳辐照度的关系曲线

由图 3-2 中可以看出，光伏系统的有功功率和太阳辐照度具有很好的一致性，即光伏系统输出电能的主要影响因素是太阳辐照度。太阳辐照度的最大值出现在 12 时 40 分，数值为 936W/m$^2$，此时逆变器有功功率为 20.11kW，接近但不是最大有功功率。电站最大有功功率出现在 12 时 09 分，数值为 20.61kW，太阳辐照度为 886W/m$^2$。

### 三、温度与发电特性分析

图 3-3 是一组 PV 组件测试数据，其能将对温度与组件发电效率的影响更直观地显示出

来，在 12 时附近，图中光伏组件的温度达到 60℃左右，光伏组件的有功功率大约仅有 85%。组件的电压随温度的升高而下降较为明显，故光伏系统的最大有功功率并不一定出现在太阳辐照度最大时。因此在组件安装设计时留出必要的空间让组件下层空气流动进行降温是非常有必要的。

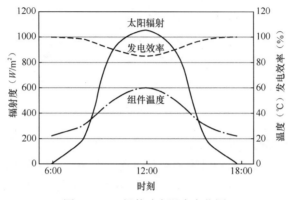

图 3-3　PV 组件功率温度变化图

除了光伏组件，当温度升高时，逆变器等电气设备的转化效率也会随温度的升高而降低。温度造成的折减，可以根据光伏组件的温度系数和组件温度进行计算。

## 四、逆变器与发电特性分析

逆变器是光伏发电系统的关键设备之一，逆变器的性能直接影响光伏系统输出电能的大小和质量。图 3-4 是晴天时一天中逆变器效率的变化趋势，从图中可以看出，在逆变器启动阶段，逆变效率可以直接达到 90%以上，并整天维持较高的效率，在 4 时左右，逆变器即可进入正常工作状态，逆变效率保持相对的稳定值。在 19 时左右，随着阳光辐照度的下降，逆变器在低于启动临界值时停止工作，整天的运行平稳而高效。

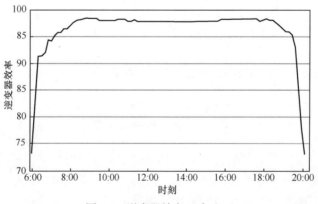

图 3-4　逆变器效率（晴天）

在阴天时的起始阶段，逆变器效率仍可直接达到 90%，逆变效率总体趋势和晴天时类似，也有相对稳定的效率区间，但逆变效率要较晴天偏低，且整体波动幅度偏大（见图 3-5）。在 17 时左右，逆变器效率急剧下降，在较短时间内发生了短暂调变随后停止工作。

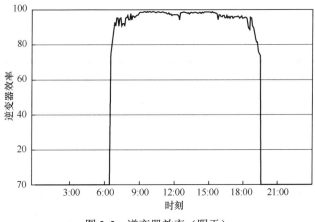

图 3-5　逆变器效率（阴天）

图 3-6 显示出某一晴天时逆变器的效率与光伏系统有功功率的关系。数据显示在上午 7 时 35 分左右，逆变器最高效率已达到 98.2%，而光伏系统的有功功率在 12 时 30 分才达到峰值。在光伏系统的有功功率小于 600W 时，逆变器效率随有功功率上升较快，当光伏系统的有功功率达到 600W 左右时，逆变器效率已超过 92%。当光伏系统的有功功率为 600W～8kW 时，逆变器效率增加不明显。当光伏系统的有功功率超过 8kW 时，逆变器效率基本无变化。

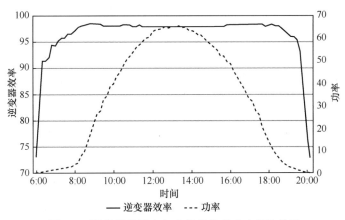

图 3-6　逆变器的效率与光伏系统有功功率的关系

# 第二节　光伏发电短期功率预测技术

## 一、数值天气预报基本概念

大气运动遵守牛顿第二定律、质量守恒定律、热力学能量守恒定律、气体实验定律和水汽守恒定律等物理定律，这些物理定律的数学表达式分别为运动方程、连续方程、热力学方程、状态方程和水汽方程等基本方程。它们构成支配大气运动的基本方程组。

所谓数值天气预报，就是根据大气实际情况，在一定的初值和边值条件下，通过大型计算机作数值计算，求解描写天气演变过程的流体力学和热力学的方程组，预测未来一定时段的大气运动状态和天气现象的方法。

数值天气预报模型非常复杂，并且需要大量的实测数据，一般由国家气象局负责预报。确定预测系统的初始状态需要大量的数据，大量的气象观测站、浮标、雷达、观测船、气象卫星和飞机等负责数据的收集，世界气象组织为此制定了数据格式和测量周期的标准。

如何利用这些非常规的观测资料，把它们和常规资料配合起来，丰富初始场的信息，是个重要的问题。需要采用四维同化方法把不同时刻、不同地区、不同性质的气象资料不断输入计算机，通过一定的预报模式，使之在动力和热力上协调。得到质量场和光场基本达到平衡的初始场，提供给预报模式使用。四维同化主要由三部分组成，一是预报模式；二是客观分析；三是初始化。模式的作用是将先前的资料外推到当前的分析时刻；分析是将模式预报的信息与当前的观测资料结合起来，内插到格点上；初始化则是将分析场中的高频重力波过滤，保证计算的稳定性。

目前世界范围内使用的数值天气预报主要包括下面几种：欧洲中尺度气象预报中心综合系统（ECMWF）、美国环境预报中心综合系统（NCEP）开发的T170L42预报系统、英国统一模式UM、德国气象服务机构（DWD）开发的Lokalmodell模型、中国国家气象局开发的T213L31等。

## 二、功率预测方法分类

光伏电站功率预测方法众多，可根据预测物理量、数学模型、数据源和时间尺度等进行分类，如图3-7所示。

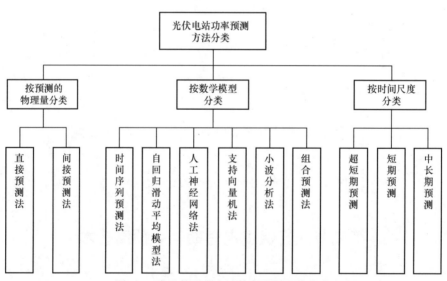

图3-7 常见的光伏电站功率预测方法分类

（1）根据预测的物理量分类，光伏电站功率预测可分为直接预测法和间接预测法两类。直接预测法直接对光伏发电系统的输出功率进行预测。间接预测法对太阳辐照量进行预测，然后根据预测的太阳辐照量估算光伏发电系统的功率输出。

（2）根据所运用的数学模型分类，可分为时间序列预测法、自回归滑动平均模型法、人工神经网络法和支持向量机法等。

1）时间序列预测法：时间序列模型是最经典、最系统、最被广泛采用的一类预测法。随机时间序列方法只需单一时间序列即可预测，实现比较简单。

2）自回归滑动平均模型法：回归预测技术是通过回归分析，寻找预测对象与影响因素之间的相关关系，建立回归模型进行预测；根据给定的预测对象和影响因素数据，研究预测对象和影响因素之间的关系，形成回归方程；根据回归方程，给定各自变量数值，即可求出因变量值即预测对象预测值。

3）人工神经网络法：人工神经网络技术可以模仿人脑的智能化处理，对大量非结构、非精确性规律具有自适应功能，具有信息记忆、自主学习、知识推理和优化计算的特点，特别是其自学习和自适应功能较好地解决了天气和温度等因素与负荷、光伏电站输出功率的对应关系。所以，人工神经网络法得到了许多中外学者的赞誉，预测是人工神经网络最具潜力的应用领域之一。

4）支持向量机法：支持向量机（support vector machines，SVM）是由贝尔实验室的万普尼克等提出的一种机器学习算法，它与传统的神经网络学习方法不同，实现了结构风险最小化原理（structural risk minimization，SRM），它同时最小化经验风险与 VC 维（vapnik-chervonenkis dimension）的界，这就取得了较小的实际风险即对未来样本有较好的泛化性能。

5）小波分析法：小波分析在时域和频域都有良好的局部化性质，能够比较容易地捕捉和分析微弱信号，聚焦到信号的任意细节部分。小波分析可用于数据的分析、处理、存储和传递。

6）组合预测法：是对多种预测方法得到的预测结果，选取适当的权重进行加权平均的一种预测方法。组合预测法与前面介绍的各种方法结合进行预测的方式不同，它是几种方法分别预测后，再对多种结果进行分析处理。组合预测有两类方法：一种是指将几种预测方法所得的结果进行比较，选取误差最小的模型进行预测；另一种是将几种结果按一定的权重进行加权平均，该方法建立在最大信息利用的基础上，优化组合了多种模型所包含的信息。其主要目的在于消除单一预测方法可能存在的较大偏差，提高预测的准确性。

（3）根据预测的时间尺度分类，光伏发电功率预测可分为超短期（日内）预测。短期（日前）预测、中长期预测。

超短期功率预测是通过实时环境监测数据、电站逆变器运行数据、历史数据等数据源建立预测建模，进而预测未来 0～4h 的输出功率，采用数理统计方法、物理统计和综合方法，主要用于光伏发电功率控制、电能质量评估等。这种分钟级的预测一般不采用数值天气预报数据。短期（日前）预测一般预报时效为未来 0～72h，以数值天气预报为主，主要用于电力系统的功率平衡和经济调度、日前计划编制、电力市场交易等。中长期预测是事长时间尺度的预测，主要用于系统的检修安排、发电量的预测等。目前中长期预测精度不高，对电网实际运行指导意义不大。

从建模的观点来看，不同时间尺度是有本质区别的，对于日内预测，因其变化主要由大气条件的持续性决定，可以采用数理统计方法，对光伏电站实时气象站数据进行时间序列分析，也可以采用数值天气预报方法和物理统计总和方法。对于日前预测，则需使用数值天气预报方法才能满足预测需求，单纯依赖时间序列外推，不能保证预测精度。

实际生产中，短期功率预测、超短期功率预测是最常用的功率预测技术，其对电力生产运行指导意义也最大，下面结合短期、超短期功率预测，对常用预测模型及算法进行介绍。

## 三、短期功率预测方法

### （一）相似日聚类选取算法

聚类就是按照一定的要求和规律对事物进行区分并归类的过程，在这一过程中把事物间的相似性作为类属划分的准则。聚类分析就是把没有类别标记的样本集按某种准则划分成若干个子集（类），使相似的样本尽可能归为一类，而不相似的样本尽可能划分到不同的类中。通常把研究和处理给定对象分类的数学方法称为聚类分析（clustering analysis）。聚类分析的目的就是进行模式识别，把相似的对象或事物归成类。模式识别是指对表征事物的特征向量进行处理和分析，对事物进行描述、辨认、分类的过程。在进行分类时，首先对模式向量进行构造，在保证正确反映样本特性的前提下提取模式向量；其次是进行模式识别，即将待识别的模式向量与描述模式的特征向量集进行匹配。

光伏电站输出功率受到多种因素的影响，且与多个因素间形成一种非线性和强耦合的关系。由于相似日光伏发电系统的输出功率曲线具有很高的相似性，对影响光伏发电系统输出功率的气象条件进行适当选取（一般选取太阳辐照强度、辐照时间、气温等气象条件），并进行规范化处理，采用模式识别技术将相似日的气候条件作为预测样本和模型输入，选出与待预测日相似程度较高的历史上某些日子进行参考预测，达到有效提高预测精度的目的。与现有研究方法相比，对光伏阵列输出功率进行预测时，相似的选取方法对主要气象影响因素的处理比较精细，对实际应用有一定的参考价值。当然由于气象数据和功率数据的有限性，光伏阵列的输出功率影响因素比较复杂，适当选取输入变量中影响因素的个数，预测精度还有提高的可能，而仿真实验也表明，增大训练样本数量可以提高预测模型的准确度。

### （二）基于数值天气预报技术的短期功率预测方法

#### 1. 适用于光伏电站功率预测的数值天气预报

云和气溶胶是影响太阳辐射强度最主要的两个因素，重点考虑微物理和辐射过程的优化，同时它们之间以及它们与湍流之间的相互作用也被详细考虑。根据水汽（$H_2O$）、气溶胶（Aerosol）、二氧化碳（$CO_2$）、臭氧（$O_3$）浓度来描绘云的特征，同时利用不同的诊断方案计算出太阳辐射强度。

#### 2. 基于数值天气预报的功率预测方法

（1）物理方法。根据光伏电站所处的地理位置，综合分析光伏电池板、逆变器等多种设备的特性，得到光伏电站输出功率与数值天气预报的物理关系，对光伏电站输出功率进行预测。该方法建立了光伏电站内各种设备的物理模型，物理意义清晰，可以对每一部分进行分析。该方法的预测效果较统计方法略差，但不需要历史数据的支持，适用于新建的光伏电站。

（2）统计方法。根据光伏电站所处的地理位置，分析影响光伏电站输出功率的各种气象因素，利用历史数值天气预报和历史光伏电站输出功率建立神经网络模型，实现对未来光伏电站输出功率的预测。该方法采用了人工智能的方法，模糊了光伏电站内部元件的各类特性，避免了元件参数不精确造成的误差，预测效果较好。但该方法需要大量历史光伏电站输出功率数据作为建模基础，适用于投运时间超过一年的光伏电站，而不适用于新建的光伏电站。

（3）混合方法。首先根据物理方法建立预测模型，然后根据光伏电站的历史测量数据，采用统计方法对物理模型进行校正。该方法结合统计方法和物理方法的优势，预测准确度较好，同时不需要历史功率数据的支持，特别适用于有辐照强度和温度测量数据的新建光伏电站。

## 四、超短期功率预测方法

超短期预测模型的建立通常基于光伏发电站的历史数据。目前超短期功率预测应用以下几种比较广泛的方法来建立预测模型，具体包括自回归滑动平均（ARMA）模型、人工神经网络（ANN）模型和支持向量机（SVM）。

ARMA 模型法属于统计方法，人工神经网络模型法和支持向量机法属于学习方法，它们都是模型输入输出数据关系的建立方法。

### （一）基于时间序列常用预测方法

#### 1．确定性时间序列预测方法

对于具有平稳变化特征的时间序列来说，假设未来行为与现在的行为有关，利用现在的属性值预测将来的值是可行的。对于有明显的季节变动的时间序列来说，需要先将最近的观察值去掉季节性因素的影响产生变化趋热，然后结合季节性因素进行预测。这些预测方法适用于在预测时间范围内，无突然变动且随机变动的方差较小；并且有理由认为过去和现在的历史演变趋势将继续发展到未来的情况。

更为科学的评价时间序列变动的方法是将变化在多维上加以综合考虑，把数据的变动看成是长期趋势、季节变动和随机模型共同作用的结果。对于上面的情况，时间序列分析就是设法消除随机型波动、分解季节性变化、拟合确定型趋势，进而形成对发展水平分析、趋势变动分析、周期波动分析和长期趋热加周期波动分析等一系列确定性时间序列预测方法。虽然这种确定型时间序列预测技术可以控制时间序列的基本样式，但是它对随机变动因素的分析缺少可靠的评估方法，实际应用中还需要进行预测方法的研究和试验。

#### 2．随机时间序列预测方法

时间序列挖掘一般通过曲线拟合、参数估计或非参数拟合来建立数学模型。通过建立随机时间序列模型，对随机序列进行分析，就可以预测未来的数据值。常用的线性时间序列模型包括自回归（AR）模型、移动平均（MA）模型或自回归移动平均（ARMA）模型。

#### 3．其他方法

可用于时间序列的方法很多，其中比较成功的是人工神经网络法。由于大量的时间序列是非平稳的，因此特征参数和数据分布随着时间的推移而变化。假如通过对某段历史数据的训练，通过数学统计模型估计神经网络的各层权重参数初值，就可能建立神经网络预测模型，用于时间序列预测。此外，还有基于傅里叶变换的时间序列分析等方法。

### （二）基于晴空模型的超短期功率预测方法

大气层外切平面的瞬时太阳辐射强度只与距地 1200km 的太阳辐射强度和太阳辐射方向有关，这些都可以通过天文学有关公式精确计算得到。假设在晴天、无云层遮挡的情况下，计算并建立近地面瞬时太阳辐射强度与大气层外切平面的瞬时太阳辐射强度之间的关系式模型，根据此模型就可以实时推算出具体时刻近地面理论最大瞬时太阳辐射，该模型即为晴空模型。

常规的光伏电站超短期功率预测是利用光伏电站的历史有功功率、太阳辐照度等数据源建立预测模型，进而预测未来 0～4h 的输出功率。此类方法在一定程度上可以实现光伏电站的超短期功率预测，但是没有考虑光伏电站在具体时刻的理论最大输出功率。结合太阳辐照度的晴空模型与光伏电站输出功率特性获得的光伏电站晴空模型可以计算光伏电站在具体时刻的理论最大输出功率，在理论最大输出功率的基础上，采用归一化数据并结合自回归时间序列建立的超短期功率预测模型可以有效提高预测准确性。

## 第三节　　光伏发电功率预测系统介绍

光伏发电功率预测系统以高精度的数值气象预报为基础，搭建完备的数据库系统，利用各种通信接口采集光伏电站现场实时辐照度、风速、风向、温度、湿度、气压等气象数据和光伏电站集控数据。如图 3-8 所示。

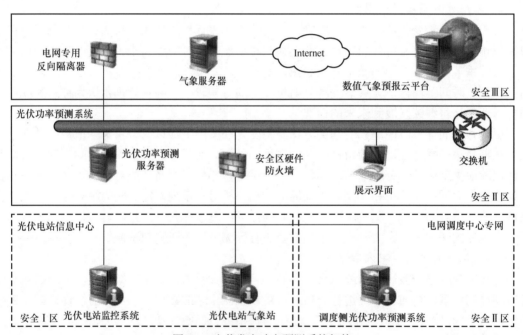

图 3-8　光伏发电功率预测系统架构

采用人工智能神经网络、粒子群优化、光电型号数值净化、高性能时空模式分类器及数据挖掘算法对电站进行建模。以人性化的人机交互界面，对光伏电站进行功率预测，为光伏电站管理及生产出力提供保障。

### 一、系统主要功能

（1）数据采集及检验：自动采集光伏电站实时运行数据、自动气象站监测数据和数值天气预报数据，并对数据进行完整性和合理性检验。

（2）功率预测：自动进行未来 4h 超短期功率预测及未来 72h 短期功率预测。

（3）预测结果自动上报：可根据调度部门的要求向调度机构上报光伏发电站超短期和短期光伏功率预测数据，并实时上传光伏电站气象监测数据。

（4）历史数据统计查询：可实现历史功率预报结果、数值天气预报数据和光伏电站运行参数的数据统计查询、导出和打印功能。

（5）系统可实现误差统计、相关性分析等数据统计分析功能。

## 二、系统主要组成

### 1．数值天气预报系统

主要提供当天或未来几天的 NWP（数值天气预报）信息，将光伏电站所在地的 NWP 信息（如光照量、气温、日照时间等）实时传给预测数据库系统，并进行处理。

### 2．预测数据库系统

主要是对光伏电站的 NWP 历史信息、输出功率历史信息等进行存储管理。

### 3．光伏发电功率预测系统

光伏发电功率预测系统是该系统的核心部分，根据相应的预测算法，将实时 NWP 信息与预测数据库系统的历史数据进行处理，选择适当的功率预测数学模型，算出预测当日的输出功率预测值及预测误差。

### 4．EMS能量管理系统

EMS 是现代电网调度自动化系统（含硬、软件）的总称，由基础功能和应用功能两个部分组成。基础功能包括计算机、操作系统和 EMS 支撑系统。应用功能包括数据采集与监视（SCADA）、自动发电控制（AGC）与计划、网络应用分析三部分，系统中用户可以通过操作界面对该预测系统进行实时管理，对发电计划进行有条理的规划。

# 第四节　光伏发电功率预测的发展

光伏发电功率预测相比其他电源系统预测难度大，主要表现在：第一，太阳运动规律与大气状态波动共同作用导致辐照度波动特性复杂，日内小时级变化难以把握；第二，云团生消运动造成地表辐照度快速剧烈变化，多云天气下光伏出力呈现分钟级无惯性突变。针对上述难点，国内外学者采用多种技术手段模型开展了光伏功率预测研究，并将其不断发展。

## 一、国外发展历程

2003 年，法国 Meteodyn 公司成立并开始开展风、光等新能源发电相关研究。由该公司研发的 MeteodynPV 软件可以对光伏电站输出功率进行预测，预测精度比较高。同时，该软件还可以估算太阳能资源、评估年产量，确定光伏板的最佳位置。在进行估算太阳能资源上，能计算所有类型的土地和屋顶，能进行现场适用性分析，能评估任何类型的太阳能电池板和相关设备；在设计高性能光伏系统上。MeteodynPV 软件能估计发电量和损耗，计算面板和障碍物的阴影，分析面板的最佳位置等。

丹麦 ENFOR 公司开发的 SOLARFOR 系统是一种基于物理模型和先进机器学习相结合的自学习自标定软件系统，可进行光伏发电输出功率预测，其将输出功率历史数据、短期的 NWP 信息、地理信息、日期等要素进行结合，利用自适应的统计模型对光伏发电系统的短期

（0～48h）输出功率进行预测。SOLARFOR 预测系统使用历史天气和功率数据进行初始化，用来训练描述光伏电站功率曲线的模型或相关数据。该系统目前已为欧洲、北美、澳洲等国家和地区提供了 10 年以上的新能源发电功率预测与优化服务。

瑞士日内瓦大学课题组开发的 PVSYST 软件是一套著名的光伏系统仿真模拟软件，可以实现光伏电站输出功率预测，还可用于光伏系统工程设计。PVSYST 软件可分析影响光伏发电量的各种因素，并最终计算得出光伏发电系统的发电量，适用于并网系统、离网系统、水泵和直流系统等。

### 二、国内发展历程

国内从事这方面研究的主要有中国电力科学研究院、国网电力科学研究院、华北电力大学、华中科技大学等高校和科研机构。

2010 年 3 月，由中国电力科学研究院开发的"宁夏电网风光一体化功率预测系统"在宁夏电力调控中心上线运行；同期，包含 6 座场馆光伏发电系统功率预测功能的上海世博会新能源综合接入系统上线运行。2011 年，由国网电力科学研究院研发的光伏电站功率预测系统在甘肃电力调度中心上线运行，与国内首套系统相比，其增加了光伏电站辐照强度、气压、湿度、组件温度、地面风速等气象信息采集功能。2011 年和 2013 年，湖北省气象服务中心先后开发光伏发电功率预测预报系统 V1.0、V2.0，并在全国多省市进行了推广运行。2011 年，北京国能日新系统控制技术有限公司开发的光伏功率预测系统（SPSF3000）上线运行。2012 年，国电南瑞科技股份有限公司研发了 NSF3200 光伏功率预测系统，并在青海、宁夏等多个省份的光伏电站投入运行，市场占有率较高。

# 第四章　光伏电站并网及调度管理

　　光伏电站并入电网需要的相关流程和手续一般较为严谨，光伏电站通过缩短建设工期、快速并网来提升投资效益，但往往会忽略调度机构的并网管理要求。并网管理是重要的涉网环节，工作量大，技术标准严格，导致很多光伏电站临近并网期，才发现存在很多流程环节不清楚、资料准备不充分等情况，影响按期安全并网。

## 第一节　光伏发电接入电网技术要求

### 一、光伏电站功率控制

　　光伏电站有功功率控制是一个非常重要的能力，国外有关光伏电站并网技术性的文件都规定光伏电站在连续运行和切换操作（启动和停运）时应具有控制有功功率的能力，其中基本要求：一是控制最大功率变化，二是在电网特殊情况下限制光伏电站的输出功率。

　　在现有电网状况下，各主要光伏电站接入电网的最大容量不同程度地受到所接入电网条件及系统调峰能力的限制。考虑到光伏发电是一种间歇性电源，输出功率超过额定值80%的概率一般不超过10%，对电网企业和光伏电站而言，在某些情况下限制光伏电站的输出功率，可能都是一种较好的选择。因为，对电网企业而言，这一措施减少了改造电网的投资，提高了电网的利用率；而对于光伏电站而言，在相同的电网结构条件下，可以建设装机容量更大的光伏电站。

#### （一）光伏电站功率最大功率变化要求

　　光伏电站最大功率变化限值的确定受多种因素影响，其中影响最大的是电网中水电机组、火电机组的比重，水电调节情况与季节、来水量等很多因素有关，不确定性很大，比较复杂；而火电机组存在技术上功率变化调节的限值。另外，各个地区电网的情况也不尽相同，光伏电站最大功率变化需结合实际电网的调频能力及其他电源调节特性来确定，很难给出一个统一的确定限值，以适用各种情况下各种电网运行要求。因此，电网企业给出光伏电站最大功率变化的限值，光伏电站有功功率变化速率应不超10%装机容量/min，具体数值由电力系统调度机构根据电网情况核对给出，同时允许出现因太阳能辐照度降低而引起的光伏电站有功功率变化速率超出限值的情况。

#### （二）电网特殊情况下功率控制要求

　　光伏电站最大功率变化的限制除与光伏电站接入系统的电网状况、电网中其他电源的调节特性、光伏发电单元运行特性及其技术性能指标等因素有关外，还要求在电网紧急情况下，光伏电站应根据电力调度部门的指令来控制其输出的有功功率，实现紧急控制的能力。

1. 特殊方式控制要求

在电网发生故障或者在电网特殊运行方式下，为了防止电网中线路、变压器等输电设备过负荷，确保系统稳定性，需要对光伏电站有功功率提出要求。

2. 电网频率过高控制要求

当电网中有功功率过剩，电网频率过高，一般高于 50.2Hz 时，就应要求光伏电站降低其有功功率，降低的幅度依据电力系统调度部门的指令进行，在严重的情况下，可能需要切除整个光伏电站。

3. 电网故障控制要求

当电网出现事故时，如果光伏电站的并网运行危及电网安全稳定，需要电力调度部门暂时将光伏电站解列。

## 二、光伏电站无功配置

光伏电站无功与电压问题是所有光伏发电并网技术性文件的基本内容，目的是保证光伏电站并网点的电压水平和电网的电压质量。光伏电站需要向电网提供无功功率以在电压降落的情况下支持电网电压。

### （一）光伏电站无功配置的基本原则

按电力系统无功分层分区平衡的原则，光伏电站所消耗的无功负荷需要光伏电站配置无功电源来提供；并且在系统需要时，光伏电站能向电网中注入所需要的无功，以维持光伏电站并网点稳定的电压水平。进行光伏电站功率因数调节和电压控制的无功电源包括光伏发电并网逆变器和光伏电站的无功补偿装置。应该充分利用光伏发电并网逆变器的无功容量及其调节能力，仅靠光伏发电并网逆变器的无功容量不能满足系统电压调节需要的，在光伏电站集中加装无功补偿装置。光伏电站无功补偿装置能够实现动态的连续调节以控制并网点电压，其调节速度应能满足电网电压调节的要求。

对于光伏电站的无功容量要求的范围，很难给出一个统一的值，因为这取决于光伏电站的容量大小及所接入电网的特性和并网点位置（电网结构及送出线路长度）。但是一般而言，需要光伏电站具有在系统故障情况下能够调节电压恢复至正常水平的足够无功容量，以满足电压控制要求，其容量的大小、送出线路长度与光伏发电所接入的电网结构有密切关系。

一般而言，光伏电站无功容量配置的要求与电网结构、送出线路长度及光伏电站总装机容量有密切关系，光伏电站需配置的无功容量范围宜结合每个光伏电站实际接入情况通过光伏电站接入电网专题研究来确定，不能简单以光伏电站的功率因数来确定无功容量的配置，需要根据具体情况具体确定。这是目前实际光伏电站接入中最为科学的方法，也具有很好的经济性。

1. 枢纽变电站无功配置要求

离枢纽变电站近的光伏电站，即接入较强电网的光伏电站，其场内无功容量对电网电压作用较小，光伏电站参与电网电压的实际操作的经济性很差，同时对光伏电站的要求也过于苛刻。因此，在电网电压较低或较高时，不能依靠离枢纽变电站较近的光伏电站的无功容量来调整电网的电压，只能靠电网中其他无功电源来调节电网电压。离枢纽变电站较近的光伏电站的无功容量对电网电压调节作用有限，安排其场内无功容量时也不应过多考虑其参与电网电压调整的需求。

2．非枢纽变电站无功配置要求

离枢纽变电站较远的光伏电站，即接入较弱电网的光伏电站，其无功容量对地区电网电压的调节比较重要。此时，要求光伏电站参与地区电网电压调节的需求也显得非常合理，光伏电站内的无功容量需要满足调节所接入电网电压调节要求。

3．光伏电站无功配置要求

为了让光伏电站部分参与电压控制，对于直接接入电网的光伏电站，其配置的无功补偿容量应该能够补偿光伏电站满发时送出线路上的部分无功损耗（约50%）以及光伏电站空载时送出线路上的部分充电无功功率（约50%）。

4．光伏汇集站无功配置要求

对于通过220kV（或330kV）光伏发电汇集系统升压至500kV（或750kV）电压等级接入公共电网的光伏电站群，其每个光伏电站配置的容性无功容量除能够补偿并网点以下光伏电站汇集系统及主变压器的无功损耗外，还要能够补偿光伏电站满发时送出线路的全部无功损耗；其光伏电站配置的感性无功容量能够补偿光伏电站送出线路的全部充电功率。

**（二）光伏升压站无功控制要求**

光伏升压站应配置足够的无功补偿设备，并能实现 AVC 控制功能，按照电力调度机构要求在并网后要与电力调度机构 AVC 系统联调，实现无功统一参与电力调度机构无功自动控制，满足电网安全经济运行条件。

1．电压控制基本要求

通过 10～35kV 电压等级接入电网的光伏电站在其无功输出范围内，应具备根据光伏电站并网点电压水平调节无功输出、参与电网电压调节的能力，其调节方式和参考电压、电压调差率等参数应由电力调度机构设定。通过 110（66）kV 及以上电压等级接入电网的光伏电站应配置无功电压控制系统，具备无功功率调节及电压控制能力。根据电力调度机构指令，光伏电站自动调节其发出（或吸收）的无功功率，实现对并网点电压的控制，其调节速度和控制精度应满足电力系统电压调节的要求。

2．电压控制目标

电网侧电压处于正常范围内时，通过 110（66）kV 电压等级接入电网的光伏电站应能够控制光伏电站并网点电压在标称电压的 97%～107%范围内，通过 220kV 及以上电压等级接入电网的光伏电站应能够控制光伏电站并网点电压在标称电压的 100%～110%范围内。

**（三）光伏电站电压特性要求**

当光伏电站并网点电压为标称电压的 90%～110%时，光伏发电机组应能正常运行；光伏电站发电和无功设备电压耐受能力应满足国家及行业相关标准要求。

1．低电压穿越要求

（1）光伏电站应具备零电压穿越能力。光伏电站并网点电压跌至 0 时，光伏电站应能不脱网连续运行 0.15s；光伏电站并网点电压在发生后 2s 内恢复到标称电压的 90%时，光伏发电单元应保证不脱网连续运行。光伏电站零电压穿越要求如图 4-1 所示。

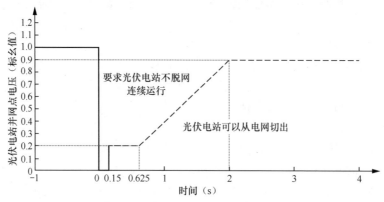

图 4-1   光伏电站零电压穿越要求

（2）故障类型及考核电压。电力系统发生不同类型故障时，若光伏电站并网点考核电压全部在图 4-1 中电压轮廓线及以上的区域内，光伏电站应保证不脱网连续运行；否则，允许光伏电站切出。针对不同故障类型的考核电压见表 4-1。

表 4-1                          光伏电站低电压穿越考核电压

| 故障类型 | 考核电压 |
| --- | --- |
| 三相短路故障 | 并网点相电压 |
| 两相短路故障 | 并网点相电压 |
| 单相接地短路故障 | 并网点相电压 |

（3）有功功率恢复。对电力系统故障期间没有脱网的光伏电站，其有功功率在故障清除后应快速恢复，自故障清除时刻开始，以至少每秒 30%额定功率的功率变化率恢复至正常发电状态。

（4）动态无功能力。对于通过 220kV（或 330kV）光伏发电汇集系统升压至 500kV（或 750kV）电压等级接入电网的光伏电站群中的光伏电站，当电力系统发生短路故障引起电压跌落时，光伏电站注入电网的动态无功电流应满足以下要求：

1）自并网点电压跌落的时刻起，光伏电站动态无功电流响应时间不大于 60ms，最大超调量不大于目标值的 20%，光伏电站动态无功电流调节时间不大于 150ms，无功电流注入持续时间应不少于该低电压持续的时间。

2）自动态无功电流响应起直到电压恢复至 0.9（标幺值）期间，光伏电站注入电力系统的无功电流 $I_T$ 应实时跟踪并网点电压变化，并应满足式（4-1）～式（4-3）的要求。

$$I_T \geq 1.5 \times (0.9 - U_T) I_N \quad (0.2 \leq U_T \leq 0.9) \tag{4-1}$$

$$I_T \geq 1.05 \times I_N \quad (U_T < 0.2) \tag{4-2}$$

$$I_T = 0 \quad (U_T > 0.9) \tag{4-3}$$

式（4-1）～式（4-3）中   $I_T$——光伏电站注入电力系统的无功电流；

$U_T$——光伏电站并网点电压标幺值；

$I_N$——光伏电站额定装机容量/（3×并网点额定电压）。

2. 高电压穿越要求

为保证电网安全稳定运行，结合电网运行实际需要，我国已制定了光伏逆变器高电压穿越能力的要求（见图4-2），具体要求如下：

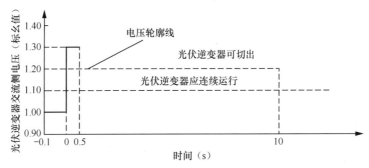

图 4-2　光伏逆变器高电压穿越要求

（1）高电压穿越基本要求。当电网发生故障或扰动引起高压侧电压升高，光伏逆变器高压侧各线电压（相电压）在电压轮廓线及以下的区域内时，光伏逆变器必须保证不脱网连续运行；否则，允许光伏逆变器脱网。

（2）有功功率与无功功率要求。电网高电压期间，光伏逆变器有功功率应能正常输出。光伏逆变器应能够自电压升高出现的时刻起快速响应，通过无功电流注入支撑电压恢复。

## 三、运行适应性

光伏电站运行适应性主要包括电压、电能质量、频率等几个方面。需要关注特殊情况下光伏电站的频率适应性要求，对于特高压直流配套光伏电站以及与其接入到同一汇集站的光伏电站，存在因送端交流发生故障系统频率波动高至 51.5Hz 的风险，因此其频率适应性要求应结合光伏电站实际接入情况分析确定，以确保直流送端电网安全稳定运行。

### （一）电压范围

当并网点电压为标称电压的 90%～110%时，光伏电站应能正常运行；当并网点电压低于标称电压的 90%或者超过标称电压的 110%时，光伏电站应能按照本标准规定的低电压和高电压穿越的要求运行。

### （二）电能质量范围

当光伏电站并网点的谐波值满足 GB/T 14549—1993《电能质量　公用电网谐波》、三相电压不平衡满足 GB/T 15543—2008《电能质量　三相电压不平衡》、间谐波值满足 GB/T 24337—2009《电能质量　公用电网间谐波》的规定时，光伏电站应能正常运行。

### （三）无功装置适应性

在电网正常运行情况下，光伏电站无功补偿装置应适应电网各种运行方式变化和运行控制要求。无功动态调整的响应速度应与光伏电站电压适应性要求相匹配，确保在调节过程中光伏电站不因高电压而脱网。光伏电站内动态无功补偿装置应按照表4-2中的要求运行。

表 4-2　　　　　　　　　不同电压水平下动态无功补偿装置运行时间要求

| 并网点工频电压值（标幺值） | 运行时间 |
|---|---|
| $0.2 \leqq U_T \leqq 0.9$ | 不少于低电压持续时间 |
| $0.9 < U_T \leqq 1.10$ | 连续 |
| $1.10 < U_T \leqq 1.20$ | 具有每次运行 1min 的能力 |
| $1.20 < U_T \leqq 1.30$ | 具有每次运行 5s 的能力 |
| $1.30 < U_T$ | 允许退出运行 |

### （四）频率适应范围

电网侧频率为 48～49.5Hz 时，光伏电站具有至少运行 10min 的能力；频率为 49.5～50.2Hz 时，应保持连续运行。光伏电站在不同电力系统频率范围内的运行规定见表 4-3。

表 4-3　　　　　　　光伏电站在不同电力系统频率范围内的运行规定

| 频率范围（Hz） | 要求 |
|---|---|
| <48 | 根据光伏电站内逆变器允许运行的最低频率而定 |
| 48～49.5 | 每次频率低于 49.5Hz 时，要求光伏电站具有至少运行 10min 的能力 |
| 49.5～50.2 | 连续运行 |
| 50.2～50.5 | 每次频率高于 50.2Hz 时，要求光伏电站具有至少运行 2mim 的能力，并执行电力调度机构下达的降低出力或高周切机策略，不允许停机状态的光伏逆变器并网 |
| >50.5 | 立刻终止向电网线路送电，且不允许处于停运状态的光伏电站并网 |

目前，大量光伏电站的接入对于光电站的耐频能力提出了新的要求，其中在 NB/T 32004—2013《光伏发电并网逆变器技术规范》标准中对光伏逆变器的耐能力提出了更高的要求，光伏逆变器频率运行范围见表 4-4。

表 4-4　　　　　　　　　　光伏逆变器频率运行范围

| 电力系统频率范围（Hz） | 要求 |
|---|---|
| <46.5 | 根据逆变器允许运行的最低频率而定 |
| 46.5～47 | 频率每次低于 47Hz，逆变器应能至少运行 5s |
| 47～47.5 | 频率每次低于 47.5Hz，逆变器应能至少运行 20s |
| 47.5～48 | 频率每次低于 48Hz，逆变器应能至少运行 1min |
| 48～48.5 | 频率每次低于 48.5Hz，逆变器应能至少运行 5min |
| 48.5～50.5 | 连续运行 |
| 50.5～51 | 频率每次高于 50.5Hz，逆变器应能至少运行 3min |
| 51～51.5 | 频率每次高于 51Hz，逆变器应能至少运行 30s |
| >51.5 | 根据逆变器允许运行的最高频率而定 |

## 四、电能质量要求

光伏电站电能质量问题一般包括三个主要方面，即电压偏差、闪变、谐波，主要依据国标 GB/T 12325—2008《电能质量　供电电压偏差》、GB/T 12326—2008《电能质量　电压波动和闪变》、GB/T 14549 提出相关技术要求。

## （一）电压偏差要求

光伏电站接入后，引起公共连接点的电压偏差应满足 GB/T 12325 的要求。

## （二）电压波动和闪变要求

光伏电站接入后，引起公共连接点的电压波动和闪变值应满足 GB/T 12326 的要求。

## （三）电压谐波要求

光伏电站所接入公共连接点的谐波注入电流应满足 GB/T 14549 的要求，其中光伏电站并网点向电力系统注入的谐波电流允许值应按照光伏电站装机容量与公共连接点上具有谐波源的发/供电设备总容量之比进行分配。其中海上风电场向电网注入的谐波电流允许值应按照海上风电场装机容量与公共连接点的发/供电设备总容量之比进行分配。

## 五、光伏电站仿真模型和参数

目前，在光伏电站接入电网的规划及研究工作中，有关方面（电力系统规划、设计、研究及调度运行部门）普遍感到缺乏光伏电站及光伏发电单元的模型信息，从而缺乏进行相关分析与计算的基础。因此，需要对光伏电站和光伏发电单元的相关模型信息（包括模型参数）的提交和传送提出明确要求。

首先要求光伏电站提供光伏电站单元、电力汇集系统以及光伏发电单元/光伏电站控制系统的有关模型及参数，用于光伏电站接入电网的规划、设计和调度运行；同时，要求光伏电站跟踪光伏电站各个元件模型和参数的变化情况，随时将最新情况反馈至电力系统调度部门。

## 六、光伏电站二次系统要求

连接到输电系统的大型发电厂向电力系统调度部门提供实时数据是必需的，是电力系统调度部门进行系统监测和控制的基础。装机容量大的光伏电站也应要求相应的运行监测和数据传输。

## （一）二次系统要求

根据实际系统要求及光伏电站功率预测系统的要求，光伏电站应通过实时通信向电力系统调度部分传输相关信号。

1. 基本要求

（1）光伏电站的二次设备及系统应符合电力二次系统技术规范、电力二次系统安全防护要求及相关设计规程。

（2）光伏电站与电力调度机构之间的通信方式、传输通道和信息传输由电力调度机构做出规定，包括提供遥测信号、遥信信号、遥控信号、遥调信号以及其他安全自动装置的信号，提供信号的方式和实时性要求等。

（3）光伏电站二次系统安全防护应满足国家电力监管部门的有关规定。

2. 正常运行信号

光伏电站向电力调度机构提供的信号至少应包括以下内容：

（1）每个光伏发电单元运行状态，包括逆变器和单元升压变压器运行状态等。

（2）光伏电站并网点电压、电流、频率。

（3）光伏电站主升压变压器高压侧出线的有功功率、无功功率、发电量。

（4）光伏电站高压断路器和隔离开关的位置。

（5）光伏电站主升压变压器分接头档位。

（6）光伏电站气象监测系统采集的实时辐照度、环境温度、光伏组件温度。

## （二）继电保护及录波设备配置要求

为保证电网及并网光伏电站的安全可靠运行，光伏电站必须配置相关的继电保护及安全自动装置，在电网或光伏电站发生故障时，快速切除故障，保证非故障设备安全可靠运行。继电保护配置必须满足相关要求；根据光伏电站装机容量及接入电网方式必须配置故障录波设备。

1. 保护及安全自动装置配置要求

（1）光伏电站继电保护、安全自动装置以及二次回路应满足电力系统有关标准、规定和反事故措施的要求。

（2）对光伏电站送出线路，应在系统侧配置分段式相间、接地故障保护；有特殊要求时，可配置纵联电流差动保护。

（3）光伏电站应配置独立的防孤岛保护装置，动作时间应不大于 2s。防孤岛保护还应与电网侧线路保护相配合。

（4）光伏电站应具备快速切除站内汇集系统单相故障的保护措施。

2. 故障录波设备配置要求

装机容量为 40MW 及以上的光伏电站应配备故障录波设备，装机容量低于 40MW 的光伏电站视接入电网情况确定是否配置故障录波设备，记录故障前 10s 到故障后 60s 的情况。该记录装置应该包括必要数量的通道，并配备至电力系统调度部门的数据传输通道。考虑到 PMU 系统（相量测量单元）在我国电网中的配置越来越普遍，为了更好利用系统及光伏电站历史数据分析各种情况下电网与光伏电站的相互影响，要求光伏电站配置 PMU 系统，保证其自动化专业调度管辖设备和继电保护设备等采用与电力系统调度部门统一的卫星对时系统。

## （三）光伏电站调度自动化及通信要求

1. 调度自动化要求

（1）光伏电站应配备计算机监控系统、电能量远方终端设备、二次系统安全防护设备、调度数据网络接入设备等，并满足电力二次系统设备技术管理规范要求。

（2）光伏电站调度自动化系统远动信息采集范围按电力调度自动化能量管理系统（EMS）远动信息接入规定的要求接入信息量。

（3）光伏电站电能计量点（关口）应设在光伏电站与电网的产权分界处，产权分界处按国家有关规定确定。产权分界点处不适宜安装电能计量装置的，关口计量点由光伏电站业主与电网企业协商确定。计量装置配置应符合 DL/T 448—2016《电能计量装置技术管理规定》的要求。

（4）光伏电站调度自动化、电能量信息传输应采用主/备信道的通信方式，直送电力调度机构。

（5）光伏电站调度管辖设备供电电源应采用不间断电源装置（UPS）或站内直流电源系统供电，在交流供电电源消失后，不间断电源装置带负荷运行时间应大于 40min。

（6）对于接入 220kV 及以上电压等级的光伏电站应配置相角测量系统（PMU）。

2．光伏电站通信要求

（1）光伏电站至调度端应具备两路通信通道，宜采用光缆通道，通信光缆设计应符合国家能源局国能安全〔2014〕161 号文件的要求。

（2）光伏电站与电力系统直接连接的通信设备［如光纤传输设备、脉码调制终端设备（PCM）、调度程控交换机、通信监测等］应具有与系统接入端设备一致的接口与协议。

### 七、光伏电站并网检测技术

1．并网检测的基本要求

（1）光伏电站应向电力调度机构提供光伏电站接入电力系统检测报告；当累计新增装机容量超过 10MW 时，需要重新提交检测报告。

（2）光伏电站在申请接入电力系统检测前需要向电力调度机构提供光伏部件及光伏电站的模型、参数、特性和控制系统特性等材料。

（3）光伏电站接入电力系统检测由具备相应资质的机构进行，并在检测前 30 日将检测方案报所接入地区的电力调度机构备案。

（4）光伏电站应在全部光伏组件并网测试运行后 6 个月内向电力调度机构提供有关光伏运行特性的检测报告。

2．并网检测的内容

检测应按照国家或有关行业对光伏电站并网运行制定的相关标准或规定进行，包括但不仅限于以下内容：

（1）光伏电站电能质量检测。

（2）光伏电站有功/无功功率控制能力检测。

（3）光伏电站低电压穿越能力验证。

（4）光伏电站电压、频率适应能力验证。

## 第二节　光伏发电接入电网服务流程

光伏电站并网流程规范且复杂，各项准备工作是否准备充分及工作人员是否熟悉工作流程直接影响电站的高效并网，为提高光伏电站并网工作效率，本节主要从前期业务办理、并网业务办理、并网启动运行、并网运行后续工作等环节介绍并网服务工作。光伏电站并网流程如图 4-3 所示。

### 一、前期业务办理

#### （一）申请受理

光伏发电项目业主单位在取得政府核准文件或项目备案证，完成接入系统设计报告后，向电网企业发展策划部门提交接入申请、系统设计报告及相关资料，其中，省公司发展策划部门负责受理 110kV 及以上电压等级接入项目的申请，地市公司发展策划部门负责受理 10、

35kV 电压等级接入项目的申请。

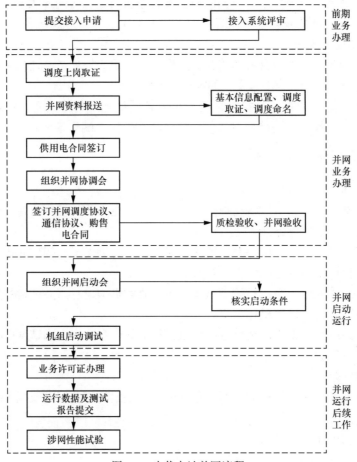

图 4-3　光伏电站并网流程

### （二）系统评审

光伏电站业主单位委托电网企业相应发展策划部门开展接入系统设计评审，并取得接入方案评审意见及接入系统方案，调度机构应按要求参与可研审查、接入系统审查等工作。

## 二、并网业务办理

### （一）并网资料报送

光伏电站业主单位向相应调度机构提交接入系统方案、初步设计评审意见、图纸及有关参数资料，并经调度机构审核通过。

### （二）基本信息配置

#### 1．调度取证

光伏电站与调度机构值班调度员及直接进行电力调控业务联系的运行值班人员，应具备持证上岗资格。调度机构每年春、秋季定期举办调度持证上岗考试，业主单位应在启动调试前向调度机构上报已取得持证上岗资格的人员名单，光伏电站要求不少于 3 人。

2．调度命名

光伏电站业主单位根据调度管辖范围向相应调度机构提交调度命名申请，调度机构完成项目本体及送出线路调度命名、调度标识生成。根据各级调度机构调管范围，光伏电站名称、送出线路、变压器、无功补偿设备、母线及母线附属设备一般由相应调度机构命名，光伏电站汇集线路等设备由光伏电站自行命名后报相应调度机构备案。

### （三）高压供用电合同签订

光伏电站业主单位联系并网所在地市供电公司营销部门完成高压供用电合同签订，光伏电站按照供用电合同签订的有关要求，将用电报装容量、产权分界点、相关设备参数、营业执照、法人信息等相关材料提报送至供电公司营销部门签订高压供用电合同。

### （四）组织并网协调会

光伏电站业主单位根据工程建设进度适时向电网企业调度机构提出并网申请，调度机构根据工程建设进度、并网准备等情况，组织光伏电站及供电企业相关专业召开并网协调会，确定后续并网业务办理工作计划。

### （五）并网调度协议签订

并网调度协议是对光伏电站或储能电站并入电网时调度和运行行为的重要规范，在高压供用电合同签订完成后，光伏电站按调管关系提前 10 个工作日向相应调度机构提交并网调度协议签订所需资料（见表 4-5），应于并网前完成并网调度协议签订工作。在资料合格的条件下，调度机构于 10 个工作日内完成内部流转和协议签订。

表 4-5　　　　　　　　　　　　并网调度协议签订所需资料清单

| 序号 | 资料名称 |
| --- | --- |
| 1 | 公司营业执照 |
| 2 | 光伏阵列、相关设备参数，无功补偿装置、接地变压器设备参数 |
| 3 | 并网线路参数及其两侧重合闸投退要求 |
| 4 | 停送电联系人名单及资格证书复印件 |
| 5 | 设备产权分界说明 |
| 6 | 光伏阵列 GPS 位置图 |

注　并网调度协议签订所需资料包括但不仅限于以上内容。

### （六）通信并网协议签订

光伏电站业主单位应根据光伏电站或储能电站通信系统所属网络层级与所属信通公司签订通信并网协议，开通通信通道，业主单位联系地调开通调控一体化系统（简称 OMS 系统）。所属信通公司、上级调度机构协助业主单位开通 OMS 系统，完成相应系统账号权限配置等工作。

**（七）购售电合同签订**

光伏电站业主单位与供电企业营销部门完成购售电合同签订，与电力交易中心完成市场注册。

**（八）质检验收**

光伏电站业主单位联系电力建设工程质检机构开展质检验收，取得由电力建设工程质检机构出具的并网通知。

**（九）并网验收**

拟并网光伏电站一、二次设备应满足国家、行业标准和其他有关规定。按国家授权机构审定的设计要求及项目文件核准容量完成逆变器、光伏发电单元等设备的安装、调试，具备并入电网运行、接受调度机构统一调度的条件。光伏电站业主单位应按照验收项目清单（附件1~5）开展自验收，无问题后向地调提交并网验收申请、输变电设备全套试验报告、三级自检报告、质检机构出具的并网通知。地调机构依规组织并网验收工作并出具验收报告，如验收不合格，业主单位应按照验收缺陷整改通知书进行消缺整改。

## 三、并网启动运行

**（一）组织并网启动会**

光伏电站业主单位完成相关准备工作后，应向所属调度机构提交新设备启动送电申请及动态调试方案，调度机构组织召开并网启动会，明确机组启动运行相关事项。申请书应包含本次调试设备的基本概况、调试方案和调试计划（包括调试项目、调试时间）等内容。

**（二）核实启动条件**

调度机构组织供电企业专业及拟并网光伏电站核实光伏电站是否具备启动条件，按要求完成并网技术表（见表4-6）所列资料审核。业主单位应通过 OMS 系统完成一、二次设备台账及发电设备调度标示填报，完成并网管理资料挂接并启动"光伏电站并网审核流程"。调度机构应及时对并网挂接资料审核确认，审核不通过的资料及时通知光伏电站补充完善，直至通过。

表 4-6　　　　　　　　　　　并网技术条件审核技术资料清单

| 序号 | 资料名称 |
| --- | --- |
| 新能源管理专业 | |
| 1 | 发展改革委核准文件或项目备案文件 |
| 2 | 工程接入系统设计评审意见 |
| 3 | 并网调试承诺函 |
| 4 | 供电企业并网点关口计量公式文件 |
| 5 | 光伏电站高、低电压穿越，耐频及防孤岛检测报告 |
| 6 | 光伏电站功率预测系统建模资料 |
| 7 | 光伏电站样板逆变器信息表 |

续表

| 序号 | 资料名称 |
|---|---|
| 8 | 电站涉网性能备案资料 |
| 9 | 专业管理人员名单及联系方式 |
| 10 | 所属地市公司验收意见 |
| 11 | 带电动态调试申请 |
| 12 | 带电动态调试方案 |
| 13 | 工程完建证明 |
| 14 | 政府部门项目配套工程要求文件 |
| 15 | 项目配套工程建设承诺函 |
| 16 | 电力工程质量监督站质量监督报告 |
| 系统运行专业 | |
| 1 | 并网线路命名文件 |
| 2 | 光伏电站及配套设备命名文件 |
| 3 | 光伏电站平面布置图 |
| 4 | 光伏电站高、低电压穿越（防孤岛）检测报告 |
| 5 | 光伏电站电压、频率涉网定值参数 |
| 6 | 安全自动装置、AVC（AGC）装置配置参数 |
| 7 | 光伏电站无功补偿设备配置 |
| 8 | 关口计量公式 |
| 调度运行专业 | |
| 1 | 运行值班人员持证上岗资格通知 |
| 2 | 调度运行规程 |
| 3 | 并网调度协议 |
| 4 | 调度电话及场站联系人电话 |
| 5 | 光伏电站快速调频相关内容 |
| 继电保护专业 | |
| 1 | 继电保护装置配置资料 |
| 2 | 光伏汇集线路接地方式及相关保护配置资料 |
| 3 | 保护定值及整定计算书 |
| 4 | 电流/电压互感器配置图 |
| 5 | 继电保护试验报告 |
| 6 | 继电保护专业相关验收资料 |
| 7 | 继电保护专业现场运行规程 |
| 8 | 非推荐厂家保护装置检测报告、鉴定说明 |
| 自动化专业 | |
| 1 | 电功率预测系统、控制系统 |
| 2 | 电量计量系统 |
| 3 | PMU 配置 |
| 4 | 调度数据网及二次安防 |
| 调度计划专业 | |
| 1 | 发电机组调度标示 |
| 2 | 发电能力申报 |

续表

| 序号 | 资料名称 |
|---|---|
| 通信处 | |
| 1 | 通信网并网运行协议 |
| 2 | 光伏电站通信系统应急预案 |
| 3 | 光伏电站通信系统验收报告 |
| 4 | 通信网并网审核（会签）表 |
| 电力交易公司 | |
| 1 | 全国统一电力交易平台完成市场成员注册截图 |

### （三）机组启动调试

拟并网光伏电站具备启动条件后，调度机构应按照启动会要求组织开展并网启动调试，光伏逆变器带电后，调度机构按要求下发首台逆变器并网通知，光伏电站业主单位应在 6 个月内完成全部逆变器的调试工作，未按期完成调试的单位应向调度机构和政府主管部门书面汇报。

## 四、并网运行后工作

光伏电站并网运行后，业主单位应委托有相应资质的单位按照相关标准进行系统测试，完成以下工作。

### （一）电力业务许可证办理

光伏电站业主单位在并网后 6 个月内应取得国家能源监管局下发的电力业务许可证。

### （二）运行数据提交

光伏电站按要求完成电力、电量、光资源、理论和可用功率等数据的上传及运行特征测试报告提交。

### （三）涉网性能试验

光伏电站业主单位联系具有相应资质的电力试验机构按要求完成涉网性能试验，且应在 6 个月内完成相关试验报告，提交表 4-7 所示调试报告。

表 4-7　　　　　　　　　　调试报告清单

| 序号 | 资料名称 |
|---|---|
| 1 | 发展改革委核准文件或项目备案文件 |
| 2 | 工程接入系统设计评审意见 |
| 3 | 并网调试承诺函 |
| 4 | 供电企业并网点关口计量公式文件 |
| 5 | 光伏电站高、低电压穿越，耐频及防孤岛检测报告 |
| 6 | 光伏电站功率预测系统建模资料 |
| 7 | 光伏电站样板逆变器信息表 |

### （四）并网运行管理

光伏电站光伏逆变器自带电之日起，调度机构按规定对场站进行调度管理，光伏电站应服从调度机构的统一调度，遵守调度纪律，严格执行国家、行业标准和其他规定，调度机构依据国家相关规程、规定及政策文件对接入电网的光伏电站进行管理。

## 第三节　光伏电站调度管理

光伏电站并网后接受所在地区电网企业调度机构调管，各级调度机构按照管辖范围对光伏电站进行调度业务管理。光伏电站应遵守国家、行业和电网公司相关标准和规定，光伏电站运行应符合《电网调度管理条例》及相关调度规程规定要求，相应运营企业应制定现场运行规程和管理规程。

### 一、调度运行管理

（1）调度机构按照并网调度协议依法对调管范围内光伏电站进行调度，光伏电站应遵守调度控制管理规程规定，服从调度机构的统一指挥，遵守调度纪律，按照调度指令参与电力系统运行控制，准确答复调度机构运行值班人员询问。

（2）光伏电站运行值班人员，须按照各级调度机构运行值班人员持证上岗管理规定，取得相应调度机构颁发的"调度运行值班合格证书"后方可上岗，与调度机构值班调度员进行电力调度业务联系。

（3）光伏电站运行值班人员在与电力调度机构值班调度员进行调度业务联系时，必须使用规范、统一的调度术语，并严格执行复诵、记录、录音等工作制度。

（4）光伏电站根据调度机构的要求制定相应的现场运行规程和事故处置预案，定期更新并报送调度机构备案。

（5）光伏电站按照有关规程、规定对相应系统和设备进行正常维护和定期检验。光伏电站一次、二次系统设备变更时，应征得调度机构同意，并将变更情况及时报送调度机构备案。

（6）已并网光伏电站应根据网源协调相关规定完成耐频、耐压和快速频率响应改造，并同步开展安全评估工作。

（7）电网出现特殊运行方式，可能影响光伏电站正常运行时，调度机构及时将相关情况通知光伏电站。

（8）调度机构根据电网安全稳定运行、新能源消纳、系统调峰需求，以公平、公正、公开为准则，在确保电网运行安全的前提下，综合各类系统调节资源能力，科学运用市场化手段，依法合规安排光伏电站的运行方式。

（9）光伏电站不应引起公共连接点处的电能质量超出规定范围，实际运行中应满足国标要求。光伏电站应参与地区电网无功平衡及电压调整，保证光伏电站并网点电压满足电力调度机构下达的电压控制曲线。光伏电站汇集升压站无功补偿设备应按照电力调度机构的调度指令投退，并选择运行方式。当无功补偿设备因故退出运行时，现场运行值班人员必须立即向电力调度机构汇报，并按照调度机构指令控制光伏电站运行状态。

（10）光伏电站并网期间，站内所有涉网保护均按照 Q/GDW 617—2011《光伏电站接入电网技术规定》要求整定并投入，且站内设备涉网保护的投、退和定值修改应严格遵守电力调度机构下达的调度业务通知单及当值调度员指令。未经调度机构同意，不得擅自在二次设备及其二次回路上工作，不得擅自更改二次设备参数和设备间的连接方式，不得擅自增加或减少设备，不得擅自将二次设备停运或进行重启。

（11）光伏电站正常运行时应具备但不限于以下控制策略。

1）调度机构依据电网（设备）峰谷段负荷情况，具备参与电力系统调频和调峰的能力，应能够接收并自动执行电力调度机构下达的有功功率及有功功率变化的控制指令，光伏电站收到指令后进行功率调节。

2）电力调度机构依据并网母线电压情况，向光伏电站发送所需无功功率数值，光伏电站调整无功功率进行电压调整。

3）根据电力调度机构互联电网联络线功率控制策略向光伏电站发出功率调整指令，光伏电站收到指令后进行功率调整，完成系统调频。

（12）光伏电站运行值班人员在调度业务方面受相应电力调度机构值班调度员的指挥。必须迅速、准确地执行电力调度机构值班调度员下达的调度指令，不得以任何借口拒绝或者拖延执行。若执行调度指令可能危及人身和设备安全时，光伏电站值班人员应立即向电力调度值班调度员汇报并说明理由，由电力调度机构值班调度员决定是否继续执行。

（13）事故情况下，若光伏电站的运行危及电网安全稳定运行，电力调度机构暂时将光伏电站解列。电网恢复正常状态后，光伏电站应尽快按调度机构调度指令恢复光伏电站的并网运行。

（14）光伏电站在紧急状态或故障情况下退出运行，不得自行并网，须按调度指令有序并网恢复运行。光伏电站监测到系统事故时，应立即向电力调度机构值班调度员汇报故障发生的时间、故障现象、相关设备状态、电网潮流变化情况、继电保护和安全自动装置动作情况以及天气等有关事故的其他情况，待保护信息及故障录波结果明确后，立即汇报电力调度机构值班调度员，并根据调度员指令进行事故处理。

（15）光伏电站发生故障或缺陷影响运行的情况（包括 AVC、AGC、一次调频功能等）时，立即向调度机构值班运行人员汇报，相关人员做好记录，光伏电站按照现场运行规定进行处理。直调光伏电站在紧急状态或故障情况下退出运行或通过安全自动装置切出，以及因电网频率、电压、事故导致机组解列时，不得自行并网，应立即向电力调度机构汇报跳闸设备、跳闸时间、跳闸容量及保护动作信息，并禁止跳闸设备自启动并网，经过电力调度机构值班调度员同意后方可并网。

## 二、发电计划管理

（1）光伏电站应建设光伏功率预测系统，并向调度机构传送中期、短期、超短期功率预测，以及实时气象信息、光伏电站运行状况、实发和可发功率等数据。做好系统的日常维护，确保传送数据及时正确。

（2）光伏电站按每日规定的时间向调度机构提交次日光伏发电功率曲线；调度机构根据光伏电站申报的光伏发电功率曲线，综合考虑电网运行情况，编制并下达光伏电站次日发电计划曲线。

（3）光伏电站要严格执行调度机构下达的日发电调度计划曲线（包括修正的曲线）和调

度指令，及时调节有功功率。

### 三、非计划停运管理

（1）在电网发生事故或紧急情况下，为保障电网安全，调度机构有权调用光伏电站全部容量，有权限制光伏电站的发电功率直至全部停运。

（2）调度机构按照调管关系组织非计划停运光伏电站的故障分析及恢复运行工作，协调相关单位或部门完成并网线路故障点查找、故障消除后的验收和事故调查。

（3）光伏电站因电网发生扰动脱网，在电网电压和频率恢复到正常运行范围之前不得重新并网。在电网电压和频率恢复正常后，光伏电站应经过调度机构运行值班人员同意后方可按调度指令恢复并网。

（4）因继电保护或安全自动装置动作导致光伏电站解列，光伏电站在未查明解列原因前不得自行并网，光伏电站重新并网须经过调度机构运行值班人员同意后方可按调度指令恢复并网。

（5）光伏电站跳闸后，应及时汇报调度机构运行值班人员，在事故原因调查清楚，故障点消除或隔离，整改措施已落实，现场具备并网运行条件后，光伏电站应通过调度管理系统上传事故分析报告，启动跳闸恢复流程，经电网企业审核同意后，调度机构运行值班人员根据电网运行情况安排光伏电站并网运行。

（6）光伏电站出具的事故分析报告须真实、完整，内容应包括但不限于：事故经过、一/二次设备动作情况、现场设备检查情况、并网线路巡检情况、故障原因分析、处理措施以及后续整改计划或承诺，并附带必要图片和故障录波等信息。

### 四、调度检修计划管理

（1）光伏电站应按调度控制管理规程规定，向调度机构提交年度、月度、日前设备检修计划，涉网电气设备的操作和运维检修，要严格按照相关规程和管理规定的要求执行。

（2）光伏电站属于调度机构调管的设备需按调度控制管理规程的要求履行检修申请手续，严格按照调度机构批准的时间和工作内容执行，按时完成各项检修工作。

（3）电网的检修工作应考虑电网运行和光伏电站特点，尽可能减少对光伏电站的影响。若发生影响光伏电站运行的情况（包括 AGC 功能、一次调频功能等），光伏电站应向调度机构运行值班人员报备。

（4）光伏电站开展与电网二次系统相关的设备检修时，应按相关要求向调度机构办理检修申请，获批准后方可执行。如设备检修影响到继电保护和安全自动装置的正常运行，光伏电站应按规定向调度机构提出继电保护和安全自动装置停用申请，在继电保护和安全自动装置退出后，方可开始设备检修等相关工作。

（5）光伏电站通信设备检修或影响电力调度通信业务的电力检修须严格遵守《国家电网公司通信检修管理办法》的相应流程和规定，由光伏电站按规定负责做好检修计划申报、检修申请和执行。由光伏电站向对应层级的信通公司提交检修申请，由各级信通公司进行 TMS 系统检修票的流转，获得批准后方可进行。

（6）光伏电站在检修、试验开始前，须得到调度机构许可，许可工作后方能进行。工作结束后，应及时汇报。

（7）特殊情况下，光伏电站需向调度机构提出非计划检修申请，调度机构根据电网运行实际情况进行批复，批复未通过的，不得擅自开展检修工作。

## 五、保护与安全自动装置管理

（1）光伏电站继电保护及安全自动装置应按规定正常投入。光伏电站并网点处的保护配置应与所接入电网的保护协调配合，按照调度机构要求整定并备案。相关操作应按照调度机构管理规程和现场运行规程执行。

（2）光伏电站继电保护整定计算应按相关规程规定严格进行。光伏电站内属于调度机构直接调管设备的继电保护设备及安全自动装置由调度机构负责定值整定，光伏电站自行调管设备的继电保护及安全自动装置的定值整定由光伏电站按规定自整定，并报调度机构备案，其中涉网部分的定值应与电网侧保护相适应。

（3）光伏电站的频率保护、欠电压和过电压保护设定应满足相关的规定要求。当电网频率、电压偏差超出正常运行范围时，光伏电站应按照相关规定要求启停。

（4）光伏电站应配置独立的故障录波设备，故障录波设备配置应满足各级标准要求，且应具备组网分析和联网通信等功能。

## 六、通信与自动化管理

（1）光伏电站应负责通信设施、调度自动化系统设备的全生命周期管理，制定相应的运行规程，保证通信和调度自动化安全稳定运行。

（2）光伏电站通信系统（包括传输设备、通信电源、交换设备、光缆等）的接入管理应满足国家及电网企业相关规程、标准和规定的要求，设备配置及选型要应符合《国家电网有限公司关于印发十八项电网重大反事故措施》等相关规定。

（3）光伏电站应按照《电力监控系统安全防护规定》和《电力监控系统安全防护总体方案等安全防护方案和评估规范》开展安全防护工作，制定并落实电力监控系统网络安全实施方案。严防违规外联、安全告警事件不及时处理、被攻击等违反电力监控系统安全防护规定的情况。

（4）光伏电站自动化设备的检修、改造工作，应按照自动化检修管理规定由光伏电站提前向调度机构提交自动化设备检修申请，经调度机构批准后方可实施。

（5）光伏电站应具备与调度机构双向数据通信的能力，且应具备两条不同路由的通道，其中至少有一条为光缆通道。其通信设备应接入电力通信光传输网和调度数据网，并纳入电力通信网管系统统一管理。光伏电站应支持并网运行信息的实时采集，所采集的信息应包括但不限于电气模拟量、电能量、状态量和必要的其他信息。

（6）光伏电站站内监控系统应能够与调度机构的主站系统进行实时通信，接收、执行控制指令，同时应符合电力监控系统安全防护规定的要求。

（7）光伏电站内一次系统设备变更（如设备增、减，主接线变更，互感器变比改变等），导致调度自动化设备测量参数、序位、信号接点发生变化时，应将变更内容及时报送各级调度机构。

（8）光伏电站应配备功率控制系统，具备按照调度指令进行有功功率控制和无功功率自动调节的能力。

# 第四节　持 证 上 岗 管 理

## 一、持证上岗的基本要求

（1）各级调度机构负责调管范围内光伏电站运行值班人员的持证上岗管理工作。同时，接受多级调度指令单位的持证上岗管理工作由其受令的最高一级调度机构负责。

（2）光伏电站中凡与各级调度机构值班调度员直接进行调度业务联系的运行值班人员，必须持有所属调度机构颁发的"调度运行值班合格证书"（以下简称"证书"）。

（3）光伏电站站长、值班长必须取得持证上岗资格。

（4）凡未取得所属调度机构颁发证书的人员，不论其行政、技术职务如何，均不得直接与值班调度员进行调度业务联系。

（5）光伏电站至少需3名运行值班人员具有所属调度机构颁发的证书，凡持证上岗人数达不到规定的场站，调度机构进行通报。

（6）新建光伏电站在启动调试前3个月向所属调度机构上报已取得持证上岗资格的人员名单。

（7）新建光伏电站在启动调试前，取得证书的运行值班人员人数需要满足调度机构的要求，否则所属调度机构将暂停其相关启动调试、并网工作。

（8）各级调度机构专人负责持证上岗管理工作，光伏电站负责人每年向所属调度机构上报本单位持证上岗负责人信息、在岗已取得证书的人员名单、已取得证书的运行值班人员的变岗、调离情况及下一年度需要对证书重新审核的人员名单。

（9）各级调度机构负责组织光伏电站运行值班人员进行相关调度控制规程、规定及电力系统相关知识的培训及考试，考试合格后颁发证书。

（10）各级调度机构负责每年组织两次集中持证上岗培训考试，上、下半年各一次。

（11）证书由各级调度机构统一颁发，有效期为3年，在证书到期3个月前，光伏电站向所属调度机构提出资格认证申请，由所属调度机构安排认证，认证通过继续有效。

（12）资格认证可采用闭卷考试或免考认证两种形式。闭卷考试按照所属调度机构要求进行统一考试，持证人员在书面公布有效期内严格遵守调度纪律，无警告或违规行为记录，经所属调度机构审核同意后，可免考认证。

（13）已取得上岗资质的人员调离运行值班岗位后，其所在光伏电站持证上岗考试管理人员应将人员名单报所属调度机构备案，其上岗资质自行注销。调动至其他光伏电站运行值班岗位的，应提前向所属调度机构提出申请，所属调度机构将对其上岗资质进行审核，审核合格者其上岗资质在新场站仍然有效，审核不合格者须重新申请参加持证上岗考试。岗位性质发生改变的，需取得新岗位的持证上岗资格。

（14）持证人员资格认证不合格或脱离原运行值班岗位超过3个月，上岗资质自动失效，经所在单位考察具备上岗条件时，方可申请参加下一期持证上岗资格培训及考试。

## 二、证书吊销管理

（1）光伏电站运行值班人员发生下列情况之一时，所属调度机构将取消其上岗资质：

1）在一年内受到所属调度机构两次警告者。

2）违反调度规程和纪律，情节严重，受到所属调度机构通报批评者。

3）已持有合格证书但未通过抽考者。

4）对七级及以上人身、电网、设备、信息系统事件负主要责任者。

5）无故延误或拒绝执行调度指令且造成严重后果者。

（2）在上岗资质被吊销后，光伏电站不准安排其与各级调度机构值班调度员进行电力调度业务联系。

（3）被吊销上岗资质的运行值班人员经过 6 个月以上的学习、培训后，其所在单位向所属调度机构提出书面申请，方可参加定期组织的下一次培训及考试，考试合格后，可重新获得持证上岗资格。

（4）连续两次被吊销上岗资质的人员不允许再参加持证上岗培训及考试。

# 第五章  光伏电站继电保护及自动化

## 第一节  继电保护基础

当电力系统中的电力元件（如发电机、线路等）或电力系统本身发生了故障危及电力系统安全运行时，能够向运行值班人员及时发出警告信号，或者直接向所控制的断路器发出跳闸命令以终止这些事件发展的一种自动化措施和设备，一般通称为继电保护装置。

### 一、电力系统的故障

**1．短路故障的形式**

雷击、台风、地震、绝缘老化、人为等因素会造成电力系统短路故障的发生，故障发生时会伴随电路中电流增大、电压降低。短路故障包括纵向故障和横向故障。

（1）纵向故障。纵向故障是指断线故障，包含单相断线、两相断线和三相断线。

（2）横向故障。横向故障是指短路故障，包含三相短路、两相短路、两相接地短路以及单相接地短路。单相接地短路虽然对系统的影响较小，但发生的概率较大，约占总短路故障数的85%；三相短路只占5%左右，三相短路故障发生的概率虽然最小，而故障产生的后果最为严重。

**2．短路故障的危害**

（1）故障点的电弧将故障设备烧毁。

（2）短路电流的热效应和电动力效应使短路回路的设备受到损坏，降低使用寿命。

（3）系统电压损失增大使设备工作电压下降，用户的正常工作条件遭到破坏。

（4）破坏电力系统运行的稳定性。

### 二、电力系统异常运行状态

电力系统异常运行状态是指电力系统的正常工作遭到破坏但还未形成故障，可继续运行一段时间的情况。

电力系统异常运行状态包含过负荷、中性点非有效接地系统的单相接地、发电机突然甩负荷引起的过电压、电力系统振荡等。

电力系统异常运行状态发生后会造成设备绝缘老化、寿命缩短，威胁电气设备的绝缘，振荡会使系统失步等情况。

### 三、继电保护装置的任务及作用

（1）在电力系统电气设备出现故障时，应该由该设备的继电保护装置自动、快速且有选择地向离故障设备最近的断路器发出跳闸命令，将故障设备从电力系统中切除，保证无故障设备继续运行，并防止故障设备继续遭到破坏。

（2）在电力系统电气设备出现异常运行状态时，根据不正常工作情况和设备运行维护条件的不同，能自动、及时、有选择地发出信号，使值班人员能及时采取措施；或由装置自动进行调整（如减负荷），避免不必要的动作和由于干扰而引起的误动作。反应不正常工作状态的继电保护，通常都不需要立即动作，可带一定延时。

### 四、继电保护基本原理

1. 电量保护

（1）电流保护：反映电流变化而动作的保护。

（2）阻抗保护：反映电压与电流比值变化而动作的保护。

（3）距离保护：反映故障点到保护安装处的距离远近而动作的保护。

（4）方向保护：反映电压与电流之间相位角变化而动作的保护。

2. 非电量保护

非电量保护包括气体（瓦斯）保护、温度保护、压力释放保护等。

### 五、继电保护分类

1. 按保护功能分类

（1）主保护。主保护是满足系统稳定和设备安全要求，能以最快速度有选择地切除被保护设备和线路故障的保护。

（2）后备保护。后备保护是主保护或断路器拒动时，用以切除故障的保护。后备保护可分为远后备和近后备两种方式。

（3）远后备。远后备是当主保护或断路器拒动时，由相邻电力设备或线路的保护来实现的后备。

（4）近后备。近后备是当主保护拒动时，由本电力设备或线路的另一套保护实现后备的保护；是当断路器拒动时，由断路器失灵保护来实现的后备保护。

（5）辅助保护。辅助保护是为补充主保护和后备保护的性能或当主保护和后备保护退出运行而增设的简单保护。

（6）异常保护。异常保护是反映被保护电力设备或线路异常运行状态的保护。

2. 按被保护的对象分类

按被保护的对象可分为输电线路保护、发电机保护、变压器保护、电动机保护、母线保护等。

3. 按保护原理分类

按保护原理可分为电流保护、电压保护、距离保护、差动保护、方向保护和零序保护等。

4. 按保护所反映故障类型分类

按保护所反映故障类型可分为相间短路保护、接地故障保护、匝间短路保护、断线保护、失步保护、失磁保护及过励磁保护等

### 六、继电保护组成

继电保护装置包括测量部分（和定值调整部分）、逻辑部分、执行部分，如图5-1所示。

图 5-1 继电保护组成框图

（1）测量部分。测量有关电气量，且与整定值比较，给出"是"或"非""0"或"1"以及"大于""不大于""等于"等性质的一组逻辑信号，判断保护是否应该启动。

（2）逻辑部分。根据测量部分输出信号大小、性质、先后顺序等，使保护按一定的逻辑关系判定故障类型和范围，确定是否应该使断路器跳闸或发出告警信号，并将有关指令传达给执行部分。

（3）执行部分。告警逻辑部分的输出结果，发出跳闸脉冲及相应动作信息，或发出告警信号。控制跳闸、调整，或通知值班人员。

## 七、对继电保护的基本要求

对继电保护的基本要求包括可靠性、选择性、灵敏性和速动性。

（1）可靠性是指保护该动作时应可靠动作，不该动作时应可靠不动作。可靠性是对继电保护装置性能的最根本的要求。

（2）选择性是指首先由故障设备或线路本身的保护切除故障，当故障设备或线路本身的保护或断路器拒动时，才允许由相邻设备保护、线路保护或断路器失灵保护切除故障。为保证对相邻设备和线路有配合要求的保护和同一保护内有配合要求的两元件（如启动与跳闸元件或闭锁与动作元件）的选择性，其灵敏系数及动作时间在一般情况下应相互配合。

（3）灵敏性是指在设备或线路的被保护范围内发生金属性短路时，保护装置应具有必要的灵敏系数，各类保护的最小灵敏系数在规程中有具体规定。选择性和灵敏性的要求，通过继电保护的整定实现。

（4）速动性是指保护装置应尽快地切除短路故障，其目的是提高系统稳定性，减轻故障设备和线路的损坏程度，缩小故障波及范围，提高自动重合闸和备用电源或备用设备自动投入的效果等。一般从装设速动保护(如差动保护)、充分发挥零序接地瞬时段保护及相间速断保护的作用、减少保护装置固有动作时间和断路器跳闸时间等方面入手来提高速动性。

## 八、互感器的极性

### 1. 电流互感器

通常按减极性原则标注，以 H1、K1 和 H2、K2 分别表示一、二次绕组的同极性端子，都标注"•"，当交流电流从一次绕组的极性端流入，二次绕组则从极性端流出，则一、二次电流的方向相反。电流互感器极性标注如图 5-2 所示。

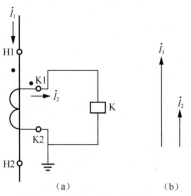

图 5-2　电流互感器极性标注
(a) 原理图；(b) 相量图

## 2．电压互感器

电压互感器极性标注的方法和符号与电流互感器相同，两侧电压和的正方向，一般均由极性端指向非极性端；当电压互感器带上负载后，一次绕组电流 $I_1$ 的正方向从极性端 H1 流入，二次绕组电流 $I_2$ 的正方向从极性端 K1 流出，可简记为电流是"头进头出"。电压互感器极性标注如图 5-3 所示。

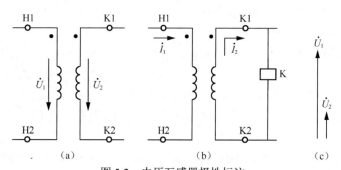

图 5-3　电压互感器极性标注
(a) 极性与电压；(b) 极性与电流；(c) 相量图

## 九、测量变换器

### （一）作用

（1）电量变换：将互感器二次侧的电气量变小。

（2）电路的隔离：一、二次没有直接电气关系。

（3）定值的调整：改变一、二次绕组的抽头，可以改变保护的定值大小。

（4）电量的综合：多个电量变成一个电量。

（5）谐波分量的抑制：抑制电流或电压中的某些谐波分量。

### （二）常用类型

#### 1．原理接线

常用的测量变换器原理接线图如图 5-4 所示。

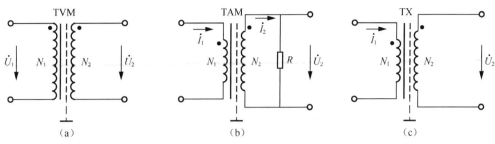

图 5-4　测量变换器原理接线图
(a) 电压变换器；(b) 电流变换器；(c) 电抗变换器

**2．功能**

（1）电压变换器：接于电压互感器二次侧，将二次侧电压变换成与之成正比的弱电压。

（2）电流变换器：接于电流互感器二次侧，将二次侧的电流按比例变换成与之成正比的小电流，然后再转换为弱电压。

（3）电抗变换器：接在电流互感器的二次侧，将二次侧的电流按比例变换成与之成正比的弱电压。

# 第二节　光伏场区设备保护

## 一、保护配置

### （一）光伏组件

光伏组件采用的逆变方式不同，保护配置也不相同，对于集中逆变的光伏组件，通过防雷汇流箱之后输入直流配电柜的直流正极和负极输入端，各路直流输入通过直流配电柜的正极母排和负极母排集中汇流，然后输出到逆变器的直流侧。为及时隔离光伏阵列出现的光伏串，也为避免安装阶段错误接线或其他原因引起局部异常接线形成的过流危害，光伏阵列区直流部分依靠熔断器和空气断路器对直流设备进行保护。光伏组件接线示意图如图 5-5 所示。

对于光伏串的保护，熔断器安装在光伏阵列汇流箱内，且正负极位置都要安装。

### （二）逆变器

（1）配置交流频率、交流电压及交流侧短路保护，动作于跳闸。

（2）配置直流过电压及直流过负荷保护，动作于跳闸。

（3）配置直流极性误接保护，当光伏方阵线缆的极性与逆变器直流侧接线端子极性接反时，逆变器应能保护不致损坏。极性正接后，逆变器应能正常工作。

（4）配置反充电保护，当逆变器直流侧电压低于允许工作范围或逆变器处于关机状态时，逆变器直流侧应无反向电流流过。

（5）配置其他在系统发生故障或异常运行时保护设备安全的保护功能。

（6）逆变器保护性能应满足 NB/T 32004 的规定。

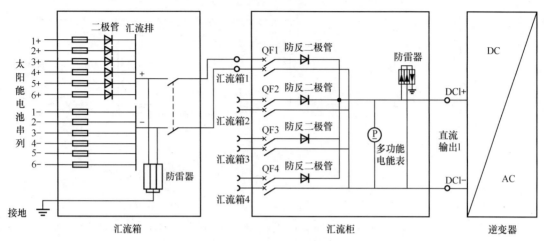

图 5-5　光伏组件接线示意图

## 二、保护原理

### （一）熔断器

当正常运行时，电路中通过额定电流熔体不应熔断。

但当电路发生短路故障时，便有很大的短路电流通过熔断器，使熔体发热后立即自动熔断，切断电源，从而达到保护线路和电气设备的目的。熔断器的保护特性曲线如图 5-6 所示。

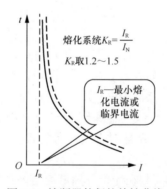

图 5-6　熔断器的保护特性曲线

### （二）空气断路器原理

脱扣方式有热动、电磁和复式脱扣三种。当线路发生一般性过负荷时，过负荷电流虽不能使电磁脱扣器动作，但能使热元件产生一定热量，促使双金属片受热向上弯曲，推动杠杆使搭钩与锁扣脱开，将主触头分断，切断电源。

当线路发生短路或严重过负荷电流时，短路电流超过瞬时脱扣整定电流值，电磁脱扣器产生足够大的吸力，将衔铁吸合并撞击杠杆，使搭钩绕转轴座向上转动与锁扣脱开，锁扣在反力弹簧的作用下将三副主触头分断，切断电源。

开关的脱扣机构是一套连杆装置。当主触点通过操动机构闭合后，就被锁钩锁在合闸的位置。如果电路中发生故障，则有关脱扣器将产生作用使脱扣机构中的锁钩脱开，于是主触点在释放弹簧的作用下迅速分断。按照保护作用的不同，脱扣器可分为过电流脱扣器及失压脱扣器等类型。

### （三）逆变器保护原理

逆变器保护原理见表 5-1。

表 5-1 逆变器保护原理

| 保护类型 | 保护原理 |
| --- | --- |
| 直流过电压保护 | 当光伏阵列的直流电压超出允许电压范围时，即直流电压大于 1000V 时，逆变器会停止工作，同时发出警示信号，并在液晶上显示故障类型。逆变器能够迅速检测到异常电压并做出反应 |
| 电网过／欠压保护 | 当逆变器交流输出端电压超出允许范围时，逆变器停止向电网供电，同时发出警示信号，并在液晶上显示故障类型。逆变器能够迅速检测到异常电压并做出反应 |
| 频率异常保护 | 当逆变器检测到电网频率波动超出允许范围时，逆变器停止向电网供电，同时发出警示信号，并在液晶上显示故障类型。逆变器能够迅速检测到异常频率并做出反应 |
| 防孤岛效应保护 | 孤岛效应指在电网失电情况下，若逆变器输出端的局部负载的谐振频率与电网的额定频率相等，那么逆变器将会继续工作，发电设备仍作为孤立电源对负载供电这一现象。"孤岛效应"对设备和人员的安全存在重大隐患，体现在以下两个方面：① 当检修人员停止电网的供电，并对电力线路和电力设备进行检修时，若并网光伏电站的逆变器仍继续供电，会造成检修人员伤亡事故；② 当因电网故障造成停电时，若并网逆变器仍继续供电，一旦电网恢复供电，电网电压和并网逆变器的输出电压在相位上可能存在较大差异，会在这一瞬间产生很大的冲击电流，导致设备损坏。<br><br>过电压：当采集到的线电压中最大线电压大于等于"过电压定值"时；延时启动保护动作跳闸。<br>低电压：当采集到的线电压都小于"低电压定值"，且所有线电压都大于 30V 时；延时启动保护动作跳闸。<br>频率过高：采集到的频率大于等于"频率过高定值"；延时启动保护动作跳闸。<br>频率过低：采集到的频率小于等于"频率过低定值"；延时启动保护动作跳闸。<br>逆功率：二次逆功率值的绝对值大于等于"逆功率定值"；延时启动保护动作跳闸。<br>频率突变：$\mathrm{d}f/\mathrm{d}t$（频率变化量）大于等于"频率突变定值"；延时启动保护动作跳闸。<br>联跳：当收到变电站侧联跳命令时延时开出跳闸出口，切本站的并网开关 |
| 极性反接保护 | 当光伏阵列的极性接反时，逆变器能迅速保护而不会被损坏，极性正接后，逆变器能正常工作 |
| 过负荷保护 | 当光伏阵列输出的功率超过逆变器允许的最大直流输入功率时，逆变器将会限流工作在允许的最大交流输出功率处，在持续工作 7h 或温度超过允许值的任何一种情况下，逆变器应停止向电网供电。恢复正常后，逆变器能正常工作 |
| 接地保护 | 逆变器具有接地保护功能，接地线安置了漏电流传感器，当检测到漏电流超过 5A 时，系统立即发出指令，使机器停止运行，并通过液晶显示故障类型 |
| 模块过温保护 | 逆变器的 IGBT 模块使用了高精度的温度传感器，能够实时监测模块温度，当温度出现过高情况时，使逆变器停止运行或降额输出，以保护设备的稳定运行 |
| 机内过温保护 | 逆变器内部出现温度过高情况时，使逆变器停止运行或降额输出，以保护设备的稳定运行 |

## 三、定值整定

### （一）光伏组件

#### 1. 熔断器整定

熔断体的额定电流应在（1.25～1.56）$I_{SC}$（组件短路电流）的范围内，额定电压不小于组件的 $nU_{OC}$（组件开路电压）。输出断路器的额定电流应在 $n×$（1.25～1.56）$I_{SC}$ 范围内选定，额定电压不小于组件开路电压 $nU_{OC}$。

选择的光伏熔断器和断路器的额定电压要考虑光伏组件可能使用的最低气温时的开路电压 $V_{OC}$ 和最高温度时的短路电流 $I_{SC}$，以及循环负载对长期工作寿命的影响，在保证能长期工作的前提下取低额定值，以实现保护作用。

2．低压断路器整定

（1）断路器的额定工作电压≥线路额定电压。

（2）断路器的额定电流≥线路负载电流。

（3）断路器热脱扣器的整定电流=所控制负载的额定电流。

（4）断路器电磁脱扣器的瞬时脱扣整定电流>负载电路正常工作时的峰值电流。

某光伏串选用多晶硅 245W 光伏组件，20 块组件为一组，245W 光伏组件的电压 $U_{OC}$：36.7V、电流 $I_{SC}$：8.4A。最高环境温度 60℃，最低环境温度−35℃。汇流箱采用 16 汇 1 形式。断路器的 60℃降容系数为 85%。

组串最大电流=（1.25～1.56）×8.4=10.5～13.1（A）。

组串最大电压=20×36.7=734（V）。

熔断器可选用额定电压 1000V、额定电流 12A。

子阵的最大电流=16×10.5=168（A）。

断路器可选用额定电压 1000V、额定电流 200A。

### （二）逆变器

1．低电压保护定值

低电压保护定值见表 5-2。

表 5-2                              低电压保护定值表

| 低电压穿越的电压等级（标幺值） | 时间（s） |
|:---:|:---:|
| 0 | 0.15 |
| 0.2 | 0.15 |
| 0.9 | 2 |
| $0.9 \leqslant U \leqslant 1.1$ | 连续 |

2．高电压保护定值

高电压保护定值见表 5-3。

表 5-3                              高电压保护定值表

| 序号 | 保护类型 | 低电压/标称电压（标幺值） | 延时（s） |
|:---:|:---:|:---:|:---:|
| 1 | 直流母线过电压保护 | 直流母线电压高于 1000V | 0.2 |
| 2 | 高、低压保护 | 0 | 0.15 |
| | | 0.2 | 0.15 |
| | | 0.9 | 2 |
| | | $0.9 \leqslant U \leqslant 1.1$ | 连续 |
| | | $1.1 < U < 1.2$ | 10 |
| | | $1.2 \leqslant U \leqslant 1.3$ | 0.5 |
| | | $U > 1.35$ | 0.2 |

3. 频率保护定值

频率保护定值见表 5-4。

表 5-4　　　　　　　　　　　　　　　　频率保护定值表

| 保护类型 | 频率（Hz） | 延时 |
|---|---|---|
| 高、低频保护 | <48 | 0.2s |
| | 48≤f<49.5 | 10min |
| | 49.5≤f≤50.2 | 持续运行 |
| | 50.2<f≤50.5 | 2min |
| | >50.5 | 0.2s |

# 第三节　集成线保护

## 一、保护配置

（1）每回集成线路应在汇集母线侧配置一套线路保护，在逆变器侧可不配置线路保护。

（2）反应被保护线路的各种故障及异常状态，能满足就地开关柜分散安装的要求，也能组屏安装。

（3）对于相间短路，应配置阶段式过流保护，还宜选阶段式相间距离保护。

（4）中性点经低电阻接地系统，应配置反应单相接地短路的二段式零序电流保护，动作于跳闸。

## 二、保护原理

### （一）相间短路电流速断保护

对于仅反应于电流增大而瞬时动作的电流保护，称为电流速断保护。图 5-7（a）所示为系统接线图，假设在每条线路上均装有电流速断保护，则当线路 A–B 上发生故障时，希望保护 1 能瞬时动作；当线路 B–C 上故障时，希望保护 2 能瞬时动作。它们的保护范围最好能达到线路全长的 100%。

在单侧电源辐射形电网各线路的始端装设有瞬时电流速断保护，当系统电源电动势一定，线路上任一点发生短路故障时，短路电流的大小与短路点至电源之间的阻抗及短路类型有关，三相短路和两相短路时，流过保护安装地点的短路电流

$$I_k^{(3)} = \frac{E_S}{Z_{s.min} + Z_k} = \frac{E_S}{Z_{s.min} + Z_1 l_k} ; \quad I_k^{(2)} = \frac{\sqrt{3}}{2} \frac{E_S}{Z_{s.max} + Z_1 l_k} \tag{5-1}$$

式中　$E_S$——系统等效电源相电动势；

　　　$Z_S$——系统等效电源到保护安装处之间的阻抗；

　　　$Z_1$——线路单位公里长度的正序阻抗；

　　　$l_k$——短路点到保护安装处的距离，km。

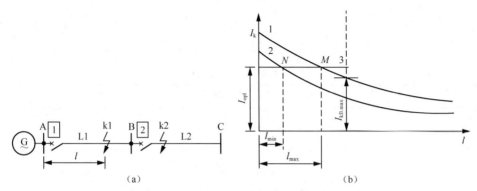

图 5-7  瞬时电流速断保护动作特性分析
(a) 系统接线图；(b) 动作特性分析
1—最大运行方式下 k(3)；2—最小运行方式下 k(2)；3—保护 1 第一段动作电流

式（5-1）忽略电阻的影响时，可得

$$I_k^{(3)} = \frac{E_S}{X_{S.min} + X_k} = \frac{E_S}{X_{S.min} + X_1 l_k} \; ; \quad I_k^{(2)} == \frac{\sqrt{3}}{2}\frac{E_S}{X_{S.max} + X_1 l_k} \tag{5-2}$$

式中  $X_S$——系统等效电源到保护安装处之间忽略电阻后的电抗；

$X_1$——线路单位公里长度忽略电阻后的正序电抗。

由式（5-2）可见，当系统运行方式一定时，$E_S$ 和 $X_S$ 为常数，流过保护安装处的短路电流，是短路点至保护安装处之间距离 $l$ 的函数，短路点距离电源越远（$l$ 越大），短路电流越小。如图 5-4（b）所示。

当系统运行方式改变或故障类型变化时，即使是统一点发生短路，短路电流的大小也会发生变化。

可见，$I_k$ 的大小与运行方式、故障类型及故障点位置有关。

最大运行方式：对每一套保护装置来讲，通过该保护装置的短路电流为最大的方式。（$Z_{S.min}$）

最小运行方式：对每一套保护装置来讲，通过该保护装置的短路电流为最小的方式。（$Z_{S.max}$）

电流速断保护的单相原理接线如图 5-8 所示。电流继电器接于电流互感器 TA 的二次侧，正常运行时，电流继电器 KA 中流过负荷电流，其幅值小于电流继电器的动作值，电流继电器可靠不动作，系统正常运行。

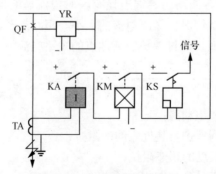

图 5-8  相间短路电流速断保护的单相原理接线图

当线路发生相间短路时，流过电流继电器的电流为故障电流，其幅值大于电流继电器的动作值，电流继电器动作，其触点闭合启动了中间继电器，其触点闭合后，经串联信号继电器接通了断路器的跳闸线圈 YR，跳开断路器，同时启动了信号继电器发出信号。

电流速断保护受运行方式影响，只能保护线路的一部分，规程规定：最小保护范围不小于被保护线路全长的 15%；最大范围大于被保护线路全长的 50%，否则保护将不被采用。

过电流保护作为本线路主保护的近后备以及相邻线下一线路保护的远后备，其启动电流按躲最大负荷电流来整定的保护称为过电流保护，此保护不仅能保护本线路全长，且能保护相邻线路的全长。

过电流保护的单相原理接线如图 5-9 所示。正常运行时，电流继电器 KA 中流过负荷电流，其幅值小于电流继电器的动作值，电流继电器可靠不动作，系统正常运行。

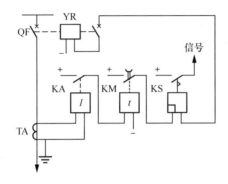

图 5-9　相间短路过流保护的单相原理接线图

当线路发生相间短路时，流过电流继电器的电流为故障电流，其幅值大于电流继电器的动作值，电流继电器动作，其触点闭合启动了时间继电器，延时后其触点闭合，经串联信号继电器接通了断路器的跳闸线圈 YR，跳开断路器，同时启动了信号继电器发出信号。

### （二）单相接地零序电流保护

由于光伏发电站的特性，上网线路多采用 35kV 线路汇集，且用高压电缆地下敷设，使电网对地电容电流增加。虽然 35kV 电压等级为小电流系统，当系统电容电流大到一定程度时，接地故障所产生的接地电流及其电弧将不能自行熄灭，引起系统过电压，危及其他上网电缆线路绝缘。由于电缆对地电容电流较大，采用消弧线圈补偿方法很难有效熄灭接地电弧，大部分光伏电站采用中性点经小电阻接地方式来解决此问题。

中性点经小电阻接地方式是采用接地变压器作为人为中性点接入电阻，接地变压器的绕组在电网正常供电情况下阻抗很高，等于励磁阻抗，绕组中只有很小的励磁电流；当系统发生接地故障时，绕组将流过正序、负序和零序电流，而绕组对正序、负序电流呈现高阻抗，对于零序电流呈现较低阻抗，因此，在接地故障情况下会产生较大的零序电流。

零序电流保护：中性点直接接地系统发生接地短路，将产生很大的零序电流，利用零序电流分量构成保护，可以作为一种主要的接地短路保护。零序过流保护不反应三相和两相短路，在正常运行和系统发生振荡时也没有零序分量产生，所以它有较好的灵敏度。但零序过流保护受电力系统运行方式变换影响较大，灵敏度因此降低，特别是短距离线路上以及复杂的环网中，由于速动段的保护范围太小，甚至没有保护范围，致使零序电流保护各段的性能严重恶化，使保护动作时间很长，灵敏度很低。

## 三、定值整定计算

### （一）电流速断保护

#### 1. 整定计算

根据继电保护速动性的要求，保护装置动作切除故障的时间，必须满足系统稳定性和保证重要用户供电的可靠性。在简单、可靠和保证选择性的前提下，原则上保护动作越快越好。

为了保护选择性，无时限电流速断保护（电流Ⅰ段）的动作电流应大于本线路末端的最大短路电流 $I_{\text{K.B.max}}$。即

$$I_{\text{set.1}}^{\text{I}} > I_{\text{k.B.max}}^{(3)}$$

或
$$I_{\text{set.1}}^{\text{I}} = K_{\text{rel}}^{\text{I}} I_{\text{k.B.max}}^{(3)} \qquad （5\text{-}3）$$

式中　$I_{\text{set.1}}^{\text{I}}$ —— 保护装置 1 的整定电流，线路中的一次电流达到保护装置整定电流时保护启动；

　　　$K_{\text{rel}}^{\text{I}}$ —— 可靠系数，考虑到继电器的误差、短路电流计算误差和非周期量影响等，取 1.2～1.3；

　　　$I_{\text{k.B.max}}^{(3)}$ —— 最大运行方式下，被保护线路末端变电站 B 母线上三相短路时的短路电流，一般取短路最初瞬间，即 $t=0$ 时的短路电流周期分量有效值。

无时限电流速断保护是靠动作电流获得选择性。即使本线路以外发生短路故障也能保证选择性。

#### 2. 灵敏度校验

无时限电流速断保护的灵敏度通常用保护范围的大小来衡量，保护范围越大，说明保护越灵敏。如图 5-10 所示，在不同的运行方式下，保护范围可能变化很大，所以无时限电流速断保护的灵敏度用最大保护范围和最小保护范围来衡量。

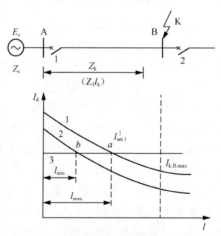

图 5-10　无时限电流速断保护动作特性

根据式（5-1），可求得最大运行方式下的最大保护范围

$$l_{\max} = \frac{1}{X_1}\left(\frac{E_s}{I_{set}^{I}} - X_{s.\min}\right) \tag{5-4}$$

式中 $I_{set}^{I}$ —— 动作电流。

由于两相短路电流为三相短路电流的 $\frac{\sqrt{3}}{2}$ 倍，因此可求得最小运行方式下的两相短路的最小保护范围

$$l_{\min} = \frac{1}{X_1}\left(\frac{\sqrt{3}}{2} \times \frac{E_s}{I_{set}^{I}} - X_{s.\max}\right) \tag{5-5}$$

规程规定：最小保护范围不小于被保护线路全长的 15%；最大范围大于被保护线路全长的 50%，否则保护将不被采用。

**（二）过电流保护**

1. 动作电流的整定

在图 5-10 所示的电网中，对线路 L1 来讲，电网正常运行时和相邻元件（线路 L2）短路时，它的电流变化情况见图 5-10 中曲线 2 部分。

正常运行时，L1 可能通过的最大电流称为最大负荷电流 $I_{L.\max}$，这时过电流保护装置 1 的启动元件不应该启动，即动作电流 $I_{set.1}^{III}$ 应大于最大负荷电流，即

$$I_{set.1}^{III} > I_{L.\max} \tag{5-6}$$

L2 上发生短路时，L1 通过短路电流 $I_K$，过电流保护装置 1 的启动元件虽然会启动，但是由于他的动作时限大于保护装置 2 的动作时限，保护装置 2 首先动作于 2QF 跳闸，切除短路故障，保护装置 1 不会动作于跳闸。

故障线路 L2 被切除后，保护装置 1 的启动元件应立即返回，否则保护装置 1 会使 1QF 跳闸，造成无选择性动作。故障线路 L2 被切除后，线路 L1 继续向变电站 B 供电，由于变电站 B 的负荷中电动机自启动的原因，L1 中通过的电流为：$K_{MS}I_{L.\max}$（$K_{MS}$ 为自启动系数。它大于 1，其数值根据变电站供电负荷的具体情况而定）。因此，启动元件的返回电流 $I_{re}$ 应大于这一电流，即

$$I_{re} > K_{MS}I_{L.\max} \tag{5-7}$$

由于电流元件（即过电流保护装置的启动元件）的返回电流小于启动电流。所以从图 5-11 可见，只要 $I_{re} > K_{MS}I_{L.\max}$ 的条件能得到满足。$I_{act.1}^{III} > I_{L.\max}$ 的条件也必然能得到满足。

不等式（5-7）可以改写成为以下的等式

$$I_{re} = K_{rel}^{III} K_{MS}I_{L.\max} \tag{5-8}$$

在式（5-8）中，是 $K_{rel}^{III}$ 为可靠系数，考虑到电流继电器误差和计算误差等因素，它的数值取 1.15～1.25。

返回电流与动作电流的比值称为返回系数，即

$$K_{re} = \frac{I_{re}}{I_{act}}$$

或
$$I_{set} = \frac{I_{re}}{K_{re}} \tag{5-9}$$

将式（5-9）代入式（5-8），得到计算过电流保护动作电流的公式：

$$I_{set.1}^{\text{III}} = \frac{K_{rel}^{\text{III}} K_{MS}}{K_{re}} I_{L.max} \tag{5-10}$$

根据式（5-10）所求得的是一次动作电流。如果要计算保护装置的二次电流，还需要计及电流互感器的变比 $n_{TA}$ 和接线系数 $K_c$，保护装置中动作电流的计算公式为

$$I_{set.1}^{\text{III}} = K_{com} \frac{K_{rel}^{\text{III}} K_{MS}}{K_{re} n_{TA}} I_{L.max} \tag{5-11}$$

式中　$I_{set.1}^{\text{III}}$—— 保护装置的二次电流。

### 2. 灵敏度校验

过电流保护装置的灵敏度用电流元件的灵敏系数 $K_{sen}$ 的数值大小来衡量。

过电流保护作为本线路的近后备保护，以被保护线路末端作为校验点进行校验，其灵敏度

$$K_{sen(近)} = \frac{I_{k.B.min}^{(2)}}{I_{set.1}^{\text{III}}} \geqslant 1.5 \tag{5-12}$$

过电流保护作为相邻线路的远后备保护，以相邻线路末端作为校验点进行校验，其灵敏度

$$K_{sen(远)} = \frac{I_{k.C.min}^{(2)}}{I_{set.1}^{\text{III}}} \geqslant 1.2 \tag{5-13}$$

### 3. 动作时限的确定

前面所讲的保护原理中已说明，为了保证选择性，电网中各个定时限过电流保护装置必须具有适当的动作时限。离电源最远的元件的保护动作时限最小，以后的各个元件的保护动作时限逐级递增，相邻两个元件的保护动作时限相差一个时间级差 $\Delta t$。这种选择动作时限的原则称为阶梯时限原则。

即

$$t_1 = t_2 + \Delta t$$

图 5-11 所示的电网中，所有线路都装有定时限过电流保护。3 和 5 的动作时限最小、如果 $t_3$ 取 $t_3$ 与 $t_5$ 中大者，$t_2$ 应该等于 $t_3 + \Delta t$。$t_2$ 既要比 $t_3$ 大 $\Delta t$，又要比 $t_5$ 大 $\Delta t$。如果 $t_2 < t_4$，那么 $t_1$ 应该等于 $t_4 + \Delta t$。如果 $t_2 > t_4$，那么 $t_1$ 应该等于 $t_2 + \Delta t$。也就是说，阶梯原则在配合过程中，不仅要与线路中的保护时限进行配合，还要与母线上的出线进行配合。即本线路上定时限过电流保护的动作时限与线路末端母线上所有出线中时限最长的一条线路相配合。

从迅速切除短路故障来看，希望时限级差 $\Delta t$ 越小越好；但是为了保证选择性 $\Delta t$ 应该符合以下条件

$$\Delta t = t_a + t_b + t_c + t_d \tag{5-14}$$

式中　$t_a$—— 前面一个元件断路器的跳闸时间（从保护发出跳闸脉冲到切除短路电流为止）；

$t_b$—— 前面一个保护动作时间的正误差（实际动作时间比整定时间大）；

$t_c$—— 后面一个保护动作时间的负误差（实际动作时间比整定时间小）；

$t_d$—— 时间裕度。

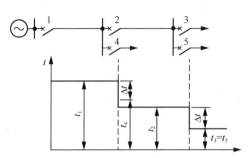

图 5-11　定时限过电流保护时限特性图

根据式（5-14）来确定 $\Delta t$，它的意思就是：如果前后两个保护的动作时间都有误差，也能保证在线路负荷侧一个元件的断路器切除短路电流以前，电源侧保护不会发跳闸脉冲，而且还有一些时间裕度。

由式（5-14）可见，$\Delta t$ 的大小决定于断路器和保护装置的性能。目前在定时限过电流保护整定时，一般 $\Delta t$ 取 $0.3 \sim 0.5 \mathrm{s}$。

**（三）单相接地的零序电流保护**

（1）躲过本线路末端单相或两相接地短路时可能出现的最大 3 倍零序电流 $3I_{0\max}$，即

$$I_{op}^{I} = K_{rel}^{I} \cdot 3I_{0\max} \tag{5-15}$$

式中，$K_{rel}^{I} \geqslant 1.3$。

$3I_{0\max}$ 应考虑系统在最大运行方式下故障点的 $Z_{1\Sigma}$、$Z_{0\Sigma}$ 最小，其次应取单相接地短路和两相接地短路中零序电流最大的接地短路类型，一般，$Z_{1\Sigma} > Z_{0\Sigma}$ 时采用两相接地短路时的短路计算公式计算短路电流，反之用单相接地短路时的短路计算公式计算短路电流。

（2）零序过电流保护（零序电流保护Ⅲ段）

此段保护一般是起后备保护作用。

应大于相邻线路首端（本线路末端）三相短路时所出现的最大零序不平衡电流 $I_{unbmax}$，即

$$I_{op}^{Ⅲ} = K_{rel}^{Ⅲ} \cdot I_{unbmax} \tag{5-16}$$

$$I_{unbmax} = K_{np} K_{st} K_{er} I_{kmax}^{(3)}$$

$$K_{rel}^{Ⅲ} \geqslant 1.2 \sim 1.3$$

式中　　$K_{np}$ —— 非周期分量系数，取 1；

　　　　$K_{st}$ —— 电流互感器的同型系数，取 1；

　　　　$K_{er}$ —— 电流互感器的 10% 误差，取 0.1；

　　　　$I_{kmax}^{(3)}$ —— 线路末端短路时流经保护的最大保护电流。

灵敏度校验公式为

$$K_{\text{sen}}^{\text{III}} = \frac{3I_{0\min}}{I_{\text{op}}^{\text{III}}} > 1.5 \qquad (5\text{-}17)$$

# 第四节　汇集母线保护

## 一、保护配置

### （一）汇集母线保护

（1）汇集母线应装设专用母线保护。

（2）母线保护应具有差动保护、分段充电过流保护、分段死区保护、TA 断线判别、抗 TA 饱和、TV 断线判别等功能。

（3）母线保护应具有复合电压闭锁功能。

（4）母线保护应允许使用不同变比的 TA，通过软件自动校正，并能适应于各支路 TA 变比最大相差 10 倍的情况。

### （二）汇集母线分断路器保护

配置由连接片投退的三相充电过电流保护，具有瞬时和延时段。

## 二、保护原理

母线差动保护的动作原理建立在基尔霍夫电流定律的基础上。把母线视为一个节点，在正常运行和外部故障时流入母线电流之和为零，而内部短路时为总短路电流。假设母线上各引出线电流互感器的变比相同，二次侧同极性端连接在一起，按照图 5-12 接线则在正常及外部短路时继电器中电流为零。

实际上由于电流互感器有误差，在外部短路时继电器中有不平衡电流出现，差动保护的启动电流必须躲开最大的不平衡电流才能保证选择性。

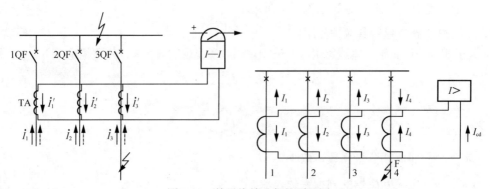

图 5-12　单母线差动保护原理图

将母线的连接元件都包括在差动回路中，需在母线的所有连接元件上装设具有相同变比和特性的 TA。

（1）正常运行或外部故障时 $I_{in} = I_{out}$ （$I_1 + I_2 = I_3$）

所以，$\sum \dot{I} = \dot{I}_1 + \dot{I}_2 - \dot{I}_3 = 0$

二次侧 $\sum I_J = I_1' + I_2' - I_3' = 0$

（2）母线故障时 $\sum \dot{I} = \dot{I}_1 + \dot{I}_2 + \dot{I}_3 = I_k$

二次侧 $\sum I_J = I_1' + I_2' + I_3' = I_k / n_1 > I_{op}$

应用：35kV 及以上单母线或双母线经常只有一组母线运行的情况，母线故障时，所有联于母线上的设备都要跳闸。

### 三、整定计算

（1）躲外部短路可能产生的 $I_{bp.max}$

$$I_{op.J} = K_{rel} \times I_{bpmax} = K_{rel} \times 0.1 \times I_{kmax} / n_1$$

（2）TA 二次回路断线时不误动

$$I_{op.J} = K_{rel} \times I_{fmax} / n_1$$

其中，$I_{fmax}$ 为母线连接元件中，最大负荷支路上最大负荷电流。

上面两个条件取较大者为定值。

$$K_{lm} = \frac{I_{kmin}}{I_{op.J} \times n_1} \geqslant 2$$

式中　$I_{kmin}$ —— 连接元件最少时。

# 第五节　箱式变压器保护

## 一、保护配置

（1）单元变压器应采用可靠的保护方案，确保变压器故障的快速切除。

（2）单元变压器高压侧未配有断路器时，其高压侧可配置熔断器加负荷开关作为变压器的短路保护，应校核其性能参数，确保满足运行要求；单元变压器高压侧配有断路器时，应配置变压器保护装置，具备完善的电流速断和过流保护功能。

（3）单元变压器低压侧设置空气断路器时，可通过电流脱扣器实现出口至变压器低压侧的短路保护。

（4）独立配置保护装置时，保护装置电源宜取自逆变器室工作电源，并具备可靠的备用电源。

（5）单元变压器配置非电量保护。

## 二、保护原理

### 1. 低压侧断路器保护原理

低压断路器也称为自动空气开关，可用来接通和分断负载电路。它的功能相当于闸刀开关、过电流继电器、失压继电器、热继电器及漏电保护器等电器部分或全部的功能总和，是低压配电网中一种重要的保护电器。低压断路器具有多种保护功能（过负荷、短路、欠电压保护等）、动作值可调、分断能力高、操作方便、安全等优点，目前被广泛应用。

低压断路器由操动机构、触点、保护装置（各种脱扣器）、灭弧系统等组成。

低压断路器的主触点是靠手动操作或电动合闸的。主触点闭合后，自由脱扣机构将主触头锁在合闸位置上。过电流脱扣器的线圈和热脱扣器的热元件与主电路串联，欠电压脱扣器的线圈和电源并联。当电路发生短路或严重过负荷时，过电流脱扣器的衔铁吸合，使自由脱扣机构动作，主触点断开主电路。当电路过负荷时，热脱扣器的热元件发热使双金属片上弯曲，推动自由脱扣机构动作。当电路欠电压时，欠电压脱扣器的衔铁释放。也使自由脱扣机构动作。分励脱扣器则作为远距离控制用，在正常工作时，其线圈是断电的，在需要距离控制时，按下启动按钮，使线圈通电，衔铁带动自由脱扣机构动作，使主触点断开。 若去掉脱扣器，当电路发生故障后，脱扣机构无法动作，会使故障范围扩大。

2．电流保护原理

（1）电流速断保护。箱式变压器电流速断保护原理如图 5-13 所示。正常运行时，电流测量元件流过的箱式变压器的负荷电流小于保护定值，保护装置不会动作。当箱式变压器内外部相间短路故障时（如 K1 点）时，电流测量元件流过故障电流，当此值大于保护定值时，保护启动跳开变压器两侧断路器，切除故障。

（2）过电流保护。当相间短路故障发生在变压器之外（如 K2 点）时，首先由自身保护动作切除故障；若保护拒动或母线上所接元件断路器拒动，则有箱式变压器的电流保护延时动作，跳开变压器两侧断路器，切除故障。

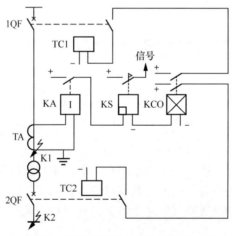

图 5-13　箱式变压器电流速断保护原理

## 三、定值整定计算

1．电流速断保护整定

按躲过外部短路时流过短路点最大短路电流整定

$$I_{op} = K_{rel}K_{jx}I_{k \cdot max}^{(3)}$$

式中　$K_{rel}$——可靠系数，取 1.5；

$K_{jx}$—— 接线系数。

灵敏度校验

$$K_{lm} = \frac{I_{k \cdot min}}{I_{op}}$$

一般灵敏系数不小于 2，满足要求。

2．过电流保护

变压器过电流保护的动作电流应按躲过流经保护装置安装处的最大负荷电流来整定

$$I_{k \cdot op} = \frac{K_{rel} K_{SS} K_{jx}}{K_{res}} I_{loa \cdot max}$$

式中　$K_{rel}$—— 可靠系数，取 1.25～1.3；

　　　$K_{SS}$—— 负荷自启动系数，一般取 1.2～1.5；

　　　$K_{jx}$—— 接线系数，对于两相两继电器的接线方式取 1，对于两相单继电器式接线方式取 3；

　　　$K_{res}$—— 返回系数，微机保护返回系数取 0.95。

灵敏度校验：一般变压器过电流灵敏度，要求 $K_{lm} \geqslant 1.5$。

3．箱式变压器在高压侧配置熔断器保护

（1）当箱式变压器本体发生故障时，熔断器应可靠快速熔断。

（2）当熔断器流过最大负荷电流、励磁电流，以及在区外故障时，应可靠不熔断，如图 5-14 所示。

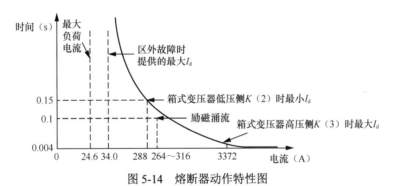

图 5-14　熔断器动作特性图

# 第六节　电力电容器保护

## 一、保护配置

### （一）电抗器保护

（1）配置电流速断保护作为电抗器绕组及引线相间短路的主保护。

（2）配置过电流保护作为相间短路的后备保护。

（3）对于低电阻接地系统，还应配置二段式零序电流保护作为接地故障主保护和后备保护，动作于跳闸。

（4）SVG 中晶闸管控制电抗器支路应配置谐波过流（包含基波和 11 次及以下谐波分量）保护作为设备过载能力保护。

### （二）电容器保护

（1）配置电流速断和过流保护，作为电容器组合断路器之间连接线相间短路保护，动作于跳闸。

（2）配置过电压保护，采用线电压，动作于跳闸。

（3）配置低压保护，采用线电压，动作于跳闸。

（4）中性点不平衡电流、开口三角电压、桥式差电流或相电压等不平衡保护，作为电容器内部故障保护，动作于跳闸。

（5）SVG 中滤波器支路应配置谐波电流保护（包含基波和 11 次及以下谐波分量）作为设备过载能力保护。

（6）对于低电阻接地系统，还应配置二段式零序电流保护作为接地故障主保护和后备保护，动作于跳闸。

## 二、保护原理

### 1．限时电流速断保护

主要反映电容器组与断路器之间连接线以及电容器组内部接线的相间短路和接地故障。保护的原理如图 5-15 所示，F01 为保护动作类型代码。

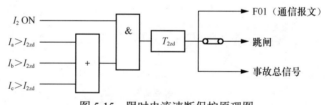

图 5-15　限时电流速断保护原理图

### 2．过电流保护

过电流保护原理如图 5-16 所示，过电流保护作为电容器组的后备保护，当内部或外部发生相间短路时，在主保护没有动作的情况下，延时动作跳开断路器，切除故障。F02 为保护动作类型代码。

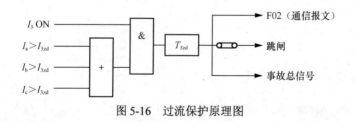

图 5-16　过流保护原理图

### 3．过电压保护

过电压保护是防止母线电压过高时损坏电容器，而切除电容器的同时可以改变无功潮流从而降低母线电压。过电压保护经合位闭锁。过电压保护采用线电压而非相电压，以防单相接地时过电压保护误动，线电压由软件计算得到。过电压保护原理如图 5-17 所示。

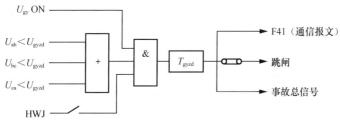

图 5-17　过电压保护原理图

### 4．欠电压保护

欠电压保护是防止在电源失去后、电容器放电未到 0.1 倍额定电压前电源重新投入，电容器上将产生高于 1.1 倍额定电压的合闸过电压，从而危及电容器的安全。欠电压保护的动作时限应小于上级电源重合闸或备自投的动作时限。欠电压保护采用线电压而非相电压，以防 TV 单相断线时欠电压保护误动，线电压由软件计算得到。

欠电压保护经合位闭锁、有流闭锁。欠电压保护原理如图 5-18 所示。

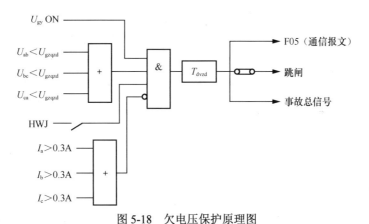

图 5-18　欠电压保护原理图

### 5．零序电压（不平衡电压）保护

保护的判别对象是不平衡电压或接成开口三角形式的差电压，原理如图 5-19 所示。

电压互感器的一次绕组兼做电容器组的放电绕组。

### 6．零序电流（不平衡电流）保护

电容器不平衡保护用来反映电容器内部故障，主要包括中性点不平衡电流保护（双星型）、三相差电流保护。零序电流（不平衡电流）保护原理如图 5-20 所示。

### 7．电容器自动投切

电容器自动投切功能属于电压无功自动控制范畴，通过电容器的自动投切来改变局部无功潮流以达到调节电压的目的。当电压很低（线电压<70V）时，闭锁此项功能。过电压自切经合位闭锁。欠电压自投经跳位闭锁、自切动作闭锁和 TV 断线闭锁。

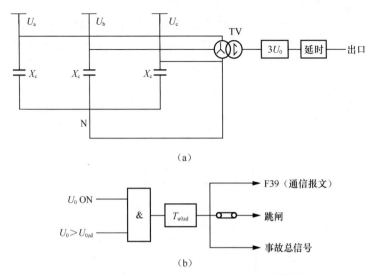

（a）

（b）

图 5-19　零序电压（不平衡电压）保护原理图
（a）原理接线图；（b）保护动作逻辑图

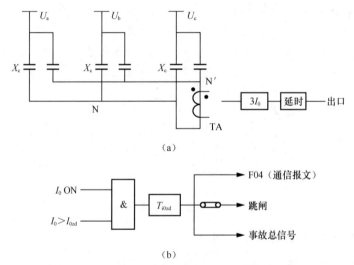

（a）

（b）

图 5-20　零序电流（不平衡电流）保护原理
（a）原理接线图；（b）保护动作逻辑图

过电压自切原理如图 5-21（a）所示，欠压自投原理如图 5-21（b）所示。

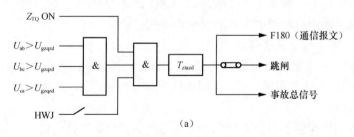

（a）

图 5-21　电容器自动投切原理图（一）

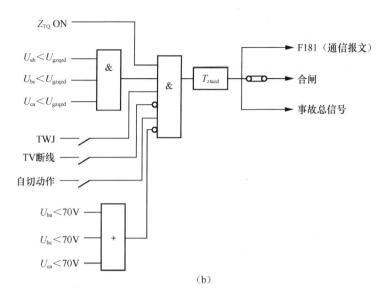

（b）

图 5-21　电容器自动投切原理图（二）
（a）过压自切原理见图；（b）欠压自投原理图

### 8．TV断线保护

TV 断线发出告警的同时闭锁电容器低压自投，其原理如图 5-22 所示。

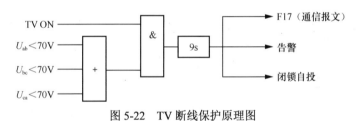

图 5-22　TV 断线保护原理图

### 9．电容器内部故障保护

并联电容器组由许多单台电容器串、并联组成。对于单台电容器，由于内部绝缘损坏而发生极间短路，由专用的熔断器进行保护，熔断器的额定电流可取 1.5～2 倍电容器额定电流。

### 10．差电压保护

差电压保护就是电压差动保护，是通过检测同相电容器两串联段之间的电压，并作比较。当设备正常时，两段的容抗相等，各自电压相等，因此两者的压差为零。当某段出现故障时，由于容抗的变化而使各自分压不再相等而产生压差，当压差超过允许值时，保护动作。差电压保护原理如图 5-23 所示，其中 $DU_a$、$DU_b$ 和 $DU_c$ 为各相差压。

## 三、定值整定

### （一）限时电流速断保护

#### 1．动作电流

按躲过电容器长期允许的最大工作电流整定，一般整定为 3～5 倍的电容器组的额定电

流，同时为了躲过电容器组投入时的涌流，考虑 0.1～0.2s 延时。即

$$I_{op} = K_{rel}I_N$$

式中　　$K_{rel}$ —— 可靠系数，取 3～5；

　　　　$I_N$ —— 电容器组额定电流。

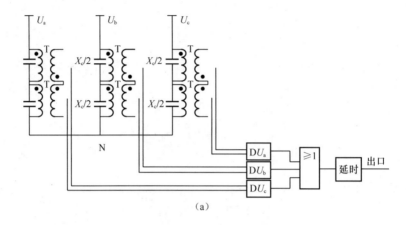

（a）

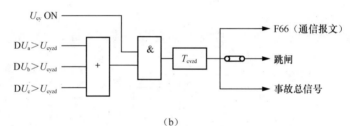

（b）

图 5-23　差电压保护原理图
（a）原理接线图；（b）保护动作逻辑图

2. 动作时限

$$\Delta t = 0.1\sim0.2\text{s}$$

3. 灵敏度

按保护安装处流过最小短路电流校验，要求 $K_{lm} \geqslant 2$。

**（二）过电流保护**

1. 动作电流

$$I_{op} = K_{rel}K_{jx}I_{f\cdot max} \tag{5-18}$$

式中　　$K_{rel}$ —— 可靠系数，取 1.5～2；

　　　　$K_{jx}$ —— 接线系数，当电流互感器接成星形时为 1；

　　　　$I_{f\cdot max}$ —— 电容器组长期允许的最大电流。

2. 动作时限

保护装置应带 0.2s 以上时限以躲过涌流，即 $\Delta t = 0.1\sim1\text{s}$。

3．灵敏系数

$$K_{lm} = \frac{\sqrt{3}}{2} \times \frac{I^{(3)}_{k \cdot min}}{I_{op}} \geqslant 1.2 \sim 1.5 \qquad (5\text{-}19)$$

式中　$I^{(3)}_{k \cdot min}$——系统最小允许方式下，保护装置安装处的三相短路电流稳态值，A。

**（三）电容器内部故障保护**

1．零序电压（开口三角）保护

$$U_{op} = \frac{U_{ch}}{K_{lm}} \qquad (5\text{-}20)$$

$$U_{ch} = \frac{3K}{3N(M-K)+2K}U_a \qquad (5\text{-}21)$$

$$U_{ch} = \frac{3\beta}{3N[m(1-\beta)+\beta]-2\beta}U_a \qquad (5\text{-}22)$$

式中　$K_{lm}$——灵敏系数，取 1.25～1.5；

$U_{ch}$——差电压，V；

$K$——因故障而切除的电容器台数；

$\beta$——任意一台电容器击穿元件的百分数；

$N$——每相电容器的串联段数；

$M$——每相各串联段电容器并联台数。

由于三相电容的不平衡及电网电压的不对称，正常时存在不平衡零序电压 $U_{obp}$，故应进行校验，即

$$U_{op} \geqslant K_k U_{obp} \qquad (5\text{-}23)$$

2．双星形接线中性点不平衡电压和不平衡电流保护

（1）不平衡电压保护。

$$U_{op} = \frac{U_0}{K_{lm}} \qquad (5\text{-}24)$$

$$U_0 = \frac{K}{3N(M_b-K)+2K}U_{ex} \qquad (5\text{-}25)$$

$$U_0 = \frac{\beta}{3N[M_b(1-\beta)+\beta]-2\beta}U_{ex} \qquad (5\text{-}26)$$

式中　$U_0$——中性点不平衡电压，V；

$K_{lm}$——灵敏系数，取 1.25～1.5；

$N$——每相电容器的串联段数；

$M_b$——双星形接线每臂各串联段数的电容器并联台数。

当采用星形中性点电压偏移保护时，零序电压计算公式与式（5-26）相同。

（2）不平衡电流保护。

$$I_{op} = \frac{I_0}{K_{lm}} \qquad (5\text{-}27)$$

$$I_0 = \frac{3MK}{6N(M-K)+5K} I_{ed} \tag{5-28}$$

$$I_0 = \frac{3M\beta}{6N[M(1-\beta)+\beta]-5\beta} I_{ed} \tag{5-29}$$

式中　$I_0$ —— 中性点间流过的电流，A；

　　　$I_{ed}$ —— 每台电容器额定电流，A。

为了躲开正常情况下的不平衡电压和不平衡电流，均应校验动作值

$$U_{op} \geqslant K_k U_{0bp} \tag{5-30}$$

$$I_{op} \geqslant K_k U_{0bp} \tag{5-31}$$

3. 电压差动保护

$$U_{op} = \frac{\Delta U_c}{K_{lm}} \tag{5-32}$$

$$\Delta U_c = \frac{3K}{3N(M-K)+2K} U_{ex} \tag{5-33}$$

$$\Delta U_c = \frac{3\beta}{3N[M(1-\beta)+\beta]-2\beta} U_{ex} \tag{5-34}$$

当 $N=2$ 时，有

$$\Delta U_c = \frac{3K}{6M-4K} U_{ex} \tag{5-35}$$

$$\Delta U_c = \frac{3\beta}{6M(1-\beta)+4\beta} U_{ex} \tag{5-36}$$

式中　$\Delta U_c$ —— 故障相的故障段与非故障段的电压差，V；

　　　$U_{ex}$ —— 电容器组的额定相电压，V。

4. 桥式差电流保护

$$I_{op} = \frac{\Delta I}{K_{lm}} \tag{5-37}$$

$$\Delta I = \frac{3MK}{3N(M-2K)+8K} I_{ed} \tag{5-38}$$

$$\Delta I = \frac{3M\beta}{3N[M(1-\beta)+2\beta]-8\beta} I_{ed} \tag{5-39}$$

式中　$\Delta I$ —— 故障切除部分电容器后，桥路中通过的电流，A。

式（5-21）、式（5-25）、式（5-28）、式（5-33）、式（5-35）及式（5-38）适用于有专用单台熔断器保护的电容器装置。式（5-22）、式（5-26）、式（5-29）、式（5-34）、式（5-36）及式（5-39）适用于未设置专用单台熔断器保护的电容器装置。

# 第 七 节　站 用 电 系 统 保 护

## 一、保护配置

（1）容量在 10MVA 及以上或有其他特殊要求的变压器配置电流差动作为主保护。

（2）容量在 10MVA 以下的变压器配置电流速断保护作为主保护。

（3）配置过电流保护作为后备保护。

（4）配置非电量保护。

（5）对于低电阻接地系统，高压侧还应配置二段式零序电流保护作为接地故障主保护和后备保护。

## 二、保护原理

### 1．电流差动保护

变压器的差动保护是变压器的主保护，是按循环电流原理装设的，主要用来保护双绕组变压器绕组内部及其引出线上发生的各种相间短路故障，同时也可以用来保护变压器单相匝间短路故障。变压器差动保护原理如图 5-24 所示。

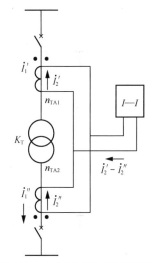

正常运行及外部故障时，差动回路电流为零。实际上由于两侧电流互感器的特性不可能完全一致等原因，在正常运行和外部短路时，差动回路中仍有不平衡电流 $I_{umb}$ 流过，此时流过继电器的电流 $I_k=I_1-I_2=I_{umb}$ 要求不平衡电流应尽量小，以确保继电器不会误动。当变压器内部发生相间短路故障时，在差动回路中由于 $I_2$ 改变了方向或等于零（无电源侧），这时流过继电器的电流为 $I_1$ 与 $I_2$ 之和，即 $I_k=I_1+I_2>I_{umb}$ 能使继电器可靠动作。变压器差动保护的范围是构成变压器差动保护的电流互感器之间的电气设备以及连接这些设备的导

图 5-24　变压器差动保护原理图

线。由于差动保护对保护区外故障不会动作，因此差动保护不需要与保护区外相邻元件保护在动作值和动作时限上相互配合，所以在区内故障时，可以瞬时动作。

### 2．电流速断保护

变压器的电流速断保护是反应电流增大而瞬时动作的保护。装于变压器的电源侧，对变压器及其引出线上各种型式的短路进行保护。为保证选择性，速断保护只能保护变压器的部分，它适用于容量为 10MVA 以下较小容量的变压器，当过电流保护时限大于 0.5s 时，可在电源侧装设电流速断保护，其原理接线如图 5-25 所示。

### 3．过电流保护

变压器定时限过电流保护装设在变压器电源侧，反映变压器保护范围外部（区外）故障引起的变压器过电流，并作为电流速断保护的后备保护。动作电流按躲过变压器最大负荷电流来整定。为了使上、下级各电气设备继电保护动作具备选择性，过电流保护在动作时间整定上采取阶梯原则，即位于电源侧的上一级保护的动作时间要比下级保护时间长。

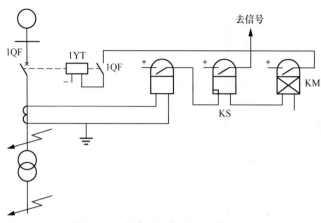

图 5-25　电流速断保护原理接线图

图 5-26 所示为变压器定时限过电流保护原理接线图。当被保护变压器电流超过继电器 KA 的整定电流时，1KA 和 2KA 两只继电器无论是一只动作或两只动作，继电器 1KA 或 2KA 的动合触点闭合，接通时间继电器 KT 的线圈电源；时间继电器 KT 启动，经过预先整定的时间后，时间继电器延时闭合的动合触点闭合，接通中间继电器 KM 的线圈电源；中间继电器 KM 动作，KM 的动合触点闭合，经信号继电器 KS 电流线圈，断路器 QF 辅助触点 QF1 接通跳闸线圈 YT 的电源，断路器 QF 跳闸，将故障线路停电。接通 YT 的同时，使信号继电器 KS 启动，其手动复归动合触点闭合，发出信号。

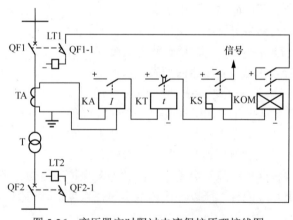

图 5-26　变压器定时限过电流保护原理接线图

## 三、整定计算

### （一）电流速断保护整定计算

1. 总值计算

（1）按躲开变压器负荷侧出口 $k_3$ 短路时的最大短路电流来整定，如图 5-27 所示。即

$$I_{op} = K_k I_{k \cdot max}$$

（2）躲过励磁涌流。根据实际经验及实验数据，一般取

$$I_{op} = (3 \sim 4)I_{e \cdot T}$$

按上两式条件计算，选择其中较大值作为变压器电流速断保护的启动电流。

2. 灵敏度校验

按变压器原边 $k_2$ 点短路时，流过保护的最小短路电流校验，即

$$K_{lm} = \frac{I_{k2 \cdot min}^{(2)}}{I_{op}} \geqslant 2$$

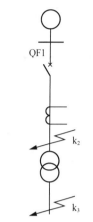

图 5-27　站用变压器短路计算示意图

**（二）过电流保护的整定计算**

按躲过最大负荷电流整定，对降压变压器应考虑电动机的自启动电流。过电流保护的动作电流为

$$I_{op} = \frac{K_{rel}K_{MS}}{K_{re}}I_{e \cdot T}$$

保护装置的灵敏度校验

$$K_{op} = \frac{I_{k \cdot min}}{I_{op}}$$

$$I_{op} = K_{rel} \cdot I_{k \cdot max}$$

过电流保护作为变压器的近后备保护，灵敏系数要求大于 1.5，远后备保护的灵敏系数大于 1.2。

保护的动作时间比出线的第三段保护动作时限长 1 个时限阶段。

**（三）差动保护整定**

1. 最小动作电流

躲主变压器额定负载时的不平衡电流

$$I_{op \cdot min} \geqslant K_{rel}(K_{er} + \Delta U + \Delta m)\, I_{N2}$$

式中　$I_{N2}$——变压器高压侧二次额定电流；

　　　$K_{rel}$——可靠系数，取 1.3～1.5；

　　　$K_{er}$——电流互感器的变比误差，10P 型取 0.03×2；5P 型和 TP 型取 0.01×2；

　　　$\Delta U$——变压器调压引起的误差，取调压范围中偏离额定值的最大值（百分值）；

　　　$\Delta m$——由于电流互感器变比未完全匹配产生的误差，初设时取 0.05。

在工程实用整定计算中可取 $I_{op \cdot min}=(0.2\sim0.5)I_{N2}$；一般工程宜采用不小于 $0.3I_{N2}$ 的整定值。

2. 起始制动电流 $I_{res \cdot 0}$

起始制动电流宜取 $I_{res \cdot o} = (0.8 \sim 1.0)I_N / n$。

3. 动作特性折线斜率 $S$

差动保护的动作电流应大于外部短路流过差动回路的不平衡电流，双绕组变压器时：

$$I_{\text{unb·max}} = (K_{\text{ap}}K_{\text{cc}}K_{\text{er}} + \Delta U + \Delta m) \, I_{\text{k·max}} / n$$

式中　$I_{\text{k·max}}$ —— 非周期分量系数，两侧同为 TP 级电流互感器取 1.0；两侧同为 P 级电流互感器取 1.5～2.0；

$K_{\text{cc}}$ —— 电流互感器的同型系数，取 1.0；

$K_{\text{er}}$ —— 电流互感器的比误差，取 0.1。

$K_{\text{er}}$、$\Delta U$、$\Delta m$ 的含义同上式，但 $K_{\text{er}} = 0.1$。

差动保护的动作电流

$$I_{\text{op·max}} = K_{\text{rel}}I_{\text{unb·max}}$$

最大制动系数

$$K_{\text{res·max}} = I_{\text{op·max}} / I_{\text{res·max}}$$

灵敏度校验：按最小方式下差动保护区内变压器引线上两相金属性短路电流 $I_{\text{k·min}}$ 计算，得出

$$K_{\text{sen}} = I_{\text{k·min}} / I'_{\text{op}} \geqslant 2$$

$$I'_{\text{op}} = K_{\text{rel}}I_{\text{unb·min}} = K_{\text{rel}}(K_{\text{ap}}K_{\text{cc}}K_{\text{er}} + \Delta U + \Delta m) \, I_{\text{k·min}} / n$$

$$K_{\text{res}} = K_{\text{rel}}(K_{\text{ap}}K_{\text{cc}}K_{\text{er}} + \Delta U + \Delta m) = S \quad (K_{\text{er}} \text{取} 0.1)$$

# 第八节　升压变压器保护

## 一、保护配置

（1）220kV 及以上变压器按照双重化原则配置主、后备一体的电气量保护，同时配置一套非电量保护；110kV 变压器配置主、后备一体的双套电气量保护或主、后备独立的单套电气量保护，同时配置一套非电量保护；35kV 变压器配置单套电气量保护，同时配备一套非电气量保护。保护能反映被保护设备的各种故障及异常状态。

（2）电气量主保护应满足以下要求：

1）应配置纵差保护。

2）除配置稳态量差动保护外，还可配置不需要整定能反映轻微故障的故障分量差动保护。

3）差动保护应能适应在区内故障且故障电流中含有较大谐波分量的情况。

4）主保护应采用相同类型电流互感器。

（3）220kV 及以上变压器高压侧配置带偏移特性的阻抗（含相间、接地）保护，配置二段式零序电流保护，可根据需要配置一段复压闭锁过流保护。

（4）110kV 变压器高压侧配置一套复压闭锁过流保护；配置二段式零序过电流保护。

（5）容量遭 10MVA 及以上或有其他要求的 35kV 变压器配置电流差动保护作为主保护，其余情况在高压侧配置二段式过流保护，变压器低压侧配置二段式过流保护；配置一段时复

压闭锁过流保护。

（6）配置间隙电流保护和零序电压保护。间隙电流应取中性点间隙专用 TA，间隙电压应取变压器本侧 TV 开口三角电压或自产电压。

（7）变压器非电量保护应设置独立的电源回路和出口跳闸回路，且应与电气量保护完全分开。

（8）变压器间隔断路器失灵保护动作后通过变压器保护跳各侧断路器。

（9）非电量保护应满足以下要求：

1）非电量保护动作应有动作报告。

2）跳闸类非电量保护，启动功率应大于 3W，动作应在 55%～70%额定电压范围内，额定电压下动作时间为 10～35ms，应具有抗 220V 工频电压的能力。

3）变压器本体宜具有过负荷启动辅助冷却器功能，变压器保护可不配该功能。

4）变压器本体宜具有冷却器全停延时回路，变压器保护可不配该功能。

（10）变压器保护各侧 TA 变比，不宜使平衡系数大于 10。

（11）变压器低压侧外附 TA 宜安装在低压侧母线和断路器之间。

## 二、保护原理

### 1．气体保护原理

气体保护是变压器内部故障的主保护，对变压器匝间和层间短路、铁芯故障、套管内部故障、绕组内部断线及绝缘劣化和油面下降等故障均能灵敏动作。当油浸式变压器的内部发生故障时，由于电弧将使绝缘材料分解并产生大量的气体，从油箱向储油柜流动，其强烈程度随故障的严重程度不同而不同。

气体继电器内部由 1 个油浮和 1 个挡板组成。如图 5-28 所示。

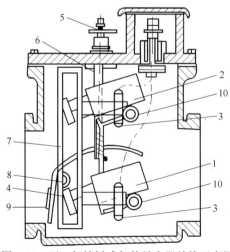

图 5-28　开口杯挡板式气体继电器结构示意图

1—下开口杯；2—上开口杯；3—干簧触点；4—平衡锤；5—放气阀；6—探针；

7—支架；8—挡板；9—进油挡板；10—永久磁铁

正常运行时，气体继电器内部充满变压器油，分接开关本体故障时将有气体产生，当累积到一定量时，轻瓦斯触点导通，轻瓦斯保护动作。当分接开关内部严重故障时，高温高压气流迅速在油室内流动，当流速达到或超出气体继电器设计值时，挡板被推动，重瓦斯触点导通，重瓦斯保护动作跳闸。如图 5-29 所示。

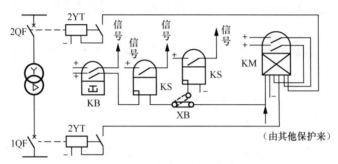

图 5-29 气体保护原理接线图

## 2. 差动保护原理

变压器纵差保护是按照循环电流原理构成的，即将变压器各侧电流互感器的二次电流进行相量相加，正常运行和区外故障时，若忽略励磁电流损耗及其他损耗，则流入变压器的电流等于流出变压器的电流（若假设变压器的电能传递为线性，则可近似地用基尔霍夫第一定律表示，即 $\sum \dot{i} = 0$），此时纵联差动保护不应动作。

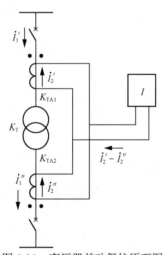

图 5-30 变压器差动保护原理图

当变压器内部故障时，若忽略负荷电流不计，则只有流进变压器的电流而没有流出变压器的电流（即 $\sum \dot{i} = \dot{i}_k$，式中 $\dot{i}_k$ 为短路点的总电流），纵联差动保护动作将变压器切除。如图 5-30 所示。

## 3. 复合电压启动的过电流保护

复合电压方向过流保护作为母线、线路和主变压器保护相间故障拒动后的后备保护，其保护范围延伸到母线和线路。

（1）当方向指向母线时，作为本侧母线和引出线的后备保护。

（2）当方向指向主变压器时，作为主变压器主保护和下级相邻元件的后备保护。

由负序电压滤过器、过电压继电器及低电压继电器组成复合电压启动回路。当发生各种不对称短路时，出现负序电压，过压继电器动作，其常闭接点断开，低电压继电器失电，其常闭接点闭合，启动中间继电器，低压闭锁开放。若电流继电器也动作，则启动时间继电器，经预定延时发出跳闸脉冲。如图 5-31 所示。

三相短路时，也会短时出现负序电压，闭锁开放。由于低电压继电器返回电压较高，三相短路后，若母线电压低于低电压继电器的返回电压，则低电压继电器不会返回。

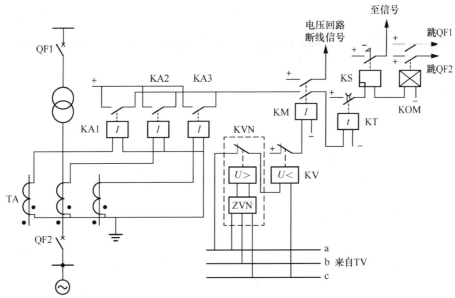

图 5-31　复合电压启动的过电流保护原理接线图

#### 4. 零序保护

（1）中性点直接接地的零序电流保护。零序电流保护装于变压器中性点接地引出线的电流互感器上，其原理接线如图 5-32 所示。当 110kV 线路、母线发生接地故障的，其自身保护没有动作切出故障，变压器零序保护延时启动跳开变压器两侧的断路器，切除故障。当主变压器星形侧发生接地故障时，变压器中性点便有零序电流（$3I_0$）流过，当零序电流（$3I_0$）大于其动作值时，保护动作后切除变压器两侧的断路器。

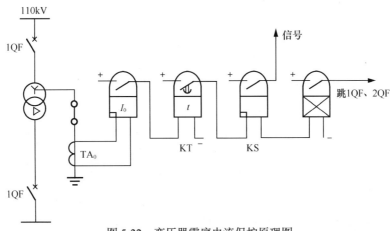

图 5-32　变压器零序电流保护原理图

（2）中性点不接地的间隙零序电流保护。为了防止接地故障时，中性点不接地的变压器由于某种原因导致中性点电压升高，造成中性点绝缘击穿造成损坏，在变压器的中性点上装设放电间隙，放电间隙的另一端接地。变压器中性点不接地的间隙保护原理如图 5-33 所示。

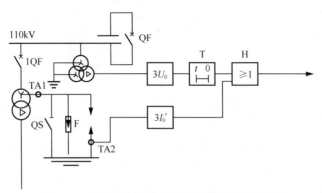

图 5-33　变压器中性点不接地的间隙保护原理图

当中性点的电压升高到一定值时，放电间隙击穿，从而保证中性点的绝缘安全。当放电间隙击穿时，中性点将流过一个电流，该电流即间隙零流。

间隙零序保护包含间隙零压元件和间隙零流元件，间隙零压元件使用外接 $3U_0$，间隙零流元件使用变压器经间隙接地的间隙零序电流。

间隙零压元件和间隙零流元件各设一段两时限，也可以通过整定选择为间隙保护并联输出，或门启动间隙零序保护的时间元件（采用间隙电压保护的两时限）。

## 三、整定计算

### 1. 气体保护整定计算

轻气体定值一般为：250～350mL（积聚气体数量），若轻瓦斯不满足要求，可以调节开口杯背后的重锤改变开口杯的平衡来满足需求。

重瓦斯定值一般为：1.0～1.2m/s（油速整定），若重瓦斯不满足要求，可以通过调节指针弹簧改变档板的强度来满足需求。

### 2. 差动保护

（1）最小动作电流。躲主变压器额定负载时的不平衡电流

$$I_{\text{op·min}} \geq K_{\text{rel}}(K_{\text{er}} + \Delta U + \Delta m)\, I_{\text{e2}}$$

式中　　$I_{\text{e2}}$ —— 变压器高压侧二次额定电流；

　　　　$K_{\text{rel}}$ —— 可靠系数，取 1.3～1.5；

　　　　$K_{\text{er}}$ —— 电流互感器的变比误差，10P 型取 0.03×2；5P 型和 TP 型取 0.01×2；

　　　　$\Delta U$ —— 变压器调压引起的误差，取调压范围中偏离额定值的最大值（百分值）；

　　　　$\Delta m$ —— 由于电流互感器变比未完全匹配产生的误差，初设时取 0.05。

在工程实用整定计算中可取 $I_{\text{op·min}} = (0.2 \sim 0.5)\, I_{\text{e2}}$；一般工程宜取不小于 $0.3 I_{\text{e2}}$ 的整定值。

（2）起始制动电流 $I_{\text{res·0}}$。起始制动电流宜取 $I_{\text{res·o}} = (0.8 \sim 1.0) I_{\text{N}} / n$。

（3）动作特性折线斜率 $S$。差动保护的动作电流应大于外部短路流过差动回路的不平衡电流，双绕组变压器时：

$$I_{\text{unb·max}} = (K_{\text{ap}} K_{\text{cc}} K_{\text{er}} + \Delta U + \Delta m)\, I_{\text{k·max}} / n$$

式中　　$I_{\text{k·max}}$ —— 非周期分量系数，两侧同为 TP 级电流互感器取 1.0；两侧同为 P 级电流互感器

取 1.5～2.0；

$K_{cc}$ —— 电流互感器的同型系数，取 1.0；

$K_{er}$ —— 电流互感器的比误差，取 0.1。

$K_{er}$、$\Delta U$、$\Delta m$ 的含义同上式，但 $K_{er}$=0.1。

差动保护的动作电流　　　　　　　　$I_{op \cdot max} = K_{rel} I_{unb \cdot max}$

最大制动系数　　　　　　　　　　$K_{res \cdot max} = I_{op \cdot max} / I_{res \cdot max}$

灵敏度校验。按最小方式下差动保护区内变压器引线上两相金属性短路电流 $I_{k \cdot min}$ 计算，得出

$$K_{sen} = I_{k \cdot min} / I'_{op} \geqslant 2$$

$$I'_{op} = K_{rel} I_{unb \cdot min} = K_{rel}(K_{ap} K_{cc} K_{er} + \Delta U + \Delta m)\ I_{k \cdot min} / n$$

$$K_{res} = K_{rel}(K_{ap} K_{cc} K_{er} + \Delta U + \Delta m) = S\ (K_{er} 取 0.1)$$

（4）差动速断电流 $I_{sd}$。差动电流速断值取 $a$、$b$ 中较大者。

1）躲变压器外部短路最大不平衡电流 $I_{unb \cdot max}$。

$$K_{sd} \geqslant K_{rel} I_{unb \cdot max}$$

2）躲变压器初始励磁涌流。

$$I_{sd} \geqslant K I_N / n$$

式中　$K$ —— 倍数，取 5～12。

3）灵敏度校验。按小方式保护安装处两相短路校验：$K_{sen} \geqslant 1.2$。

4）二次谐波制动比。根据经验，取 15%～20%。

3．复合电压启动的过电流保护

（1）低电压元件。

$$U_{op} = \frac{U_{e \cdot min}}{K_{rel} K_{re}}$$

式中　$U_{e \cdot min}$ —— 系统最低运行电压，取 $0.9 U_e$；

$K_{rel}$ —— 可靠系数，取 1.2～1.25；

$K_{re}$ —— 返回系数，取 1.15～1.2。

在低压侧母线取电压时，$K_{rel}$、$K_{re}$ 取小值（下限）。

在高压侧母线取电压时，$K_{rel}$、$K_{re}$ 取大值（上限）。

（2）负序电压。按躲正常运行时的最大不平衡电压计算

$$U_{op2} = （0.06～0.07）U_e$$

（3）电流元件。

$$I_{op} = \frac{K_{rel}}{K_{re}} \cdot I_e$$

式中　$K_{rel}$ —— 可靠系数，取 1.2～1.25；

$K_{re}$—— 返回系数，取 0.85～0.95；

　　$I_e$—— 变压器额定电流。

（4）时限按与相邻保护的后备保护动作时间相配合。

（5）按变压器低压母线故障时的最小短路电流校验灵敏度，$K_{sen} \geqslant 1.25$。

4．间隙零序保护

间隙零序定值一般整定 100A，零序电压整定 150V，动作时间 0.5s 跳变压器各侧。

# 第九节　输电线路保护

## 一、保护配置

（1）配置的保护应能反映相间短路故障和接地短路故障。

（2）配置分相电流差动保护：由故障分量差动保护、稳态量差动保护和零序差动保护构成全线速动的主保护。

（3）配置距离保护：分三段相间距离和三段接地距离防御本线路或相邻线路相间短路或相间接地短路，距离Ⅰ段是本线路的主保护，Ⅱ、Ⅲ段是本线路主保护的近后备保护，相邻线路的远后备保护。

（4）配置零序保护：防御本线路或相邻线路单相接地故障，零序Ⅰ段是本线路的主保护，Ⅱ、Ⅲ、Ⅳ段是本线路主保护的近后备保护，相邻线路的远后备保护。

（5）配置四段可选相间低电压或方向闭锁的过电流保护构成后备保护。

## 二、保护原理

### （一）输电线路差动保护

1．差动保护特点

光纤电流纵差保护是利用光纤通道将本侧电流的波形或代表电流相位的信号传送到对侧，每侧保护根据对两侧电流的幅值和相位比较的结果，来区分是区内故障还是区外故障。该保护在每侧都直接比较两侧的电气量。类似于差动保护，因此称为光纤电流纵差保护。由于两侧保护装置没有电联系，提高了运行的可靠性，其灵敏度高、动作简单可靠快速、不受运行方式变化和系统震荡的影响等优点，是其他保护形式所无法比拟的。在继承了电流差动保护这些优点的同时，加以可靠稳定的光纤传输通道，将电流幅值和相位正确可靠地传送到对侧，给保护装置的正确动作提供有力保证。光纤通道技术是基于用光导纤维作为传输介质的一种通信手段，相对于其他传统通道（如载波、微波等）具有以下特点：

（1）传输质量高，误码率低，一般在 $10^{-10}$ 以下。这种特点使得光纤通道很容易满足继电保护对通道所要求的"透明度"，使收端所看到的信息与发端原始信息完全一致。

（2）光的传输频率高、频带宽，因此光纤传输的信息量大，可使线路两端保护装置尽可能多地交换信息，从而大大提高继电保护动作的正确性和可靠性。

（3）抗干扰能力强。由于光信号可以有效地防止雷电、系统故障时产生的电磁干扰，所以光纤通道不存在传统通道的抗干扰问题。

近年来，光纤技术、通信技术、继电保护技术的迅速发展为光纤电流差动保护的应用提供了机遇，从而得到了飞速的发展。在 220kV 及以上的超高压输变电工程中，基本都采用光纤差动保护。对已投入运行的光纤保护，按原理划分，主要分为光纤电流差动保护和光纤闭锁式、允许式纵联保护两种。

**2．光纤电流差动保护的基本原理**

如图 5-34 所示为光纤差动保护通过对线路两侧电流的同步采样和数据交换，准确快速地判断两侧电流的差动电流 $\dot{I}_k$。正常和外部故障时，两侧电流相位相反，$\dot{I}_k = \dot{I}_m + \dot{I}_n$ 为 0，保护不动作。内部故障时，两侧电流相位相同，$\dot{I}_m + \dot{I}_n = \dot{I}_k$ 很大，保护动作，瞬时切除全线故障。在外部故障情况下，由于 TA 饱和，也有可能产生差动不平衡电流。

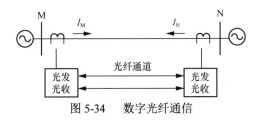

图 5-34　数字光纤通信

如何躲过该不平衡电流对差动保护的影响，不同类型的保护装置采用的整定方法也不尽相同，一般采用固定门槛法进行整定，即将在正常运行中保护装置测量到的差电流作为被保护线路的纯电容电流，并将该电流值乘以一系数（一般为 2～3）作为差动电流的动作门槛。当差动元件判为区内故障发出跳闸命令时，除跳开线路本侧断路器外，还借助于光纤通道向线路对侧发出联跳信号，使得对侧断路器快速跳闸。光纤电流差动保护要求线路两侧的保护装置的采样同时、同步，因此时钟同步对光纤电流差动保护至关重要。当电流差动保护采用专用光纤通道时，保护装置的同步时钟一般采用"主-从"方式，即两侧保护中一侧采用内部时钟作为主时钟，另一侧保护则应设置成从时钟方式。设置为从时钟侧的保护装置，其时钟信号从对侧保护传来的信息编码中提取，从而保证与对侧的时钟同步。当采用复用 **PCM** 方式时，复用数字通信系统的数据通道作为主时钟，两侧保护装置均应设置为从时钟方式，即均从复用数字通信系统中提取同步时钟信号，否则保护装置将无法与通信系统数据通道进行复接。

**3．光纤闭锁式、允许式纵联保护**

（1）光纤闭锁式纵联保护。光纤闭锁式纵联保护是在目前高频闭锁式纵联保护的基础上演化而来，以稳定可靠的光纤通道代替高频通道，从而提高保护动作的可靠性。光纤闭锁保护的鉴频信号能很好地对光纤保护通道起到监视作用，这比目前高频闭锁保护需要值班人员定时交换信号，以鉴定通道正常可靠与否灵敏了许多，提高了闭锁式保护的动作可靠性。此外，由于光纤闭锁式纵联保护在原理上与目前大量运行的高频保护类似，在完成光纤通道的敷设后，只需更换光收发信号机即可接入目前使用的高频保护上，因此具有改造方便的特点。与光纤电流纵差保护比较，光纤闭锁式纵联保护不受负荷电流的影响，不受线路分布电容电流的影响，不受两端 TA 特性是否一致的影响。如光纤网络能有效解决双重化的问题，光纤闭锁式纵联保护就将逐步代替高频保护，在超高压电网中得到广泛应用。

（2）光纤允许式纵联保护。光纤允许式纵联保护是在允许式高频纵联保护的基础上发展而来的。其基本原理：在功率方向为正的一侧向对侧发送允许信号，此时每侧的光纤机只能接收对侧的信号，每侧的保护必须在方向元件动作时，同时又收到对侧的允许信号之后，才能动作于跳闸。对非故障线路而言，一侧是方向元件动作，收不到允许信号，而另一侧是收到了允许信号，但方向元件不动作，因此都不能跳闸。所以，方向元件和光纤通道是纵联保护装置的主要组成部分。此外，由于光纤允许式纵联保护在原理上与高频保护类似，在完成光纤通道的敷设后只需更换光收发信机即可接入目前使用的保护装置，具有改造方便的特点。

**（二）相间短路的三段式距离保护**

（1）三段式接地距离。由多边形特性阻抗元件、零序电抗元件、零序功率方向元件复合构成接地距离Ⅰ、Ⅱ、Ⅲ段保护。

Ⅰ、Ⅱ段保护动作特性如图 5-35 所示。

零序电抗线

$$90° \leqslant \frac{\dot{U}_\Phi - (\dot{I}_\Phi + K_Z \times 3\dot{I}_0)Z_{set}e^{j\Phi dz}}{3\dot{I}_0 e^{j78°}} \leqslant 270°$$

零序功率方向

$$-190° < \text{Arg}\frac{\dot{U}_0}{\dot{I}_0} \leqslant -30°$$

注：在非全相过程中动作元件的特性不变，方向由工频变化量方向代替。

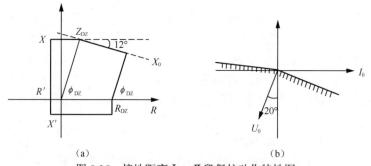

（a）　　　　　　　　　　（b）

图 5-35　接地距离Ⅰ、Ⅱ段保护动作特性图

（a）接地距离多边形特性；（b）零功方向元件特性

Ⅲ段保护动作特性如图 5-36 所示。

零序功率方向

$$-190° < \text{Arg}\frac{\dot{U}_0}{\dot{I}_0} \leqslant -30°$$

注：在非全相过程中动作元件的特性不变，无零序功率方向元件。

测量方程（$X$、$R$ 的测量）为

$$\dot{U}_{\Phi} = (R + \mathrm{j}X) \times (\dot{I}_{\Phi} + K_{Z} + 3\dot{I}_{0})$$

式中　$K_Z$——零序电流补偿系数。

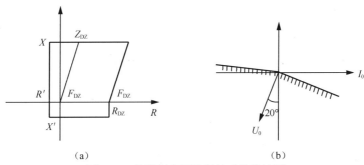

(a)　　　　　　　　　　(b)

图 5-36　接地距离Ⅲ段保护动作特性图

（a）接地距离多边形特性；（b）零功方向元件特性

（2）三段式相间距离。相间距离Ⅰ、Ⅱ、Ⅲ段保护采用由正序电压极化的圆特性。Ⅰ、Ⅱ段保护动作特性如图 5-37 所示。

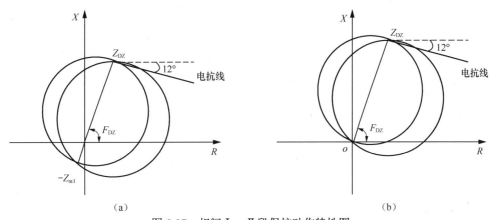

(a)　　　　　　　　　　(b)

图 5-37　相间Ⅰ、Ⅱ段保护动作特性图

（a）正方向故障的动作特性（带记忆）；（b）正方向故障的动作特性（稳态）

Ⅲ段保护动作特性如图 5-38 所示。

注：$Z_{m1}$ 为背后系统正序阻抗，相间距离Ⅲ段固定反偏，偏移阻抗 $Z_p = \min\{0.3\Omega, 0.5ZD3\}$，其中 ZD3 为相间阻抗Ⅲ段定值。

正序极化电压较高时，由正序电压极化的距离继电器有很好的方向性；当正序电压下降至 20% 以下时，由正序电压记忆量极化。为保证正方向故障能动作，反方向故障不动作，设置了偏移特性。在Ⅰ、Ⅱ段距离继电器暂态动作后，改用反偏阻抗继电器，保证继电器动作后能保持到故障切除。在Ⅰ、Ⅱ段距离继电器暂态不动作时，改用上抛阻抗继电器，保证母线及背后故障时不误动。对后加速则一直使用反偏阻抗继电器。

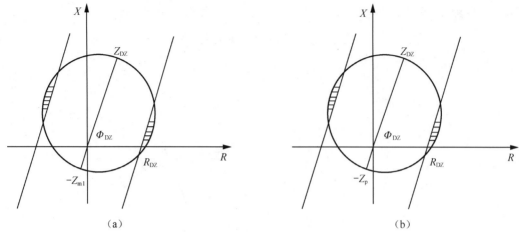

图 5-38　相间Ⅲ段保护动作特性图

（a）正方向不对称故障时动作特性；（b）三相故障时动作特性（偏移阻抗）

动作方程为

Ⅰ、Ⅱ段保护比相圆：

$$-90°<\mathrm{Arg}\frac{-\dot{U}_{\mathrm{pol}}\times\mathrm{e}^{\mathrm{j}\theta}}{\dot{U}_{\mathrm{op}}}<90°，\theta \text{为偏移角；}$$

电抗线：

$$-90°<\mathrm{Arg}\frac{-\dot{I}_{\Phi\Phi}\times|\dot{Z}_{\mathrm{set}}|\times\mathrm{e}^{\mathrm{j}78°}}{\dot{U}_{\mathrm{op}}}<90°$$

Ⅲ段保护比相圆：

$$-90°<\mathrm{Arg}\left(-\frac{\dot{U}_{\mathrm{pol}}}{\dot{U}_{\mathrm{op}}}\right)<90°$$

式中：$\dot{U}_{\mathrm{pol}}$ 为极化电压。全相时采用正序极化，非全相过程中改为健全相相间电压极化；$\dot{U}_{\mathrm{op}}=\dot{U}_{\phi\phi}-\dot{Z}_{\mathrm{set}}\dot{I}_{\phi\phi}$ 为工作电压。

**（三）接地故障的零序电流保护**

中性点直接接地系统发生接地短路，将产生很大的零序电流，利用零序电流分量构成保护，可以作为一种主要的接地短路保护。零序电流保护不反映三相和两相短路，在正常运行和系统发生振荡时也没有零序分量产生，所以它有较好的灵敏度。但零序电流保护受电力系统运行方式变换影响较大，灵敏度因此降低，特别是在短距离线路上以及复杂的环网中，由于速动段的保护范围太小，甚至没有保护范围，致使零序电流保护各段的性能严重恶化，使保护动作时间很长，灵敏度很低。

零序电流保护原理如图 5-39 所示。零序电流保护动作原理与三段式相间短路电流保护相似，在此不再赘述。

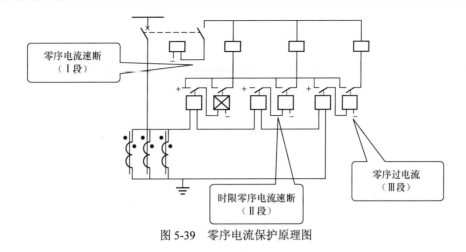

图 5-39　零序电流保护原理图

## 三、线路保护整定计算

### （一）线路差动保护整定计算

差动保护启动电流值，应可靠地躲过区外故障时的最大不平衡电流，以及当电流互感器二次断线时负荷电流引起的最大差电流。

（1）按躲过区外故障时的最大不平衡电流整定。

$$I_{op} \geqslant K_{rel} K_{fzq} K_{tx} f_i I_{k \cdot max}$$

式中　$K_{fzq}$——非周期分量系数，当采用饱和变流器时取 1；当采用串联电阻时取 $1.5 \sim 2$；

$\quad\quad K_{tx}$——同性系数，在两侧电流互感器同型号时取 0.5；其他情况时取 1；

$\quad\quad f_i$——电流互感器最大误差系数，取 0.1；

$\quad\quad K_{rel}$——可靠系数，取 $1.3 \sim 1.5$；

$\quad\quad I_{k \cdot max}$——流过电流互感器的最大短路电流。

（2）按躲过电流互感器二次回路断线整定。

$$I_{op} \geqslant K_{rel} I_{fh \cdot max}$$

式中　$K_{rel}$——可靠系数，取 $1.5 \sim 1.8$；

$\quad\quad I_{fh \cdot max}$——该线路在正常运行情况下的最大负荷电流。

根据以上两个条件计算结果，选取其中较大的一个数值作为保护装置的整定值。

灵敏度校验

$$K_{lm} = \frac{I_{k \cdot min}}{I_{op}}$$

式中　$I_{k \cdot max}$——单侧电源供电时保护范围内最小短路电流。

一般要求 $K_{lm} \geqslant 2$。

### （二）线路距离保护整定计算

1. 距离保护的整定计算原则

（1）距离保护 I 段的整定。距离保护整定系统接线图如图 5-40 所示。

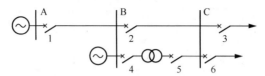

图 5-40　距离保护整定系统接线图

原则：按躲过线路末端故障整定

$$Z_{op1}^{I} = K_{rel}^{I} \cdot Z_{AB} \qquad K_{rel}^{I} = 0.8 \sim 0.85$$

（2）距离保护 II 段的整定。

原则 1：与相邻线路的距离 I 段配合

$$Z_{op1}^{II} = K_{rel}^{II}(Z_{AB} + K_{fz.min}Z_{op2}^{I}) \qquad K_{rel}^{II} = 0.8$$

原则 2：按躲过线路末端变压器低压母线短路整定

$$Z_{op1}^{II} = K_{rel}^{II}(Z_{AB} + K_{fz.min}Z_{b}) \qquad K_{rel}^{II} = 0.7 \text{（考虑到 } Z_b \text{ 的计算误差大）}$$

取上述两项中数值小者作为保护 II 段定值。

动作时间为

$$t_1^{II} = t_2^{I} + \Delta t = 0.5s \qquad t_1^{II} = t_b + \Delta t = 0.5s$$

灵敏度校验：按本线路末端故障校验灵敏度为

$$K_{lm} = \frac{Z_{op1}^{II}}{Z_{AB}} \geqslant 1.25 \text{（要求大于 1.25）}$$

若灵敏度不满足要求，应与相邻线路距离保护 II 段配合。

（3）距离保护 III 段整定。

原则：按躲过输电线路的最小负荷阻抗整定。

求最小负荷阻抗：$Z_{fh.min} = \dfrac{U_{f.min}}{I_{f.max}}$

考虑外部故障切除后，电动机自启动时，距离保护 III 段应可靠返回。

对于全阻抗继电器，其整定值

$$Z_{op1}^{III} = \frac{1}{K_{rel}^{III} \cdot K_{MS} \cdot K_{re}} Z_{fh.min}$$

对于方向阻抗继电器。其整定阻抗

$$Z_{op1}^{III} = \frac{1}{K_{rel}^{III} \cdot K_{MS} \cdot K_{re} \cos(\phi_d - \phi_f)} Z_{fh.min}$$

动作时间按阶梯时限原则整定。

在负荷阻抗同样的条件下，采用方向阻抗继电器比采用全阻抗继电器时，距离保护三段的灵敏度高。

2. 灵敏度校验

近后备的灵敏度

$$K'_{\text{lm}} = \frac{Z^{\text{III}}_{\text{op1}}}{Z_{\text{AB}}} \geqslant 1.5 \text{（要求大于 1.5）}$$

远后备的灵敏度

$$K'_{\text{lm}} = \frac{Z^{\text{III}}_{\text{op1}}}{Z_{\text{AB}} + K_{\text{fz.max}} Z_{\text{BC}}} \geqslant 1.2 \text{（要求大于 1.2）}$$

说明方向阻抗比全阻抗继电器灵敏度高。

3. 最小精确工作电流校验

按各段保护范围末端短路的最小短路电流整定

$$\frac{I_{\text{k.min}}}{I_{\text{jg.min}} \cdot n_{\text{lh}}} \geqslant 1.5$$

**（三）零序电流保护整定计算**

1. 无时限零序电流保护（零序电流保护I段）

躲过相邻下一线路出口，即本线路末端单相或两相接地短路时可能出现的最大 3 倍零序电流 $3I_{0\text{max}}$，即

$$I^{\text{I}}_{\text{op}} = K^{\text{I}}_{\text{rel}} \cdot 3I_{0\text{max}}$$

式中，$K^{\text{I}}_{\text{rel}} \geqslant 1.3$。

$3I_{0\text{max}}$ 应考虑系统在最大运行方式下故障点的 $Z_{1\Sigma}$、$Z_{0\Sigma}$ 最小，其次应取单相接地短路和两相接地短路中零序电流最大的接地短路类型，一般，$Z_{1\Sigma} > Z_{0\Sigma}$ 时采用两相接地短路时的短路计算公式计算短路电流，反之用单相接地短路时的短路计算公式计算短路电流。

当线路长度太短致使零序 I 段保护范围很小，甚至没有保护范围时，则零序 I 段保护应停用。

2. 带时限零序电流速断保护（零序保护II段）

此段保护一般担负主保护任务，要求在本线路末端达到规定的灵敏系数。

（1）与相邻下一级线路零序电流保护第 I 段配合。

$$I^{\text{II}}_{\text{op}} = K^{\text{II}}_{\text{rel}} \cdot I'^{\text{I}}_{\text{op}} / K_{\text{bmin}}$$

式中　　$K_{\text{bmin}}$ —— 分支系数最小值；

　　　　$I'^{\text{I}}_{\text{op}}$ —— 相邻下一级线路零序电流保护第 I 段整定值。

（2）躲过线路末端母线上变压器另一侧母线接地短路时流过保护的最大零序电流 $3I_{0\text{max}}$，即

$$I^{\text{II}}_{\text{op}} = K^{\text{II}}_{\text{rel}} \cdot 3I_{0\text{max}} / K_{\text{bmin}}$$

选其中最大值。

灵敏度校验

$$K^{\text{II}}_{\text{sen}} = \frac{3I_{0\text{min}}}{i^{\text{II}}_{\text{op1}}} > 1.3 \sim 1.5$$

$$t_{op}^{II} = 1.0s$$

结果达不到规定灵敏系数时，可改为与相邻下一级线路的零序电流保护 II 段配合整定。

3．零序过电流保护（零序电流保护 III 段）

此段保护一般是起后备保护作用。III 段保护通常是作为零序电流保护 II 段保护的补充作用。对后备保护的要求是在相邻下一级线路末端达到规定的灵敏系数。

（1）与下一级线路零序电流保护第 II 段配合，有

$$I_{op}^{III} = K_{rel}^{III} \cdot I'^{II}_{op} / K_{b \cdot min}$$

$$K_{rel}^{III} \geqslant 1.1$$

（2）对于 110kV 网络，应躲过线路末端变压器另一侧短路时可能出现的最大不平衡电流 $I_{unb \cdot max}$，即

$$I_{op}^{III} = K_{rel}^{III} \cdot I_{unb \cdot max}$$

$$I_{unb \cdot max} = K_{np} K_{st} K_{er} I_{k \cdot max}^{(3)}$$

$$K_{rel}^{III} \geqslant 1.2 \sim 1.3$$

式中　　$K_{np}$ —— 非周期分量系数，取 1；

$K_{st}$ —— 电流互感器的同型系数，取 1；

$K_{er}$ —— 电流互感器的 10% 误差，取 0.1；

$I_{k \cdot max}^{(3)}$ —— 线路末端变压器另一侧短路时流经保护的最大保护电流。

取其中最大值。

当作为近后备时，用被保护线路末端接地短路的最小 3 倍零序电流进行校验，应满足 $K_{sen}^{III} \geqslant 1.3 \sim 1.5$；作为远后备时，用相邻线路末端接地短路的最小 3 倍零序电流进行校验，$K_{sen}^{III} \geqslant 1.2$。

当作为近后备时

$$K_{sen}^{III} = \frac{3I_{0min}}{I_{op}^{III}} > 1.5$$

当作为远后备时

$$K_{sen}^{III} = \frac{3I_{0min}}{I_{op1}^{III}} > 1.2$$

# 第十节　电站综合自动化系统

## 一、监控系统概述

光伏电站智能化监控系统可实时监控站内光伏电池阵列、汇流箱、低压直流柜、逆变器、

交流低压柜、升压变压器等设备运行情况，遥控操作站内断路器、隔离开关和调档设备，保证电站安全运行，满足电站运行人员日常操作及上级系统或调度的监控要求。其技术特点如下：

（1）通过系统接口配置，即可快速全面实现采集电站运行数据和所有设备运行信息。

（2）对采集报文数据可实时查阅，对不同数据需求方的数据支持转发，支持多种规约。

（3）对光伏电站汇流箱、逆变器、功率、发电量等实时数据实现在线远程监测。

（4）全面实时监控站内设备运行状态、模拟量、状态量、电能量等。

（5）通过监控数据采集、转换、统计、分析、计算等实现太阳能电站数据总览、历史数据总览、设备状态、监控趋势图显示、分析等功能。

（6）设备故障监控、电站环境指标、报警信息实时监测，运行告警事件的有效分类管理，实时告警，智能处理。

（7）系统支持多用户在线监控、权限管理，权责分明。

（8）系统提供运行人员常用的报表功能，提供日月年报表管理、消息配置、系统配置等功能。

（9）提供用户定制服务，预留二次开发接口，满足用户特定功能。

## 二、监控系统组成

智能化监控系统由站控层、间隔层、网络层和现场层等部分组成，如图 5-41 所示。

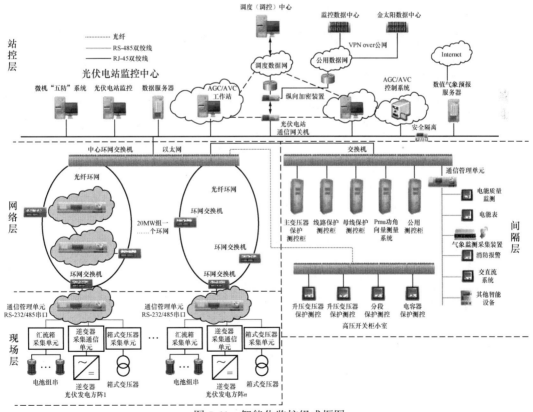

图 5-41 智能化监控组成框图

　　站控层是设备监视、测量、控制和管理中心，主要设备包括主机、操作员站、远动工作站、工程师站、打印机、北斗对时装置。

　　间隔层分别布置在对应的开关柜内，主要设备包括环境参数采集仪以及全站一次设备所用的保护、测量、计量设备。

　　网络层是全站的信号转换与通信联系层，包括网络设备及规约转换接口、以太网交换机等设备。

　　现场层是光伏阵列区设备的信号转换与通信管理层，包括智能汇流箱、逆变器、箱式变压器的数据采集及数据信号的规约转换。

### 三、智能化监控系统的功能

　　1. 中控室计算机监控系统功能

　　（1）数据采集与处理。

　　（2）安全检测与人机接口。

　　（3）运行设备控制、断路器及隔离开关的分合闸操作、站用电源系统的控制。

　　（4）数据通信。

　　（5）系统自诊断。

　　（6）系统软件具有良好的可修改性，能很容易地增减或改变软件功能及方便升级。

　　（7）自动报表打印。

　　（8）时钟系统。

　　2. 光伏设备测量和信号采集系统功能

　　（1）'中控室采用微机监控，操作键盘对光伏组件及逆变器进行监视和控制。

　　1）显示设备运行状态、故障类型、电能累加。

　　2）键盘控制与电力系统软并网。

　　（2）光伏组件及逆变器设有就地监控柜，可同样实现中控室微机监控的内容，包括温升保护、过负荷保护、电网故障保护和传感器故障信好等。

　　（3）远程监控系统设有多级访问权限控制，有权限的人员才能继续远程操作。

　　（4）远程监控系统监控设备运行参数和状态。每台逆变器的运行参数和状态如下：

　　1）直流电压、电流和功率。

　　2）交流电压和电流。

　　3）逆变器机内温度。

　　4）时钟和频率。

　　5）功率因数。

　　6）当前发电功率。

　　7）日发电量和累计发电量。

　　8）每天发电功率曲线图。

　　9）累计 $CO_2$ 减排量。

　　10）监控所有逆变器的运行状态。

　　（5）远程监控系统采用声光报警方式提示设备出现故障，可查看故障原因及故障时间。监控的故障信息包括的内容如下：

1）电网电压过高、电网电压过低。

2）电网频率过高、电网频率过低。

3）直流电压过高、直流电压过低。

4）逆变器过载、逆变器过热、逆变器短路。

5）散热器过热。

6）逆变器孤岛、过负荷、通信失败。

7）交、直流配电柜通过交、直流柜内设置的直流线路保护开关、电流表、电压表测量采集，远程集中监控。

**3．箱式变压器和110kV升压站监控功能**

主要是实施开关柜"五防"功能，具体如下：

（1）防带负荷分、合隔离开关。

（2）防误分、合断路器。

（3）防带电挂地线、合接地开关。

（4）防带地线合隔离开关和断路器。

（5）防误入带电间隔。

**4．自动装置的功能**

对于110kV送出线路较短，且采用架空线缆的情况，因发生瞬时性故障的可能性小，且逆变器不允许短时间频繁启动，故一般不配置自动重合闸装置。但须配置故障录波器装置，其功能时录取故障时35kV进出线、35kV母线、110kV送出线路的电流、电压信号，供故障分析使用。

**5．继电保护装置的功能**

（1）110kV并网线路保护。

（2）35kV箱式变压器升压变压器保护。高压侧为熔断器，低压侧为自动空气开关，当变压器过负荷或相间短路时。将高压侧熔断器与低压侧空气开关断开。

（3）35kV站用变压器保护。站用变压器为干式变压器，由高压侧（35kV）断路器与低压侧自动空气开关实现，当出现相间短路故障时断开两侧开关。

（4）并网逆变器保护。保护包含欠电压保护、过电压保护、低频保护、孤岛保护、短路保护等功能。

（5）110kV变压器保护。高压侧、低压侧均为断路器，当变压器过负荷或相间短路时，将高压侧、低压侧断路器断开。

**6．电源系统功能**

（1）直流电源系统。直流电源系统是对计算机监控系统、断路器、通信设备及事故照明提供可靠的电源，由蓄电池、直流馈线屏、充电设备组成。直流系统与微机监控系统应有通信接口，并具有"三遥"功能。

（2）交流不间断供电电源。交流不间断电源简称UPS，主要用于给部分对电源稳定性要求较高的设备提供不间断供电。设备包括监控主机、网络设备、火警报警系统、闭路电视系统。

**7．火灾自动报警系统的功能**

在35/110kV升压站区域及各设备小室均装有一套火灾报警系统，包含探测装置（点式或缆式探测器、手动报警器）、集中报警装置、电源装置和联动信号装置等。如图 5-42 所示。

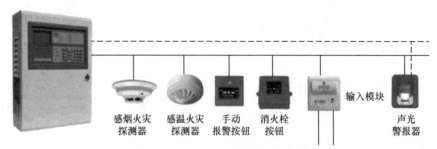

感烟火灾 感温火灾 手动 消火栓 输入模块 声光
探测器 探测器 报警按钮 按钮 警报器

图 5-42 火灾自动报警系统构成图

升压站中控室内探测点直接汇接至集中报警装置上，发出声光信号，并记录下火警地址和时间，经确认后可人工启动相应的消防设施组织灭火。

联动控制方式对区域内中控室、配电室的通风机、空调等进行联动控制，并监控其反馈信号。

8. 视频安防监控系统的功能

一般在升压站、光伏方阵、逆变器场地等重要部位设置闭路电视监视点。根据不同监视对象的范围或特点选用定焦距或变焦距监视镜头。视频安防监控系统如图 5-43 所示。

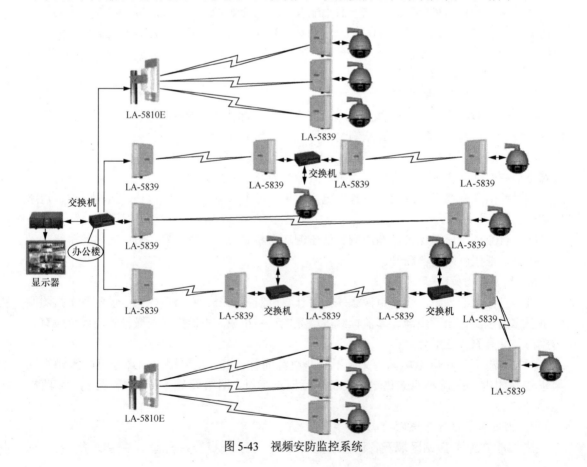

图 5-43 视频安防监控系统

# 第六章　变电（升压）站设备及运维

## 第一节　设备结构与原理

### 一、变压器

变压器是利用电磁感应的原理来改变交流电压的装置，是一种利用电磁互感应，变换电压、电流和阻抗的器件。

#### （一）变压器的作用

1. 变压器的用途

电力变压器是一个静止的电器，是发电厂和变电站的主要设备之一。变压器在电力系统中的作用是变换电压。电压经升压变压器升压后，可以减少线路损耗，提高送电的经济性，达到远距离送电的目的。而降压变压器则能把高电压变为用户所需要的各级使用电压，满足用户需要。

2. 变压器的分类

（1）按用途可分为升压变压器、降压变压器、配电变压器、联络变压器、厂用变压器。

（2）按绕组可分为三绕组变压器、双绕组变压器、多绕组变压器、自耦变压器。

（3）按相数可分为单相变压器、三相变压器、多相变压器。

#### （二）变压器的基本结构

变压器的基本结构如图 6-1 所示。

通常的电力变压器大部分为油浸式。铁芯和绕组都浸放在盛满变压器油的油箱之中，各绕组的端点通过绝缘套管引至油箱的外面，以便与外线路连接。因此，电力变压器主要由以下五个部分组成：

（1）器身：铁芯、绕组、绝缘结构、引线、分接开关。

（2）油箱：油箱本体（箱盖、箱壁、箱底）和附件（放油阀门、油样活门、接地螺栓、铭牌）。

（3）冷却装置：散热器和冷却器。

（4）保护装置：储油柜（油枕）、油位表、防爆管（安全气道）、吸湿器（呼吸器）、温度计、净油器、气体继电器（瓦斯继电器）。

（5）出线装置：高压套管、低压套管。

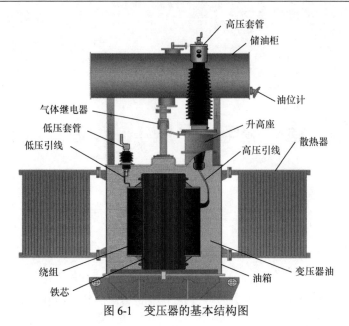

图 6-1  变压器的基本结构图

## （三）变压器主体构成部件的作用

### 1. 铁芯

（1）铁芯的结构。铁芯是电力变压器重要的组成部件之一。为了减小涡流损耗，铁芯一般由 0.35～0.5mm 厚高导磁的硅钢片叠积和钢夹件夹紧而成。在结构上，它是构成变压器的机械骨架。其在铁芯柱上套上带有绝缘的线圈，并且牢固地对其进行支撑和压紧。铁芯由铁芯柱和铁轭两部分组成。铁芯的结构一般分为心式和壳式两类，电力变压器主要采用心式结构，如图 6-2 所示。

图 6-2  铁芯的结构图

（2）铁芯的作用。在原理上，铁芯是变压器的主磁路。在结构上，其又作为变压器的机械骨架。它把一次电路的电能转化为磁能，又把该磁能转化为二次电路的电能，因此，铁芯是能量传递的媒介体。

2．绕组

（1）变压器绕组的结构。变压器绕组采用铜线或铝线绕制而成，原、副绕组同心套在铁芯柱上。为便于绝缘，一般低压绕组在里、高压绕组在外，但大容量的低压大电流变压器，考虑到引出线工艺困难，往往把低压绕组套在高压绕组的外面。高压绕组的匝数多、导线横截面小；低压绕组的匝数少，导线横截面大。为了保证变压器能够安全可靠地运行以及有足够的使用寿命，对绕组的电气性能、耐热性能和机械强度都有一定的要求。绕组结构如图 6-3 所示。

图 6-3　绕组结构图

（2）变压器绕组的作用。绕组是变压器的电路部分，用来传输电能，一般分为高压绕组和低压绕组。接在较高电压上的绕组称为高压绕组，接在较低电压上的绕组称为低压绕组。从能量的变换传递来说，接在电源上，从电源吸收电能的绕组称为原边绕组（又称一次绕组或初级绕组）；与负载连接给负载输送电能的绕组称为副边绕组（又称二次绕组或次级绕组）。

3．油箱

油箱是变压器的外壳，用质量好的钢板焊接而成，能承受一定压力，大型变压器油箱均采用钟罩式。油箱的作用是减少油与空气的接触面积以降低油的氧化速度和侵入变压器的水分。变压器油既是一种绝缘介质，又是一种冷却介质。

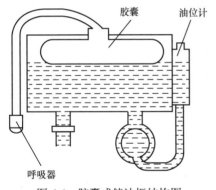

图 6-4　胶囊式储油柜结构图

4．储油柜（油枕）

（1）储油柜的结构。储油柜的主体是用钢板焊接成的圆筒形的容器，其容积大约为油箱容积的 10%。储油柜水平安装在油箱的顶部，里面的油通过气体继电器的连通管道与变压器油箱连通，使油面能够随着温度的变化而自由地升降。正常情况时，储油柜内的最低油面应高过高压套管的升高座，对于装有连通型结构的套管，储油柜内的最低油面应高过套管的顶部。在储油柜的侧面装有玻璃油位计（或油位表），能随时观察到储油柜内油位的变化情况。胶囊式储油柜结构如图 6-4 所示。

（2）储油柜的工作原理。在储油柜内装设一个耐油的尼龙橡胶隔膜袋，隔膜袋内侧经过吸湿器（呼吸器）与大气相通，外侧与绝缘油接触。当变压器油箱内的油温升高而膨胀时，储油柜内的油面也上升，隔膜袋向外排气。反之，储油柜内的油面下降时，隔膜袋从外面吸气，自动平衡袋子内外侧的压力。在储油柜的吸气和排气过程中绝缘油与大气不直接接触。此外，取消了储油柜与防爆筒之间的联管，使防爆筒的油面高度降低到储油柜最低油位（或取消防爆筒，改为压力释放器）。这样，在储油柜底部装设一个耐油橡胶薄膜制成的压油袋，把储油柜与油标显示的油隔开，压油袋经常承受向外的压力，防止大气渗进油箱，油箱就完全密封了。

（3）储油柜的作用。储油柜位于变压器油箱的上方，通过气体继电器与油箱相通。变压器运行时产生热量，使变压器油膨胀，储油柜中变压器油上升，温度低时下降。储油柜调节油量，保证变压器油箱内经常充满油；使变压器油与空气接触面较少，减缓了变压器油的氧化过程及吸收空气中水分的速度。

5. 呼吸器

（1）呼吸器的结构。变压器呼吸器（变压器硅胶罐）是由一根铁管和玻璃容器组成，玻璃容器内内装干燥剂（如硅胶），玻璃容器下有油杯的结构，如图 6-5 所示。常用呼吸器为吊式呼吸器结构。呼吸器内装有吸附剂硅胶，为了显示硅胶受潮情况，一般采用变色硅胶。变色硅胶原理是利用二氯化钴（$CoCl_2$）所含结晶水数量不同而由几种不同颜色做成，二氯化钴含六个分子结晶水时，呈粉红色；含有两个分子结晶水时，呈紫红色；不含结晶水时，呈蓝色。

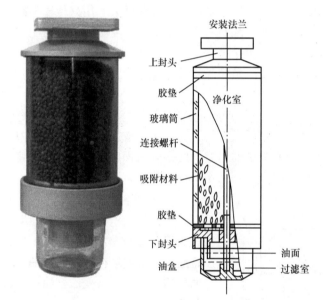

安装法兰
上封头
胶垫
净化室
玻璃筒
连接螺杆
吸附材料
胶垫
下封头
油盒
油面
过滤室

图 6-5　吸湿器（呼吸器）结构图

（2）呼吸器的作用。

1）变压器呼吸器也叫变压器吸湿器，或者是变压器硅胶罐、变压器干燥剂，其作用为吸附空气中进入储油柜胶袋、隔膜中的潮气，清除和干燥由于变压器油温的变化而进入变压器（或互感器）储油柜空气中的杂物和潮气，以免变压器受潮，保证变压器油的绝缘强度。

2）呼吸器是提供变压器在温度变化时内部气体出入的通道，解除正常运行中因温度变化产生的对油箱的压力。

（3）呼吸器的工作原理。当变压器受热膨胀时，呼出变压器内部多余的空气；当变压器油温降低收缩时，吸入外部空气。当吸入外部空气时，储油盒里的变压器油过滤外部空气，然后硅胶将没有过滤去的水分吸收，使变压器内的变压器油不受外部空气中水分的侵入，使其水分含量始终在标准以内。

6. 压力释放阀

（1）变压器压力释放阀的作用。作为变压器非电量保护的安全装置，压力释放阀是用来保护油浸电气设备的装置，即在变压器油箱内部发生故障时，油箱内的油被分解、气化，产生大量气体，油箱内压力急剧升高，此压力如不及时释放，将造成变压器油箱变形，甚至爆裂。安装压力释放阀可使变压器在油箱内部发生故障、压力升高至压力释放阀的开启压力时，压力释放阀迅速开启，使变压器油箱内的压力很快降低。当压力降到关闭压力值时，压力释放阀便可靠关闭，使变压器油箱内永远保持正压，有效地防止外部空气、水分及其他杂质进入油箱，且具有动作后无元件损坏，无需更换等优点。

（2）变压器压力释放阀原理。当油浸式变压器发生故障时，油箱内会产生大量气体，导致气压迅速升高。为防止损坏油箱，在油浸式变压器上安装压力释放阀，当气压升高时，当压力达到 $5.4 \times 10^4$ Pa 时，压力释放阀在 2ms 内开启压力释放阀释放压力，当气压低压某一个值时，在压力值为 $2.9 \times 10^4$ Pa 时，压力释放阀自动关闭，从而很好地保护变压器。

当压力释放阀开启后，在处理好故障后，需将其标志杆复位，压力释放阀才能再次使用。

（3）压力释放阀结构。压力释放阀的主要结构型式是外弹簧式，并且可带或不带定向喷射装置。它的主要部件是由阀体及电气机械信号装置组成，如图 6-6 所示。

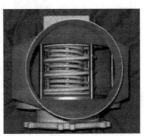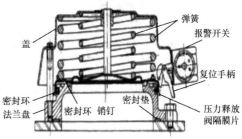

图 6-6 压力释放阀结构示意图

7．分接开关

（1）分接开关的结构。变压器有载分接开关由切换开关（包括切换开关本体和切换开关油室）和分接选择器（带或不带转换选择器）组成，如图 6-7 所示。

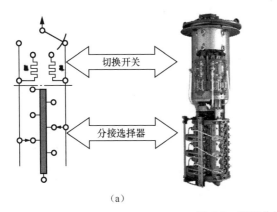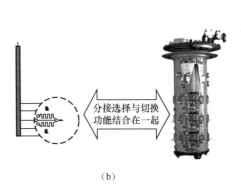

（a）　　　　　　　　　　　　　　　　（b）

图 6-7 有载分接开关透视图
(a) 组合式分接开关（CM）；(b) 复合式分接开关（CV）

切换开关本体由传动装置、绝缘转轴、快速机构、切换机构（触头系统）和过渡电阻器组成。快速机构直接置于切换机构上，并由绝缘转轴传动，绝缘转轴上部是一传动装置，切换机构下装有过渡电阻器，整体构成一个插入式装置，便于安装在切换开关油室之内。

切换开关油室使开关负载切换中产生电弧碳化的污油与变压器油箱内的油隔离开来，以保证变压器油箱的油清洁。它包括头部法兰、顶盖、绝缘筒、筒底四部分，如图6-8所示。

分接选择器由级进传动机构和触头系统组成，分接选择器可带或不带转换选择器，如图6-9所示。

图6-8　切换开关油室

图6-9　分接选择器（带转换选择器）

（2）分接开关的作用。有载分接开关是一种为变压器在负载变化时提供恒定电压的开关装置，是在保证不中断负载电流的情况下，通过改变高压绕组抽头，增加或减少绕组匝数，即变压器的电压比，最终实现调压的目的。

（3）分接开关的工作原理。有载分接开关采用电阻过渡的原理，它能带负载变换变压器调压绕组的分接头，分接开关的变换操作在于两个转换的交替组合，即分接选择器的单双数动触头，轮流交替选择分接头同切换开关往返切换相结合，分接变换的动作顺序如图6-10和图6-11所示，图中粗线表示电流的路径。

例1：由分接4→5变换次序（见图6-10）。

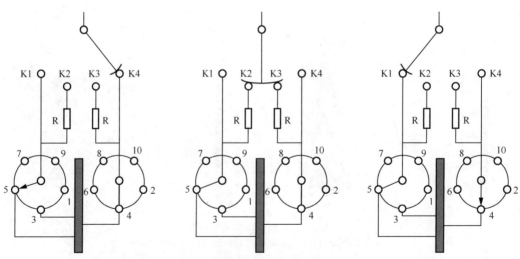

图6-10　分接开关位置4→5变换次序图

（1）分接开关变换操作前4导通，分接选择器单数触头组先由分接位置3变换至分接位置 5。

（2）切换进行到 K2、K3 桥接位置，过渡电阻间产生的一循环电流，负载电流通过触头 K2、K3 输出。

（3）切换结束，分接位置 5 导通。

**例 2：**由分接 4→3 变换次序（见图 6-11）。

由于分接变换切换开关总是向左或向右切换一次的，若由分接位置 4 变换到分接位置 3，分接选择器的动触头可以不动，但继续变换分接 3→2 时，则顺序及动作情况完全恢复到例 1 所述一样。

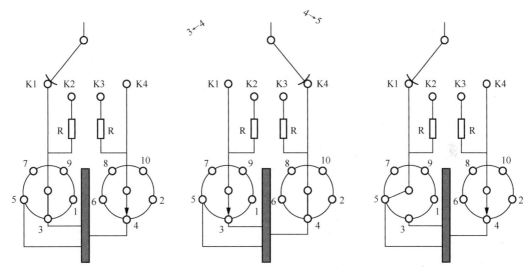

图 6-11 分接位置 4→3 或 4→5 变换次序图

**8. 高、低压绝缘套管**

变压器套管是变压器箱外的主要绝缘装置，变压器绕组的引出线必须穿过绝缘套管，使引出线之间及引出线与变压器外壳之间绝缘，同时起固定引出线的作用。因电压等级不同，绝缘套管包括纯瓷套管、充油套管和电容套管等形式。

（1）高、低压绝缘套管的结构。

1）40kV 及以下变压用套管。40kV 及以下变压器用套管是以瓷或主要以瓷作为内外绝缘的套管，它由瓷套、导电杆和有关零件所构成。分为复合瓷绝缘式套管、单体瓷绝缘式套管和有附加绝缘的套管三种类型。

复合瓷绝缘式套管，简称为复合式套管，结构如图 6-12 所示。套管由上瓷套和下瓷套组成绝缘部分，上瓷套作为径向绝缘和气侧轴向绝缘，下瓷套作为油侧轴向绝缘（对于油浸式变压器），导电杆穿过瓷套的中心，并利用导杆下端焊上的定位件和上端的螺母将上下瓷套串压在变压器箱盖上。

单体瓷绝缘式套管分导杆式和穿缆式两系列，其结构如图 6-13 所示。单体瓷绝缘只有一个瓷套，瓷套中部有固定台以便卡装在变压器箱盖上。瓷套上部如额定电压为 10kV 及以下时有 2 个瓷伞。穿缆式瓷套的上部有一固定槽，而导杆式瓷套的下部有一固定槽，以便卡入电缆接头的凸台和导电杆下端定位件，使连接引线时，电缆接头和导电杆不致转动。

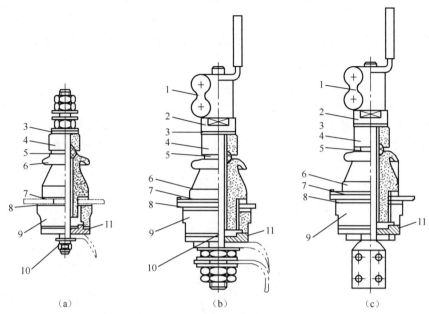

图 6-12　复合瓷绝缘式套管

（a）用于 600A 及以下；（b）用于 800～1200A；（c）用于 2000～3000A

1—接线头；2—圆螺母；3—衬垫；4—瓷盖；5—封环；6—上瓷套；7—密封垫圈；
8—纸垫圈；9—下瓷套；10—导电杆；11—纸垫圈

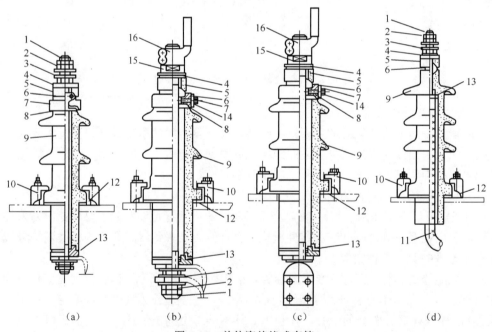

图 6-13　单体瓷绝缘式套管

（a）400～600A；（b）800～1000A；（c）1200～4000A；（d）50～275A

1—导电杆（或电缆接头）；2—螺母；3—垫圈；4—衬垫；5—瓷盖；6—封环；7—罩；8、12—密封垫圈；
9—瓷套；10—压钉；11—电缆；13—衬垫；14—放气塞；15—圆螺母；16—接线头

　　有附加绝缘的套管就是单体瓷绝缘式套管上增加了绝缘形成的，故亦可称为有附加绝缘
的单体瓷绝缘套管，也分导杆式和穿缆式两系列。如图 6-14 所示。

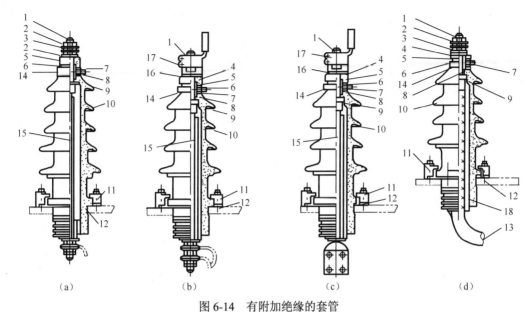

图 6-14　有附加绝缘的套管
（a）300～600A；（b）800～1000A；（c）1200～3000A；（d）35～400A
1—导电杆；2—螺母；3—垫圈；4—衬垫；5—瓷盖；6—封环；7—放气塞；8、12—密封垫圈；9—衬垫；10—瓷套；
11—压钉；13—加强绝缘的电缆；14—罩；15—绝缘管；16—圆螺母；17—接线头；18—绝缘环

　　由于单体瓷绝缘套管的径向电场不均匀，瓷套的介电系数大，为了改善电位的分布还要在导电杆外面套有绝缘管或电缆上包以 3～4mm 厚电缆纸加强绝缘，提高了放电电压。此类套管广泛应用于 35kV 的电压等级中。穿缆式单体瓷绝缘套管为了使电缆与瓷套保证同心，在瓷套内腔下端装入一绝缘环。

　　2）注油式套管。注油式套管适用于电压等级为 60kV 及以上的变压器，连通型的结构如图 6-15 所示，没有下部瓷套，套管内的油是从变压器油箱内注入的，因此变压器的储油柜需要抬得比较高。

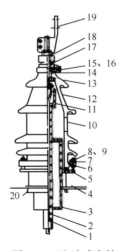

图 6-15　注油式套管
1—均压球；2—有绝缘的导管；3—绝缘筒；4—升高座；5—密封垫圈；6、7—压圈；8—螺杆；
9、18—螺母；10—瓷套；11—绝缘筒；12—引线接头；13—导电杆；14—密封垫圈；15—塞子；
16—封环；17—封环；19—接线头；20—均压环

3）电容式套管。电容式套管的引线与接地屏之间的绝缘，是多层紧密配合的绝缘纸和铝箔交错卷制成的电容芯子。根据电容芯子的材质及制造方法，电容式套管可分为胶纸电容式和油纸电容式两种。

胶纸电容式套管主要由电容芯子、头部及储油柜、上瓷套、安装法兰部分和尾部均压球部分组成。如图 6-16 所示。目前广泛应用于电压等级为 60、110、220、330kV 及以上的套管。

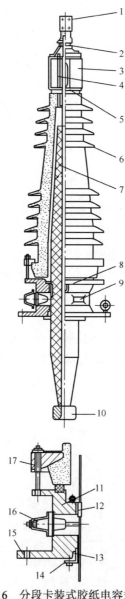

图 6-16　分段卡装式胶纸电容式套管
1—接线头；2—放气塞和罩；3—储油柜；4—卡紧螺杆；5—密封垫圈；6—瓷套；7—胶纸电容芯子；
8—取油样塞子；9—铭牌；10—均压球；11—法兰；12—锥形环；13—封环；14—压圈；15—安装法兰；
16—接地套管（测量端子）和接地罩；17—压圈（压钉）

油纸电容式套管如图 6-17 所示，也由电容芯子、头部及储油柜、上下瓷套、安装法兰部分和尾部组成。

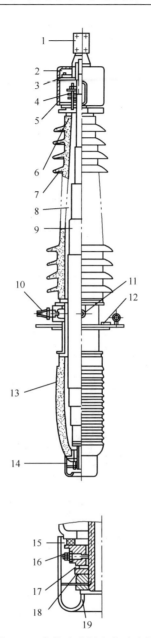

图 6-17　串装式油纸电容式套管

1—接线头；2—均压罩；3—压圈；4—螺杆及弹簧；5—储油柜；6—密封垫圈；7—上瓷套；
8—变压器油；9—油纸电容芯子；10—接地套管；11—取油样塞子；12—中间法兰；13—下瓷套；
14—均压球；15—底座；16—放油塞；17—封环；18—垫圈；19—螺母

4）油纸绝缘套管。套管采用油纸电容芯子做主绝缘、穿缆式载流方式以及采用多组压力弹簧产生的轴向压紧力来实现的整体连接和主密封。252kV 的套管在瓷件与连接套管连接处还辅以卡装结构，以增强该部位的连接密封强度。套管的储油柜、连接套筒均选用铸造铝合金，以减少磁滞和涡流损耗，降低发热及温升，如图 6-18 所示。

（2）高、低压绝缘套管的作用。变压器套管是将变压器内部高、低压引线引到油箱外部的绝缘套管，不但作为引线对地绝缘，而且担负着固定引线的作用，变压器套管是变压器载流元件之一，在变压器运行中，长期通过负载电流，当变压器外部发生短路时通过短路电流。

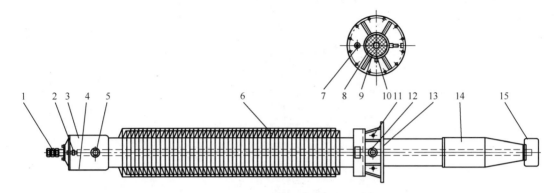

图 6-18　变压器油纸电容套管示意图

1—接线板；2—引线接头；3—储油柜；4—油塞；5—油表（油位计）；6—户外套件；7—放气塞；8—电容芯子；
9—中心导管；10—取油阀；11—起吊孔；12—测量引线装置；13—安装法兰；14—油中瓷件；15—均压球

9．气体继电器（瓦斯继电器）

（1）气体继电器的结构。气体继电器有浮筒式、档板式、开口杯式等不同型号。以开口杯式为例，其主要由浮子、挡板、电磁铁和干簧触点等组成，如图 6-19 所示。

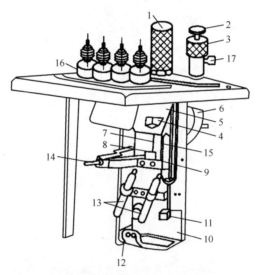

图 6-19　开口杯挡板式气体继电器结构示意图

1—罩；2—顶针；3—气塞；4—永久磁铁；5—开口杯；6—重锤；7—探针；8—开口销；9—弹簧；
10—挡板；11—永久磁铁；12—螺杆；13—干簧触点（重气体保护用）；14—调节螺杆；
15—干簧触点（轻气体保护用）；16—套管；17—排气口

（2）气体继电器的动作原理。油箱内部轻微故障时，分解出的瓦斯气体沿连接弯管运动至气体继电器处，聚集在顶盖处形成一定的压力，将变压器油面高度压低，开口杯所受浮力减小，随油面的降低开始转动，使磁铁 4 与干簧触点 15 接触，从而吸引干簧触点接通，发出轻瓦斯信号。同理，变压器油箱漏油时，动作情况相同。

油箱内部发生短路故障时，故障点高温电弧将使变压器运动，由于油的黏滞性，形成油流，冲击挡板。挡板翻转油迅速分解出大量瓦斯气体，有一定压力的气体在向储油柜处带动磁铁 11 与干簧管 13 靠近，吸引干簧触点接通，跳开变压器各侧开关并发出重瓦斯动作信号。

（3）气体继电器的作用。装在变压器的油箱和储油柜间的管道中，主要保护装置。在变压器内部发生故障（如绝缘击穿、匝间短路、铁芯事故等）产生气体或油箱漏油使油面降低时，接通信号或跳闸回路，使有关装置发出报警信号或变压器从电网中切除，从而保护变压器。

10. 冷却装置

（1）冷却装置的结构。油浸式电力变压器的冷却方式，按其容量大小可分为油浸自冷、油浸风冷及强迫油循环（风冷或水冷）三类。

散热器和冷却器是油浸式变压器的冷却装置，大型电力变压器一般都采用强油风冷却器和强油水冷却器两种形式，也可以使用片式散热器加上吹风装置作为大型变压器的冷却器。

片式散热器由多个散热片组成，每个散热片用 1mm 厚的薄钢板冲压成形，两片对合后焊接组成一个散热片。每个散热片的两端都有一个凸出部分，把若干个散热片的凸出部分对焊在一起，构成一组散热片。

一般变压器采用油自然循环强迫空气冷却方式，如图 6-20（b）所示。这种冷却方式是在每个散热器中加装 1～2 台风扇，用风扇吹风的方式强迫散热器散热，其散热能力较自然循环方式散热的变压器的散热系数可提高 0.5～1 倍，因此能进一步减小变压器的体积。油自然循环强迫空气冷却变压器的额定容量，是按采用风扇吹风强迫冷却设计的，当风扇停止运行时应对其负荷有所限制。

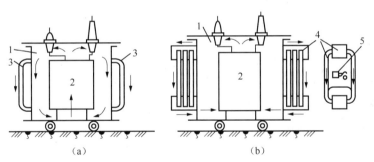

图 6-20 油自然循环冷却系统示意图
（a）油自然循环空气自然冷却系统；（b）油自然循环强迫风冷却系统
1—油箱；2—铁芯与绕组；3、4—散热管；5—冷却风扇

变电站特大型变压器一般采用强迫油循环风冷式冷却系统。这种冷却系统是在油浸风冷式的基础上，在油箱主壳体与带风扇的散热器（也称冷却器）的连接管道上装有潜油泵。油泵运转时，强制油箱体内的油从上部吸入散热器，再从变压器的下部进入油箱体内，实现强迫油循环，冷却的效果与油的循环速度有关。采用强迫油循环风冷却系统的变压器与自然油循环风冷却系统的变压器相比，结构更加紧凑、尺寸更小，可以进一步降低造价，但是运行费用将有所增加。强迫油循环风冷式冷却系统结构如图 6-21 所示。

主变压器一般设有 3～5 组冷却器（其中 1 组备用），每组 2～3 台风扇、1 台潜油泵。冷却器控制箱采用两回路独立 AC 380V 电源供电，两路电源可任意选一路工作或备用；当一路电源故障时，另一路电源能自动投入。

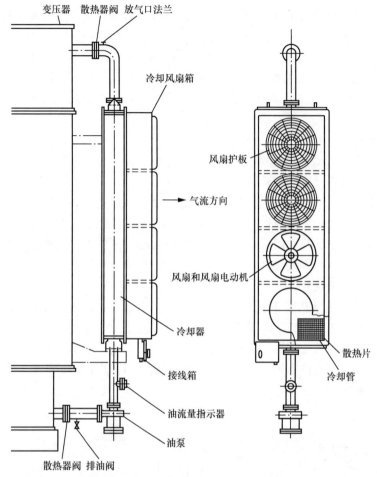

图 6-21　强迫油循环风冷式冷却系统结构图

（2）冷却装置的作用。在变压器运行时，由绕组和铁芯中产生的损耗转化为热量，必须及时散热。以免变压器过热造成事故，所以冷装置是起散热作用的。

### （四）变压器的工作原理

变压器是基于电磁感应原理工作的，如图 6-22 所示。在单相变压器的原理图中，闭合的铁芯上绕有 2 个互相绝缘的绕组。其中接入电源的一侧叫一次绕组，输出电能的一侧叫二次绕组。当交流电源电压 $u_1$ 加到一次绕组后，就有交流电流 $i_1$ 通过该绕组并在铁芯中产生交变磁通 $\phi$。这个交变磁通不仅穿过一次绕组，同时也穿过二次绕组，两个绕组中将分别产生感应电动势 $e_1$ 和 $e_2$。这时若二次绕组与外电路的负载接通，便会有电流 $i_2$ 流入负载，即二次绕组就有电能输出。变压器通过闭合铁芯，利用互感现象实现了电能→磁场能→电能的转化。

在主磁通的作用下，两侧的绕组分别产生感应电

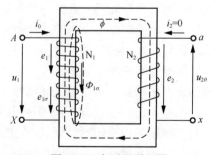

图 6-22　变压器原理图

动势，电动势的大小与匝数成正比，如式（6-1）、式（6-2）所示。

$$E_1=4.44fN_1\Phi_m \qquad (6-1)$$

$$E_2=4.44fN_2\Phi_m \qquad (6-2)$$

若一次、二次绕组的电压、电动势的瞬时值均按正弦规律变化，则得到式（6-3）。

$$\frac{U_1}{U_2}=\frac{E_1}{E_2}=\frac{N_1}{N_2} \qquad (6-3)$$

不计铁芯损失，根据能量守恒原理可得由此得出一次、二次绕组电压和电流有效值的关系，如式（6-4）所示。

$$\frac{U_1}{U_2}=\frac{I_2}{I_1} \qquad (6-4)$$

令 $k=\dfrac{N_1}{N_2}$，称为匝比（亦称电压比），则理想变压器一次、二次绕组端电压之比等于绕组的匝数比，如式（6-5）所示。

$$\frac{U_1}{U_2}=k \qquad (6-5)$$

变压器工作时，一次、二次绕组中的电流跟匝数成反比，如式（6-6）所示。

$$\frac{I_2}{I_1}=\frac{1}{k} \qquad (6-6)$$

改变变压器的变比，就能改变输出电压。但应注意，变压器不能改变电能的频率。

## 二、接地变压器

### （一）接地变压器的作用

（1）接地变压器的作用是为中性点不接地的系统提供一个人为的中性点，便于采用消弧线圈或小电阻的接地方式，以减小配电网发生接地短路故障时的对地电容电流大小，提高配电系统的供电可靠性。

（2）接地变压器主要用于对无中性点的一侧系统提供一个人工接地的中性点。它可以经电阻器或消弧线圈接地，满足系统该侧接地的需求，当有附加 YN 接线绕组时可兼做站用变压器使用。

### （二）接地变压器的原理

接地变压器在运行过程中，当通过一定大小的零序电流时，流过同一铁芯柱上的 2 个单相绕组的电流方向相反且大小相等，使得零序电流产生的磁势正好相互抵消，零序阻抗也很小；也使得接地变压器在发生故障时，中性点可以流过补偿电流。由于有很小的零序阻抗，当零序电流通过时，产生的阻抗压降要尽可能小，以保证系统的安全。由于接地变压器具有零序阻抗低的特点，所以当 C 相发生单相接地故障时，C 相的对地电流 $I$ 经大地流入中性点,并且被等分为三份流入接地变压器,由于流入接地变压器的三相电流相等,所以中性点 N 的位移不变,三相线电压仍然保持对称。

## 三、断路器

### (一)高压开关电器中的电弧

#### 1. 电弧的产生

开关电器在断开具有一定电压和电流的电路时,触头间便会产生电弧。触头间的电弧实际上是由于中性质点游离而引起的一种强烈的气体放电现象。在电弧燃烧期间,触头虽然已分开,但电路中的电流通过电弧仍然流通,电路并没有断开,只有电弧熄灭后,电路才真正断开。

#### 2. 电弧的熄灭与重燃

交流电弧电流每半周要过一次零值,在电弧电流过零时,电弧暂时熄灭。从这一时刻开始,在弧隙中发生着两个相互影响而作用相反的过程,即弧隙电压恢复过程和介质强度恢复过程。电流过零后,一方面弧隙上的电压要恢复到电源电压,随着电压的升高将可能引起间隙的再击穿而使电弧重燃;另一方面,电弧熄灭后,随着弧隙温度的降低,去游离的因素增强,间隙的介质强度不断增加,将阻碍间隙再击穿而使电弧最终熄灭。因此,在弧隙电压和介质强度的恢复过程中,如果恢复电压高于介质强度,弧隙仍被击穿,电弧重燃;如果恢复电压始终低于介质强度,则电弧熄灭,如图6-23所示。

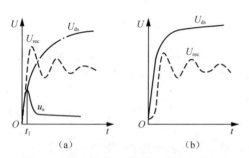

图 6-23　恢复电压与介质强度的关系曲线
(a)恢复电压高于介质强度;(b)电弧熄灭

#### 3. 熄灭交流电弧的方法

从上面的分析可知,电弧电流过零后,电弧能否熄灭,取决于弧隙内部的介质强度恢复程度和外电路施加于弧隙恢复电压的对比,而介质强度的增长又决定于游离和去游离的相互作用,去游离愈强,介质强度的恢复速度愈快。提高弧隙的去游离速度或降低弧隙电压的恢复速度,都可以使电弧熄灭。根据这个原理,现代开关电器中广泛采用的灭弧方法有下列几种:

(1)利用优质灭弧介质。电弧中的去游离强度,在很大程度上取决于电弧周围介质的特性,如介质的传热能力、介质强度、热游离温度和热容量。

(2)采用特殊高熔点金属材料作灭弧触头。电弧中的去游离强度在很大程度上取决于触头材料。若采用熔点高、导热系数和热容量大的高温金属做触头材料,可以减少热电子发射和电弧中的金属蒸汽,抑制游离作用。同时,触头材料还要求有较高的抗电弧、抗熔焊能力。常用的触头材料有铜钨合金和银钨合金等。

(3)利用气体或油吹动电弧。电弧在气体或油中流动被强烈地冷却而使复合加强,吹弧也有利于带电粒子的扩散。气体或油的流速越大其作用越强。在高压断路器中,采用各种形式的灭弧室,使气体产生较高的压力,有力地吹向弧隙。吹动电弧的方式包括纵吹和横吹,如图 6-24 所示。吹动方向与弧柱轴线平行的叫纵吹，纵吹主要是使电弧冷却、变细，最后熄灭；吹动方向与弧柱轴线垂直的叫横吹，横吹则把电弧拉长，表面积增大，冷却加强，熄弧效果较好。纵吹和横吹方式各有其特点，不少断路器采用纵、横吹混合吹弧方式，熄弧效果更好。此外，在断路器中还采用环吹灭弧方式。

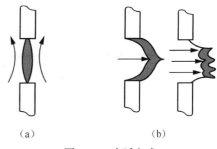

图 6-24　吹弧方式
（a）纵吹；（b）横吹

### （二）断路器的作用

在正常运行时用断路器接通或切断负荷电流；当电气设备或线路发生短路故障或严重过负荷时，断路器和保护装置、自动装置相配合，将该故障部分从系统中迅速切除，减少停电范围，防止事故扩大，保护系统中各类电气设备不受损坏，保证系统无故障部分平安运行。根据电力系统运行的需要，将部分或全部电气设备，以及部分或全部线路投入或退出运行。

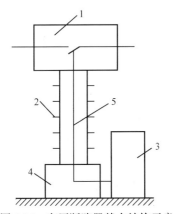

图 6-25　高压断路器基本结构示意图
1—电路通断元件；2—绝缘支撑元件；
3—断路器操动机构；4—基座；5—传动机构

### （三）高压断路器的基本结构

虽然高压断路器类型不同、结构也不相同，但其基本结构类似，主要由电路通断元件、绝缘支撑元件、操动机构、传动机构及基座五部分组成，如图 6-25 所示。电路通断元件安装在绝缘支撑元件上，而绝缘支撑元件则安装在基座上。

电路通断元件承担接通和断开电路的任务，它由接线端子、导电杆、触头及灭弧室等组成；绝缘支撑元件起固定通断元件的作用，并使其带电部分与地绝缘；操动机构通过传动机构起控制通断元件的作用，当操动机构接到合闸和分闸命令时，操动机构动作，经中间传动机构驱动触头，实现断路器的分闸和合闸。

### （四）SF$_6$ 高压断路器

SF$_6$ 断路器是利用 SF$_6$ 气体作为灭弧和绝缘介质的断路器。

1. SF$_6$ 气体的基本特性

（1）SF$_6$ 气体的物理性能。SF$_6$ 气体在常温下是一种无色、无味、无毒、不燃的惰性气体。比重是空气的 5.1 倍。SF$_6$ 极易吸附周围的自由电子，具有较强的电负性。化学性能极为稳定，在电弧作用下，SF$_6$ 分解成氟原子、低氟化合物等。但在电弧电流过零瞬间，迅速地去游离，再结合为分子，可以反复使用。

（2）SF$_6$ 气体的绝缘性能。SF$_6$ 气体具有良好的绝缘性能，它的分子体积大，电子在气体里容易碰撞，但因为自由行程短，电子不易聚集足够能量产生游离，且又具有负电性，容易俘获电子形成负离子，使电子失去产生碰撞游离的能力，故绝缘强度高，而且性能稳定，不会老化变质。在相同的压力和温度下，$SF_6$ 的绝缘性能在均匀电场中为空气的 2.5～3 倍，在 $2.94 \times 10^6 Pa$ 个标准大气压下差不多与变压器油的绝缘性能相当。

（3）$SF_6$ 气体的灭弧性能。$SF_6$ 气体是一种理想的灭弧介质，主要因为 $SF_6$ 气体具有优良的热导性，介质速度恢复快，负电性以及电弧时间常数小，在静止的 $SF_6$ 气体中，其开断能力是空气的 100 倍。

（4）$SF_6$ 气体在使用中应注意的问题。

1）毒性问题：正常情况下，纯净的 $SF_6$ 的气体十分稳定，没有毒性。但在制造过程中可能残留 $S_2F_{10}$ 和 $SF_4$ 等其他氟化物杂质，这些杂质有剧毒。因此对使用的 $SF_6$ 气体纯度应加以控制。在电弧高温或电弧放电中，$SF_6$ 气体发生分解，由于金属蒸汽参与反应，生成金属氟化物和硫的低氟化物。当 $SF_6$ 气体含有水分时，还可能生成腐蚀性很强的氟化氢（HF）或在高温下 $SF_6$ 气体分解出 $SO_2$。在这些分解产物中，HF 和 $SO_2$ 对绝缘材料、金属材料都有很强的腐蚀性，HF 和 $SF_4$ 对含硅材料如玻璃、电瓷等也有很强的腐蚀作用。因此，必须严格控制 $SF_6$ 气体中水分、杂质含量，与 $SF_6$ 气体接触的零件应该避免采用含硅材料。在使用中，密封十分重要，要严格控制充入断路器内 $SF_6$ 气体的含水量，在 $SF_6$ 气体断路器内部加装吸附剂，对 $SF_6$ 气体中水分和其他有害物起到净化作用。

2）液化问题。$SF_6$ 气体是一种重气体，分子量大，与空气相比是易液化的气体，其状态决定于它的压力、温度等参数。如果气体额定压力为 0.7MPa，则相应液化温度约为−26℃，当气压增大时，其绝缘能力也随之提高，但当压力过高时易液化，甚至常温下液化。

2. $SF_6$ 断路器的结构

220kV 及以下 $SF_6$ 断路器多为瓷柱式单断口结构，国内外各生产厂家的产品种类较多，35～220kV 电压等级中 $SF_6$ 断路器采用自能式灭弧室，每极为单柱单断口，110kV 及以下每台断路器由三个单极和一个框架组成，三个单极装在一个框架上，由一台弹簧机构操动。运行时断路器三极 $SF_6$ 气体连通。

灭弧室结构及原理：灭弧室整体安装在灭弧室瓷套内，是断路器的核心部件。主要由瓷套、静触头、喷口、气缸、动触头、支撑座及绝缘拉杆等部件组成，并有吸附剂装在灭弧室顶部，用于保持 $SF_6$ 气体干燥，并吸收由电弧分解所产生的劣化气体。

断路器的灭弧室为自能式灭弧结构，分闸时，操动机构通过拉杆使动触头、动弧触头、绝缘喷嘴和压气缸运动，在压力活塞与压气缸之间产生压力；当动静触头分离时，触头间产生电弧，同时压气缸内 $SF_6$ 气体在压力作用下通过喷口向燃弧区域，使电弧熄灭；当电弧熄灭后，触头在分闸位置。如图 6-26 所示。

（五）真空断路器

真空断路器是以真空作为绝缘和灭弧介质的电真空器件。所谓真空是相对而言的，指的是绝对压力低于 1 个大气压的气体稀薄空间。气体稀薄的程度用真空度表示，真空度就是气体的绝对压力与大气压的差值，气体的绝对压力愈低真空度就愈高。真空断路器灭弧室中气体压力不能高于 $1.33 \times 10^{-2} Pa$，一般为 $1.3 \times 10^{-5} Pa$。这种高真空的绝缘强度，比变压器油、一个大气压下的 $SF_6$ 和空气的绝缘强度要高得多。

（1）真空断路器的基本结构。真空断路器主要由支持框架、支持绝缘子和灭弧室等部分组成。灭弧室为玻璃外壳，它安装在绝缘支撑板上。操动机构经连杆转动主轴、主轴上的拐臂、绝缘拉杆和连杆牵动触头上、下运动，完成分、合闸操作。

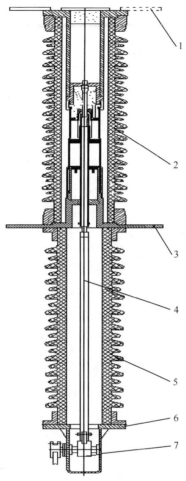

图 6-26　断路器灭弧室

1—瓷套；2—静触头座；3—喷口；4—静弧触头；5—触指；6—动弧触头；7—热膨胀气缸

（2）真空断路器灭弧室结构。真空断路器的灭弧室结构如图 6-27 所示。

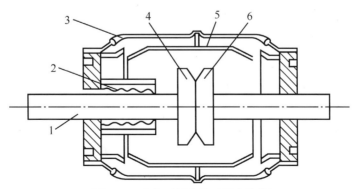

图 6-27　真空灭弧室的灭弧室结构

1—动触杆；2—波纹管；3—外壳；4—动触头；5—屏蔽罩；6—静触头

动触头和静触头等都密封在抽为真空的外壳内，外壳由玻璃或陶瓷做成。外壳的作用是构成一个真空密封容器，又作为动触头、静触头之间的支撑。

不锈钢波纹管是外壳的一个重要部分，也是真空灭弧室的一个最薄弱元件。波纹管一般用不锈钢板制成，在合闸过程中波纹管在允许的弹性变形范围内沿轴向运动。波纹管一端固定在动触杆上（在该处将灭弧室内外隔开），一端固定在外壳的顶部。在动触头运动时利用波纹管的弹性保持灭弧室真空。触头每合、分一次，波纹管的波纹薄壁就要产生一次大幅度的机械变形，剧烈而频繁的机械变形很容易使波纹管因疲劳而损坏，它一旦破裂，真空灭弧装置的寿命便终止了。所以，真空灭弧装置的机械寿命主要取决于波纹管的使用寿命。

触头是真空灭弧室内最重要的元件。真空断路器的额定电流、额定关合和开断电流以及开断小电流时的过电压等电气参数均与触头有关。触头的形状包括圆柱状触头、带螺旋槽触头、杯状触头、枕状触头和带纵向磁场触头等。额定开断电流小于 6kA 时，应选用圆柱状触头；开断电流为 6～25kA 时，多选用带螺旋槽触头或杯状触头或枕状触头；开断电流大于 25kA 时，多选用带纵向磁场触头。

屏蔽罩 5 由铜板制成，分为主屏蔽罩和波纹管屏蔽罩。主屏蔽罩包在触头周围，用来防止燃弧时弧隙中产生的大量金属蒸汽和液滴喷到灭弧室外壁上，以至降低其耐压强度；同时使金属蒸汽迅速冷却而凝结成固体，不让其返回到弧隙中，以利于弧隙中气体粒子密度迅速降低和介质强度迅速恢复。波纹管屏蔽罩包在波纹管周围，使燃弧时产生的金属蒸气不致凝结到波纹管表面上，对波纹管具有保护作用。

（3）真空灭弧原理。真空灭弧室是以真空作为灭弧和绝缘介质的电真空器件。灭弧室具有很高的真空度，当灭弧室的动、静触头在操动机构的作用下带电分离时，在触头间将立即产生真空电弧；同时，由于触头的特殊结构，在触头间隙也会产生纵磁场，纵磁场促使真空电弧保持为扩散型，并均匀分布在触头表面燃烧，维持较低的电弧电压。在导通的电流自然经过零点时，残留在间隙中的离子、电子和金属蒸汽将迅速复合或凝聚在触头表面和屏蔽罩上，使灭弧室动、静触头之间的介质绝缘强度以高于恢复电压上升速率的速度很快被恢复，在回路电流过零后，不再重新击穿。如此电弧即被熄灭，导电回路被切断。

### （六）GIS 组合电器[以 ZF-145(L)/T3150-40 型组合电器为例]

1. ZF-145(L)/T3150-40型气体绝缘金属封闭开关设备结构

ZF-145(L)/T3150-40 型气体绝缘金属封闭开关设备（简称 GIS）是将断路器、三工位开关、快速接地开关、电流互感器、电压互感器、避雷器、母线、进出线套管或电缆终端等元件组合封闭在接地的金属壳体内，充以一定压力的 SF₆ 气体作为绝缘介质所组成的成套开关设备，适用于三相交流 50Hz、60Hz 额定电压为 72.5～145kV 的电力系统。GIS 组合电器基本结构如图 6-28 所示。

2. GIS组合电器各组成部件结构及原理

（1）断路器结构及工作原理（GCB）。断路器为共箱罐式结构，三相共用一台弹簧操动机构，机械联动。断路器外形示意图如图 6-29 所示。

1）断路器灭弧室结构。灭弧室结构如图 6-30 所示。动触座通过绝缘台固定在罐顶，由动触座、中间触头、导向等组成，对动触头起支持、导向、导电的作用；动触头由喷口、动主触头、动弧触头、气缸、拉杆等组成，通过绝缘拉杆与机构相连，在弹簧机构的带动下实现分合闸操作。静触头通过绝缘子与动触头相连，由静触座、静主触头、静弧触头、屏蔽罩等组成。主导电回路为：动触座上的梅花触头→动触座→中间触头→气缸→动主触头→静主触头→静触座→静触座上的梅花触头。

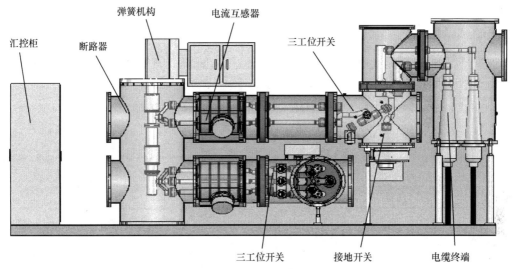

图 6-28　GIS 组合电器基本结构图

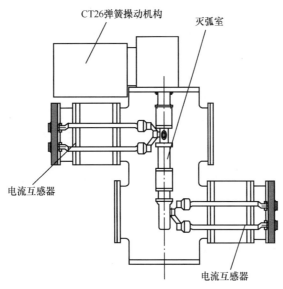

图 6-29　断路器外形示意图

2）灭弧原理。当开断短路电流时，电弧在动静弧触头间燃烧，巨大的能量加热膨胀室内的 $SF_6$ 气体使温度升高，膨胀室内气体压力随之升高，产生内外压差；当动触头分闸达到一定位置时，静弧触头拉出喷口，产生强烈气吹，在电流过零点时熄灭电弧。开断过程中，由于电弧能量大，膨胀室内压力比辅助压气室内压力上升快，膨胀室阀片闭合，压气室阀片打开，压气室压力释放。

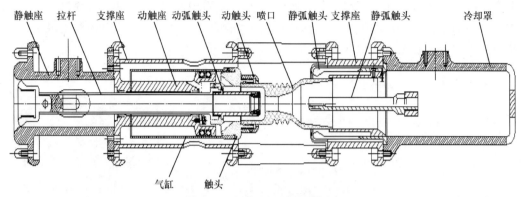

图 6-30　断路器灭弧室结构图

　　当开断小电感、电容电流或负荷电流时，所开断电流小，电弧能量也较小，膨胀室内压力上升比辅助压气室压力上升慢，压气室阀片闭合，膨胀室阀片打开，压缩气体进入膨胀室，产生气吹，在电流过零点时熄灭电弧。

　　3）断路器 CT26 弹簧操动机构结构。断路器配用 CT26 型弹簧操动机构，其结构简图如图 6-31 所示。

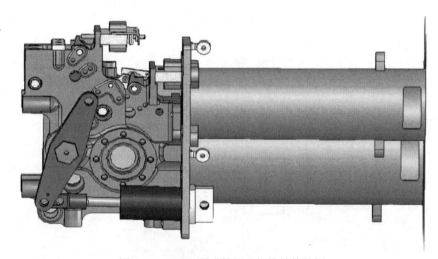

图 6-31　CT26 型弹簧操动机构结构简图

　　弹簧操动机构是一种以弹簧作为储能元件的机械式操动机构。操动机构是高压断路器的重要组成部分，它由储能单元、控制单元和力传递单元组成。弹簧的储能借助电动机通过减速装置来完成，并经过锁扣系统保持在储能状态。开断时，锁扣借助磁力脱扣，弹簧释放能量，经过机械传递单元使触头运动。

　　4）弹簧机构工作原理。弹簧机构原理简图如图 6-32 所示。

　　CT26 弹簧机构动作原理如下：

　　① 合闸弹簧储能。合闸弹簧 1 处于预压缩状态，通过电机采用棘轮、棘爪结构储能。

　　② 合闸操作。断路器处于分闸位置，合闸弹簧已储能。当机构得到合闸指令，合闸线

圈受电，合闸电磁铁 14 的动铁芯吸合带动合闸导杆撞击合闸掣子 13 顺时针旋转，释放储能保持掣子 15，合闸弹簧带动棘轮逆时针快速旋转，与棘轮同轴的凸轮 18 打击输出拐臂 7 上的合闸滚子，使拐臂向上运动，通过连杆带动断路器本体实现合闸操作，此时输出拐臂上的合闸保持销 20 被合闸保持掣子 9 扣住实现合闸保持；同时与输出拐臂同轴的分闸弹簧拐臂压缩分闸弹簧 16 储能，准备分闸操作。

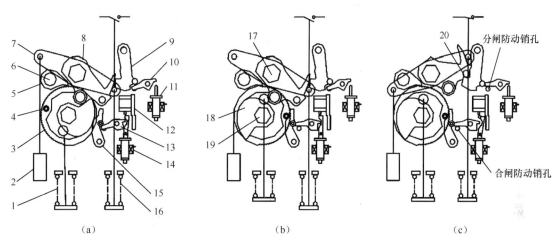

图 6-32　CT26 弹簧机构原理简图
（a）分闸位置（合闸弹簧释放状态）；（b）分闸位置（合闸弹簧储能状态）；
（c）合闸位置（合闸弹簧储能状态）
1—合闸弹簧；2—油缓冲；3—棘轮；4—储能保持销；5—棘爪；6—棘爪轴；7—输出拐臂；8—大拐臂；
9—合闸保持掣子；10—分闸掣子；11—分闸电磁铁；12—机械防跳装置；13—合闸掣子；14—合闸电磁铁；
15—储能保持掣子；16—分闸弹簧；17—输出轴；18—凸轮；19—储能轴；20—合闸保持销

合闸操作也可通过手动撞击合闸电磁铁导杆实现。合闸操作完成后，行程开关自动投入电机再次对合闸弹簧储能。

③ 分闸操作。断路器处于合闸位置，合闸弹簧与分闸弹簧均已储能。机构接到分闸指令，分闸线圈受电，分闸电磁铁动铁芯吸合带动分闸导杆撞击分闸掣子 10 顺时针旋转，释放合闸保持掣子 9，分闸弹簧释放能量通过拐臂、连杆带动断路器本体实现分闸操作。分闸操作也可通过手力撞击分闸电磁铁导杆实现。

④ 防跳跃装置。本机构具有机械防跳跃装置，同时也可实现电气防跳跃。

（2）三工位开关（TPS）。

1）三工位开关的作用。三工位开关常用于全封闭组合电器（GIS）中，所谓三工位是指三个工作位置：①隔离开关主断口接通的合闸位置；②主断口分开的隔离位置；③接地侧的接地位置。三工位开关其实就是整合了隔离开关和接地开关两者的功能，并由一把闸刀来完成，这样就可以实现机械闭锁，防止主回路带电合地闸刀，因为一把闸刀只能在一个位置，而不像传统的隔离开关，主闸刀是主闸刀，地闸刀是地闸刀，两把闸刀之间就可能出误操作。而三工位隔离开关用的是一把闸刀，一把闸刀的工作位置在某一时刻是唯一的，不是在主闸合闸位置，就是在隔离位置或接地位置，避免了误操作的可能性。

2）三工位开关的结构及工作原理。结构紧凑的三工位开关可实现接通、隔离、接地三种工况，其结构如图6-33所示，三相联动，由一台操动机构驱动，具有开合母线转换电流的能力。

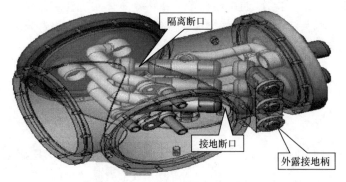

隔离断口

接地断口

外露接地柄

图6-33 三工位开关结构示意图

3）操动机构（CJ）。三工位开关配用电动操动机构，机构包括两台驱动电机，通过电动机的正反转驱动丝杠转动，丝杠带动驱动螺母做直线运动，驱动螺母通过销轴推动输出轴转动，经齿轮、齿条的转换，实现动触头在接通↔隔离↔接地间的往复运动，如图6-34所示。

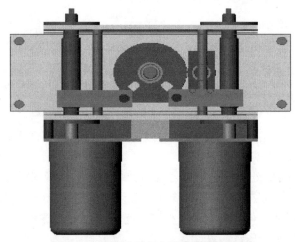

图6-34 三工位开关电动操动机构简图

4）工作原理。三工位开关其实就是整合了隔离开关和接地开关两者的功能，并由一把闸刀来完成，这样就可以实现机械闭锁，防止主回路带电合接地开关，因为一把闸刀只能在一个位置，而不像传统的隔离开关，主闸刀是主闸刀，地闸刀是地闸刀，两把闸刀之间就可能出误操作。而三工位隔离开关用的是一把闸刀，一把闸刀的工作位置在某一时刻是唯一的，不是在主闸合闸位置，就是在隔离位置或接地位置。传统的GIS中，隔离开关和接地开关是两个功能单元，使用电气联锁进行控制，最新设计就是使用三工位隔离开关，避免了误操作的可能性。

（3）接地开关（ES、FES）。

1）本体。除三工位开关内的接地开关（用于在检修时保护安全的工作接地）外，也可单独安装接地开关，并有两种形式，即具有关合短路电流及开合感应电流能力的快速接地开关（FES，又称故障关合接地开关）和用于在检修时保护安全的检修接地开关（ES）；检修接地开关配用电动机机构，快速接地开关配用电动弹簧操动机构。

接地开关可与工作接地的壳体绝缘断开，当需要进行回路电阻测量、机械特性等试验时，将与接地外壳相连的接地母线拆除，即可通过接地开关的动触头与主回路进行电气连接，极大方便了试验工作。

2）操动机构。检修接地开关配用与三工位开关的电动机构类似，快速接地开关配用电动弹簧机构（CTJ）由电动机、传动机构、储能弹簧、缓冲器、微动开关等组成。操作时，电动机带动蜗杆、蜗轮转动，蜗轮通过销轴带动弹簧拐臂压缩储能弹簧，当弹簧经过死点即压缩量达到最大时，储能弹簧自动释放能量，弹簧拐臂通过销轴带动从动拐臂快速旋转，与从动拐臂联动的输出拐臂通过连杆系统带动接地开关实现快速分合闸，机构分合闸操作是通过控制电动机正反转实现的。

CTJ 型机构可以用操作手柄在就地进行手动分合闸操作。

（4）电流互感器。电流互感器将高压电路中的大电流转换成低压的小电流（一般为 1A/5A），将转换后的二次电流提供给测量仪器、仪表或保护继电器，是 GIS 中实现电流量的测量与过电流保护功能的元件。GIS 配用 LR(D)型电流互感器，为三相封闭、穿心式结构，一次绕组为主回路导电杆，二次绕组缠绕在环形铁芯上。导电杆与二次绕组间有屏蔽筒，二次绕组的引出线通过环氧浇注的密封端子板引到外部。其结构如图 6-35 所示。

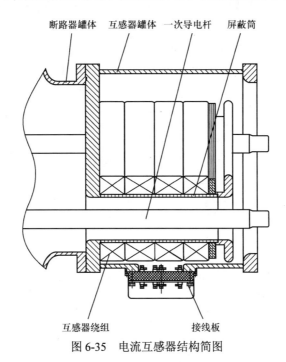

断路器罐体　互感器罐体　一次导电杆　屏蔽筒

互感器绕组　　　接线板

图 6-35　电流互感器结构简图

（5）电压互感器。电压互感器将高压线路中的高电压转换成低压侧的低电压（110/$\sqrt{3}$ 或 100V），将转换后的二次电压提供给测量仪器、仪表或保护继电器，是 GIS 中实现电压量的测量与异常电压保护功能的元件。GIS 配用三相共箱式 $SF_6$ 电压互感器，电压互感器为电磁式电压互感器，二次绕组和一次绕组绕制在同轴圆筒上，二次绕组端子和一次绕组的"N"

端经环氧浇注的接线板引出壳体。一次绕组的"A""B""C"端和高压电极相连。电压互感器结构如图 6-36 所示。

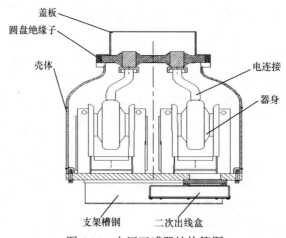

图 6-36　电压互感器结构简图

（6）避雷器。氧化锌电阻片具有良好的伏安特性和较大的通流容量，在正常运行电压下，氧化锌电阻片呈现出极高的电阻，使流过避雷器的电流只有微安级，当系统出现危害电器设备绝缘的大气过电压或操作过电压时，氧化锌电阻片呈现低电阻，使避雷器的残压被限制在允许值以下，并且吸收过电压能量，从而为电力设备提供可靠的保护，用以限制系统过电压。过电压作用后，又能使系统迅速恢复正常状态。GIS 采用 $SF_6$ 绝缘三相共筒罐式无间隙金属氧化物避雷器，其保护特性优异，残余电压低。避雷器结构如图 6-37 所示。

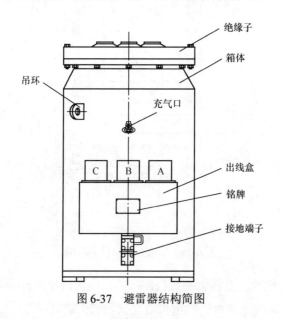

图 6-37　避雷器结构简图

（7）母线。母线通过导电连接件与组合电器的其他元件连通并满足不同的主接线方式，来汇集、分配和传送电能。GIS 主母线为三相共箱式（部分母线与三工位开关共用），三相导体在壳体内呈品字形结构，导体通过绝缘子固定在外壳上。共箱 GIS 采用主、分支母线共箱结构。在共箱 GIS 中，分支母线与主母线具有同样尺寸的外壳，所不同的是分支母线中的导体直径可能要比主母线小。母线导体连接采用梅花触头。壳体材料采用铝筒壳体低能耗材料，可避免磁滞和涡流循环引起的发热，并采用主母线落地布置结构，降低开关设备的高度，缩小了开关设备占地面积。母线由外壳、盆式绝缘子、固定在绝缘子上的分支导体，以及三相导电杆等附件组成。GIS 母线共箱结构如图 6-38 所示。

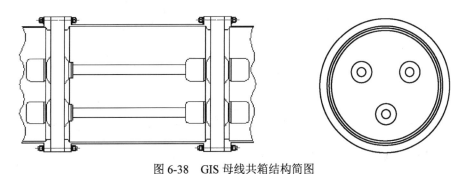

图 6-38　GIS 母线共箱结构简图

（8）套管。

1）高压套管的结构。GIS 与架空线连接使用充 $SF_6$ 气体的瓷套管或硅橡胶套管，其外绝缘爬电比距为 25mm/kV（Ⅲ级污秽）　或 31mm/kV（Ⅳ级），安装方式有两种，斜 45°或垂直向上安装，高压套管安装方式如图 6-39 所示。

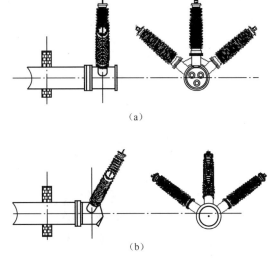

（a）

（b）

图 6-39　高压套管安装方式图
（a）垂直向上安装；（b）斜 45°安装

2）高压套管的作用：高压套管主要用于变压器、电抗器、断路器等电力设备进出线和高压电路穿越墙体等的对地绝缘，起绝缘和支持作用。

（9）电缆终端。GIS 与电缆出线的连接采用电缆终端。电缆终端是把高压电缆连接到 GIS 中的部件，其结构示意简图如图 6-40 所示。

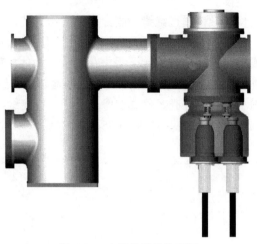

图 6-40　电缆终端结构简图

### （七）高压开关柜

**1. 高压开关柜的作用**

高压开关柜适用于 3.6～40.5kV 三相交流 50Hz 单母线及单母线分段系统的成套配电装置，主要用于发电厂、中小型发电机发电、工矿企事业配电以及电业系统的二次变电站的接受电能、分配电能及大型高压电动机启动等，实行控制、保护、监测之用。

**2. 35kV高压开关柜**

开关柜由柜体和断路器两大部分组成，具有架空进出线、电缆进出线、母线联络等功能。柜体由壳体、电器元件（包括绝缘件）、各种机构、二次端子及连线等组成。35kV 开关柜结构简图如图 6-41 所示。

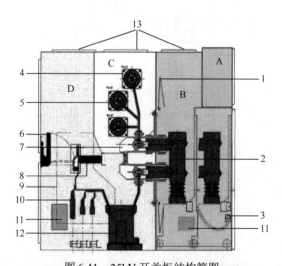

图 6-41　35kV 开关柜结构简图

A—低压室；B—断路器室；C—母线室；D—电缆室；
1—活门；2—断路器；3—二次插头；4—主母线；5—母线套管；6—接地开关；7—静触头盒；
8—支持绝缘子（可选配带电显示装置）；9—绝缘隔板；10—电缆连接终端；11—板式加热器；
12—电流互感器；13—泄压板

（1）二次设备室。二次设备室主要是用来安装二次元件的小室，如图 6-42 所示。在面板上一般安装有保护、测量和控制一体化元件以及相应的连接片等元件，小室内安装有二次接线端子排，控制、保护装置，以及储能、二次电压等空气开关。

（2）母线室。母线室主要是安装主母线和分支线的小室，如图 6-43 所示。

（3）电缆隔室。电缆隔室主要用来安装出线电缆连接的终端接头，如图 6-44 所示。

（4）断路器手车隔室。断路器手车隔室内有手车断路器进车轨道、连接触头、安全防护挡板。如图 6-45 所示。

（5）断路器手车。断路器手车包括断路器和断路器固定小车，如图 6-46 所示。

图 6-42　二次设备室示意图

图 6-43　母线小室示意图

图 6-44　电缆隔室示意图

图 6-45　断路器手车隔室示意图

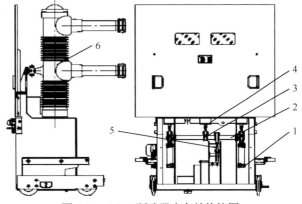

图 6-46　35kV 断路器小车结构简图
1—分闸弹簧；2—大轴；3—拐臂；4—传动杆；
5—输出杆；6—灭弧室

（6）开关柜的联锁。

1）手车处于试验或工作位置时，断路器才能合闸。

2）手车在工作位置时，航空插头（二次插件）被锁定，不能拔出，只有在试验位置时才能拔下。

3）接地开关合闸时无法将手车移入运行位置。

4）断路器在工作位置时，接地开关无法合闸。

5）接地开关只有在试验位置或拉出柜外且电缆室门关闭时才能合闸。

6）断路器合闸时无法移动手车。

7）断路器室门打开，无法手动打开活门。

3．10kV高压开关柜

KYN28型铠装移开金属封闭开关设备（以下简称"开关设备"）系6～12kV三相交流50Hz单母线分段系统的成套配电装置。主要用于变电站受电、送电系统，具有防止带负荷推拉断路器手车、防止误分合断路器、防止接地开关处在闭合位置时关合断路器、防止误入带电隔室、防止在带电时误合接地开关等联锁功能。

铠装式金属封闭开关柜整体由柜体和中置式可抽出部件（即手车）两大部分组成，柜体分4个单独的隔室，如图6-47所示。

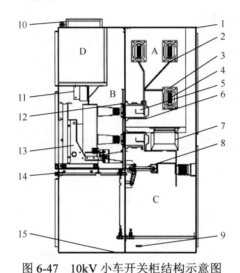

图6-47　10kV小车开关柜结构示意图

1—外壳；2—分支小母线；3—母线套管；4—主母线；5—静触头装置；6—静触头盒；7—电流互感器；
8—接地开关；9—接地主母线；10—控制小线槽；11—二次插头；12—隔板（活门）；
13—断路器手车；14—接地开关操动机构；15—底板

（1）继电器仪表室。继电器仪表室内安装继电保护元件、仪表、带电监察指示器，以及特殊要求的二次设备，可使二次线与高压室隔室。继电器仪表室结构如图6-48所示。

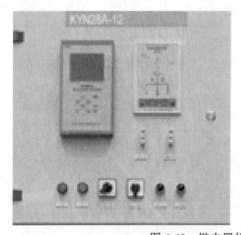

图6-48　继电器仪表室结构示意图

（2）母线隔室。主母线是单台拼接相互贯穿连接，通过支母线和静触头盒固定。主母线和联络母线为矩形截面的铜排，用于大电流负荷时采用双根母排拼成。支母线通过螺栓连接于触头盒和主母线，不需要其他支撑。对于特殊需要，母线可用热缩套和连接螺栓绝缘套和端帽覆盖。相邻柜母线用套管固定。这样连接母线间所保留的空气缓冲，在出现内部故障电弧时，能防止其贯穿熔化；套管能有效地把事故限制在隔离内而不向其他柜蔓延。

（3）电缆隔室。开关设备采用中置式，因而电缆室空间较大。施工人员从后面进入柜内安装和维护。电缆室内的电缆连接导体，每相可并接 1~3 根单芯电缆，必要时每相可并接 6 根芯电缆。连接电缆的柜底配制开缝的可卸式非金属封板或不导磁金属封板，确保了施工方便。电缆隔室结构如图 6-49 所示。

（4）断路器隔室。隔室两侧安装了轨道，供手车在柜内由断开位置/试验位置移动滑行至工作位置，静触头盒的隔板（活门）安装在手车室的后壁处。当手车从断开位置/试验位置移动到工作位置的过程中，上、下静触头盒上的活门与手车联动，同时自动打开；当反方向移动时活门自动闭合，直至手车退至一定位置而完全覆盖住静触头盒，形成有效隔离。同时，由于上、下活门不联动，在检修时，可锁定带电侧的活门，从而保证检修维护人员不触及带电体。在断路器室门关闭时，手车同样能被操作，通过上门观察窗，可以观察隔室内手车所处位置，合、分闸显示，储能状况。断路器隔室结构如图 6-50 所示。

图 6-49　电缆隔室结构示意图

图 6-50　断路器隔室结构示意图

（5）手车断路器。根据用途不同，手车可分为断路器手车、电压互感器手车、隔离手车、计量手车。各类手车按模数积木式变化，同规格手车可以百分之百自由互换。手车在柜体内有断开位置/试验位置和工作位置，每一位置分别有定位装置，以保证联锁可靠，必须按联锁防误操作程序进行。各种手车均采用蜗轮、蜗杆摇动推进、退出。当手车需要移开柜体时，用一只专用转运车就可以方便取出，进行各行检查、维护。

断路器手车上装有真空断路器及其他辅助设备，当手车用运转车运入柜体断路器室时，便能可靠锁定在断开位置/试验位置；而且柜体位置显示灯显示其所在位置。只有完全锁定后，才能摇动推进机构，将手车推向工作位置。手车到工作位置后，推进手柄即不动，其对应位置显示灯显示其所在位置。手车的机械联锁能可靠保证手车只有在工作位置或试验位置，断路器才能进行合闸；而且手车只有在分闸状态，断路器才能移动。手车断路器结构如图 6-51 所示。

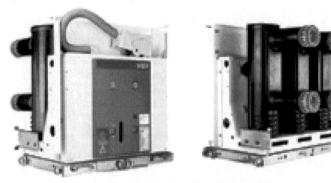

图 6-51   手车断路器结构示意图

（6）防止误操作联锁装置。开关设备内装有安全可靠的联锁装置，完全满足"五防"的要求。

1）仪表室门上装有提示性的按钮或者 kk 型转换开关，以防止误合、误分断路器。

2）断路器手车只有在试验或工作位置时，断路器才能进行合分操作，而且在断路器合闸后，手车无法移动，防止了带负荷误推拉断路器。

3）仅当接地开关处在分闸位置时，断路器才能进行合闸操作（接地开关可带电压显示装置），这样实现了防止带电误合接地开关及接地开关处在闭合位置时关合断路器。

4）接地开关处于分闸位置时，后门无法打开，防止了误入带电间隔。

5）断路器手车确实在试验或工作位置，而没有控制电压时，仅能手动分闸，不能合闸。

6）断路器手车在工作位置时，二次插头被锁定不能拔除。

7）各柜体可装电气联锁。

（7）二次插头与手车的位置联锁。开关设备上的二次线与断路器手车的二次线的联络是通过手动二次插头来实现的。二次插头的动触头通过一个尼龙波纹伸缩管与断路器手车相连，二次触头座装设在开关柜手车室的右上方。断路器手车只有在试验/断开位置时，才能插上和解除二次插头；断路器手车处于工作位置时由于机械联锁作用二次插头被锁定，不能被解除。由于断路器手车的合闸机械被电磁铁锁定，断路器手车在二次插头未接通之前仅能进行分闸，而无法使其合闸。

## 四、隔离开关

### 1. 隔离开关的作用

（1）隔离电源，保证安全。隔离开关的主要用途是保证检修装置工作的安全。在需要检修的部分和其他带电部分之间，用隔离开关构成足够大的明显可见的空气绝缘间隔。隔离开关的断口在任何状态下都不能发生火花放电，因此它的断口耐压一般比其对地绝缘的耐压高出 10%～15%。必要时应在隔离开关上附设接地开关，供检修时接地用。

（2）倒闸操作。即用隔离开关将电气设备或线路从一组母线切换到另一组母线上。

（3）分、合小电流。隔离开关没有灭弧装置，不能开断或闭合负荷电流和短路电流。它可用来通断一定的小电流，如励磁电流不超过 2A 的空载变压器、电容电流不超过 5A 的空载线路以及电压互感器和避雷器等。

2. 隔离开关的结构

隔离开关主要由绝缘部分、导电部分、支持底座或框架、传动机构和操动机构等几部分组成，如图 6-52 所示。

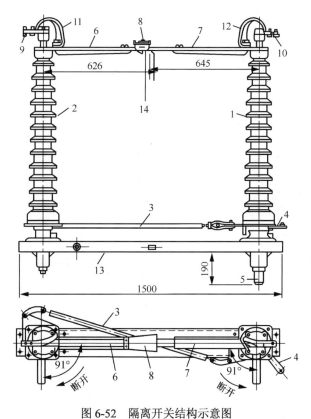

图 6-52　隔离开关结构示意图

1、2—绝缘支柱；3—极间连杆；4—扇形板；5—轴承底座下端；6、7—动静导电杆；8—防雨罩；
9、10—引线座；11、12—软连接导电带；13—基座；14—触头

（1）导电部分。包括触头、闸刀、接线座。主要起传导电路中的电流，关合和开断电路的作用。

（2）绝缘部分。包括支持绝缘子和操作绝缘子。实现带电部分和接地部分的绝缘。

（3）操动机构。通过手动、电动、气动、液压向隔离开关的动作提供能源。

（4）传动机构：由拐臂、联杆、轴齿或操作绝缘子组成。接受操动机构的力矩，将运动传动给触头，以完成隔离开关的分、合闸动作。

3. 隔离开关的工作原理

以 GW4 系列隔离开关为例，该隔离开关配用 CS14-G（CS17-G、CS9-G）型手动操动机构或 CJ5（CJ6、CJ2-XG）型电动操动机构。当操动机构操作时，带动底架中部传动轴旋转 180°，通过水平连杆带动一侧的瓷柱（安装于转动杠杆上）旋转 90°，并借交叉连杆使另一瓷柱反向旋转 90°，于是两闸刀便向一侧分开或闭合。当操动机构分合时，借助传动轴及水平固定杠杆使接地刀转轴旋转一角度使接地闸刀分和合。接地刀转轴上由扇形板与紧固在瓷柱法兰上的弧形板组成连锁，能确保按主分-地合、地分-主合的顺序动作。GW4 系列隔离

开关为双柱水平旋转式，由底架、支持绝缘子及导电部分三部分组成。底架为一槽钢，底架两端安装有轴承座，轴承座内有 2 个圆锥滚子轴承，保证轴承座上的杠杆灵活转动。

## 五、互感器

互感器是一种利用电磁感应原理，进行电流、电压变换的特殊变压器，又称为仪用变压器，是电流互感器和电压互感器的统称，也是将电路中的大电流变成小电流、高电压变成低电压的电气设备。互感器作为测量仪表和继电器的交流电源，实现对电气系统各设备的保护、测量、控制等功能。

### （一）电压互感器

#### 1. 电压互感器的作用

电压互感器是把高电压按比例关系变换成 100V 或更低等级的标准二次电压，供保护、计量、仪表装置使用。同时，使用电压互感器可以将高电压与电气工作人员隔离。

#### 2. 电压互感器的结构

电压互感器的基本结构和变压器很相似，它也有两个绕组，一个叫一次绕组，另一个叫二次绕组。两个绕组都装在或绕在铁芯上。两个绕组之间以及绕组与铁芯之间都有绝缘，以使两个绕组之间以及绕组与铁芯之间都有电气隔离。电压互感器在运行时，一次绕组 $N_1$ 并联接在线路上，二次绕组 $N_2$ 并联仪表或继电器。因此在测量高压线路上的电压时，尽管一次电压很高，但二次却是低压的，可以确保操作人员和仪表的安全。

（1）电磁式电压互感器。电磁式电压互感器的工作原理、结构和连接方法都与电力变压器相似，只是容量较小，通常只有几十伏安或几百伏安。电磁式电压互感器结构如图 6-53 所示。

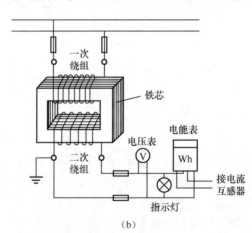

（a）　　　　　　　　　　　　　（b）

图 6-53　电磁式电压互感器结构示意图
（a）外形图；（b）原理接线图

电压互感器的一次侧绕组 $U_{N1}$ 和二次侧绕组的额定电压 $U_{N2}$ 之比，称为电压互感器的额定电压比，用 $K_u$ 表示，并近似等于匝数之比，即

$$K_u = \frac{U_{N1}}{U_{N2}} \approx \frac{N_1}{N_2} \tag{6-7}$$

式中　　$N_1$、$N_2$——分别为电压互感器一、二次绕组的匝数。

（2）电容式电压互感器。110kV 及以上中性点直接接地系统中，广泛使用电容式电压互感器。电容式电压互感器与电磁式电压互感器相比，具有结构简单、体积小、质量小、成本低、运行方便、可兼作载波通信用的耦合电容等优点。电容式电压互感器结构如图 6-54 所示。

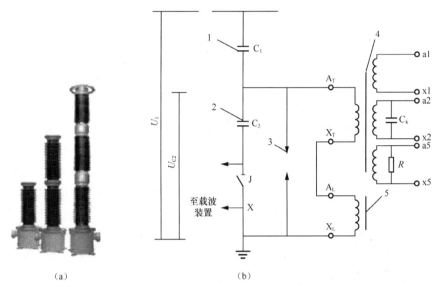

（a）　　　　　　　　　　　（b）

图 6-54　电容式电压互感器结构示意图
（a）外形图；（b）原理示意图
1—主电容；2—分压电容；3—保护间隙；4—中压变压器；5—补偿电抗器

电容式电压互感器实质上是电容分压器，在被测装置和地之间有若干相同的电容器串联。为便于分析，将电容器分为主电容 $C_1$ 和分压电容 $C_2$ 两部分。当电力系统的相对地电压为 $U_1$ 时，分压电容 $C_2$ 上的电压 $U_{C2}$ 为：

$$U_{C2} = \frac{C_1}{C_1 + C_2} \times U_1 = kU_1 \qquad (6-8)$$

式中　　$k$——分压比。

当改变电容 $C_1$ 和 $C_2$ 的比值时，便可得到不同的变比，由电容 $C_2$ 的端电压 $U_{C2}$ 可间接测量出系统相对地电压。

但当电容 $C_2$ 的两端接入普通电压表时，所测到的电压 $U_{C2}$ 将小于电容分压值，且在负荷电流增大时实测的电压 $U_{C2}$ 将减小，测量误差加大。上述误差是由电容分压器的内阻抗 $\dfrac{1}{j\omega(C_1 + C_2)}$ 引起的。为了减小其内阻抗，在与电容 $C_2$ 并联的测量支路中串入电抗器 $L$。当 $j\omega L = \dfrac{1}{j\omega(C_1 + C_2)}$ 时，电容分压器的内阻抗为零，电压 $U_{C2}$ 将与负荷电流无关，故称电抗器 L 为补偿电抗器。实际上，由于电容器有损耗、补偿电抗器亦有电阻存在，故内阻不为零，所以当负荷电流变化时会有测量误差产生。中间变压器实际上是一台电磁式电压互感器，它有 2～3 个二次绕组，其中有 1～2 个基本二次绕组，电压为 $100/\sqrt{3}$ V；有 1 个辅助二次绕组，电压为 100/3V。

在二次绕组上并联补偿电容 $C_k$，用来补偿电压互感器的励磁电容和负载电流中的电感分量，提高负载功率因数，减少测量误差。

辅助二次绕组并联的阻尼电阻 $R$，用于消除二次回路中发生短路或断路时可能产生的铁磁谐振过电压。保护间隙的作用是当分压电容 $C_2$ 出现高电压时，首先将保护间隙击穿，以保护分压电容、中间变压器和补偿电容器。J、X 端子用于连接载波通信装置。

3. 电压互感器的工作原理

电压互感器的工作原理与变压器相同，基本结构也是铁芯和原、副绕组。特点是容量很小且比较恒定，正常运行时接近于空载状态。电压互感器本身的阻抗很小，一旦二次侧发生短路，电流将急剧增长而烧毁绕组。为此，电压互感器的一次侧接有熔断器，二次侧可靠接地，以免原、二次侧绝缘损毁时，二次侧出现对地高电位而造成人身和设备事故。

测量用电压互感器一般都做成单相双绕组结构，其原边电压为被测电压（如电力系统的线电压），可以单相使用，也可以用 2 台接成 V-V 形作三相使用。实验室用的电压互感器往往是一次侧多抽头的，以适应测量不同电压的需要。供保护接地用电压互感器还带有一个第三绕组，称三绕组电压互感器。三相的第三绕组接成开口三角形，开口三角形的两引出端与接地保护继电器的电压绕组连接。正常运行时，电力系统的三相电压对称，第三绕组上的三相感应电动势之和为零。一旦发生单相接地时，中性点出现位移，开口三角形的端子间就会出现零序电压使继电器动作，从而对电力系统起保护作用。

4. 电压互感器接线

（1）电压互感器的极性。电压互感器一、二次绕组的极性决定于绕组的绕向，而一、二次绕组电压的相位决定于绕组的绕向和对绕组始末端的标注方法，我国按一、二次电压相位相同的方法标注极性端，这种标注方法称为减极性标注法。

电压互感器的极性标注如图 6-55 所示，用星号"*"或"●"表示极性端。

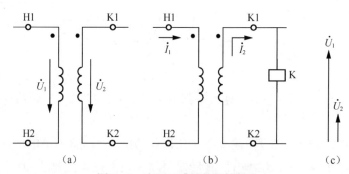

图 6-55 电压互感器的极性标注
(a) 极性与电压；(b) 极性与电流；(c) 相量图

所谓极性端是指在同一瞬间，端子 H1 有正电位时，端子 K1 也有正电位，则两端子有相同的极性。

电压互感器两侧电压 $\dot{U}_1$ 和 $\dot{U}_2$ 的正方向，一般均由极性端指向非极性端，如图 6-55（a）所示，这种标注方法，使一、二次电压相位相同，如图 6-55（c）所示。

当电压互感器带上负载后，一次绕组电流 $\dot{I}_1$ 的正方向从极性端 H1 流入，二次绕组电流 $\dot{I}_2$

的正方向从极性端 K1 流出，可简记为电流是"头进头出"，如图 6-55（b）所示。

（2）电压互感器接线方式。电压互感器有单相和三相两种。单相可制成任何电压等级，而三相一般只制成 20kV 及以下电压等级。

电压互感器的接线方式根据二次负载的需要而定。电压互感器在三相系统中需要测量的电压包括线电压、相电压、相对地电压和单相接地时出现的零序电压。为了测量这些电压，电压互感器有不同的接线方式，变电站中应用较广泛的几种接线如图 6-56 所示。

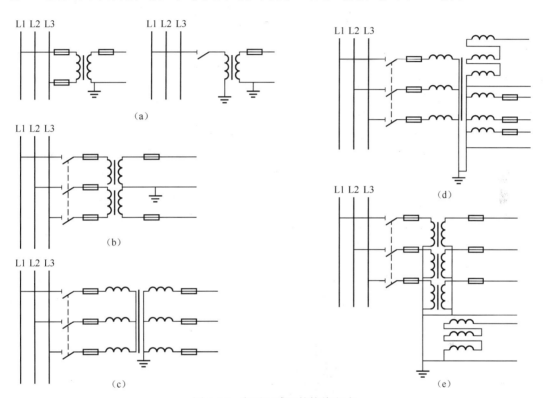

图 6-56　电压互感器的接线方式
（a）1 台单相电压互感器接线；（b）Vv 接线；（c）Yyn 接线；
（d）三相五柱式电压互感器接线；（e）3 台单相三绕组电压互感器接线

图 6-56（a）所示为 1 台单相电压互感器的接线，可测量 35kV 及以下系统的线电压，或 110kV 以上中性点直接接地系统的相对地电压。

图 6-56（b）所示为 2 台单相电压互感器接成 Vv 形接线，应用在 3～35kV 中性点非直接接地系统的 3 个相间电压的电路。

图 6-56（c）所示为 1 台三相三柱式电压互感器的 Yyn 形接线，应用在 3～10kV 系统中测量相间电压。应该特别注意，这种电压互感器的一次绕组中性点绝对不允许接地。如果将三相三柱式电压互感器一次绕组中性点接地后接入中性点非直接接地系统，当系统中发生单相金属性接地时，互感器的三相一次绕组中会有零序电压出现；这时零序电压所对应的零序磁通需要经过很长的空气隙而构成回路，由于零序磁阻很大，必然引起零序励磁电流的剧增（有时可达到正常励磁电流的 60 倍以上），这将会造成电压互感器烧毁。为了避免使用中错误接线，在制造三相三柱式电压互感器时，只将一次绕组接为"Y"形的三个首端接线引出，

而中性点不引接线。

图 6-56（d）所示为 1 台三相五柱式电压互感器的接线，一次绕组接成星形，基本二次绕组接成星形，一次绕组和基本二次绕组的中性点均接地；辅助二次绕组为开口三角形接线。这种接线的电压互感器可直接测量系统的相间电压、各相对地电压以及零序电压。三相五柱式电压互感器广泛应用于 3～10kV 系统中。

图 6-56（e）所示为 3 台单相电压互感器的接线，一次绕组中性点直接接地。这种接线可以直接测量系统相间电压和相对地电压。图中虚线所示的绕组为电压互感器的辅助二次绕组，该绕组接成开口三角形，用于测量系统的零序电压，这种接线广泛应用于 110kV 及以上中性点直接接地系统中。

### （二）电流互感器

#### 1. 电流互感器的作用

电流互感器是用来将交流电路中的大电流转换为一定比例的小电流，以供测量和继电保护用。电流互感器是由闭合的铁芯和绕组组成的。它的一次绕组匝数很少，串在需要测量的电流线路中，因此经常有线路的全部电流流过。

#### 2. 电流互感器的结构

电流互感器的结构较为简单，由相互绝缘的一次绕组、二次绕组、铁芯以及构架、壳体、接线端子等组成，如图 6-57 所示。

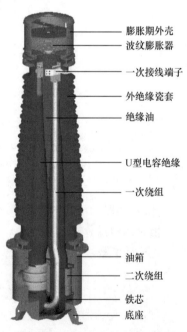

图 6-57　电流互感器结构示意图

#### 3. 电流互感器的工作原理

电流互感器的工作原理与变压器基本相同，一次绕组的匝数（$N_1$）较少，直接串联于电源线路中，一次负荷电流（$\dot{I}_1$）通过一次绕组时，产生的交变磁通感应产生按比例减小的二次电流（$\dot{I}_2$）；二次绕组的匝数（$N_2$）较多，与仪表、继电器、变送器等电流绕组的二次负荷（Z）串联形成闭合回路，如图 6-58 所示。

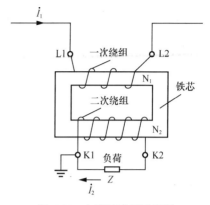

图 6-58　电流互感器原理图

### 4. 电流互感器接线

（1）电流互感器的极性。为了准确判别电流互感器一次电流 $\dot{I}_1$ 与二次电流 $\dot{I}_2$ 的相位关系，必须首先识别一、二次绕组的极性端。电流互感器极性端标注的方法和符号与电压互感器相同，如图 6-59 所示。一次电流 $I_1$ 的正方向从极性端 H1 流入，一次绕组从 H2 流出；二次电流 $I_2$ 的正方向从二次绕组的极性端 K1 流出，从 K2 流入，即"头进头出"。

按上述原则标注电流正方向时，在忽略电流互感器相位差的情况下，一次电流 $I_1$ 与二次电流 $I_2$ 相位相同。

（2）电流互感器接线。电流互感器的接线方式根据测量仪表、继电保护及自动装置的要求而定。常见的接线方式有以下几种：

1）三相星形接线方式。3 个型号相同的电流互感器的一次绕组分别串接入一次系统三相电路中，二次绕组与二次负载连接成星形接线，如图 6-60 所示。

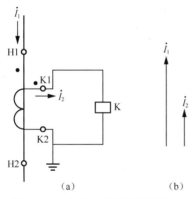

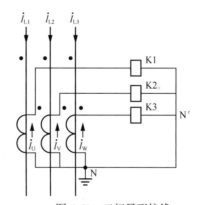

图 6-59　电流互感器极性标注
（a）极性标注；（b）电流相量

图 6-60　三相星形接线

正常运行时，在三相负载中分别流过二次绕组的相电流为

$$I_U=\frac{I_{L1}}{n_{TA}}；\ I_V=\frac{I_{L2}}{n_{TA}}；\ I_W=\frac{I_{L3}}{n_{TA}} \tag{6-9}$$

式中　$I_{L1}$、$I_{L2}$、$I_{L3}$——均为电流互感器一次电流，A；
　　　$I_U$、$I_V$、$I_W$——均为电流互感器二次电流，A。

这种接线的特点：流过负载的电流等于流过二次绕组的电流，因此接线系数（或称电流分配系数）$K_{c0}$ 等于 1；三相电流 $I_{L1}$、$I_{L2}$、$I_{L3}$ 对称时，在 N′与 N 的连接线中无电流，能反映各种类型的短路故障。

　　这种接线方式，既可用于测量回路，又可用于继电保护及自动装置回路，因此广泛应用于电力系统中。

　　2）两相 V 形接线形式。

　　2 个型号相同的电流互感器的一次绕组分别串接在一次系统 $L_1$、$L_3$ 两相电路中，二次绕组与二次负载（$K_1$、$K_2$）连接成星形接线，如图 6-61 所示。

　　这种接线的特点：流过负载的电流等于流过二次绕组的电流，因此接线系数 $K_{c0}$ 等于 1；三相电流（$I_{L1}$、$I_{L2}$、$I_{L3}$）对称时，在 N′与 N 的连接线中流过 V 相电流（$-I_V$）；但在一次系统发生不对称短路时，N′与 N 连线中流过的电流往往不是真正的 V 相电流；同时不能反映 L2 相接地故障。这种接线方式广泛应用于 35kV 及以下中性点非直接接地系统中。

　　3）三相零序接线方式。它是将三相中 3 个相同型号的电流互感器的极性端连接起来，同时将非极性端也连接起来，然后再与负载相连接，组成零序电流滤过器，三相零序接线方式如图 6-62 所示。

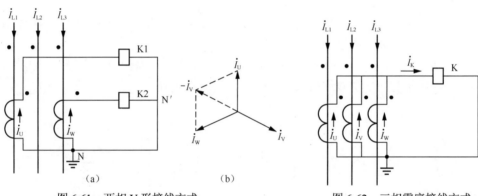

图 6-61　两相 V 形接线方式
(a) 接线方式；(b) 电流相量图
　　　　　图 6-62　三相零序接线方式

　　这种接线流过负载 K 的电流 $I_K$ 等于 3 个电流互感器二次电流的相量和，即

$$\dot{I}_K = \dot{I}_U + \dot{I}_V + \dot{I}_W = \frac{1}{n_{TA}}\left(\dot{I}_{L1} + \dot{I}_{L2} + \dot{I}_{L3}\right) = \frac{1}{n_{TA}}3\dot{I}_0 \qquad (6\text{-}10)$$

　　正常运行（或对称短路）时，二次负载电流为 $\dot{I}_K = 0$。

　　当一次系统发生接地短路时，二次负载电流为 $\dot{I}_K = \frac{1}{n_{TA}}3\dot{I}_0$。

　　这种接线方式主要用于继电保护及自动装置回路，测量仪表一般不用。

## 六、电抗器

### 1. 电抗器的作用

（1）轻空载或轻负荷线路上的电容效应，以降低工频暂态过电压。

（2）改善长输电线路上的电压分布。

（3）使轻负荷时线路中的无功功率尽可能就地平衡，防止无功功率不合理流动，同时也减轻了线路上的功率损失。

（4）中性点非有效接地系统中，可用小电抗器（也称消弧线圈）补偿线路相间及相地电容，以加速潜供电流自动熄灭。

2. 电抗器的结构

电抗器在电力系统中的应用较为广泛，在限流回路中主要采用空心电抗器。空心电抗器就是一个电感线圈，其结构与变压器线圈相同。空心电抗器的特点是直径大、高度低，而且由于没有铁芯柱，对地电容小，线圈内串联电容较大，因此冲击电压的初始电位分布良好，即使采用连续式线圈也是十分安全的。空心电抗器的紧固方式一般有两种：一种是采用水泥浇铸，故又称为水泥电抗器；另一种是采用环氧树脂板夹固或采用环氧树脂浇铸。空心电抗器结构如图 6-63 所示。

图 6-63　空心电抗器结构示意图

3. 电抗器的工作原理

电抗器是一个大的电感线圈，是根据电磁感应原理工作的。感应电流的磁场总是阻碍原来磁通的变化，如果原来磁通减少，感应电流的磁场与原来的磁场方向一致；如果原来的磁通增加，感应电流的磁场与原来的磁场方向相反。

根据这一原理，如果突然发生短路故障，电流突然增大，在这个大的电感线圈中，要产生一个阻碍磁通变化的反向电动势 E 反，在这个反向电势 E 反的作用下，必然要产生一个反向的电流，达到限制电流突然增大的变化，起到限制短路电流的作用，从而维持母线电压水平。

## 七、电容器

1. 电容器的作用

电容器在电力系统中的作用是补偿电力系统感性负荷的无功功率，以提高功率因数，改善电压质量，降低线路损耗，提高系统或变压器的输出功率，达到系统稳定运行目的。

## 2. 电容器的结构

电力电容器的基本结构包括电容元件、浸渍剂、紧固件、引线、外壳和套管。单只电容器结构如图 6-64 所示。根据容量不同，也可以由多个电容器串联和并联构成，如图 6-65 所示。

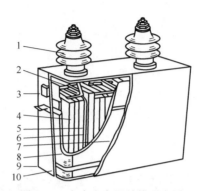

图 6-64　电力电容器结构示意图

1—出线套管；2—出线连接片；3—连接片；4—扁形元件；5—固定板；6—绝缘件；
7—包封件；8—连接夹板；9—紧箍；10—外壳

图 6-65　集合式电力电容器结构示意图

## 3. 并联电容器的原理

在交流电流电路中，纯电阻负荷中的电流与电压同相；纯电感负荷中的电流滞后于电压90°；而纯电容负荷的电流则超前于电压 90°；可见，电容中的电流与电感中的电流相差 180°，它们能够互相抵消。电路中流到负荷侧的感性电流减少了，在电路中产生的电压损耗降低了，线路的末端的电压就会升高。

电力系统的负荷大部分是电感性和电阻性的，因此总电流将滞后于电压一个角度 $\phi$（功率因数角）如果将移相电容器与负荷并联，则移相电容器的电流将抵消一部分电感电流，使电感电流减少，总电流也减少，功率因数将得到提高。

## 八、高压动态无功补偿装置（SVG）

高压动态无功补偿装置（SVG）动态无功补偿装置是以 IGBT 为核心的无功补偿系统，能够快速连续地提供容性或感性无功功率，实现考核点恒定无功、恒定电压和恒定功率因数的控制等，保障电力系统稳定、高效、优质地运行。

1. 高压动态无功补偿装置（SVG）的作用

提高电网稳定性，增加输电能力，消除无功冲击，抑制谐波，平衡三相电网，降低损耗、节能减排。

2. 高压动态无功补偿装置（SVG）的结构

SVG 是由链式静止同步补偿器和固定电容器共同构成的，按各自的容量不同可组合成各种补偿范围的有源动态无功和谐波补偿装置，主要由连接电抗器、充电柜、功率柜、控制柜等组成，如图 6-66 所示。

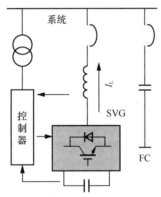

图 6-66　SVG 构成原理电路示意图

（1）控制柜。控制柜的作用包括：对 SVG 及其辅助设备的实时控制；实时计算电网所需的无功功率，实现动态跟踪与补偿；提供友好的图形监控和操作界面，实现 SVG 与上位机及控制中心的通信。主回路部分由隔离开关 QS1、接触器 KM1（或断路器 QF）、缓冲电阻 R 及状态检测器件等多个部分组成，如图 6-67 所示。

SVG 的启动方式为自判断启动，隔离开关 QS1 合上，系统通过缓冲电阻对功率模块的电容进行充电。单元母线电压达到稳定后，闭合接触器 KM1（或断路器 QF），旁路缓冲电阻，完成整机上主电过程。

（2）功率柜。SVG 的核心主电路采用电压源型逆变器，采用直流电容进行电压支撑，DSP 为核心控制器，IGBT 并联实现大功率变换；模块化设计，功率单元的结构和电气性能完全一致，可以互换；先进的热管散热技术，风道散热设计，光纤通信与控制，提高 IGBT 的可靠性。功率柜主要由功率单元组成，构成了 SVG 无功补偿的主体。功率单元分三相安装，

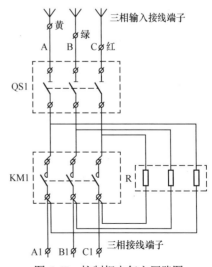

图 6-67　控制柜电气主回路图

每相单元个数相等，单元输出波形叠加成整机输出波形。每个功率单元都承受全部的输出电流、1/N 的相电压、1/(3N) 的输出功率。功率单元整体构成如图 6-68 所示。

功率单元（见图 6-69）内置多种电路板，单元控制部分除了采样回路、保护回路和输出驱动回路外，所有的逻辑和通信处理均采用大规模 CPLD 芯片完成，智能化的设计使得硬件更简单，软件更灵活，抗干扰能力更强，可靠性更高，便于以后的功能改进和升级。

图 6-68　功率单元整体构成示意图　　　图 6-69　功率单元（模块）构成示意图

（3）电抗器柜。用于连接 SVG 与电网，实现能量的缓冲；减少 SVG 输出电流中的开关纹波，降低共模干扰。

**3. 高压动态无功补偿装置（SVG）的工作原理**

高压动态无功补偿装置（SVG）的基本工作原理是将电压型自换相桥式电路通过电抗器或变压器并联在电网上，适当调节桥式变流电路输出电压的相位和幅值或者直接调节其输出电流，使该电路吸收或者发出满足要求的无功功率，从而实现动态无功补偿。

## 九、避雷器

避雷器，是指能释放雷电或释放电力系统操作过电压能量，保护电气设备免受瞬时过电压危害，又能截断续流，不致引起系统接地短路的电器装置。

**1. 避雷器的作用**

避雷器的最大作用也是最重要的作用就是限制过电压以保护电气设备。用来保护电力系统中各种电器设备免受雷电过电压、操作过电压、工频暂态过电压冲击而损坏。氧化锌避雷器是具有良好保护性能的避雷器，其利用氧化锌良好的非线性伏安特性，使在正常工作电压时流过避雷器的电流极小（微安或毫安级）；当过电压作用时，电阻急剧下降，泄放过电压的能量，达到保护的效果。

**2. 避雷器的结构**

氧化锌避雷器主要由氧化锌压敏电阻、绝缘支架、密封垫、压力释放装置等组成，如图 6-70 所示。其中氧化锌压敏电阻片是以氧化锌为主，并添加少量金属，将它们充分混合后造粒成形，经高温焙烧而成的。

**3. 避雷器原理**

氧化锌避雷器具有理想的非线性伏安特性，如图 6-71 所示。使用时与被保护设备并联。正常工作电压下电阻值很高，相当于开路（只流过微安级的泄漏电流）。当作用在其上的电压达到动作电压时，电阻很小，避雷器导通，释放过电压能量，相当于短路。当作用电压下降到动作电压以下时，阀片自动终止"导通"状态，恢复绝缘状态。

过电压下，流过避雷器的电流瞬间达到数千安培，避雷器导通并呈现低阻状态，使与之并联的电器设备的残压被抑制在设备安全值以下，有效地限制过电压对设备的侵害。

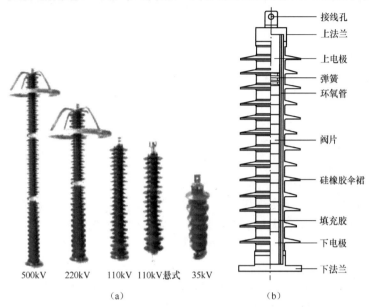

图 6-70　氧化锌避雷器结构示意图
（a）外形图；（b）构成示意图

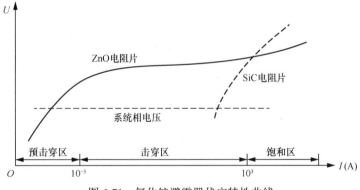

图 6-71　氧化锌避雷器伏安特性曲线

# 第二节　运行一般规定

## 一、油浸变压器

### （一）油浸变压器运行规定

1. 一般规定
（1）变压器不应超过铭牌规定的额定电流运行。

（2）在 110kV 及以上中性点有效接地系统中，变压器高压侧或中压侧与系统断开时，在高-低或中-低侧传输功率时，应合上该侧中性点接地开关的可靠接地。

（3）变压器承受近区短路冲击后，应记录短路电流峰值、短路电流持续时间。

（4）变压器在正常运行时，本体及有载调压开关重瓦斯保护应投跳闸。

（5）变压器下列保护装置应投信号：

1）本体轻瓦斯。

2）真空型有载调压开关轻瓦斯（油中熄弧型有载调压开关不宜投入轻瓦斯）。

3）突发压力继电器。

4）压力释放阀。

5）油流继电器（流量指示器）。

6）顶层油面温度计。

7）绕组温度计。

（6）油浸（自然循环）风冷变压器风冷装置。有人值班变电站，强油循环风冷变压器的冷却装置全停，宜投信号；无人值班变电站，条件具备时宜投跳闸。

（7）变压器本体应设置油面过高和过低信号，有载调压开关宜设置油面过高和过低信号。

（8）运行中变压器进行以下工作时，应将重瓦斯保护改投信号，工作完毕后注意限期恢复：

1）变压器补油、换潜油泵、油路检修及气体继电器探针检测等工作。

2）冷却器油回路、通向储油柜的各阀门由关闭位置旋转至开启位置。

3）油位计油面异常升高或呼吸系统有异常需要打开放油或放气阀门。

4）变压器运行中，将气体继电器集气室的气体排出时。

5）需更换硅胶、吸湿器，而无法判定变压器是否正常呼吸时。

（9）当气体继电器内有气体聚集时，应先判断设备无突发故障风险，不会危及人身安全后，方可开展取气，并及时联系试验。

（10）运行中的压力释放阀动作后，停运设备后将释放阀的机械、电气信号手动复位。

（11）现场温度计指示的温度、控制室温度显示装置、监控系统的温度基本保持一致，误差一般不超过 5℃。

（12）强油循环结构的潜油泵应逐台启动，延时间隔应在 30s 以上，以防止气体继电器误动。

（13）强油循环冷却器应对称开启运行，以满足油的均匀循环和冷却。工作或者辅助冷却器故障退出后，应自动投入备用冷却器。

（14）强油循环风冷变压器，在运行中，当冷却系统发生故障切除全部冷却器时，变压器在额定负载下可运行 20min。20min 以后，当油面温度尚未达到 75℃时，允许上升到 75℃，但冷却器全停的最长运行时间不得超过 1h。对于同时具有多种冷却方式（如 ONAN、ONAF 或 OFAF），变压器应按制造厂规定执行。冷却装置部分故障时，变压器的允许负载和运行时间应参考制造厂规定。

（15）油浸（自然循环）风冷变压器，风扇停止工作时，允许的负载和运行时间，应按制造厂的规定。当冷却系统部分故障风扇停止工作后，顶层油温不超过 65℃时，允许带额定负载运行。

（16）油浸（自然循环）风冷变压器的风机应满足分组投切的功能，运行中风机的投切应采用自动控制。

（17）运行中应检查吸湿器呼吸畅通，吸湿剂潮解变色部分不应超过总量的 2/3。还应检查吸湿器的密封性需良好，吸湿剂变色应由底部开始，如上部颜色发生改变则说明吸湿器密封性不严。

（18）变压器安装的在线监测装置应保持良好运行状态，定期检查装置电源、加热、驱潮、排风等装置。

（19）有载调压变压器并列运行时，其调压操作应轮流逐级或同步进行。

（20）在下列情况下，有载调压开关禁止调压操作：

1）真空型有载开关轻瓦斯保护动作发信时。

2）有载开关油箱内绝缘油劣化不符合标准。

3）有载开关储油柜的油位异常。

4）变压器过负荷运行时，不宜进行调压操作；过负荷 1.2 倍时，禁止调压操作。

（21）有载分接开关滤油装置的工作方式包括以下 3 种：

1）正常运行时一般采用联动滤油方式。

2）动作次数较少或不动作的有载分接开关，可设置为定时滤油方式。

3）手动方式一般在调试时使用。

2.　运行温度要求

除了变压器制造厂家另有规定外，油浸式变压器顶层油温一般不应超过表 6-1 中，油浸式变压器顶层油温在额定电压下的一般限值。当冷却介质温度较低时，顶层油温也相应降低。

表 6-1　　　　　　　油浸式变压器顶层油温在额定电压下的一般限值

| 冷却方式 | 冷却介质最高温度（℃） | 顶层最高油温（℃） | 不宜经常超过温度（℃） | 告警温度设定（℃） |
|---|---|---|---|---|
| 自然循环自冷（ONAN）、自然循环风冷（ONAF） | 40 | 95 | 85 | 85 |
| 强迫油循环风冷（OFAF） | 40 | 85 | 80 | 80 |
| 强迫油循环水冷（OFWF） | 30 | 70 | | |

变压器各部分温升极限值温升标准以环境温度 40℃为准，见表 6-2。

表 6-2　　　　　　　　　　变压器温升极限值

| 变压器的部位 | 最高温升（℃） |
|---|---|
| 绕组 | 65 |
| 铁芯 | 70 |
| 油（顶部） | 55 |

3.　负载状态的分类及运行规定

（1）变压器存在较为严重的缺陷（例如冷却系统不正常、严重漏油、有局部过热现象、油中溶解气体分析结果异常等）或者绝缘有弱点时，不宜超额定电流运行。

（2）正常周期性负载。

1）在周期性负载中，某环境温度较高或者超过额定电流运行的时间段，可以通过其他环境温度较低或者低于额定电流的时间段予以补偿。

2）正常周期性负载状态下的负载电流、温度限值及最长时间见表 6-3。

表 6-3　　　　　　　　　　　变压器负载电流、温度限值及最长时间

| 负载类型 | | 中型电力变压器[1] | 大型电力变压器[2] | 过负荷最长时间 |
|---|---|---|---|---|
| 正常周期性负载 | 电流（标幺值） | 1.5 | 1.3 | 2h |
| | 顶层油温（℃） | 105 | 105 | |
| 长期急救周期性负载 | 电流（标幺值） | 1.5 | 1.3 | 1h |
| | 顶层油温（℃） | 115 | 115 | |
| 短期急救负载 | 电流（标幺值） | 1.8 | 1.5 | 0.5h |
| | 顶层油温（℃） | 115 | 115 | |

① 中型电力变压器：三相最大额定容量不超过 100MVA、单相最大额定容量不超过 33.3MVA 的电力变压器。

② 大型电力变压器：三相最大额定容量 100MVA 及以上、单相最大额定容量在 33.3MVA 及以上的电力变压器。

（3）长期急救周期性负载。

1）变压器长时间在环境温度较高，或者超过额定电流条件下运行。这种运行方式将不同程度缩短变压器的寿命，应尽量减少这种运行方式出现的机会；必须采用时，应尽量缩短超过额定电流运行时间，降低超过额定电流的倍数，投入备用冷却器。

2）长期急救周期性负载状态下的负载电流、温度限值及最长时间见表 6-3。

3）在长期急救周期性负载运行期间，应有负载电流记录，并计算该运行期间的平均相对老化率。

（4）短期急救负载。

1）变压器短时间大幅度超过额定电流运行，这种负载可能导致绕组热点温度达到危险的程度，使绝缘强度暂时下降，应投入（包括备用冷却器在内的）全部冷却器（制造厂另有规定的除外），并尽量压缩负载，减少时间，一般不超过 0.5h。

2）短期急救负载状态下的负载电流、温度限值及最长时间见表 6-3。

3）在短期急救负载运行期间，应有详细的负载电流记录，并计算该运行期间的相对老化率。

4. 运行电压要求

（1）变压器的运行电压不应高于该运行分接电压的 105%，并且不得超过系统最高运行电压。

（2）对于特殊的使用情况（例如变压器的有功功率可以在任何方向流通），允许在不超过 110%的额定电压下运行。

5. 紧急申请停运规定

运行中发现变压器有下列情况之一，运维人员应立即汇报调控人员并申请将变压器停运，停运前应远离设备：

（1）变压器声响明显增大，内部有爆裂声。

（2）严重漏油或者喷油，使油面下降到低于油位计的指示限度。

（3）套管有严重的破损和放电现象。

（4）变压器冒烟着火。

（5）变压器正常负载和冷却条件下，油温指示表计无异常时，若变压器顶层油温异常并不断上升，必要时应申请将变压器停运。

（6）变压器轻瓦斯保护动作，信号多次发出。

（7）变压器附近设备着火、爆炸或发生其他情况，对变压器构成严重威胁时。

（8）强油循环风冷变压器的冷却系统因故障全停，超过允许温度和时间。

（9）其他根据现场实际认为应紧急停运的情况。

6.　变压器投运之前应做的工作

（1）新安装、大修后的变压器投入运行前，应做空载冲击合闸试验，新安装的变压器冲击合闸5次，大修后的变压器冲击合闸3次。

（2）新装、大修、事故检修或注油、换油后的变压器，在密封性试验即施加电压前静止时间不应少于96h。

（3）无励磁调压变压器变换分接开关后，应检查锁紧装置并测量绕组的直流电阻和变比，分接开关档位应符合系统电压要求（差值不应超过5%）。

（4）变压器进行以下工作时，应将重瓦斯保护改接信号位置。

1）变压器在运行中注油、滤油、补油、换油泵或更换吸湿器的吸附剂。

2）打开变压器放气、放油或进油阀门。

3）开、闭变压器气体继电器连接管上的阀门。

4）在变压器气体保护及其二次回路上工作时。

**（二）变压器操作注意事项**

（1）新安装、大修后的变压器投入运行前，应在额定电压下做空载全电压冲击合闸试验。加压前应将变压器全部保护投入。新变压器冲击5次，大修后的变压器冲击3次。第一次送电后运行时间10min，停电10min后再继续第二次冲击合闸，以后每次间隔5min。1000kV变压器第一次冲击合闸后的带电运行时间不少于30min。

（2）变压器停电操作时，按照先停负荷侧、后停电源侧的操作顺序进行；变压器送电时操作顺序相反。三绕组降压变压器停电操作时，按照低压侧、中压侧、高压侧的操作顺序进行；变压器送电时操作顺序相反。有特殊规定者除外。

（3）110kV及以上中性点有效接地系统中投运或停运变压器的操作，中性点应先接地。投入后可按系统需要决定中性点接地是否断开。

（4）变压器中性点接地方式为经小电抗接地时，允许变压器在中性点经小电抗接地的情况下，进行变压器停、送电操作。在送电操作前应特别检查变压器中性点经小电抗可靠接地。

（5）变压器操作对保护、无功自动投切、各侧母线、站用电等的要求如下：

1）主变压器停电前，应先行调整好站用电运行方式。

2）充电前应仔细检查充电侧母线电压，保证充电后各侧电压不超过规定值。检查主变压器保护及相关保护连接片投退位置正确，无异常动作信号。

3）变压器充电后，检查变压器无异常声音，遥测、遥信指示应正常，开关位置指示及信号应正常，无异常告警信号。

**（三）变压器运行注意事项**

（1）在变压器投入运行前，应至少提前15min手动将风冷系统正常方式投入，同时检查保护装置风冷全停信号复归，待冷却器运行正常后再将变压器投运。

（2）在运行中检查发现呼吸器下部油杯中油位不足时，应及时补油，油位超过最低油位线 1cm 左右即可，油脏污时须及时更换，呼吸器油杯冒泡。

（3）运行中发现硅胶变色超过 2/3 时，应向智能运检管控中心汇报，申请停用气体保护，更换呼吸器硅胶，硅胶更换过程中严禁关闭呼吸器阀门。

（4）为保证冷却效果，变压器冷却器应在每年迎峰度夏前进行一次带电冲洗，结合冷却器冲洗每年检查一次事故排油通道通畅。

（5）主变压器新投、检修后应检查阀门开启正常，气体继电器无气泡。对新安装及 A、B 类检修后的变压器在投运后立即测试一次铁芯、夹件接地电流，以后每季度一次（铁芯及夹件接地电流应小于 100mA，大于初始值 50%或超过 100mA 时应及时汇报）。

（6）结合二次设备测温，每季度开展本体端子箱、冷控柜的巡视检查，进行接触器、二次端子测温，及时维护更换。

（7）运行中变压器泡沫喷淋系统完好，保持手动状态，定期维护。

（8）气体动作后，应立即通知专业班组取气。

（9）长期稳定运行的变压器发轻瓦斯告警后应立即汇报公司运检部，在方式条件允许的情况下应先停运设备（第一时间向调度申请设备停运），再进行现场检查，分析判断是否为误报警。若短时发生两次及以上轻瓦斯告警，应立即停运设备进行检查处理，并严防造成人身伤害。

（10）主变压器运行中，应全面巡视套管油位，防止套管内渗或外渗造成内部因受潮而损坏。

（11）严禁在变压器运行中或停止后立即操作无载开关手柄，只有当油温低于 60℃后才可操作无载开关。在 60℃操作无载开关时，触点动作会失去光滑性，从而产生无法预料的损伤。

## 二、断路器

### （一）断路器运行规定

1. 一般规定

（1）每年对断路器安装地点的母线短路电流与断路器的额定短路开断电流进行一次校核。断路器的额定短路开断电流接近或小于安装地点的母线短路电流，在开断短路故障后，禁止强送，并停用自动重合闸，严禁就地操作。

（2）当断路器开断额定短路电流的次数比其允许额定短路电流开断次数少一次时，应向值班调控人员申请退出该断路器的重合闸。当达到额定短路电流的开断次数时，申请将断路器检修。

（3）应按相累计断路器的动作次数、开断故障电流次数和每次短路开断电流。

（4）断路器允许开断故障次数应写入变电站现场专用规程。

（5）断路器应具备远方和就地操作方式。

（6）断路器应有完整的铭牌、规范的运行编号和名称，相色标志明显，其金属支架、底座应可靠接地。

2. 断路器本体

（1）户外安装的 $SF_6$ 密度继电器（压力表）应设置防雨罩，防雨罩应能将指示表、控制电缆接线端子一起放入，防止指示表、控制电缆接线盒和充放气接口进水受潮。

（2）对于不带温度补偿的 $SF_6$ 密度继电器（压力表），应对照制造厂提供的温度-压力曲线，与相同环境温度下的历史数据进行比较分析。

（3）$SF_6$ 密度继电器应装设在与断路器本体同一运行环境温度的位置，以保证其报警、闭锁接点正确动作。

（4）压力异常导致断路器分、合闸闭锁时，不准擅自解除闭锁进行操作。$SF_6$ 密度继电器（压力表）应定期校验。

（5）高寒地区 $SF_6$ 断路器应采取防止 $SF_6$ 气体液化的措施。

（6）绝缘子爬电比距应满足所处地区的污秽等级，不满足污秽等级要求的应采取防污闪措施。

（7）定期检查断路器金属法兰与瓷件的胶装部位防水密封胶的完好性，必要时重新复涂防水密封胶。

（8）未涂防污闪涂料的瓷套管应坚持"逢停必扫"，已涂防污闪涂料的瓷套管应监督涂料有效期限，在其失效前应复涂。

3.　操动机构

（1）液压操动机构的油系统应无渗漏，油位、压力符合厂家规定。

（2）并联合闸脱扣器在合闸装置额定电源电压的 85%～110% 范围内，应可靠动作；并联分闸脱扣器在分闸装置额定电源电压的 65%～110%（直流）或 85%～110%（交流）范围内，应可靠动作；当电源电压低于额定电压的 30% 时，脱扣器不应脱扣。在使用电磁机构时，合闸电磁铁线圈通流时的端电压为操作电压额定值的 80%（关合峰值电流等于或大于 50kA 时为 85%）是应可靠动作。

（3）弹簧操动机构手动储能与电动储能之间联锁应完备，手动储能时必须使用专用工具，手动储能前，应断开储能电源。

（4）液压机构每天打压次数应不超过厂家规定。如打压频繁，应联系检修人员处理。

4.　紧急申请停运规定

（1）运行中发现有下列情况之一，运维人员应立即汇报调控人员申请设备停运，停运前应远离设备：

1）套管有严重破损和放电现象。

2）导电回路部件有严重过热或打火现象。

3）$SF_6$ 断路器严重漏气，发出操作闭锁信号。

4）真空断路器的灭弧室有裂纹或放电声等异常现象。

5）落地罐式断路器防爆膜变形或损坏。

6）液压操动机构失压，弹簧储能机构储能弹簧损坏。

7）其他根据现场实际认为应紧急停运的情况。

（2）下列情况，断路器跳闸后不得试送：

1）全电缆线路。

2）值班调控人员通知线路有带电检修工作。

3）低频减载保护、系统稳定控制、联切装置及远切装置动作后跳闸的断路器。

4）断路器开断故障电流的次数达到规定次数时。

5）断路器铭牌标称容量接近或小于安装地点的母线短路容量时。

**（二）高压断路器的操作注意事项**

（1）断路器检修后应经验收合格、传动确认无误后，方可送电操作。断路器检修涉及继电保护、控制回路等二次回路时，还应由继电保护人员进行传动试验、确认合格后方可送电。

（2）断路器投运前，应检查接地线（接地开关）是否全部拆除（拉开），防误闭锁装置是否正常。

（3）长期停运超过 6 个月的断路器，应经常规试验合格方可投运。在正式执行操作前应通过远方控制方式进行试操作 2～3 次，无异常后方能按操作票拟定的方式操作。

（4）操作前应检查控制回路和辅助回路的电源正常，检查机构已储能，检查油断路器油位、油色正常；真空断路器外观无异常；$SF_6$ 断路器气体压力在规定的范围内；各种信号正确、表计指示正常。

（5）$SF_6$ 断路器气体压力、液压（气动）操动机构压力异常导致断路器分、合闸闭锁时，不准擅自解除闭锁，进行操作。

（6）断路器操作后的位置检查应以机械位置指示、电气指示、仪表及各种遥测、遥信等信号的变化来判断。具备条件时应到现场确认本体和机构（分）合闸指示器以及拐臂、传动杆位置，保证断路器确已正确（分）合闸。同时检查断路器本体有无异常。

（7）液压操动机构的断路器，在分闸、合闸就地传动操作时，现场人员应尽量避开高压管道接口。

**（三）高压断路器的运行注意事项**

**1. $SF_6$ 断路器运行注意事项**

（1）$SF_6$ 断路器压力低于闭锁值时，应立即将该开关控制电源断开，并将机构卡死，禁止该开关带电分、合闸。

（2）运行中的 $SF_6$ 断路器应定期测量微水含量，新装和大修后，每 3 个月一次，待含水量稳定后可每年一次。每年定期对 $SF_6$ 断路器进行检漏，年漏气率应符合规程规定。

（3）$SF_6$ 气体额定气压、气压降低报警值和跳闸闭锁值根据不同厂家的规定具体执行。压力低于报警值时要及时补充 $SF_6$ 气体，并判断检测有无漏点，并立即汇报调度及主管部门。

（4）新装和投运的断路器内的 $SF_6$ 气体严禁向大气排放，必须使用气体回收装置回收。$SF_6$ 气体需补气时，应使用检验合格的 $SF_6$ 气体。

**2. 真空断路器运行注意事项**

（1）真空断路器应配有防止操作过电压的装置，一般采用氧化锌避雷器。

（2）运行中的真空灭弧室出现异常声音时，应立即断开控制电源，禁止操作。

（3）在使用真空断路器时，必须定期检查灭弧室管内的真空度。

**3. 小车开关柜的运行注意事项**

（1）带负荷情况下不允许推拉手车。推拉开关小车时，应检查开关确在断开位置。

（2）合接地开关时，必须确认无电压后，方可合上接地开关。

（3）"五防"机械连锁功能应正常。

（4）运行中，应经常检查带电显示器指示灯是否完好，若有损坏，应及时更换。

4. 弹簧操动机构的运行注意事项

（1）当电机回路失去电源时，对分闸弹簧可手动储能。

（2）进行紧急操作时，不能将手、身体和衣服与机构接触。

（3）机构安装、试验完运行前，应检查机构中手动机具，分闸与合闸安全锁销是否取掉。

## 三、GIS 组合电器

### （一）运行规定

1. 一般规定

（1）当操作组合电器时，任何人都必须禁止在该设备外壳上工作，不得在防爆膜附近滞留。

（2）户外 GIS 应按照"伸缩节（状态）伸缩量-环境温度"曲线定期考察伸缩节伸缩量，每季度至少开展一次，且在温度最高和最低的季节每月核查一次。

（3）GIS 组合电器运行中的年泄漏率一般不超过 1%，运行时 $SF_6$ 气体微水含水量灭弧室为小于 $300 \times 10^{-6}$，其他气室为小于 $500 \times 10^{-6}$。运行中，GIS 设备在正常情况下其外壳及构架上的感应电压不应超过 36V，温升不应超过 40K。

（4）GIS 设备室的通风，对于运行、专业人员经常出入的场所每班至少通风一次，每次至少通风 15min；对于人员不经常出入的场所，在进入前应先通风 15min。

（5）当 GIS 组合电器内 $SF_6$ 气体压力异常发报警信号时，应尽快处理；当气隔内的 $SF_6$ 压力降低至闭锁值时，严禁分、合闸操作。

（6）断路器事故跳闸造成大量 $SF_6$ 气体泄漏时，只有在 GIS 组合电器室彻底通风或检测室内氧气密度正常，含氧量不小于 18%（体积比），$SF_6$ 气体分解物完全排除后，才能进入室内，必要时戴防毒面具，穿防护服。在事故发生后 15min 之内，只准抢救人员进入 GIS 室内。4h 内任何人进入 GIS 室，必须穿防护服、戴防护手套及防毒面具。4h 后进入 GIS 室内虽可不用上述措施，但清扫设备时仍需采用上述安全措施。处理 GIS 内部故障时，应将 $SF_6$ 气体回收加以净化处理，严禁直接排放到大气中。

（7）GIS 组合电器正常情况下应选择"远方电控"操作方式，当远方电控操作失灵时，可选择就地电控操作方式。对于带有气动操动机构的断路器、隔离开关和接地开关，应杜绝进行手动操作，对于仅有手动操动机构的接地开关，允许就地手动操作。

（8）为防止误操作，GIS 室各设备元件之间装设电气闭锁，任何人不得随意解除闭锁。

（9）GIS 汇控柜闭锁控制钥匙使用规定如下：

1）正常运行时，组合电器汇控柜闭锁控制钥匙应投入"联锁投"位置，同时应将联锁控制钥匙存放在紧急钥匙箱内，按有关规定使用。

2）禁止工作人员在 $SF_6$ 设备防爆膜附近停留，若在巡视中发现异常情况，应立即汇报。

（10）处理 GIS 设备外逸气事故及在 GIS 工作后注意事项如下：

1）工作人员工作结束后应立即洗手、洗脸及其他人体外露部分。

2）下列物品应作有毒物处理：真空吸尘器的过滤器及清洗袋、防毒面具的过滤、全部抹布及纸，断路器或故障气室内的吸附剂、气体回收装置中使用过的吸附剂等，严重污染的防护服也视为有毒废物。处理方法：所有上述物品不能在现场加热或焚烧，必须用 20%浓度的氢氧化钠溶液浸泡 10h 以上，然后装入塑料袋内深埋。

3）防毒面具、塑料手套、橡皮靴及其他防护用品必须用肥皂洗涤后晾干，并应定期进行检查试验，使其经常处于备用状态。

（11）正常情况下应选择远方电控操作方式，当远方电控操作失灵时，方可选择就地电控操作方式。

（12）高寒地区罐体应加装加热保温装置，根据环境温度正确投退。

（13）变电站应配置与实际相符的组合电器气室分隔图，标明气室分隔情况、气室编号，汇控柜上有本间隔的主接线示意图。

（14）组合电器室应装设强力通风装置，风口应设置在室内底部，排风口不能朝向居民住宅或行人，排风机电源开关应设置在门外。

（15）组合电器室低位区应安装能报警的氧量仪和 $SF_6$ 气体泄漏报警仪，在工作人员入口处应装设显示器。上述仪器应定期检验，保证完好。

（16）组合电器变电站应备有正压型呼吸器、氧量仪等防护器具。

（17）组合电器室应配备干粉灭火器等消防设施。

（18）组合电器室控制盘及低压配电盘内应用防火材料严密封堵。

（19）所有扩建预留间隔应在运设备管理，加装密度继电器并可实现远程监视。

（20）在完成待用间隔设备的交接试验后，应将预留间隔的断路器、隔离开关和接地开关置于分闸位置，断开就地控制和操作电源，并在机构箱上加装挂锁。

2. 紧急申请停运规定

发现下列情况之一，运维人员应立即汇报调控人员申请将组合电器停运，停运前应远离设备：

（1）设备外壳破裂或严重变形、过热、冒烟。

（2）声响明显增大，内部有强烈的爆裂声。

（3）套管有严重破损和放电现象。

（4）$SF_6$ 气体压力低至闭锁值。

（5）组合电器压力释放装置（防爆膜）动作。

（6）组合电器中断路器发生拒动时。

（7）其他根据现场实际认为应紧急停运的情况。

### （二）运行、操作注意事项

（1）组合电器电气闭锁装置禁止随意解锁或者停用。正常运行时，汇控柜内的闭锁控制钥匙应严格按照电力安全工作规程规定保管使用。

（2）组合电器操作前后，无法直接观察设备位置的，应按照《电力安全工作规程》（简称《安规》）的规定通过间接方法判断设备位置。

（3）组合电器无法进行直接验电的部分，可以按照《安规》的规定进行间接验电。

## 四、开关柜

### （一）开关柜运行规定

1. 一般规定

（1）开关柜内一次接线应符合国家输变电工程典型设计要求，避雷器、电压互感器等柜内设备应经隔离开关（或隔离手车）与母线相连，严禁与母线直接连接。其前面板模拟显示图必须与其内部接线一致，开关柜可触及隔室、不可触及隔室、活门和机构等关键部位在出厂时应设置明显的安全警告、警示标识。柜内隔离金属活门应可靠接地，活门机构应选用可独立锁止的结构，可靠防止检修时人员失误打开活门。

（2）对于开关柜存在误入带电区域可能的部位应加锁并粘贴醒目警示标志；后上柜门打开的母线室外壳，应粘贴醒目警示标志。

（3）开关柜的柜间、母线室之间及与本柜其他功能隔室之间应采取有效的封堵隔离措施。

（4）封闭式开关柜必须设置压力释放通道，压力释放方向应避开人员和其他设备。

（5）运维人员必须在完成开关柜内所有可触及部位验电、接地及防止碰触带电设备的安全措施后，方可进入柜内实施检修维护作业。

（6）对进出线电缆接头和避雷器引线接头等易疏忽部位，应作为验电重点全部验电，确保检修人员可触及部位全部停电。

（7）开关柜隔离开关触头拉合后的位置应便于观察各相的实际位置或机械指示位置；开关（小车开关在工作或试验位置）的分合指示、储能指示应便于观察并明确标示。

（8）开关柜内驱潮器应一直处于运行状态，以免开关柜内元件表面凝露，影响绝缘性能，导致沿面闪络。对运行环境恶劣的开关柜内相关元件可喷涂防污闪涂料，提高绝缘件憎水性。

（9）开关柜内电缆接头应定期测温以判断接头是否发热。

（10）在进行开关柜停电操作时，停电前应首先检查带电显示装置指示正常，证明其完好性。

（11）进入开关室对开关柜进行巡视前，宜首先告知调控中心，将带有电压自动控制（AVC）功能的电容器、电抗器开关改为不能自动投切的状态，巡视期间禁止远方操作开关，巡视完毕离开开关室后告知调控中心将电压自动控制（AVC）恢复至自动投切状态。

（12）开关柜一、二次电缆进线处应采取有效的封堵措施，并做防火处理。

2. 开关柜内断路器运行规定

开关柜内断路器运行应遵守以下规定：

（1）对于投切电容器组等操作频繁的开关柜要适当缩短巡检和维护周期。当无功补偿装置容量增大时，应进行断路器容性电流开合能力校核试验。

（2）开关柜断路器在工作位置时，严禁就地进行分合闸操作。远方操作时，就地人员应远离设备。

（3）手车开关每次推入柜内后，应保证手车到位、隔离插头接触良好和机械闭锁可靠。

（4）开关柜内手车开关拉出后，隔离带电部位的挡板封闭后禁止开启，并设置"止步，高压危险！"的标示牌。

3. 开关柜防误闭锁装置运行规定

开关柜防误闭锁装置运行应遵守以下规定：

（1）成套开关柜"五防"功能应齐全、性能良好，出线侧应装设具有自检功能的带电显示装置，并与线路侧接地开关实行联锁；配电装置有倒送电源时，间隔网门应装有带电显示装置的强制闭锁。

（2）开关柜所装设的高压带电显示装置应符合 DL/T 538—2006《高压带电显示装置》标准要求。

（3）手车式断路器无论在工作位置还是在试验位置，均应用机械联锁把手车锁定。断路器与其手车之间应具有机械联锁，断路器必须在分位方可将手车从"工作位置"（"试验位置"）拉出或推至"试验位置"（"工作位置"）。断路器手车与线路接地开关之间必须具有机械联锁，手车在"试验位置"或"检修位置"方可合上线路接地开关。反之，线路接地开关在分位时方将断路器手车推至"工作位置"。

（4）应充分利用停电时间检查断路器机构与手车断路器、手车与接地开关、隔离开关与接地开关的机械闭锁装置。

（5）加强带电显示闭锁装置的运行维护，保证其与柜门间强制闭锁的运行可靠性。防误操作闭锁装置或带电显示装置失灵应作为严重缺陷尽快予以消除。

4. 开关室运行规定

开关室运行应遵以下规定：

（1）应在开关室配置通风、除湿、防潮设备，防止凝露导致绝缘事故。

（2）对高寒地区，应选用满足低温运行的断路器和二次装置，否则应在开关室内配置有效的采暖或加热设施，防止凝露导致绝缘事故。

（3）运行环境较差的开关室应加强房间密封，在柜内加装加热驱潮装置并采取安装空调或工业除湿机等措施，空调的出风口不应直接对着开关柜柜体，避免制冷模式下造成柜体凝露导致绝缘事故。

（4）开关室长期运行温度不得超过 45℃，否则应采取加强通风降温措施（开启开关室通风设施）。

（5）开关室内相对湿度保持在 75% 以下，除湿机应定期排水，防止发生柜内凝露现象，空调应切换至除湿模式。

（6）在 $SF_6$ 断路器开关室低位区应安装能报警的氧量仪和 $SF_6$ 气体泄漏报警仪，在工作人员入口处也要装设显示器。仪器应定期检验，保证完好。

（7）进入室内 $SF_6$ 开关设备区，需先通风 15min，并检测室内氧气密度正常（大于 18%），$SF_6$ 气体密度小于 1000μL/L。处理 $SF_6$ 设备泄漏故障时必须戴防毒面具，穿防护服。尽量避免一人进入 $SF_6$ 断路器开关室进行巡视，不准一人进入从事检修工作。

（8）$SF_6$ 断路器开关室的排风机电源开关应设置在门外，通风装置因故停止运行时，禁止进行电焊、气焊、刷漆等工作，禁止使用煤油、酒精等易燃易爆物品。

（9）开关室门应设置防小动物挡板，并在室内放置一定数量的捕鼠器械。

（10）每年雨季到来前，应进行开关室防漏（渗）雨的检查维护。

5. 紧急申请停运规定

发生以下情况，应紧急申请停运：

（1）开关柜内有明显的放电声并伴有放电火花，烧焦气味等。

（2）柜内元件表面严重积污、凝露或进水受潮，可能引起接地或短路时。

（3）柜内元件外绝缘严重裂纹，外壳严重破损、本体断裂或严重漏油已看不到油位。

（4）触头严重过热或有打火现象。

（5）$SF_6$ 断路器严重漏气，达到"压力闭锁"状态；真空断路器灭弧室故障。

（6）手车无法操作或保持在要求位置。

（7）充气式开关柜严重漏气，达到"压力报警"状态。

（8）其他根据现场实际认为应紧急停运的情况。

### （二）运行、操作注意事项

（1）手车分为工作位置、试验位置和检修位置三种位置，禁止手车停留在以上三种位置以外的其他过渡位置。

（2）手车在工作位置、试验位置，机械联锁均应可靠锁定手车。

（3）手车推入、拉出操作前，应将车体位置摆正，认真检查机械联锁位置正确方可进行操作；禁止强行操作。

（4）手车推入开关柜内前，应检查断路器确已断开、动触头外观完好、设备本身及柜内清洁无积灰，无试验接线，无工具物料等。

（5）手车在试验位置时，应检查二次空气开关、插头是否投入，指示灯等是否正常。

（6）手车推入工作位置前，应检查"远方/就地"切换开关在"就地"位置，检查保护连接片、保护定值区是否按照调控命令方式投入，保护装置无异常。

（7）拉出、推入手车之前应检查断路器在分闸位置。

（8）手车开关拉出后，隔离带电部位的挡板封闭后禁止开启，并设置"止步，高压危险！"的标示牌。

（9）在确认配电线路无电的情况下，才能合上线路侧接地开关，该开关柜电缆仓门才能打开。

（10）全封闭式开关柜操作前后，无法直接观察设备位置的，应通过间接方法判断设备位置。

（11）全封闭式开关柜无法进行直接验电的部分，应采取间接验电的方法进行判断。

## 五、隔离开关

### （一）隔离开关运行规定

1. 一般规定

（1）隔离开关应满足装设地点的运行工况，在正常运行和检修或发生短路情况下应满足安全要求。

（2）隔离开关和接地开关所有部件和箱体上，尤其是传动连接部件和运动部位不得有积水出现。

（3）隔离开关应有完整的铭牌、规范的运行编号和名称，相序标志明显，分合指示、旋转方向指示清晰正确，其金属支架、底座应可靠接地。

2. 导电部分

（1）隔离开关导电回路长期工作温度不宜超过 80℃。

（2）隔离开关在合闸位置时，触头应接触良好，合闸角度应符合产品技术要求。

（3）隔离开关在分闸位置时，触头间的距离或打开角度应符合产品技术要求。

3. 绝缘子

（1）绝缘子爬电比距应满足所处地区的污秽等级，不满足污秽等级要求的应采取防污闪措施。

（2）定期检查隔离开关绝缘子金属法兰与瓷件的胶装部位防水密封胶的完好性，必要时联系检修人员处理。

（3）未涂防污闪涂料的瓷质绝缘子应坚持"逢停必扫"，已涂防污闪涂料的绝缘子应监督涂料有效期限，在其失效前复涂。

4. 操动机构和传动部分

（1）隔离开关与其所配装的接地开关间有可靠的机械闭锁，机械闭锁应有足够的强度，电动操作回路的电气联锁功能应满足要求。

（2）接地开关可动部件与其底座之间的铜质软连接的截面积应不小于 $50mm^2$。

（3）隔离开关电动操动机构操作电压应为额定电压的 85%～110%。

（4）隔离开关辅助触点应切换可靠，操动机构、测控、保护、监控系统的分合闸位置指示应与实际位置一致。

（5）同一间隔内的多台隔离开关的电机电源，在端子箱内应分别设置独立的开断设备。

（6）操动机构箱内交直流空气开关不得混用，且与上级空气开关满足级差配置的要求。

（7）电动操动机构的隔离开关手动操作时，应断开其控制电源和电机电源。

（8）电动操作时，隔离开关分合到位后电动机应自动停止。

（9）接地开关的传动连杆及导电臂（管）上应按规定设置接地标识。

5. 紧急停运规定

发现下列情况，应立即向值班调控人员申请停运处理：

（1）线夹有裂纹，接头处导线断股散股严重。

（2）导电回路严重发热达到危急缺陷，且无法倒换运行方式或转移负荷。

（3）绝缘子严重破损且伴有放电声或严重电晕。

（4）绝缘子发生严重放电、闪络现象。

（5）绝缘子有裂纹。

（6）其他根据现场实际认为应紧急停运的情况。

**（二）运行、操作注意事项**

（1）允许隔离开关操作的范围：

1）拉、合系统无接地故障的消弧线圈。

2）拉、合系统无故障的电压互感器、避雷器。

3）拉、合系统无接地故障的变压器中性点的接地开关。

4）拉、合 110kV 及以下且电流不超过 2A 的空载变压器和充电电流不超过 5A 的空载线路，但当电压在 20kV 以上时，应使用户外垂直分合式三联隔离开关。

（2）运行中的隔离开关与其断路器、接地开关间的闭锁装置应完善可靠。

（3）隔离开关支持绝缘子、传动部件有严重损坏时，严禁操作该隔离开关。

（4）隔离开关、接地开关合闸前应检查触头内无异物（覆冰）。

（5）隔离开关操作过程中，应严格监视隔离开关动作情况，如有机构卡涩、顶卡，动触头不能插入静触头等现象时，应停止操作，检查原因并上报，严禁强行操作。

（6）隔离开关就地操作时，应做好支柱绝缘子断裂的风险分析与预控，操作人员应正确站位，避免站在隔离开关及引线正下方，操作中应严格监视隔离开关动作情况，并视情况做好及时撤离的准备。

（7）手动合上隔离开关开始时应迅速果断，但合闸终了不应用力过猛，以防瓷质绝缘子断裂造成事故。手动拉开隔离开关开始时应慢而谨慎，当触头刚刚分开的时刻应迅速拉开，然后检查动静触头断开是否到位。

（8）合闸操作后应检查三相触头是否合闸到位，接触应良好；水平旋转式隔离开关检查两个触头是否在同一轴线上；单臂垂直伸缩式和垂直开启剪刀式隔离开关检查上、下拐臂是否均已经越过"死点"位置。

（9）电动操作隔离开关后，应检查隔离开关现场实际位置是否与监控机显示隔离开关位置一致。

（10）母线侧隔离开关操作后，检查母差保护模拟图及各间隔保护电压切换箱、计量切换继电器等是否变位，并进行隔离开关位置确认。

（11）误合上隔离开关后禁止再行拉开，合闸操作时即使发生电弧，也禁止将隔离开关再次拉开。误拉隔离开关时，当主触头刚刚离开即发现电弧产生时应立即合回，查明原因。如隔离开关已经拉开，禁止再合上。

（12）长期备用隔离开关运行后应对其进行一次红外测温。

## 六、电压互感器

### （一）电压互感器运行规定

1. 一般规定

（1）新投入或大修后（含二次回路更动）的电压互感器必须核相。

（2）电压互感器二次绕组所接负荷应在准确等级所规定的负荷范围内。

（3）电压互感器二次侧严禁短路。

（4）电压互感器的各个二次绕组（包括备用）均必须有可靠的保护接地，且只允许有一个接地点。接地点的布置应满足有关二次回路设计的规定。

（5）应及时处理或更换已确认存在严重缺陷的电压互感器。对怀疑存在缺陷的电压互感器，应缩短试验周期进行跟踪检查和分析查明原因。

（6）停运中的电压互感器投入运行后，应立即检查相关电压指示情况和本体有无异常现象。

（7）新装或检修后，应检查电压互感器三相的油位指示正常，并保持一致，运行中的互感器应保持微正压。

（8）中性点非有效接地系统中，作单相接地监视用的电压互感器，一次中性点应接地。为防止谐振过电压，应在一次中性点或二次回路装设消谐装置。

（9）双母线接线方式下，一组母线电压互感器退出运行时，应加强运行电压互感器的巡视和红外测温。

（10）电磁式电压互感器一次绕组 N（X）端必须可靠接地。电容式电压互感器的电容分压器低压端子（N、δ、J）必须通过载波回路绕组接地或直接接地。

（11）电压互感器（含电磁式和电容式电压互感器）允许在 1.2 倍额定电压下连续运行。中性点有效接地系统中的互感器，允许在 1.5 倍额定电压下运行 30s。中性点非有效接地系统中的电压互感器，在系统无自动切除对地故障保护时，允许在 1.9 倍额定电压下运行 8h；在系统有自动切除对地故障保护时，允许在 1.9 倍额定电压下运行 30s。

（12）具有吸湿器的电压互感器，运行中其吸湿剂应干燥，油封油位应正常，呼吸应正常。

（13）$SF_6$ 电压互感器投运前，应检查电压互感器无漏气，$SF_6$ 气体压力指示与制造厂规定相符，三相气压应调整一致。

（14）$SF_6$ 电压互感器压力表偏出正常压力区时，应及时上报并查明原因，压力降低应进行补气处理。

（15）$SF_6$ 电压互感器密度继电器应便于运维人员观察，防雨罩应安装牢固，能将指示表、控制电缆接线端子遮盖。

2. 紧急申请停运的规定

发现有下列情况之一，运维人员应立即汇报值班调控人员申请将电压互感器停运，停运前应远离设备：

（1）高压熔断器连续熔断 2 次。

（2）外绝缘严重裂纹、破损，电压互感器有严重放电，已威胁安全运行时。

（3）内部有严重异声、异味、冒烟或着火。

（4）油浸式电压互感器严重漏油，看不到油位。

（5）$SF_6$ 电压互感器严重漏气或气体压力低于厂家规定的最小运行压力值。

（6）电容式电压互感器电容分压器出现漏油。

（7）电压互感器本体或引线端子有严重过热。

（8）膨胀器永久性变形或漏油。

（9）压力释放装置（防爆片）已冲破。

（10）电压互感器接地端子 N（X）开路、二次短路，不能消除。

（11）设备的油化试验或 $SF_6$ 气体试验时主要指标超过规定不能继续运行。

（12）其他根据现场实际认为应紧急停运的情况。

**（二）运行、操作注意事项**

（1）电压互感器退出时，应先断开二次空气开关（或取下二次熔断器），后拉开高压侧隔离开关；直接连接在线路、变压器或母线上的电压互感器应在其连接的一次设备停电后拉开二次空气开关（或取下二次熔断器）；投入时顺序相反。

（2）电压互感器停用前，应注意下列事项：

1）按继电保护和自动装置有关规定要求变更运行方式，防止继电保护误动和拒动。

2）将二次回路主熔断器或二次空气开关断开，防止电压反送。

（3）严禁用隔离开关或高压熔断器拉开有故障（油位异常升高、喷油、冒烟、内部放电等）的电压互感器。

（4）66kV 及以下中性点非有效接地系统发生单相接地或产生谐振时，严禁用隔离开关或高压熔断器拉、合电压互感器。

（5）为防止串联谐振过电压烧损电压互感器，倒闸操作时，不宜使用带断口电容器的断路器投切带电磁式电压互感器的空母线。

（6）高压侧装有熔断器的电压互感器，其高压熔断器应在停电并采取安全措施后才能取下、装上。在有隔离开关和熔断器的低压回路，停电时应先拉开隔离开关，后取下熔断器，送电时相反。

（7）分别接在两段母线上的电压互感器并列时，应先将一次侧并列，再进行二次并列操作。

（8）电压互感器故障时，严禁 2 台电压互感器二次并列。

### 七、电流互感器

1. 一般规定

（1）电流互感器二次绕组所接负荷应在准确等级所规定的负荷范围内。

（2）电流互感器允许在设备最高电压下和额定连续热电流下长期运行。

（3）电流互感器二次侧严禁开路，备用的二次绕组应短接接地。

（4）运行中的电流互感器二次侧只允许有一个接地点。其中公用电流互感器二次绕组二次回路只允许且必须在相关保护柜屏内一点接地。独立的、与其他电压互感器和电流互感器的二次回路没有电气联系的二次回路应在开关场一点接地。

（5）电流互感器在投运前及运行中应注意检查各部位接地是否牢固可靠，末屏应可靠接地，严防出现内部悬空的假接地现象。

（6）应及时处理或更换已确认存在严重缺陷的电流互感器。对怀疑存在缺陷的电流互感器，应缩短试验周期进行跟踪检查和分析查明原因。

（7）停运中的电流互感器投入运行后，应立即检查相关电流指示情况和本体有无异常现象。

（8）新装或检修后，应检查电流互感器三相的油位指示正常，并保持一致，运行中的电流互感器应保持微正压。

（9）新投入或大修后（含二次回路更动）的电流互感器必须核对相序、极性。

（10）$SF_6$ 电流互感器投运前，应检查无漏气，气体压力指示与制造厂规定相符，三相气压应调整一致。

（11）$SF_6$ 电流互感器压力表偏出正常压力区时，应及时上报并查明原因，压力降低应进行补气处理。

（12）$SF_6$ 电流互感器密度继电器应便于运维人员观察，防雨罩应安装牢固，能将表计、控制电缆接线端子遮盖。

（13）设备故障跳闸后，未查找到故障原因时，应联系检修人员进行 $SF_6$ 电流互感器气体分解产物检测，以确定内部有无放电，避免带故障强送再次放电。

（14）对硅橡胶套管或加装硅橡胶伞裙的瓷套，应经常检查硅橡胶表面有无放电痕迹现象，如有放电现象应及时处理。

2. 紧急申请停运的规定

发现有下列情况时，运维人员应立即汇报值班调控人员申请将电流互感器停运，停运前应远离设备：

（1）外绝缘严重裂纹、破损，严重放电。

（2）严重异声、异味、冒烟或着火。

（3）严重漏油，看不到油位。

（4）严重漏气，气体压力表指示为零。

（5）本体或引线接头严重过热。

（6）金属膨胀器异常伸长顶起上盖。

（7）压力释放装置（防爆片）已冲破。

（8）末屏开路。

（9）二次回路开路不能立即恢复。

（10）设备的油化试验或 $SF_6$ 气体试验时主要指标超过规定不能继续运行。

（11）其他根据现场实际认为应紧急停运的情况。

## 八、电抗器

### （一）干式电抗器运行规定

#### 1. 一般规定

（1）电抗器送电前必须试验合格，各项检查项目合格，各项指标满足要求，并经验收合格，方可投运。

（2）电抗器应满足安装地点的最大负载、工作电压等条件的要求。正常运行时，串联电抗器的工作电流应不大于其 1.3 倍的额定电流。

（3）电抗器存在较为严重的缺陷（如局部过热等）或者绝缘有弱点时，不宜超额定电流运行。

（4）电抗器应接地良好，本体风道通畅，上方架构和四周围栏不应构成闭合环路，周边无铁磁性杂物。

（5）电抗器的引线安装，应保证运行中一次端子承受的机械负载不超过制造厂规定的允许值。

#### 2. 紧急申请停运规定

运行中干式电抗器发生下列情况时，应立即申请停用，停运前应远离设备：

（1）接头及包封表面异常过热、冒烟。

（2）包封表面有严重开裂，出现沿面放电。

（3）支持绝缘子有破损裂纹、放电。

（4）出现突发性声音异常或振动。

（5）倾斜严重，线圈膨胀变形。

（6）其他根据现场实际认为应紧急停运的情况。

### （二）干式电抗器运行、操作注意事项

（1）并联电抗器的投切按调度部门下达的电压曲线或调控人员命令进行，系统正常运行情况下电压需调整时，应向调控人员申请，经许可后可以进行操作。

（2）站内并联电容器与并联电抗器不得同时投入运行。

（3）因总断路器跳闸使母线失压后，应将母线上各组并联电抗器退出运行，待母线恢复后方可投入。正常操作中不得用总断路器对并联电抗器进行投切。

（4）有条件时，各组并联电抗器应轮换投退，以延长使用寿命。

## 九、并联电容器组

### （一）并联电容器组运行规定

1. 一般规定

（1）并联电容器组新装投运前，除各项试验合格并按一般巡视项目检查外，还应检查放电回路，保护回路、通风装置完好。构架式电容器装置每只电容器应编号，在上部三分之一处贴 45～50℃试温蜡片。在额定电压下合闸冲击三次，每次合闸间隔时间为 5min，应将电容器残留电压放完后方可进行下次合闸。

（2）并联电容器组放电装置应投入运行，断电后在 5s 内应将剩余电压降到 50V 以下。

（3）运行中的并联电容器组电抗器室温度不应超过 35℃，当室温超过 35℃时，干式三相重叠安装的电抗器线圈表面温度不应超过 85℃，单独安装不应超过 75℃。

（4）并联电容器组外熔断器的额定电流应不小于电容器额定电流的 1.43 倍，并不宜大于额定电流的 1.55 倍。更换外熔断器时应注意选择相同型号及参数的外熔断器。每台电容器必须有安装位置的唯一编号。

（5）电容器引线与端子间连接应使用专用线夹，电容器之间的连接线应采用软连接，宜采取绝缘化处理。

（6）室内并联电容器组应有良好的通风，进入电容器室宜先开启通风装置。

（7）电容器围栏应设置断开点，防止形成环流，造成围栏发热。

（8）电容器室不宜设置采光玻璃，门应向外开启，相邻两电容器的门应能向两个方向开启。电容器室的进、排风口应有防止风雨和小动物进入的措施。

（9）室内布置电容器装置必须按照有关消防规定设置消防设施，并设有总的消防通道，应定期检查设施完好，通道不得任意堵塞。

（10）吸湿器（集合式电容器）的玻璃罩杯应完好无破损，能起到长期呼吸作用。使用变色硅胶，罐装至顶部 1/6～1/5 处，受潮硅胶不超过 2/3，并标识 2/3 位置；硅胶不应自上而下变色，上部不应被油浸润，无碎裂、粉化现象。油封完好，呼或吸状态下，内油面或外油面应高于呼吸管口。

（11）非密封结构的集合式电容器应装有储油柜，油位指示应正常，油位计内部无油垢，油位清晰可见，储油柜外观应良好，无渗油、漏油现象。

（12）注油口和放油阀（集合式电容器）阀门必须根据实际需要，处在正确位置。指示开、闭位置的标志清晰、正确，阀门接合处无渗漏油现象。

（13）系统电压波动、本体有异常（如振荡、接地、低频或铁磁谐振），应检查电容器固件有无松动，各部件相对位置有无变化，电容器有无放电及焦味，电容器外壳有无膨胀变形。

（14）对于接入谐波源用户的变电站电容器，每年应安排一次谐波测试，谐波超标时应采取相应的消谐措施。

（15）电容器允许在额定电压±5%波动范围内长期运行。电容器过电压倍数及运行持续时间按表 6-4 规定执行，尽量避免在低于额定电压下运行。

表 6-4                    电容器过电压倍数及运行持续时间

| 过电压倍数（$U_g/U_n$） | 持续时间 | 说明 |
| --- | --- | --- |
| 1.05 | 连续 | |
| 1.10 | 每 24h 中 8h | |
| 1.15 | 每 24h 中 30min | 系统电压调整与波动 |
| 1.20 | 5min | 轻荷载时电压升高 |
| 1.30 | 1min | |

（16）并联电容器组允许在不超过额定电流的 30%的运行情况下长期运行，三相不平衡电流不应超过 5%。

（17）当系统发生单相接地时，不准带电检查该系统上的电容器。

2. 紧急申请停运规定

运行中的电力电容器有下列情况时，运维人员应立即申请停运，停运前应远离设备：

（1）电容器发生爆炸、喷油或起火。

（2）触头严重发热。

（3）电容器套管发生破裂或有闪络放电。

（4）电容器、放电线圈严重渗漏油时。

（5）电容器壳体明显膨胀，电容器、放电线圈或电抗器内部有异常声响。

（6）集合式并联电容器压力释放阀动作时。

（7）当电容器 2 根及以上外熔断器熔断时。

（8）电容器的配套设备有明显损坏，危及安全运行时。

（9）其他根据现场实际认为应紧急停运的情况。

**（二）运行、操作注意事项**

（1）正常情况下电容器的投入、切除由调控中心 AVC 系统自动控制，或由值班调控人员根据调度颁发的电压曲线自行操作。

（2）站内并联电容器与并联电抗器不得同时投入运行。

（3）由于继电保护动作使电容器开关跳闸，在未查明原因前，不得重新投入电容器。

（4）装设自动投切装置的电容器，应有防止保护跳闸时误投入电容器装置的闭锁回路，并应设置操作解除控制开关。

（5）对于装设有自动投切装置的电容器，在停复电操作前，应确保自动投切装置已退出，复电操作完后，再按要求进行投入。

（6）电容器检修作业，应先对电容器高压侧及中性点接地，再对电容器进行逐个充分放电。装在绝缘支架上的电容器外壳亦应对地放电。

（7）分组电容器投切时，不得发生谐振（尽量在轻载荷时切出）。

（8）环境温度长时间超过允许温度或电容器大量渗油时禁止合闸；电容器温度低于下限温度时，应避免投入操作。

（9）某条母线停役时应先切除该母线上电容器，然后拉开该母线上的各出线回路，母线复役时则应先合上母线上的各出线回路断路器，后合上电容器断路器。

（10）电容器切除后，须经充分放电后（必须在 5min 以上），才能再次合闸。因此在操作时，若发生断路器合不上或跳跃等情况时，不可连续合闸，以免电容器损坏。

（11）有条件时，各组并联电容器应轮换投退，以延长使用寿命。

## 十、避雷器

### 1. 一般规定

（1）110kV 及以上电压等级避雷器应安装泄漏电流监测装置。

（2）安装了监测装置的避雷器，在投入运行时，应记录泄漏电流值和动作次数，作为原始数据记录。

（3）瓷外套金属氧化物避雷器下方法兰应设置有效排水孔。

（4）瓷绝缘避雷器禁止加装辅助伞裙，可采取喷涂防污闪涂料的辅助防污闪措施。

（5）避雷器应全年投入运行，严格遵守避雷器交流泄漏电流测试周期，雷雨季节前测量一次，测试数据应包括全电流及阻性电流，合格后方可继续运行。

（6）当避雷器泄漏电流指示异常时，应及时查明原因，必要时缩短巡视周期。

（7）系统发生过电压、接地等异常运行情况时，应对避雷器进行重点检查。

（8）雷雨时，严禁巡视人员接近避雷器。

### 2. 紧急申请停运规定

运行中避雷器有下列情况时，运维人员应立即汇报值班调控人员申请将避雷器停运，停运前应远离设备：

（1）本体严重过热达到危急缺陷程度。

（2）瓷套破裂或爆炸。

（3）底座支持绝缘子严重破损、裂纹。

（4）内部异常声响或有放电声。

（5）运行电压下泄漏电流严重超标。

（6）连接引线严重烧伤或断裂。

（7）其他根据现场实际认为应紧急停运的情况。

## 十一、母线

### （一）母线及绝缘子的运行规定

### 1. 一般规定

（1）母线及绝缘子送电前应试验合格，各项检查项目合格，各项指标满足要求，保护按照要求投入，并经验收合格，方可投运。

（2）母线及接头长期允许工作温度不宜超过 70℃。

（3）检修后或长期停用的母线，投运前须用带保护的断路器对母线充电。

（4）母线拆卸大修后，需进行重新核相。

（5）用母联（分段）断路器给母线充电前，应投入充电保护；充电（正常）后，退出充电保护。

（6）母线停送电操作中，应避免电压互感器（TV）二次侧反充电。

### 2. 紧急申请停运规定

发现母线有下列情况之一，应立即汇报值班调控人员申请停运，停运前应远离设备：

（1）母线支柱绝缘子倾斜、断裂、放电或覆冰严重时。

（2）悬挂型母线滑移。

（3）单片悬式瓷绝缘子严重发热。

（4）硬母线伸缩节变形。

（5）软母线或引流线有断股，截面损失达 25% 以上或不满足母线短路通流要求时。

（6）母线严重发热，热点温度≥130℃时。

（7）母线异常声响或放电声音较大时。

（8）户外母线搭挂异物，危及安全运行，无法带电处理时；其他引线脱落，可能造成母线故障时。

（9）其他根据现场实际认为应紧急停运的情况。

### （二）运行、操作注意事项

#### 1. 母线停送电操作

（1）母线停电前应检查停电母线上所有负荷确已转移，同时应防止电压互感器反送电。

（2）拉开母联、分段断路器前后，应检查该断路器电流。

（3）如母联断路器设有断口均压电容且母线电压互感器为电磁式的，为了避免拉开母联断路器后可能产生串联谐振而引起过电压，应先停用母线电压互感器，再拉开母联断路器；复役时相反。

（4）母线送电操作程序与停电操作程序相反。

（5）母线送电时，应对母线进行检验性充电。用母联（或分段）断路器给母线充电前，应将专用充电保护投入；充电正常后，退出专用充电保护。用旁路断路器对旁路母线充电前应投入旁路开关线路保护或充电保护。

（6）母线充电后检查母线电压。

#### 2. 倒母线操作

（1）倒母线操作时，应按照合上母联断路器、投入母线保护互联连接片、拉开母联断路器控制电源、切换母线侧隔离开关的顺序进行。运行断路器切换母线隔离开关应"先合、后拉"。

（2）冷倒（热备用断路器）切换母线隔离开关，应"先拉、后合"。

（3）倒母线操作时，在某一设备间隔母线侧隔离开关合上或拉开后，应检查该间隔二次电压切换正常。

（4）双母线接线方式下变电站倒母线操作结束后，先合上母联断路器控制电源开关，然后再退出母线保护互联连接片。

（5）母线停电前，有站用变压器接于停电母线上的，应先做好站用电的调整。

## 十二、高压动态无功补偿装置（SVG）

### （一）高压动态无功补偿装置（SVG）运行规定

（1）无功补偿装置调管设备，任何停送电操作和设备检修均取得相应调度机构调度值班人员的许可。

（2）严格遵守电业规定"五防"操作。

（3）设备运行时，严禁私自打开一次设备网门，以防止他人和自己误入。

（4）设备运行时，保持运行设备的密闭状态功率柜在运行时，严禁打开功率柜门。

（5）SVG 在运行中严禁分断 SVG 控制柜电源。

（6）装置室内空调运行良好，保证功率单元室内温度不应超过 40℃。

（7）SVG 装置周围不得有危及安全运行的物体。

（8）电力系统不正常时要增加检查次数，气候恶劣时应进行特殊检查。

（9）SVG 设备检修时必须做好停电措施，设备在停电至少 15min 后方可装设接地线，任何人不得在未经放电的电抗器和 IGBT 功率模块上进行任何工作。

（10）检查二次回路时，必须对二次线先进行交直流验电后再操作。

（11）严禁触摸运行功率单元的外壳及链节排。

### （二）运行、操作注意事项

1. 投运

（1）检查控制屏上各控制单元、站控工作是否正常，有无告警信息。

（2）检查动态无功补偿功率柜散热用的风机运转是否良好。

（3）如果存在故障，应排除故障后再将动态无功补偿设备上级断路器合闸。

（4）为了减小动态无功补偿设备上级断路器合闸时对系统的冲击，动态无功补偿设备上级断路器合闸前应保证旁路接触器分闸。

（5）动态无功补偿设备上级断路器合闸后，要通过监控装置观察动态无功补偿设备各相功率单元电压是否正常，各相功率单元间的电压是否平衡，如有异常应及时将断路器分闸。

2. 停运

（1）将无功补偿装置由运行转待机，使动态无功补偿设备的输出电流为零。

（2）断开动态无功补偿设备断路器。

（3）如果转换开关处于"运行"状态便分开上级断路器，由于动态无功补偿设备的输出电流不为零，连接电抗器中的电流会对功率单元造成冲击。

3. SVG 系统运行时注意事项

（1）SVG 系统属于高压设备，在进行操作和维护时要注意人身安全。

（2）SVG 系统运行时严禁打开柜门。

（3）在通高压电之前一定要把控制回路准备好后方可上电。

（4）SVG 系统故障停机后，观察后台保护动作报文，查明原因并排除后方可再次上电。

（5）故障排除后，监控后台主画面显示"启动条件已满足"，即可重新启动。

（6）运行时发现紧急情况，启动紧急停机按钮。

（7）运行时不允许停控制电源。

（8）保持 SVG 室内卫生。

# 第三节 设 备 巡 视

## 一、巡视电气设备时应遵守的规定

（1）经本单位批准允许单独巡视高压设备的人员巡视高压设备时，不准进行其他工作，不准移开或越过遮栏。

（2）雷雨天气，需要巡视室外高压设备时，应穿绝缘靴，并不准靠近避雷器和避雷针。

（3）火灾、地震、台风、冰雪、洪水、泥石流、沙尘暴等灾害发生时，如需要对设备进行巡视，应制定必要的安全措施，得到设备运行单位分管领导批准，并至少两人一组，巡视人员应与派出部门之间保持通信联络。

（4）高压设备发生接地时，室内不准接近故障点 4m 以内，室外不准接近故障点 8m 以内。进入上述范围人员应穿绝缘靴，接触设备的外壳和构架时，应戴绝缘手套。

（5）巡视配电装置、进出高压室，必须随手将门关好。

（6）高压室的钥匙至少应有 3 把，由运行人员负责保管，按值移交。1 把专供紧急时使用，1 把专供运行人员使用，其他可以借给经批准的巡视高压设备人员和经批准的检修、施工队伍的工作负责人使用，但应登记签名，巡视或当日工作结束后交还。

## 二、设备巡视的方法

变电站电气设备的巡视检查方法，即以运行人员的眼观、耳听、鼻嗅、手触等感官为主要检查手段，发现运行中设备的缺陷及隐患；使用工具和仪表，进一步探明故障性质；较小的障碍也可在现场及时排除。设备巡视常用检查方法如下。

1. 目测法

目测法就是值班人员用肉眼对运行设备可见部位的外观变化进行观察来发现设备的异常现象，如变色、变形、位移、破裂、松动、打火冒烟、渗油漏油、断股断线、闪络痕迹、异物搭挂、腐蚀污秽等都可通过目测法检查出来。因此，目测法是设备巡查最常用的方法之一。

2. 耳听法

变电站的一、二次电磁式设备（如变压器、互感器、继电器、接触器等），正常运行通过交流电后，其绕组铁芯会发出均匀节律和一定响度的"嗡嗡"声。运行值班人员应该熟悉掌握声音的特点，当设备出现故障时，会夹着杂音，甚至有"劈啪"的放电声，可以通过用耳朵听高低节奏、音色的变化、音量的强弱、是否伴有杂音等，来判断设备是否运行正常。通过耳听可以发现的异常现象包括内部放电、电晕、电动机运转异常、装置报警或误报等。

3. 鼻嗅法

电气设备的绝缘材料一旦过热会使周围的空气产生一种异味，这种异味对正常巡查人员来说是可以嗅别出来的。鼻嗅法是用鼻子嗅到电气设备的绝缘材料过热产生的异味而发现电气设备的某些异常和缺陷。通过鼻嗅可以发现的异常现象包括发热、着火、短路、击穿、漏油等。

4. 手触法

对带电的高压设备，如运行中的变压器、消弧线圈的中性点接地装置，禁止使用手触法测试。手触法是用手触试检查判断设备外壳可靠接地的非带电部位表面温度，从而发现设备异常和缺陷的方法。通过手触可以发现的异常现象包括发热、过负荷，电机停转，驱潮电热断线，运转设备异常振动，导线松动接触不良。

5. 仪表法

仪表法就是借助各类仪表指示，分析判断查找设备异常和缺陷的方法。通过仪表检查可以发现的异常现象包括过温、过负荷，压力异常，短路、开路，系统谐振、振荡，电压过高、过低，油位异常等。

6. 工具法

工具法就是借助各种测试工具指示，来测检查设备异常和缺陷的方法。通过红外测温仪、超声波等检查可以发现的异常现象包括设备发热、绝缘故障、内部放电、驱潮电热故障、接触不良等。

7. 对比法

对比法就是借助与同型号设备的运行状况对比或比较，分析判断设备异常和缺陷的方法。通过比较法可以发现的异常现象包括装置异常、压力异常、过温、过负荷、连接片状态异常等。

### 三、设备巡视类别

变电站的设备巡视检查，分为例行巡视、全面巡视、熄灯巡视、专业巡视和特殊巡视。

### 四、设备巡视内容及周期

#### （一）例行巡视

（1）内容：例行巡视是指对站内设备及设施外观、异常声响、设备渗漏、监控系统、二次装置及辅助设施异常告警、消防安防系统完好性、变电站运行环境、缺陷和隐患跟踪检查等方面的常规性巡查，具体巡视项目按照现场运行通用规程和专用规程执行。

（2）周期：一类变电站每2天不少于1次；二类变电站每3天不少于1次；三类变电站每周不少于1次；四类变电站每2周不少于1次。

配置机器人巡检系统的变电站，机器人可巡视的设备可由机器人巡视代替人工例行巡视。

#### （二）全面巡视

（1）内容：全面巡视是指在例行巡视项目基础上，对站内设备开启箱门检查，记录设备运行数据，检查设备污秽情况，检查防火、防小动物、防误闭锁等有无漏洞，检查接地引下线是否完好，检查变电站设备厂房等方面的详细巡查。全面巡视和例行巡视可一并进行。

（2）周期：一类变电站每周不少于1次；二类变电站每15天不少于1次；三类变电站每月不少于1次；四类变电站每2月不少于1次。

需要解除防误闭锁装置才能进行巡视的，巡视周期由各运维单位根据变电站运行环境及设备情况在现场运行规程中明确。

## （三）熄灯巡视

（1）内容：熄灯巡视指夜间熄灯开展的巡视，重点检查设备有无电晕、放电，接头有无过热现象。

（2）周期：熄灯巡视每月不少于 1 次。

## （四）专业巡视

（1）内容：专业巡视指为深入掌握设备状态，由运维、检修、设备状态评价人员联合开展对设备的集中巡查和检测。

（2）周期：一类变电站每月不少于 1 次；二类变电站每季不少于 1 次；三类变电站每半年不少于 1 次；四类变电站每年不少于 1 次。

## （五）特殊巡视内容及周期

特殊巡视指因设备运行环境、方式变化而开展的巡视。遇有以下情况，应进行特殊巡视：

（1）大风后。

（2）雷雨后。

（3）冰雪、冰雹后、雾霾过程中。

（4）新设备投入运行后。

（5）设备经过检修、改造或长期停运后重新投入系统运行后。

（6）设备缺陷有发展时。

（7）设备发生过负荷或负载剧增、超温、发热、系统冲击、跳闸等异常情况。

（8）法定节假日、上级通知有重要保供电任务时。

（9）电网供电可靠性下降或存在发生较大电网事故（事件）风险时段。

## 五、设备巡视项目

### （一）油浸变压器巡视

1. 例行巡视项目

（1）本体及套管。

1）运行监控信号、灯光指示、运行数据等均应正常。

2）各部位无渗油、漏油。

3）套管油位正常，套管外部无破损裂纹、无严重油污、无放电痕迹，防污闪涂料无起皮、脱落等异常现象。

4）套管末屏无异常声音，接地引线固定良好，套管均压环无开裂歪斜。

5）变压器声响均匀、正常。

6）引线接头、电缆应无发热迹象。

7）外壳及箱沿应无异常发热，引线无散股、断股。

8）变压器外壳、铁芯和夹件接地良好。

9）35kV 及以下接头及引线绝缘护套良好。

（2）分接开关。

1）分接挡位指示与监控系统一致。三相分体式变压器分接挡位三相应置于相同挡位，且与监控系统一致。

2）机构箱电源指示正常，密封良好，加热、驱潮等装置运行正常。

3）分接开关的油位、油色应正常。

4）在线滤油装置工作方式设置正确，电源、压力表指示正常。

5）在线滤油装置无渗漏油。

（3）冷却系统。

1）各冷却器（散热器）的风扇、油泵、水泵运转正常，油流继电器工作正常。

2）冷却系统及连接管道无渗漏油，特别注意冷却器潜油泵负压区出现渗漏油。

3）冷却装置控制箱电源投切方式指示正常。

4）水冷却器压差继电器、压力表、温度表、流量表的指示正常，指针无抖动现象。

5）冷却塔外观完好，运行参数正常，各部件无锈蚀、管道无渗漏、阀门开启正确、电动机运转正常。

（4）非电量保护装置。

1）温度计外观完好、指示正常，表盘密封良好，无进水、凝露，温度指示正常。

2）压力释放阀、安全气道及防爆膜应完好无损。

3）气体继电器内应无气体。

4）气体继电器、油流速动继电器、温度计防雨措施完好。

（5）储油柜。

1）本体及有载调压开关储油柜的油位应与制造厂提供的油温、油位曲线相对应。

2）本体及有载调压开关吸湿器呼吸正常，外观完好，吸湿剂符合要求，油封油位正常。

（6）其他。

1）各控制箱、端子箱和机构箱应密封良好，加热、驱潮等装置运行正常。

2）变压器室通风设备应完好，温度正常。门窗、照明完好，房屋无漏水。

3）电缆穿管端部封堵严密。

4）各种标志应齐全明显。

5）原存在的设备缺陷是否有发展。

6）变压器导线、触头、母线上无异物。

2. 全面巡视项目

全面巡视在例行巡视的基础上增加以下项目：

（1）消防设施应齐全完好。

（2）储油池和排油设施应保持良好状态。

（3）各部位的接地应完好。

（4）冷却系统各信号正确。

（5）在线监测装置应保持良好状态。

（6）抄录主变压器油温及油位。

3．熄灯巡视项目

（1）引线、触头、套管末屏无放电、发红迹象。

（2）套管无闪络、放电。

4．特殊巡视项目

（1）新投入或者经过大修的变压器巡视。

1）各部件无渗漏油。

2）声音应正常，无不均匀声响或放电声。

3）油位变化应正常，应随温度的增加合理上升，并符合变压器的油温曲线。

4）冷却装置运行良好，每一组冷却器温度应无明显差异。

5）油温变化应正常，变压器（电抗器）带负载后，油温应符合厂家要求。

（2）异常天气时的巡视。

1）气温骤变时，检查储油柜油位和瓷套管油位是否有明显变化，各侧连接引线是否受力，是否存在断股或者接头部位、部件发热现象。各密封部位、部件有否渗漏油现象。

2）浓雾、小雨、雾霾天气时，瓷套管有无沿表面闪络和放电，各接头部位、部件在小雨中不应有水蒸气上升现象。

3）下雪天气时，应根据接头部位积雪溶化迹象检查是否发热。检查导引线积雪累积厚度情况，为了防止套管因积雪过多受力引发套管破裂和渗漏油等，应及时清除导引线上的积雪和形成的冰柱。

4）高温天气时，应特别检查油温、油位、油色和冷却器运行是否正常。必要时，可以启动备用冷却器。

5）大风、雷雨、冰雹天气过后，检查导引线摆动幅度及有无断股迹象，设备上有无飘落积存杂物，瓷套管有无放电痕迹及破裂现象。

6）覆冰天气时，观察外绝缘的覆冰厚度及冰凌桥接程度，覆冰厚度不超 10mm，冰凌桥接长度不宜超过干弧距离的 1/3，放电不超过第二伞裙，不出现中部伞裙放电现象

（3）过负荷时的巡视。

1）定时检查并记录负载电流，检查并记录油温和油位的变化。

2）检查变压器声音是否正常，触头是否发热，冷却装置投入数量是否足够。

3）检查防爆膜、压力释放阀是否动作。

（4）故障跳闸后的巡视。

1）检查现场一次设备（特别是保护范围内设备）有无着火、爆炸、喷油、放电痕迹、导线断线、短路、小动物爬入等情况。

2）检查保护及自动装置（包括气体继电器和压力释放阀）的动作情况。

3）检查各侧断路器运行状态（位置、压力、油位）。

**（二）断路器巡视**

1．例行巡视项目

（1）本体。

1）外观清洁，无异物，无异常声响。

2）分、合闸指示正确，与实际位置相符；$SF_6$ 密度继电器（压力表）指示正常、外观无

破损或渗漏，防雨罩完好。

3）外绝缘无裂纹、破损及放电现象，增爬伞裙黏结牢固、无变形，防污涂料完好，无脱落、起皮现象。

4）引线弧垂满足要求，无散股、断股，两端线夹无松动、裂纹、变色现象。

5）套管防雨帽无异物堵塞，无鸟巢、蜂窝等。

6）金属法兰无裂痕，防水胶完好，连接螺栓无锈蚀、松动、脱落。

7）传动部分无明显变形、锈蚀，轴销齐全。

（2）操动机构。

1）液压、气动操动机构压力表指示正常。

2）液压操动机构油位、油色正常。

3）弹簧储能机构储能正常。

（3）其他。

1）名称、编号、铭牌齐全、清晰，相序标志明显。

2）机构箱、汇控柜箱门平整，无变形、锈蚀，机构箱锁具完好。

3）基础构架无破损、开裂、下沉，支架无锈蚀、松动或变形，无鸟巢、蜂窝等异物。

4）接地引下线标志无脱落，接地引下线可见部分连接完整可靠，接地螺栓紧固，无放电痕迹，无锈蚀、变形现象。

5）原存在的设备缺陷无发展。

2. 全面巡视项目

全面巡视是在例行巡视基础上增加以下巡视项目，并抄录断路器油位、$SF_6$气体压力、液压（气动）操动机构压力、断路器动作次数、操动机构电动机动作次数等运行数据。

（1）断路器动作计数器指示正常。

（2）液压操动机构油位正常，无渗漏，油泵及各储压元件无锈蚀。

（3）弹簧操动机构弹簧无锈蚀、裂纹或断裂。

（4）$SF_6$气体管道阀门及液压、气动操动机构管道阀门位置正确。

（5）指示灯正常，连接片投退、远方/就地切换把手位置正确。

（6）空气开关位置正确，二次元件外观完好，标志、电缆标牌齐全清晰。

（7）端子排无锈蚀、裂纹、放电痕迹；二次接线无松动、脱落，绝缘无破损、老化现象；备用芯绝缘护套完备；电缆孔洞封堵完好。

（8）照明、加热驱潮装置工作正常。加热驱潮装置线缆的隔热护套完好，附近线缆无过热灼烧现象。加热驱潮装置投退正确。

（9）机构箱透气口滤网无破损，箱内清洁无异物，无凝露、积水现象。

（10）箱门开启灵活，关闭严密，密封条无脱落、老化现象。

（11）"五防"锁具无锈蚀、变形现象，锁具芯片无脱落损坏现象。

3. 熄灯巡视项目

重点检查引线、接头、线夹有无发热，外绝缘有无放电现象。

4. 特殊巡视项目

（1）新安装或 A、B 类检修后投运的断路器、长期停用的断路器投入运行 72h 内，应增加巡视次数（不少于 3 次），巡视项目按照全面巡视执行。

（2）异常天气时的巡视。

1）大风天气时，检查引线摆动情况，有无断股、散股，均压环及绝缘子是否倾斜、断裂，各部件上有无搭挂杂物。

2）雷雨天气后，检查外绝缘有无放电现象或放电痕迹。

3）大雨后、连阴雨天气时，检查机构箱、端子箱、汇控柜等有无进水，加热驱潮装置工作是否正常。

4）冰雪天气时，检查导电部分是否有冰雪立即熔化现象，大雪时还应检查设备积雪情况，及时处理过多的积雪和悬挂的冰柱。

5）覆冰天气时，观察外绝缘的覆冰厚度及冰凌桥接程度，覆冰厚度不超 10mm，冰凌桥接长度不宜超过干弧距离的 1/3，爬电不超过第二伞裙，不出现中部伞裙爬电现象。

6）冰雹天气后，检查引线有无断股、散股，绝缘子表面有无破损现象。

7）大雾、重度雾霾天气时，检查外绝缘有无异常电晕现象，重点检查污秽部分。

8）温度骤变时，检查断路器油位、压力变化情况、有无渗漏现象；加热驱潮装置工作是否正常。

9）高温天气时，检查引线、线夹有无过热现象。

（3）高峰负荷期间，增加巡视次数，检查引线、线夹有无过热现象。

（4）故障跳闸后的巡视。

1）断路器外观是否完好。

2）断路器的位置是否正确。

3）外绝缘、接地装置有无放电现象、放电痕迹。

4）断路器内部有无异声。

5）$SF_6$ 密度继电器（压力表）指示是否正常，操动机构压力是否正常，弹簧机构储能是否正常。

6）油断路器有无喷油，油色及油位是否正常。

7）各附件有无变形，引线、线夹有无过热、松动现象。

8）保护动作情况及故障电流情况。

**（三）GIS 组合电器巡视**

1．例行巡视项目

（1）设备出厂铭牌齐全、清晰。

（2）运行编号标识、相序标识清晰。

（3）外壳无锈蚀、损坏，漆膜无局部颜色加深或烧焦、起皮现象。

（4）伸缩节外观完好，无破损、变形、锈蚀。

（5）外壳间导流排外观完好，金属表面无锈蚀，连接无松动。

（6）盆式绝缘子分类标示清楚，可有效分辨通盆和隔盆，外观无损伤、裂纹。

（7）套管表面清洁，无开裂、放电痕迹及其他异常现象；金属法兰与瓷件胶装部位黏合应牢固，防水胶应完好。

（8）增爬措施（伞裙、防污涂料）完好，伞裙应无塌陷变形，表面无击穿，黏结界面牢固；防污闪涂料涂层无剥离、破损。

（9）均压环外观完好，无锈蚀、变形、破损、倾斜脱落等现象。

（10）引线无散股、断股；引线连接部位接触良好，无裂纹、发热变色、变形。

（11）设备基础应无下沉、倾斜，无破损、开裂。

（12）接地连接无锈蚀、松动、开断，无油漆剥落，接地螺栓压接良好。

（13）支架无锈蚀、松动或变形。

（14）对于室内组合电器，进门前检查氧量仪和气体泄漏报警仪无异常。

（15）运行中组合电器无异味，重点检查机构箱中有无线圈烧焦气味。

（16）运行中组合电器无异常放电、振动声，内部及管路无异常声响。

（17）$SF_6$气体压力表或密度继电器外观完好，编号标识清晰完整，二次电缆无脱落，无破损或渗漏油，防雨罩完好。

（18）对于不带温度补偿的 $SF_6$ 气体压力表或密度继电器，应对照制造厂提供的温度-压力曲线，并与相同环境温度下的历史数据进行比较，分析是否存在异常。

（19）压力释放装置（防爆膜）外观完好，无锈蚀变形，防护罩无异常，其释放出口无积水（冰）、无障碍物。

（20）开关设备机构油位计和压力表指示正常，无明显漏气漏油。

（21）断路器、隔离开关、接地开关等位置指示正确，清晰可见，机械指示与电气指示一致，符合现场运行方式。

（22）断路器、油泵动作计数器指示值正常。

（23）机构箱、汇控柜等的防护门密封良好、平整，无变形、锈蚀。

（24）带电显示装置指示正常，清晰可见。

（25）各类配管及阀门应无损伤、变形、锈蚀，阀门开闭正确，管路法兰与支架完好。

（26）避雷器的动作计数器指示值正常，泄漏电流指示值正常。

（27）各部件的运行监控信号、灯光指示、运行信息显示等均应正常。

（28）智能柜散热冷却装置运行正常；智能终端/合并单元信号指示正确，与设备运行方式一致，无异常告警信息；相应间隔内各气室的运行及告警信息显示正确。

（29）对于集中供气系统，应检查以下项目：

1）气压表压力正常，各触头、管路、阀门无漏气。

2）各管道阀门开闭位置正确。

3）空压机运转正常，机油无渗漏，无乳化现象。

（30）在线监测装置外观良好，电源指示灯正常，应保持良好运行状态。

（31）组合电器室的门窗、照明设备应完好，房屋无渗漏水，室内通风良好。

（32）本体及支架无异物，运行环境良好。

（33）有缺陷的设备，检查缺陷、异常有无发展。

（34）变电站现场运行专用规程中根据组合电器的结构特点补充检查的其他项目。

2. 全面巡视项目

全面巡视应在例行巡视的基础上增加以下项目：

（1）机构箱。机构箱的全面巡视检查项目参考本书断路器部分相关内容。

（2）汇控柜及二次回路。

1）箱门应开启灵活、关闭严密，密封条良好，箱内无水迹。

2）箱体接地良好。

3）箱体透气口滤网完好、无破损。

4）箱内无遗留工具等异物。

5）接触器、继电器、辅助开关、限位开关、空气开关、切换开关等二次元件接触良好、位置正确，电阻、电容等元件无损坏，中文名称标识正确齐全。

6）二次接线压接良好，无过热、变色、松动，接线端子无锈蚀，电缆备用芯绝缘护套完好。

7）二次电缆绝缘层无变色、老化或损坏，电缆标牌齐全。

8）电缆孔洞封堵严密牢固，无漏光、漏风、裂缝和脱漏现象，表面光洁平整。

9）汇控柜保温措施完好，温湿度控制器及加热器回路运行正常，无凝露，加热器位置应远离二次电缆。

10）照明装置正常。

11）指示灯、光字牌指示正常。

12）光纤完好，端子清洁，无灰尘。

13）连接片投退正确。

（3）防误闭锁装置完好。

（4）记录避雷器动作次数、泄漏电流指示值。

3. 熄灯巡视项目

（1）设备无异常声响。

（2）引线连接部位、线夹无放电、发红迹象，无异常电晕。

（3）套管等部件无闪络、放电。

4. 特殊巡视项目

（1）新设备投入运行后巡视项目与要求。新设备或大修后投入运行 72h 内应开展不少于 3 次特巡，重点检查设备有无异声、压力变化、红外检测罐体及引线触头等有无异常发热。

（2）异常天气时的巡视项目和要求。

1）严寒季节时，检查设备 $SF_6$ 气体压力有无过低，管道有无冻裂，加热保温装置是否正确投入。

2）气温骤变时，检查加热器投运情况，压力表计变化，液压机构设备有无渗漏油等情况；检查本体有无异常位移、伸缩节有无异常。

3）大风、雷雨、冰雹天气过后，检查导引线位移、金具固定情况及有无断股迹象，设备上有无杂物，套管有无放电痕迹及破裂现象。

4）浓雾、重度雾霾、毛毛雨天气时，检查套管有无表面闪络和放电，各触头部位在小雨中出现水蒸气上升现象时，应进行红外测温。

5）冰雪天气时，检查设备积雪、覆冰厚度情况，及时清除外绝缘上形成的冰柱。

6）高温天气时，增加巡视次数，监视设备温度，检查引线触头有无过热现象，设备有无异常声音。

（3）故障跳闸后的巡视。

1）检查现场一次设备（特别是保护范围内设备）外观，导引线有无断股等情况。

2）检查保护装置的动作情况。

3）检查断路器运行状态（位置、压力、油位）。

4）检查各气室压力。

### （四）开关柜巡视

1. 例行巡视项目

（1）开关柜运行编号标识正确、清晰，编号应采用双重编号。

（2）开关柜上断路器或手车位置指示灯、断路器储能指示灯、带电显示装置指示灯指示正常。

（3）开关柜内断路器操作方式选择开关处于运行，热备用状态时置于"远方"位置，其余状态时置于"就地"位置。

（4）机械分、合闸位置指示与实际运行方式相符。

（5）开关柜内应无放电声、异味和不均匀的机械噪声。

（6）开关柜压力释放装置无异常，释放出口无障碍物。

（7）柜体无变形、下沉现象，柜门关闭良好，各封闭板螺栓应齐全，无松动、锈蚀。

（8）开关柜闭锁盒、"五防"锁具闭锁良好，锁具标号正确、清晰。

（9）充气式开关柜气压正常。

（10）开关柜内 $SF_6$ 断路器气压正常。

（11）开关柜内断路器储能指示正常。

（12）开关柜内照明正常，非巡视时间照明灯应关闭。

2. 全面巡视项目

全面巡视在例行巡视的基础上增加以下项目：

（1）开关柜出厂铭牌齐全、清晰可识别，相序标识清晰可识别。

（2）开关柜面板上应有间隔单元的一次电气接线图，并与柜内实际一次接线一致。

（3）开关柜接地应牢固，封闭性能及防小动物设施应完好。

（4）开关柜控制仪表室巡视检查项目及要求。

1）表计、继电器工作正常，无异声、异味。

2）不带有温湿度控制器的驱潮装置小开关正常在合闸位置，驱潮装置附近温度应稍高于其他部位。

3）带有温湿度控制器的驱潮装置，温湿度控制器电源灯亮，根据温湿度控制器设定启动温度和湿度，检查加热器是否正常运行。

4）控制电源、储能电源、加热电源、电压小开关正常在合闸位置。

5）环路电源小开关除在分段点处断开外，其他柜均在合闸位置。

6）二次接线连接牢固，无断线、破损、变色现象。

7）二次接线穿柜部位封堵良好。

（5）有条件时，通过观察窗检查以下项目。

1）开关柜内部无异物。

2）支持绝缘子表面清洁，无裂纹、破损及放电痕迹。

3）引线接触良好，无松动、锈蚀、断裂现象。

4）绝缘护套表面完整，无变形、脱落、烧损。

5）检查开关柜内 $SF_6$ 断路器气压是否正常，并抄录气压值。

6）试温蜡片（试温贴纸）变色情况及有无熔化。

7）隔离开关动、静触头接触良好；触头、触片无损伤、变色；压紧弹簧无锈蚀、断裂、变形。

8）断路器、隔离开关的传动连杆、拐臂无变形，连接无松动、锈蚀，开口销齐全；轴销无变位、脱落、锈蚀。

9）断路器、电压互感器、电流互感器、避雷器等设备外绝缘表面无脏污、受潮、裂纹、放电、粉蚀现象。

10）避雷器泄漏电流表电流值在正常范围内。

11）手车动、静触头接触良好，闭锁可靠。

12）开关柜内部二次线固定牢固、无脱落，无接头松脱、过热，引线断裂，外绝缘破损等现象。

13）柜内设备标识齐全、无脱落。

14）一次电缆进入柜内处封堵良好。

（6）检查遗留缺陷有无发展变化。

（7）根据开关柜的结构特点，在变电站现场运行专用规程中补充检查的其他项目。

3.熄灯巡视项目

熄灯巡视时应通过外观检查或者通过观察窗检查开关柜引线、接头无放电、发红迹象，检查瓷套管无闪络、放电。

4.特殊巡视项目

（1）新设备或大修投入运行后巡视：重点检查有无异声，触头是否发热、发红、打火，绝缘护套有无脱落等现象。

（2）雨、雪天气特殊巡视项目。

1）检查开关室有无漏雨、开关柜内有无进水情况。

2）检查设备外绝缘有无凝露、放电、爬电、电晕等异常现象。

（3）高温大负荷期间巡视。

1）检查试温蜡片（试温贴纸）变色情况。

2）用红外热像仪检查开关柜有无发热情况。

3）通过观察窗检查柜内接头、电缆终端有无过热，绝缘护套有无变形。

4）开关室的温度较高时应开启开关室所有的通风、降温设备，若此时温度还不断升高应减低负荷。

5）检查开关室湿度是否超过 75%，否则应开启全部通风、除湿设备进行除湿，并加强监视。

（4）故障跳闸后的巡视。

1）检查开关柜内断路器控制、保护装置动作和信号情况。

2）检查事故范围内的设备情况，开关柜有无异声、异味，开关柜外壳、内部各部件有无断裂、变形、烧损等异常。

**（五）隔离开关巡视**

1. 例行巡视项目

（1）导电部分。

1）合闸状态的隔离开关触头接触良好，合闸角度符合要求；分闸状态的隔离开关触头间的距离或打开角度符合要求，操动机构的分、合闸指示与本体实际分、合闸位置相符。

2）触头、触指（包括滑动触指）、压紧弹簧无损伤、变色、锈蚀、变形，导电臂(管)无损伤、变形现象。

3）引线弧垂满足要求，无散股、断股，两端线夹无松动、裂纹、变色等现象。

4）导电底座无变形、裂纹，连接螺栓无锈蚀、脱落现象。

5）均压环安装牢固，表面光滑，无锈蚀、损伤、变形现象。

（2）绝缘子。

1）绝缘子外观清洁，无倾斜、破损、裂纹、放电痕迹或放电异声。

2）金属法兰与瓷件的胶装部位完好，防水胶无开裂、起皮、脱落现象。

3）金属法兰无裂痕，连接螺栓无锈蚀、松动、脱落现象。

（3）传动部分。

1）传动连杆、拐臂、万向节无锈蚀、松动、变形现象。

2）轴销无锈蚀、脱落现象，开口销齐全，螺栓无松动、移位现象。

3）接地开关平衡弹簧无锈蚀、断裂现象，平衡锤牢固可靠；接地开关可动部件与其底座之间的软连接完好、牢固。

（4）基座、机械闭锁及限位部分。

1）基座无裂纹、破损，连接螺栓无锈蚀、松动、脱落现象，其金属支架焊接牢固，无变形现象。

2）机械闭锁位置正确，机械闭锁盘、闭锁板、闭锁销无锈蚀、变形、开裂现象，闭锁间隙符合要求。

3）限位装置完好可靠。

（5）操动机构。

1）隔离开关操动机构机械指示与隔离开关实际位置一致。

2）各部件无锈蚀、松动、脱落现象，连接轴销齐全。

（6）其他。

1）名称、编号、铭牌齐全清晰，相序标识明显。

2）机构箱无锈蚀、变形现象，机构箱锁具完好，接地连接线完好。

3）基础无破损、开裂、倾斜、下沉，架构无锈蚀、松动、变形现象，无鸟巢、蜂窝等异物。

4）接地引下线标志无脱落，接地引下线可见部分连接完整可靠，接地螺栓紧固，无放电痕迹，无锈蚀、变形现象。

5）"五防"锁具无锈蚀、变形现象，锁具芯片无脱落损坏现象。

6）原存在的设备缺陷是否有发展。

2. 全面巡视项目

全面巡视在例行巡视的基础上增加以下项目：

（1）隔离开关"远方/就地"切换把手、"电动/手动"切换把手位置正确。

（2）辅助开关外观完好，与传动杆连接可靠。

（3）空气开关、电动机、接触器、继电器、限位开关等元件外观完好，二次元件标识、电缆标牌齐全清晰。

（4）端子排无锈蚀、裂纹、放电痕迹；二次接线无松动、脱落，绝缘无破损、老化现象；备用芯绝缘护套完备；电缆孔洞封堵完好。

（5）照明、驱潮加热装置工作正常，加热器线缆的隔热护套完好，附近线缆无烧损现象。

（6）机构箱透气口滤网无破损，箱内清洁无异物，无凝露、积水现象。

（7）箱门开启灵活，关闭严密，密封条无脱落、老化现象，接地连接线完好。

（8）"五防"锁具无锈蚀、变形现象，锁具芯片无脱落损坏现象。

3．熄灯巡视项目

重点检查隔离开关触头、引线、接头、线夹有无发热，绝缘子表面有无放电现象。

4．特殊巡视项目

（1）新安装或 A、B 类检修后投运的隔离开关应增加巡视次数，巡视项目按照全面巡视执行。

（2）异常天气时的巡视：

1）大风天气时，检查引线摆动情况，有无断股、散股，均压环及绝缘子是否倾斜、断裂，各部件上有无搭挂杂物。

2）雷雨天气后，检查绝缘子表面有无放电现象或放电痕迹，检查接地装置有无放电痕迹。

3）大雨、连阴雨天气时，检查机构箱、端子箱有无进水，驱潮加热装置工作是否正常。

4）冰雪天气时，检查导电部分是否有冰雪立即熔化现象，大雪时还应检查设备积雪情况，及时处理过多的积雪和悬挂的冰柱。

5）覆冰天气时，观察外绝缘的覆冰厚度及冰凌桥接程度，覆冰厚度不超过 10mm，冰凌桥接长度不宜超过干弧距离的 1/3，爬电不超过第二伞裙，不出现中部伞裙爬电现象。

6）冰雹天气后，检查引线有无断股、散股，绝缘子表面有无破损现象。

7）大雾、重度雾霾天气时，检查绝缘子有无放电现象，重点检查污秽部分。

8）高温天气时，检查触头、引线、线夹有无过热现象。

（3）高峰负荷期间，增加巡视次数，重点检查触头、引线、线夹有无过热现象。

（4）故障跳闸后，检查隔离开关各部件有无变形，触头、引线、线夹有无过热、松动，绝缘子有无裂纹或放电痕迹。

## （六）电压互感器巡视

1．例行巡视项目

（1）外绝缘表面完整，无裂纹、放电痕迹、老化迹象，防污闪涂料完整无脱落。

（2）各连接引线及触头无松动、发热、变色迹象，引线无断股、散股。

（3）金属部位无锈蚀；底座、支架、基础牢固，无倾斜变形。

（4）无异常振动、异常音响及异味。

（5）接地引下线无锈蚀、松动情况。

（6）二次接线盒关闭紧密，电缆进出口密封良好；端子箱门关闭良好。

（7）均压环完整、牢固，无异常可见电晕。

（8）油浸电压互感器油色、油位指示正常，各部位无渗漏油现象；吸湿器硅胶变色小于2/3；金属膨胀器膨胀位置指示正常。

（9）$SF_6$ 电压互感器压力表指示在规定范围内，无漏气现象，密度继电器正常，防爆膜无破裂。

（10）电容式电压互感器的电容分压器及电磁单元无渗漏油。

（11）干式电压互感器外绝缘表面无粉蚀、开裂、凝露、放电现象，外露铁芯无锈蚀。

（12）接地标识、设备铭牌、设备标示牌、相序标注齐全、清晰。

（13）原存在的设备缺陷是否有发展趋势。

2. 全面巡视项目

全面巡视在例行巡视的基础上，增加以下项目：

（1）端子箱内各二次空气开关、隔离开关、切换把手、熔断器投退正确，二次接线名称齐全，引接线端子无松动、过热、打火现象，接地牢固可靠。

（2）端子箱内孔洞封堵严密，照明完好，电缆标牌齐全完整。

（3）端子箱门开启灵活、关闭严密，无变形、锈蚀，接地牢固，标识清晰。

（4）端子箱内部清洁，无异常气味，无受潮凝露现象；驱潮加热装置运行正常，加热器按要求正确投退。

（5）检查 $SF_6$ 密度继电器压力正常，记录 $SF_6$ 气体压力值。

3. 熄灯巡视项目

（1）引线、接头无放电、发红、严重电晕迹象。

（2）外绝缘套管无闪络、放电。

4. 特殊巡视项目

（1）异常天气时：

1）气温骤变时，检查引线无异常受力，是否存在断股，触头部位无发热现象；各密封部位无漏气、渗漏油现象，$SF_6$ 气体压力指示及油位指示正常；端子箱无凝露现象。

2）大风、雷雨、冰雹天气过后，检查导引线无断股、散股迹象，设备上无飘落积存杂物，外绝缘无闪络放电痕迹及破裂现象。

3）雾霾、大雾、毛毛雨天气时，检查外绝缘无沿表面闪络和放电，重点监视瓷质污秽部分，必要时夜间熄灯检查。

4）高温天气时，检查油位指示正常，$SF_6$ 气体压力应正常。

5）覆冰天气时，检查外绝缘覆冰情况及冰凌桥接程度，覆冰厚度不超过 10mm，冰凌桥接长度不宜超过干弧距离的 1/3，放电不超过第二伞裙，不出现中部伞裙放电现象。

6）大雪天气时，应根据接头部位积雪融化迹象检查是否发热，及时清除导引线上的积雪和形成的冰柱。

（2）故障跳闸后的巡视：故障范围内的电压互感器重点检查导线有无烧伤、断股，油位、油色、气体压力等是否正常，有无喷油、漏气异常情况等，绝缘子有无污闪、破损现象。

### （七）电流互感器巡视

**1. 例行巡视项目**

（1）各连接引线及接头无发热、变色迹象，引线无断股、散股。

（2）外绝缘表面完整，无裂纹、放电痕迹、老化迹象，防污闪涂料完整无脱落。

（3）金属部位无锈蚀，底座、支架、基础无倾斜变形。

（4）无异常振动、异常声响及异味。

（5）底座接地可靠，无锈蚀、脱焊现象，整体无倾斜。

（6）二次接线盒关闭紧密，电缆进出口密封良好。

（7）接地标识、出厂铭牌、设备标识牌、相序标识齐全、清晰。

（8）油浸电流互感器油位指示正常，各部位无渗漏油现象；吸湿器硅胶变色在规定范围内；金属膨胀器无变形，膨胀位置指示正常。

（9）$SF_6$ 电流互感器压力表指示在规定范围，无漏气现象，密度继电器正常，防爆膜无破裂。

（10）干式电流互感器外绝缘表面无粉蚀、开裂，无放电现象，外露铁芯无锈蚀。

（11）原存在的设备缺陷是否有发展趋势。

**2. 全面巡视项目**

全面巡视在例行巡视的基础上，增加以下项目：

（1）端子箱内各空气开关投退正确，二次接线名称齐全，引接线端子无松动、过热、打火现象，接地牢固可靠。

（2）端子箱内孔洞封堵严密，照明完好；电缆标牌齐全、完整。

（3）端子箱门开启灵活、关闭严密，无变形锈蚀，接地牢固，标识清晰。

（4）端子箱内部清洁，无异常气味、无受潮凝露现象；驱潮加热装置运行正常，加热器按季节和要求正确投退。

（5）记录并核查 $SF_6$ 气体压力值，应无明显变化。

**3. 熄灯巡视项目**

（1）引线、接头无放电、发红、严重电晕迹象。

（2）外绝缘无闪络、放电。

**4. 特殊巡视**

（1）大负荷运行期间：

1）检查接头无发热，本体无异常声响、异味。必要时用红外热像仪检查电流互感器本体、引线接头的发热情况。

2）检查 $SF_6$ 气体压力指示或油位指示正常。

（2）异常天气时：

1）气温骤变时，检查一次引线接头无异常受力，引线接头部位无发热现象；各密封部位无漏气、渗漏油现象，$SF_6$ 气体压力指示及油位指示正常；端子箱内无受潮凝露。

2）大风、雷雨、冰雹天气过后，检查导引线无断股迹象，设备上无飘落积存杂物，外绝缘无闪络放电痕迹及破裂现象。

3）雾霾、大雾、毛毛雨天气时，检查无沿表面闪络和放电，重点监视瓷质污秽部分，必要时夜间熄灯检查。

4）高温及严寒天气时，检查油位指示正常，SF$_6$气体压力正常。

5）覆冰天气时，检查外绝缘覆冰情况及冰凌桥接程度，覆冰厚度不超过10mm，冰凌桥接长度不宜超过干弧距离的1/3，放电不超过第二伞裙，不出现中部伞裙放电现象。

（3）故障跳闸后的巡视：

故障范围内的电流互感器重点检查油位、气体压力是否正常，有无喷油、漏气，导线有无烧伤、断股，绝缘子有无闪络、破损等现象。

### （八）干式电抗器巡视

1．例行巡视项目

（1）设备铭牌、运行编号标识、相序标识齐全、清晰。

（2）包封表面无裂纹、无爬电，无油漆脱落现象，防雨帽、防鸟罩完好，螺栓紧固。

（3）空心电抗器撑条无松动、位移、缺失等情况。

（4）引线无散股、断股、扭曲，松弛度适中；连接金具接触良好，无裂纹、发热变色、变形。

（5）绝缘子无破损，金具完整；支柱绝缘子金属部位无锈蚀，支架牢固，无倾斜变形。

（6）运行中无过热，无异常声响、震动及放电声。

（7）设备的接地良好，接地引下线无锈蚀、断裂，接地标识完好。

（8）电缆穿管端部封堵严密。

（9）围栏安装牢固，门关闭，无杂物，"五防"锁具完好；周边无异物且金属物无异常发热。

（10）电抗器本体及支架上无杂物，若室外布置应检查无鸟窝等异物。

（11）设备基础构架无倾斜、下沉。

（12）原有的缺陷无发展趋势。

2．全面巡视项目

全面巡视在例行巡视的基础上增加以下项目：

（1）电抗器室干净整洁，照明及通风系统完好。

（2）电抗器防小动物设施完好。

（3）检查接地引线是否完好。

（4）端子箱门关闭，封堵完好，无进水受潮。

（5）端子箱体内加热、防潮装置工作正常。

（6）表面涂层无破裂、起皱、鼓泡、脱落现象。

（7）端子箱内孔洞封堵严密，照明完好；电缆标牌齐全、完整。

3．熄灯巡视项目

（1）检查引线、接头无放电、发红过热迹象。

（2）检查绝缘子无闪络、放电痕迹。

4．特殊巡视项目

（1）新投入后巡视：

1）声音应正常，如果发现响声特大、不均匀或者有放电声，应认真检查。

2）表面无爬电，壳体无变形。

3）表面油漆无变色，无明显异味。

4）红外测温电抗器本体和接头无发热。

5）新投运电抗器应使用红外成像测温仪进行测温，注意收集、保存、填报红外测温成像图谱佐证资料。

（2）异常天气时巡视：

1）气温骤变时，检查一次引线端子无异常受力，无散股、断股，撑条无位移、变形。

2）雷雨、冰雹、大风天气过后，检查导引线摆动幅度及有无断股迹象，设备上有无飘落积存杂物，瓷套管有无放电痕迹及破裂现象。

3）浓雾、毛毛雨天气时，瓷套管有无沿表面闪络和放电及异常声响。

4）高温天气时，应特别检查电抗器外表有无变色、变形，有无异味或冒烟。

5）下雪天气时，应根据接头部位积雪融化迹象检查是否发热。检查导引线积雪累积厚度情况，及时清除导引线上的积雪和形成的冰柱。

（3）故障跳闸后的巡视：

1）线圈匝间及支持部分有无变形、烧坏。

2）回路内引线接点有无发热现象。

3）检查本体各部件无位移、变形、松动或损坏。

4）外表涂漆是否变色，外壳有无膨胀、变形。

5）瓷件有无破损、裂缝及放电闪络痕迹。

### （九）电容器巡视

1. 例行巡视项目

（1）设备铭牌、运行编号标识、相序标识齐全、清晰。

（2）母线及引线无过紧过松、散股、断股，无异物缠绕，各连接头无发热现象。

（3）无异常振动或响声。

（4）电容器壳体无变色、膨胀变形；集合式电容器无渗漏油，油温、储油柜油位正常，吸湿器受潮硅胶不超过 2/3，阀门接合处无渗漏油现象；框架式电容器外熔断器完好。带有外熔断器的电容器，应检查外熔断器的运行工况。

（5）限流电抗器附近无磁性杂物存在，干式电抗器表面涂层无变色、龟裂、脱落或爬电痕迹，无放电及焦味，电抗器撑条无脱出现象，油电抗器无渗漏油。

（6）放电线圈二次接线紧固无发热、松动现象；干式放电线圈绝缘树脂无破损、放电；油浸放电线圈油位正常，无渗漏。

（7）避雷器垂直和牢固，外绝缘无破损、裂纹及放电痕迹，运行中避雷器泄漏电流正常，无异响。

（8）设备的接地良好，接地引下线无锈蚀、断裂，且标识完好。

（9）电缆穿管端部封堵严密。

（10）套管及支柱绝缘子完好，无破损裂纹及放电痕迹。

（11）围栏安装牢固，门关闭，无杂物，"五防"锁具完好。

（12）本体及支架上无杂物，支架无锈蚀、松动或变形。

（13）原有的缺陷无发展趋势。

2. 全面巡视项目

全面巡视在例行巡视的基础上增加以下项目：

（1）电容器室干净整洁，照明及通风系统完好。

（2）电容器防小动物设施完好。

（3）端子箱门应关严，无进水受潮，温控除湿装置应工作正常，在"自动"方式长期运行。

（4）端子箱内孔洞封堵严密，照明完好；电缆标牌齐全、完整。

3. 熄灯巡视项目

（1）检查引线、接头有无放电、发红过热迹象。

（2）检查套管无闪络、放电痕迹。

4. 特殊巡视项目

（1）新投入或经过大修后巡视：

1）声音应正常，如果发现响声特大、不均匀或者有放电声，应认真检查。

2）单体电容器壳体无膨胀变形，集合式电容器油温、油位正常。

3）红外测温各部分本体和接头无发热。

（2）异常天气时巡视：

1）气温骤变时，检查一次引线端子无异常受力，引线无断股、发热，集合式电容器检查油位应正常。

2）雷雨、冰雹、大风天气过后，检查导引线无断股迹象，设备上无飘落积存杂物，瓷套管无放电痕迹及破裂现象。

3）浓雾、毛毛雨天气时，套管无沿表面闪络和放电，各接头部位、部件在小雨中不应有水蒸气上升现象。

4）高温天气时，应特别检查电容器壳体无变色、膨胀变形；集合式电容器油温、油位正常。

5）覆冰天气时：观察外绝缘的覆冰厚度及冰凌桥接程度，放电不超过第二伞裙，不出现中部伞裙放电现象。

6）下雪天气时，应根据接头部位积雪溶化迹象检查是否发热。检查导引线积雪累积厚度情况，应及时清除导引线上的积雪和形成的冰柱。

（3）故障跳闸后的巡视：

1）检查电容器各引线连接点无发热现象，外熔断器无熔断或松弛。

2）检查本体各部件无位移、变形、松动或损坏现象。

3）检查外表涂漆无变色，壳体无膨胀变形，接缝无开裂、渗漏油。

4）检查外熔断器、放电回路、电抗器、电缆、避雷器是否完好。

5）检查瓷件无破损、裂纹及放电闪络痕迹。

## （十）避雷器巡视

1. 例行巡视项目

（1）引流线无松股、断股和弛度过紧及过松现象；接头无松动、发热或变色等现象。

（2）均压环无位移、变形、锈蚀现象，无放电痕迹。

（3）瓷套部分无裂纹、破损，无放电现象，防污闪涂层无破裂、起皱、鼓泡、脱落；硅橡胶复合绝缘外套伞裙无破损、变形，无电蚀痕迹。

（4）密封结构金属件和法兰盘无裂纹、锈蚀。

（5）压力释放装置封闭完好且无异物。

（6）设备基础完好、无塌陷；底座固定牢固，整体无倾斜；绝缘底座表面无破损、积污。

（7）接地引下线连接可靠，无锈蚀、断裂。

（8）引下线支持小套管清洁、无碎裂，螺栓紧固。

（9）运行时无异常声响。

（10）监测装置外观完整、清洁、密封良好、连接紧固，表计指示正常，数值无超标；放电计数器完好，内部无受潮、进水。

（11）接地标识、设备铭牌、设备标识牌、相序标识齐全、清晰。

（12）原存在的设备缺陷是否有发展趋势。

2. 全面巡视项目

全面巡视在例行巡视的基础上增加以下项目：记录避雷器泄漏电流的指示值及放电计数器的指示数，并与历史数据进行比较。

3. 熄灯巡视项目

（1）引线、接头无放电、发红、严重电晕迹象。

（2）外绝缘无闪络、放电。

4. 特殊巡视项目

（1）异常天气时：

1）大风、沙尘、冰雹天气后，检查引线连接应良好，无异常声响，垂直安装的避雷器无严重晃动，户外设备区域有无杂物、漂浮物等。

2）雾霾、大雾、毛毛雨天气时，检查避雷器无电晕放电情况，重点监视污秽瓷质部分，必要时夜间熄灯检查。

3）覆冰天气时，检查外绝缘覆冰情况及冰凌桥接程度，覆冰厚度不超过10mm，冰凌桥接长度不宜超过干弧距离的1/3，放电不超过第二伞裙，不出现中部伞裙放电现象。

4）大雪天气，检查引线积雪情况，为防止套管因过度受力引起套管破裂等现象，应及时处理引线积雪过多和冰柱。

（2）雷雨天气及系统发生过电压后：

1）检查外部是否完好，有无放电痕迹。

2）检查监测装置外壳完好，无进水。

3）与避雷器连接的导线及接地引下线有无烧伤痕迹或断股现象，监测装置底座有无烧伤痕迹。

4）记录放电计数器的放电次数，判断避雷器是否动作。

5）记录泄漏电流的指示值，检查避雷器泄漏电流变化情况。

## （十一）母线及绝缘子巡视

1. 例行巡视项目

（1）母线。

1）名称、电压等级、编号、相序等标识齐全、完好，清晰可辨。

2）无异物悬挂。

3）外观完好，表面清洁，连接牢固。

4）无异常振动和声响。

5）线夹、接头无过热、无异常。

6）软母线无断股、散股及腐蚀现象，表面光滑整洁。

7）硬母线应平直，焊接面无开裂、脱焊，伸缩节应正常。

8）绝缘母线表面绝缘包敷严密，无开裂、起层和变色现象。

（2）引流线。

1）引线无断股或松股现象，连接螺栓无松动脱落，无腐蚀现象，无异物悬挂。

2）线夹、接头无过热、无异常。

3）无绷紧或松弛现象。

（3）金具。

1）无锈蚀、变形、损伤。

2）伸缩节无变形、散股及支撑螺杆脱出现象。

3）线夹无松动，均压环平整牢固，无过热发红现象。

（4）绝缘子。

1）绝缘子防污闪涂料无大面积脱落、起皮现象。

2）绝缘子各连接部位无松动现象、连接销子无脱落等，金具和螺栓无锈蚀。

3）绝缘子表面无裂纹、破损和电蚀，无异物附着。

4）支柱绝缘子伞裙、基座及法兰无裂纹。

5）支柱绝缘子及硅橡胶增爬伞裙表面清洁，无裂纹及放电痕迹。

6）支柱绝缘子无倾斜。

2. 全面巡视项目

全面巡视应在例行巡视基础上增加以下内容：

（1）检查绝缘子表面积污情况。

（2）支柱绝缘子结合处涂抹的防水胶无脱落现象，水泥胶装面完好。

3. 熄灯巡视项目

（1）母线、引流线及各接头无发红现象。

（2）绝缘子、金具应无电晕及放电现象。

4. 特殊巡视项目

（1）新投运及设备经过检修、改造或长期停运后重新投入运行后巡视：

1）观察支柱瓷绝缘子有无放电及各引线连接处是否有发热现象。

2）使用红外热成像仪进行测温。

（2）严寒季节时重点检查母线抱箍有无过紧、有无开裂发热、母线接缝处伸缩节是否良好、绝缘子有无积雪冰凌桥接等现象，软母线是否过紧造成绝缘子严重受力。

（3）双母线接线方式下，一组母线退出运行时，应加强另一组运行母线的巡视和红外测温。

（4）高温季节时重点检查连接点、线夹、抱箍发热情况，母线连接处伸缩器是否良好。

（5）异常天气时重点检查以下内容。

1）冰雹、大风、沙尘暴天气：重点检查母线、绝缘子上无悬挂异物、倾斜等异常现象，以及母线舞动情况。

2）大雾霜冻季节和污秽地区：检查绝缘子表面无爬电或异常放电，重点监视污秽瓷质部分。

3）雨雪天气：检查绝缘子表面无爬电或异常放电，母线及各接头不应有水蒸气上升或熔化现象，如有，应用红外热像仪进一步检查。大雪时还应检查母线积雪情况，无冰溜及融雪现象。

4）雷雨后：重点检查绝缘子无闪络痕迹。

5）严重雾霾天气：重点检查绝缘子有无放电、闪络等情况发生。

6）覆冰天气时，观察绝缘子的覆冰厚度及冰凌桥接程度，覆冰厚度不超 10mm，冰凌桥接长度不宜超过干弧距离的 1/3，爬电不超过第二伞裙，不出现中部伞裙爬电现象。

（6）故障跳闸后的巡视：

1）检查现场一次设备（特别是保护范围内设备）外观，导引线有无断股或放电痕迹等情况。

2）检查保护装置的动作情况。

3）检查断路器运行状态（位置、压力、油位）。

4）检查绝缘子表面有无放电。

5）检查各气室压力、接缝处伸缩器（如有）有无异常。

### （十二）高压动态无功补偿装置（SVG）巡视

1. 例行巡视项目

（1）控制柜。

1）控制柜及监控系统设备运行正常。

2）检查 SVG 保护装置、脉冲控制单元运行正常，无异常报警和故障信息，故障录波器运行正常。

3）检查无功补偿装柜控制装置运行正常。

（2）室内设备。

1）检查补偿柜内声音是否正常。

2）检查绝缘子的清洁及绝缘情况、接地连接情况。

3）检查各电气连接部位有无发热、变色现象，母线各处有无烧伤过热现象。

4）检查母线管、穿墙套管、互感器等部位导线连接紧固，确认无打火、过热现象。

5）检查各支路电流在允许范围内。

（3）室外设备。

1）检查电容器、电抗器各接线端子是否紧固、可靠。

2）检查电容器、电抗器有无发热、变色、变形现象。

3）检查电容器是否有击穿现象，电抗器绝缘皮有无破损现象，如有要进行适当处理。

4）SVG 装置室外电抗器、电容器、互感器、避雷器等户外一次设备运行声音正常、无异声，无放电现象，绝缘子无污垢、无裂纹。

2. 全面巡视项目

全面巡视应在例行巡视基础上增加以下内容：

（1）检查室内(或集装箱内)的温度和通风情况，注意保持环境温度不超过 40℃。

（2）保持环境清洁卫生， 保证设备表面清洁干燥。

（3）检查设备是否有异响、振动及异味。

（4）检查所有一次、二次电缆有无损伤，接线端子是否松动。

（5）检查设备构架无倾斜，检查设备构架各螺栓连接可靠无松动。

（6）夜间巡视时，注意检查设备各部连接点、绝缘子和套管等有无放电闪络现象。

（7）检查监控系统状态指示是否显示正常。

（8）检查交直流电源是否正常。

（9）检查电抗器引线是否有松弛， 有无异物搭接，声音是否正常。

（10）风冷 SVG 系统，需检查功率柜滤尘网是否通畅，风机运转是否有异常振动。

3. 熄灯巡视项目

（1）套管、引流线及各接头无发红现象。

（2）绝缘子、金具应无电晕及放电现象。

# 第四节　倒　闸　操　作

在电力系统运行过程中，由于负荷的变化以及设备检修等原因，经常需要将电气设备从一种状态转换到另一种状态或改变系统运行方式，这就需要进行一系列的操作，这些操作叫作电气设备的倒闸操作。

## 一、倒闸操作的基本知识

1. 运维人员在倒闸操作中的责任和任务

倒闸操作是电力系统保证安全、经济供电的一项极为重要的工作。变电值班人员必须严格遵守规程制度，认真执行倒闸操作监护制度，正确实现电气设备状态的改变和转换，保证电网安全、稳定、经济的连续运行。

2. 电气设备的几种状态

运行中的电气设备，系指全部带有电压或一部分带有电压以及一经操作即带有电压的电气设备。

一经操作即带有电压的电气设备，是指现场停用或备用的电气设备，它们的电气连接部分和带电部分之间只用断路器或隔离开关断开，并无拆除部分，一经合闸即带有电压。因此，运行中的电气设备具体指的是现场运行、备用和停用的设备。

因而，电气设备的状态包括运行、热备用、冷备用和检修四种。

（1）电气设备运行状态，如图 6-72 所示。电气设备的运行状态是指断路器及隔离开关都在合闸位置，将电源至受电端的电路接通（包括开关、变压器、母线、线路及辅助设备，如 TV、避雷器等设备），设备的保护按规定投入。

（2）热备用状态，如图 6-73 所示。电气设备的热备用状态是指断路器在断开位置，而隔离开关仍在合闸位置，其特点是没有明显的断开点，断路器一经合闸操作即可接通电源，设备的保护按规定投入。

（3）冷备用状态，如图 6-74 所示。电气设备的冷备用状态是指连接设备所有断路器及隔离开关均在断开位置，且各侧均无安全措施。若设备的保护无工作或特殊要求，则保护按规定投入。其显著特点是该设备与其他带电部分之间有明显的断开点。

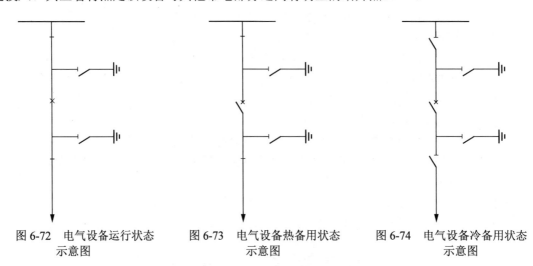

图 6-72　电气设备运行状态
示意图

图 6-73　电气设备热备用状态
示意图

图 6-74　电气设备冷备用状态
示意图

设备冷备用根据工作性质分为断路器冷备用与线路冷备用等。以下分别讨论：

1）断路器冷备用，指串接的断路器及其两侧隔离开关均在断开位置，如电源侧无法断开，则应拉开负荷侧隔离开关。若保护无工作或特殊要求，则保护按规定投入。

2）线路冷备用：指线路上的断路器及所有的隔离开关均在断开位置，线路不带电，而且连接在线路上的 TV 或站用变压器低压熔断器也应取下。

3）主变压器冷备用：指主变压器各侧断路器均处于冷备用状态，或与主变压器相连的所有隔离开关均在断开位置，主变压器不带电。

4）母线冷备用：指连接该母线的所有断路器处于冷备用状态且母线上所有隔离开关（包括 TV 隔离开关、出线隔离开关等）均在断开位置，该母线不带电。

（4）检修状态，如图 6-75 所示。电气设备的检修状态是指连接设备的所有断路器和隔离开关均已断开，接地开关在合上位置或装设好接地线，按规定做好安全措施，设备保护退出。

电气设备检修根据工作性质可分为断路器检修、线路检修、变压器检修、母线检修、电压互感器检修、避雷器检修、隔离开关检修等。

手车式配电装置四种状态的定义。

（1）手车开关运行状态：手车在工作位置，开关合上，保护装置启用（重合闸装置按调度要求停用或启用），如图 6-76 所示。

（2）手车开关热备用状态：手车在工作位置，开关断开，主回路隔离触头及二次插头可靠接触，保护装置启用（重合闸装置按调度要求停用），如图 6-77 所示。

（3）冷备用状态：手车在试验位置，开关断开，主回路隔离触头脱离接触，但二次插头在可靠接触状态，保护装置停用（重合闸装置按调度要求停用），如图 6-78 所示。

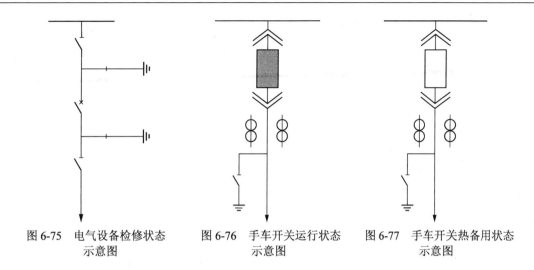

图 6-75　电气设备检修状态　　　图 6-76　手车开关运行状态　　　图 6-77　手车开关热备用状态
　　　　　 示意图　　　　　　　　　　　　　　示意图　　　　　　　　　　　　　 示意图

（4）检修状态：手车在检修位置，开关断开，主回路隔离触头和二次插头均脱离接触，开关操作回路和合闸回路熔丝取下，按检修工作票要求布置好安全措施，如图 6-79 所示。

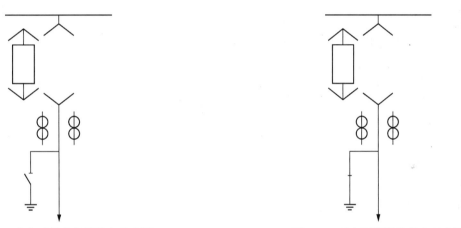

图 6-78　手车开关冷备用状态示意图　　　　　　　　图 6-79　手车开关检修状态示意图

没有断路器的电压互感器、站用变压器系统分为以下四种不同状态：

（1）运行状态：手车在工作位置。

（2）热备用状态：无此状态。

（3）冷备用状态：电压互感器、站用变压器手车在试验位置。

（4）检修状态：手车在检修位置，按检修工作票的要求布置好安全措施。即手车断路器检修状态，是指手车断路器拉出开关柜，锁上柜门或设遮栏并挂"止步，高压危险！"的标示牌。

**二、倒闸操作的相关规定**

1. 倒闸操作的一般规定

（1）倒闸操作应根据值班调度员或运行值班负责人的指令受令人复诵无误后执行。发布指令应准确、清晰，使用规范的调度术语和设备双重名称，即设备名称和编号。发令人和受令人应先互报单位和姓名，发布指令的全过程（包括对方复诵指令）和听取指令的报告时双方都要录音并做好记录。操作人员（包括监护人）应了解操作目的和操作顺序。对指令有疑问时应向发令人询问清楚无误后执行。

（2）电气设备的倒闸操作应严格遵守《安规》、《安全事故调查规程》、现场运行规程和本单位的补充规定等要求进行。

（3）倒闸操作应有值班调控人员或运维负责人正式发布的指令，并使用经事先审核合格的操作票，按操作票填写顺序逐项操作。

（4）操作票应根据调控指令和现场运行方式，参考典型操作票拟定。典型操作票应履行审批手续并及时修订。

（5）倒闸操作过程中严防发生下列误操作：

1）误分、误合断路器。

2）带负荷拉、合隔离开关或手车触头。

3）带电装设（合）接地线（接地开关）。

4）带接地线（接地开关）合断路器（隔离开关）。

5）误入带电间隔。

6）非同期并列。

7）误投退（插拔）连接片（插把）、连接片、短路片，误切错定值区，误投退自动装置，误分合二次电源开关。

（6）倒闸操作应尽量避免在交接班、高峰负荷、异常运行和恶劣天气等情况时进行。

（7）对于大型重要和复杂的倒闸操作，应组织操作人员进行讨论，由熟练的运维人员操作、运维负责人监护。

（8）断路器停、送电严禁就地操作。

（9）雷电时，禁止进行就地倒闸操作。

（10）停、送电操作过程中，运维人员应远离瓷质、充油设备。

（11）倒闸操作过程若因故中断，在恢复操作时运维人员应重新进行核对（核对设备名称、编号、实际位置）工作，确认操作设备、操作步骤正确无误。

（12）操作中产生疑问时，应立即停止操作并向发令人报告。待发令人再行许可后，方可进行操作。不准擅自更改操作票，不准随意解除闭锁装置。解锁工具（钥匙）应封存保管，所有操作人员和检修人员禁止擅自使用解锁工具（钥匙）。若遇特殊情况需解锁操作，应经运行管理部门防误操作装置专责人到现场核实无误并签字后，由运行人员报告当值调度员，方能使用解锁工具（钥匙）。单人操作、检修人员在倒闸操作过程中禁止解锁。如需解锁，应待增派运行人员到现场，履行上述手续后处理。解锁工具（钥匙）使用后应及时封存。

2. 倒闸操作的基本条件

（1）有与现场一次设备和实际运行方式相符的一次系统模拟图（包括各种电子接线图）。

（2）现场一、二次操作设备应具有明显的标志，包括调度命名、双重号、编号、铭牌、分合指示，旋转方向、切换位置的指示及设备相色等。

（3）高压电气设备都应安装完善的防误操作闭锁装置。防误操作闭锁装置不得随意退出运行，停用防误操作闭锁装置应经本单位分管生产的行政副职或总工程师批准；短时间退出防误操作闭锁装置时，应经变电站站长或光伏发电站站长（当班值长）批准，并应按程序尽快投入。

（4）有值班调度员、运行值班负责人正式发布的指令。

（5）使用经事先审核合格的操作票。

（6）下列三种情况应加挂机械锁：

1）未装防误操作闭锁装置或闭锁装置失灵的隔离开关手柄和网门。

2）当电气设备处于冷备用时，网门闭锁失去作用的有电间隔网门。

3）设备检修时，回路中的各来电侧隔离开关操作手柄和电动操作隔离开关机构箱的箱门。机械锁要1把钥匙开1把锁，钥匙要编号并妥善保管。

（7）要有考试合格并经主管部门领导批准的操作人和监护人。

（8）值班人员必须经过安全教育、技术培训，熟悉业务和有关规程制度。考试合格，经有关主管领导批准后方能担任本站的一般操作和复杂操作，接受调度命令和监护工作。

（9）新进站的值班人员必须经过安全教育、技术培训，由站长组织考试合格，经过实习，可在监护人和操作人双重监护下进行一般操作。

（10）除事故处理外的正常操作要有确切的调度命令、工作任务和合格的操作票。

（11）使用合格的安全用具（如验电器、绝缘棒等）、安全用具和安全设施。操作中一定要按规定，操作人员应穿工作服、绝缘鞋（雨天 穿绝缘靴），在高压配电装置上操作时，应戴安全帽。

3. 倒闸操作的基本要求

（1）倒闸操作至少由两人进行，一人操作，一人监护。监护人应由比操作人职务高一级的人员担任，一般可由副值班员操作，正值班员监护。较为复杂的操作由正值班员操作，值班长监护。特别复杂的操作，应由值班长操作，站长或技术负责人监护。

（2）开始操作前，应先在模拟图（或微机防误装置、微机监控装置）上进行核对性模拟预演，无误后，再进行操作。操作前应先核对系统方式、设备名称、编号和位置，操作中应认真执行监护复诵制度（单人操作时也应高声唱票），宜全过程录音。操作过程中应按操作票填写的顺序逐项操作。每操作一步，应检查无误后做一个"√"记号，全部操作完毕后进行复查。

（3）监护操作时，操作人在操作过程中不准有任何未经监护人同意的操作行为。

（4）电气设备操作后的位置检查应以设备实际位置为准，无法看到实际位置时，可通过设备机械位置指示、电气指示、带电显示装置、仪表及各种遥测、遥信等信号的变化来判断。判断时，应有两个及以上的指示，且所有指示均已同时发生对应变化，才能确认该设备已操作到位。以上检查项目应填写在操作票中作为检查项。

（5）用绝缘棒拉合隔离开关、高压熔断器或经传动机构拉合断路器（开关）和隔离开关，均应戴绝缘手套。雨天操作室外高压设备时，绝缘棒应有防雨罩，还应穿绝缘靴。接地网电阻不符合要求的，晴天也应穿绝缘靴。雷电时，一般不进行倒闸操作，禁止在就地进行倒闸操作。

（6）装卸高压熔断器，应戴护目眼镜和绝缘手套，必要时使用绝缘夹钳，并站在绝缘垫或绝缘台上。

（7）断路器（开关）遮断容量应满足电网要求。如遮断容量不够，应将操动机构用墙或金属板与该断路器（开关）隔开，应进行远方操作，重合闸装置应停用。

（8）电气设备停电后（包括事故停电），在未拉开有关隔离开关和做好安全措施前，不得触及设备或进入遮栏，以防突然来电。

（9）单人操作时不得进行登高或登杆操作。

（10）在发生人身触电事故时，可以不经许可，即行断开有关设备的电源，但事后应立即报告调度（或设备运行管理单位）和上级部门。

（11）手动切除并联电容器前，应检查系统有足够的备用数量，保证满足当前输送功率无功需求。

**4. 倒闸操作的注意事项**

（1）断路器操作注意事项。

1）一般情况下，凡电动合闸的开关，不应手动合闸。

2）遥控操作断路器时，扳动控制开关不要用力过猛，以防损坏控制开关；不要返回太快，以防时间短断路器来不及合闸。

3）断路器操作后，应检查与其有关的信号及测量仪表的指示，从而判断断路器动作的正确性。但不能只从信号灯及测量仪表的指示来判断断路器实际的分、合位置。

4）设备停电操作前，终端线路应先检查负荷是否到零。并列运行的线路在一条线路停电前应考虑有关定值的调整，并注意在一条线路断开后另一条线是否过负荷，如有疑问，应向调度问清后再行操作。

5）设备停电时应先拉断路器，再拉隔离开关。

6）设备送电时应先合隔离开关再合断路器。断路器合闸前继电保护必须已按规定投入。

7）操作主变压器开关时，停役时应先拉开负荷侧开关，后拉电源侧开关。复役时操作相反。三绕组变压器送电时先送高压侧，次送中压侧，后送低压侧，停电时操作顺序相反。

8）开关检修前必须拉开操作电源开关（熔断器）和合闸电源开关（熔断器），并拉开弹簧储能电源开关（熔断器）。

（2）隔离开关操作注意事项。

1）手动操作合闸时：

① 用力适当、迅速而果断，在合闸终了时不应有大的撞击。

② 合闸中如发生电弧，应迅速合上，禁止再拉开。

③ 合闸完毕，动触头应完全与静触头吻合好。

④ 当隔离开关出现三相不同期时，监护人可作辅助操作，用合格的绝缘杆使触头就位。

⑤ 当遇到重大缺陷时，要报告调度等待命令后方可进行送电操作。

2）手动拉隔离开关时：

① 开始应缓慢而谨慎，动触头刚离开静触头时应迅速果断拉开，这时如发生意外电弧，已拉开时不能再合上，未拉开时立即合好，检查原因；但切断某些允许的小电流例外，应迅速拉开。

② 如错拉开了隔离开关，不允许再合上。

③ 合闸完毕，动触头应完全与静触头吻合好。

3）操作中发现隔离开关把手上的锁生锈打不开时，应再次核对设备编号与操作票项目是否相符，复查断路器是否断开、闭锁装置是否起作用等。装有防误操作装置的隔离开关，当防误操作装置打不开时，应检查操作程序是否正确、防误装置是否完好、设备是否对号等，不能任意解除防误装置，只有站长或本单位有权批准的领导人在确认防误装置失灵时，方可解除闭锁、拉合其隔离开关。

4）隔离开关操作后，仔细检查其分合是否到位，隔离开关的把手销子应落入定位孔。

（3）送电线路的操作注意事项。

1）线路送电前应先投入其控制回路的电源（熔断器）和继电保护装置。合闸操作，首先检查开关在断开位置，先合上母线侧隔离开关，后合上线路侧隔离开关。

2）当小电流接地系统发生单相接地时，首先检查本站设备有无接地情况。用试拉、合断路器的方法寻找接地线路（事先得到调度批准，监视电压表，拉、合之间不应超过1min）。

3）下述情况下其直流回路的熔断器应取下：

① 被检修设备的断路器；

② 倒母线时的母联断路器；

③ 继电保护装置或断路器故障。

（4）变压器的操作注意事项。

1）送电前，应先投入其各种保护。

2）单侧电源变压器送电前，应先合电源侧断路器，后合负荷侧断路器。

3）强油风冷变压器送电前应投入冷却器。

（5）分接开关的注意事项。

1）切换无载分接开关，应将变压器停电，两侧挂接地线。

2）有载分接开关的操作，应按调度部门确定的电压曲线或调度命令，在电压允许偏差的范围内进行。

3）变压器有载分接开关的操作应遵守如下规定：

① 分接变换操作必须在一个分接变换完成后，方可进行第二次分接变换。操作时，应同时观察电压表和电流表的指示。

② 分接开关一天内分接变换次数不得超过下列范围：35kV电压等级为20次，110kV及以上电压等级为10次。

③ 每次分接变换，应核对系统电压与分接额定电压间的差距，使其符合相关规程的规定。

④ 每次分接变换操作，均应按要求在有载分接开关操作记录簿上做好记录。

（6）变压器中性点运行方式变更的注意事项。

1）在110kV及以上的大接地电流系统中：在变压器投运和停运前，应将其相应各侧中性点接地开关合上，并投入零序保护装置。有2台变压器的变电站，待变压器投运正常后，根据调度的要求拉开其中一台变压器的中性点接地开关，并将零序保护改为间隙保护。

2）在经消弧线圈接地系统中：

① 消弧线圈的调整应采用以过补偿运行方式。

② 消弧线圈隔离开关的拉合均必须在系统中确认不存在接地故障的情况下进行。

③ 改变分接头位置时，必须将消弧线圈退出运行后再进行。

④ 消弧线圈可在2台变压器中线点切换使用，任何时刻不得将2台变压器中性点并列使用消弧线圈。

（7）电压互感器的操作注意事项。

1）停用电压互感器，应先断开二次回路自动空气开关或熔断器，后拉开一次侧隔离开关，并考虑对保护、自动装置及电能计量的影响。

2）电压互感器送电操作，先合高压侧隔离开关，后合二次空气开关。

（8）倒母线的操作注意事项。

1）母线差动保护置于非选择性位置。

2）在双母线运行中，倒母线操作时先合母联断路器（系统已经合环或允许合环时）并转非自动，然后再操作隔离开关。操作时应先合后拉，注意备用母线上的电源及负荷分布应合理。

3）热备用设备进行倒母线操作时应先拉后合，防止正、副母线隔离开关合环或解环的误操作事故。

4）双母线，当一组母线停电时，应防止经另一组母线压变低压侧向停电的母线倒充电，并注意线路所用的压变电源要相应切换。

5）母线恢复供电时，有母差保护的应使用母差充电保护进行充电操作。

### 三、倒闸操作基本原则

（1）线路停电拉闸操作必须按照断路器→负荷侧隔离开关→电源侧隔离开关的顺序依次操作；送电合闸操作应按上述相反的顺序进行。严防带负荷拉合隔离开关。

（2）拉合隔离开关的操作必须在与该隔离开关串联的开关断开并检查在"分"位置之后进行。

（3）隔离开关操作的原则：故障时，保护动作快、停电范围小、事故性质轻，串联的几组隔离开关拉合顺序必须按照如下次序进行：先合电源侧隔离开关，后合负荷侧隔离开关；先拉负荷侧隔离开关，后拉电源侧隔离开关。一般应视母线为电源侧，只有当母线初充电时，才可做负荷侧。

（4）在拉、合闸时，必须用断路器接通或断开回路的负荷电流及短路电流，绝对禁止用隔离开关接通或切断回路负荷电流。

（5）进行变压器停电操作时，一般按低、中、高的顺序进行，只有在高压侧无电源的情况下，才应将有电源的一侧放在后面操作，送电时次序相反。允许对断路器集中操作，但检查断路器在"分"的项目不许集中进行。

（6）变压器操作：

1）变压器送电前应将变压器中性点接地，送电先合电源侧断路器，后合负荷侧断路器。

2）变压器停电前应将变压器中性点接地，停电先拉负荷侧断路器，后拉电源侧断路器。

3）不准用隔离开关对变压器进行冲击。运行中切换变压器中性点接地开关时，应先合后拉。变压器高压侧悬空运行时也应合上中性点隔离开关，以防高压侧接地故障击穿中性点。

（7）进行母线全停操作，母线上联接的各单元之间的操作顺序，应先断对侧无电源的直配线单元，次断变压器单元，后断对侧有电源的线路单元；送电时次序相反。至于同类单元之间的顺序，可按照操作线路最短的原则安排。为缩短操作时间，允许对开关集中操作，但检查开关在"分"的项目不许集中进行。

（8）倒母线操作：

1）用母联断路器向备用母线充电完好后，断开母联断路器的操作电源开关，保证两组母线在倒闸操作过程中保持并列。

2）逐一合上备用母线侧的隔离开关，并检查均在合位。

3）逐一拉开工作母线侧的隔离开关，并检查均在开位，但也可合一个隔离开关，拉一个隔离开关，完成一组电气设备的倒闸操作任务。

（9）停送母线操作时，开关并联电容器与母线 TV 有发生串联铁磁谐振的可能时，在断开最后一组开关之前，必须将 TV 退出（TV 也不允许提前退除，以免失去保护）。送电时，则应在第一个开关合上后将 TV 投入。凡无谐振的变电站不执行此条，而有谐振的变电站也要尽快用其他手段消除谐振。

（10）双母线接线的变电站，当出线断路器由两条母线倒换至另一条母线供电时，应先合母线联络开关，而后再切换出线断路器母线侧的隔离开关。

（11）停送母线 TV 时，注意电压回路切换，严防二次失去电压。必须进行 TV 的低压侧空气开关、熔断器的操作，严防二次向一次反充电。停电操作先断开低压侧空气开关（熔断器），再拉开高压侧隔离开关；送电时顺序相反。操作中，应注意防止通过电压互感器二次返回高压。

（12）电压互感器退出时，应先断开二次空气开关，后拉开高压侧隔离开关；直接连接在线路、变压器或母线上的电压互感器应在其连接的一次设备停电后拉开二次空气开关（熔断器）；投入时顺序相反。

（13）单极隔离开关及跌开式熔断器的操作顺序规定：停电时，先拉开中相，后拉开两边相；送电时，顺序与此相反。

（14）用高压隔离开关和跌开式熔断器拉、合电气设备时，应按照制造厂的说明和试验数据确定的操作范围进行操作。缺乏此项资料时，可参照下列规定（指系统运行正常情况下的操作）：

1）可以分、合无故障的电压互感器、避雷器。

2）可以分、合母线充电电流和开关的旁路电流。

3）可以分、合变压器中性点直接接地点。

4）10kV 室外三极、单极高压隔离开关和跌开式熔断器，可以分、合的空载变压器容量不大于 560kVA，可以分、合的空载架空线路不大于 10km。

5）10kV 室内三极隔离开关可以分、合的空载变压器容量不大于 320kVA，可以分、合的空载架空线路不大于 5km。

6）分、合空载电缆线路的规定可参阅有关规定。

7）当采用电磁操动机构合高压断路器时，应观察直流电流表的变化，合闸后电流表指针归零。连续操作高压断路器时，应观察直流母线电压的变化。

（15）需要取下控制电源开关的操作，该操作必须在一次回路的所有操作（开关、隔离开关、接地线等）完成之后才能进行，送电时则在一次回路所有操作之前安上控制电源开关。

（16）需要投退保护的操作，在停电操作时，应在所有一次设备操作完成之后退出；送电操作时，应在所有一次设备操作之前投入。

一些特殊逻辑关系的保护依据保护运行条件成立后投入，运行条件破坏前退出。

（17）需要投退安全自动装置时，凡该自动装置是作用于合闸者（重合闸、备自投等），在停用操作时必须在其他操作之前退出，投运操作必须在其他操作之后投入；凡该装置是作用于分闸者（高周切机、振荡解列、低周、低压减载等），在停运操作时必须在其他操作之后退出，在投运操作时必须在其他操作之前投入。

（18）合解环操作：

1）合环操作必须相位相同，操作前应考虑合环点两侧的相角差和电压差，并估算合环电流保证不超过环流限额。

2）解环操作应先检查解环点的有功、无功电流，以确保解环后系统各部分电压在规定范围内，各环电流的变化不超过继电保护，系统稳定和设备容量等方面的限额。

（19）冲击合闸操作：变压器、母线等在新安装投入运行前、大修后和故障跳闸后均应按有关规定进行全电压冲击操作。

1）冲击合闸断路器要有足够的遮断容量，并且断路器故障跳闸次数应在规定的次数内（新投变压器、电抗器应进行5次空载全电压冲击合闸，应无异常情况；第一次受电后持续时间不应少于10min；励磁涌流不应引起保护装置的误动；更换绕组后的变压器大修后投运变压器冲击合闸3次）。

2）冲击合闸断路器，其保护装置应完整并投入，自动重合闸应停用，必要时应降低保护的整定值。

3）尽可能选择对系统稳定性影响较小的电源做冲击合闸电源。

4）对中性点接地系统中的变压器做冲击试验时，其中性点应接地。

（20）系统解、并列操作：

1）系统在正常情况下的并列操作，一般采用准同期法进行（手动或自动）并列。并列条件为：相位相同、频率相同（事故时可不超过0.5Hz）、电压相等（允许电压偏差不大于10%）。

2）停用并列点断路器的重合闸连接片。

3）进行解列操作时，应将解列点的有功电流调至零，无功调至最小，应防止操作过电压（电压波动不大于10%）。解列时检查各系统电压、频率是否正常。

（21）相邻操作项目。以下几种操作必须是紧跟的，中间不准插入其他项目：

1）拉合某断路器两侧隔离开关与检查该断路器在"分"必须是紧跟的。

2）检查负荷分配与合环或解环操作必须是紧跟的。如合环后紧接着解环操作可只在合环时检查负荷分配。

3）装设接地线或合接地开关与验电必须是紧跟的。如需放电操作，则放电与验电必须是紧跟的。

4）拉开隔离开关后相应的接地开关自动合入的设备，必须在拉开该隔离开关之前拉开该回路其他的全部隔离开关（包括线路隔离开关）。拉开隔离开关与接地操作一次完成的设备及顺控操作，允许合并分闸与接地项目并取消验电项目，但是应单独进行检查项目，中间不允许插项。例如：

① 拉开×××-×隔离开关；

② 检查×××-×隔离开关在"分"；

③ 检查×××－××接地开关在"合"。

5）电动隔离开关、电动接地开关设备操作时，合上（断开）操作电源空气开关属于操作的必备条件，不属于插入项。

（22）简化操作。

1）变电站所有母线各侧均停电的全站停电，可按如下原则进行简化操作：应先将低压和中压侧的所有线路断开，再将进线单元设备断开（如进线无开关则应先拉主变压器高压侧开关），接地线可以只在线路端、进线侧装设（有旁路母线者，也允许合上旁路隔离开关后，在旁母上装一组接地线）。站内其他断路器、隔离开关等设备的断开操作，允许在上述停电操作完成之后不开操作票逐一完成。

2）110kV及以下电压等级一段母线全停电时，也可用简化操作，应先将所有线路拉开，再将电源线断开，接地线可以只在电源线端和线路端装设，母线上其他设备的断开操作允许在上述操作完成之后不开操作票逐一完成。

3）变电站（升压站）所有母线各侧均停电的全站停电，可进行简化操作：

① 将变压器低压侧和中压侧的所有线路断路器转至冷备用。

② 将电源进线断路器转至冷备用，如进线无断路器应将主变压器高压侧断路器转至冷备用。

③ 接地线可以只在线路端、电源进线侧装设（有旁路母线者，也允许合上旁路隔离开关后，在旁母上装一组接地线）。

④ 若站用变压器、电压互感器存在反送电可能，应将站用变压器、电压互感器（母线）装设接地线。

⑤ 变电站内其他断路器、隔离开关等设备的断开操作，允许在上述操作完成后不开操作票逐一完成。

4）110kV及以下电压等级单母线或是单母分段接线一段母线全停，可进行简化操作：

① 将与该段母线连接的所有线路断路器转至冷备用。

② 将电源进线断路器转至冷备用。

③ 接地线可以只在电源进线端和线路端装设。

④ 停电母线上其他断路器、隔离开关、手车等设备的断开操作，允许在上述操作完成后不开操作票逐一完成。

5）具备简化操作条件时，执行以下工作流程：

① 变电运维单位提前制定倒闸操作方案，报送本单位运检部、调控中心审核。

② 简化操作方案审批通过后，调度、变电运维人员商定调度预令票，变电运维人员进行操作准备。

③ 本规定允许在简化操作过程中不开操作票逐一完成的操作任务，由变电运维人员申请，调度人员授权许可操作。

### 四、倒闸操作流程规范

1. 操作准备

（1）根据调控人员的预令或操作预告等明确操作任务和停电范围，并做好分工。

（2）拟订操作顺序，确定装设地线部位、组数、编号及应设的遮栏、标示牌。明确工作现场临近带电部位，并制定相应措施。

（3）考虑保护和自动装置相应变化及应断开的交、直流电源和防止电压互感器、站用变压器二次反送电的措施。

（4）分析操作过程中可能出现的危险点并采取相应的措施，见表6-5。

表6-5　　　　　　　　　设备停、送电倒闸操作风险辨识及控制措施表

| 序号 | 辨识内容 | 控制措施 |
|---|---|---|
| 1 | 不具备操作条件进行倒闸操作，造成触电。如设备未接地或接地不可靠，防误装置功能不全、雷电时进行室外倒闸操作、安全工器具不合格等 | （1）操作前，检查使用的安全工器具应合格，不得使用金属梯子。<br>（2）操作前，检查设备外壳应可靠接地，设备名称、编号应齐全、正确。<br>（3）操作前，检查现场设备防误装置功能应齐全、完备。<br>（4）雷电时，不宜进行倒闸操作，禁止就地进行倒闸操作；雨、雪天气需要操作室外设备时，操作工具应采取安全防护措施 |
| 2 | 绝缘操作杆受潮，造成人身触电。如雨天操作没有防雨罩，存放或使用不当等 | （1）使用绝缘杆前，应检查绝缘杆合格并擦拭干净，受潮后的绝缘杆严禁使用。<br>（2）雨天操作室外设备时绝缘杆应有防雨罩，罩的上口应与绝缘部分紧密结合，无渗漏现象；雨雪天气时不得进行室外直接验电。<br>（3）绝缘杆应存放在温度为-15～35℃、相对湿度为 5%～80%的干燥通风的工具室（柜）内。<br>（4）操作时，绝缘杆应全部拉出；操作中，应注意防止受潮，不允许平放在地面上 |
| 3 | 操作隔离开关过程中瓷柱折断，引线下倾，造成人身触电。如站立位置不当、操作用力过猛、绝缘子开裂或安装不牢固等 | （1）操作前，应检查隔离开关一次部分无明显缺陷。如有，应立即停止操作。<br>（2）操作时，操作人、监护人应注意选择合适的操作站立位置。操作电动闸刀时，应做好随时紧急停止操作的准备。<br>（3）发生断裂接地现象时，人员应注意防止跨步电压伤害 |
| 4 | 生产区域地面不平整、造成踏空坠落。如井、坑、孔、洞或沟道盖板掀开后，未及时恢复等 | （1）打开的孔洞、盖板等应设立临时围栏，施工结束后必须立即恢复。<br>（2）变电站有土建工作，打开的孔洞、电缆沟盖板不能过夜，当天打开，当天及时封堵 |
| 5 | 操作人员、检修维护人员未做到"三懂二会"（懂防误装置的原理、性能、结构；会操作、维护），造成误操作 | （1）防误装置应编制现场运行规程，明确技术要求、运行巡视内容，并定期维护。<br>（2）操作人员、检修维护人员应进行防误装置专业知识的培训 |
| 6 | 调度员、操作人和监护人资质不具备要求，人员技术不满足要求，造成误操作 | （1）调度操作指令要由有权发布指令的、当值的调度员（所属调度单位发文公布）发布。<br>（2）操作人和监护人必须经过培训考试合格，并经上级领导批准公布的合格人员担任；只有经批准的人员才能接受调度操作命令、担任倒闸操作的监护人，实习人员不得担任倒闸操作的操作人 |
| 7 | 操作及事故处理时注意力不集中、精力分散或过度紧张，造成误操作 | （1）操作的全过程均应精力集中，不要进行与操作无关的其他工作。<br>（2）处理事故时，要冷静、认真，防止扩大事故。<br>（3）定期开展反事故演习，经常进行事故预想，提高值班人员的事故处理能力。<br>（4）控制室、值班室等工作场所应保持良好的工作环境 |
| 8 | 无调度指令或调度指令错误，造成误操作。如无调度指令操作，操作任务不清、漏项、错项等。 | （1）根据检修申请单，拟写调度指令票，并审核正确。<br>（2）调度人员发令前、值班人员接受时核对调度指令票正确。<br>（3）严禁无调度指令操作（规程另有规定者除外） |

续表

| 序号 | 辨识内容 | 控制措施 |
|---|---|---|
| 9 | 无操作票或操作票错误，造成误操作。如无操作票、操作票漏项、错项等 | （1）严禁无票操作（规程另有规定者除外）。<br>（2）根据调令认真填写操作票。<br>（3）严格执行操作票审核制度，严禁同一人填写和审核操作票。<br>（4）如有条件，应采取技术手段（如使用智能软件等）审核操作票，但不得只经技术手段审核。<br>（5）操作票应经过模拟预演正确 |
| 10 | 一次系统模拟图（或计算机模拟系统图）与现场设备和运行方式不一致，造成误操作。如运行方式改变时，设备或编号变更时未及时变更模拟图等 | （1）设备或编号变更时，及时变更一次系统模拟图。<br>（2）操作前检查、操作后核对一次系统模拟图（或计算机模拟系统图）及运行记录应与现场设备和运行方式一致 |
| 11 | 倒闸操作没有按照顺序逐项操作，未进行"三核对"或现场设备没有明显标志，造成误操作。如漏项或跳项操作，操作前未核对设备名称、编号和位置，操作设备无命名、编号、转动方向及切换位置的指示标志或标志不明显等 | （1）日常巡视维护中，及时对发现标志不明显的设备进行消缺。<br>（2）操作前应严格执行"三核对"（设备名称、编号、位置），防止走错间隔。<br>（3）操作过程中严禁擅自改变操作顺序进行操作。<br>（4）严禁随意解锁操作 |
| 12 | 操作任务不明确、调度术语不标准、联系过程不规范，造成误操作。如操作目的不清、调度术语不确切、未互报单位和姓名、未复诵等 | （1）定期开展调度规程的学习。<br>（2）操作时使用统一的、确切的调度术语和操作术语，联系过程应相互通报姓名、履行复诵制度，并使用普通话。<br>（3）定期查听调度录音，考核执行情况 |
| 13 | 操作时走错间隔，造成误分、合断路器 | （1）操作前，认真进行"三核对"，（监护）操作中严禁无监护操作。<br>（2）电气设备应有完整、齐全的双重编号牌 |
| 14 | 送电操作前，没有核对接线方式，没有检查运行方式变化，引起设备事故 | 操作前，操作人员及时核对接线方式，仔细检查运行方式变化情况，尤其要检查运行设备与基建施工设备的交界面，防止因施工人员误动设备引起事故 |
| 15 | 操作时地线杆掉落伤人 | （1）装接地线时要注意防止接地线安装不牢固，掉落伤人。<br>（2）拆接地线时绝缘杆不得随意摆动，与带电设备保持不小于 10（13.8）kV 及以下为 0.70m、20（35）kV 为 1.0m、66（110）kV 为 1.50m、220kV 为 3.0m、330kV 为 3.00m 的安全距离 |
| 16 | 切换保护连接片未考虑保护和自动装置联跳回路影响，造成误操作。如母差保护回路、失灵联跳回路、负荷联切回路、备自投装置、跳闸连接片切换等误（漏）投、退等 | （1）值班长向主值详细布置操作任务和填写操作票注意事项。<br>（2）主值根据调度指令票任务、内容和注意事项，核对变电站现场一次、二次运行方式，参照典型操作票，依照实际设备情况逐项正确填写操作票。<br>（3）对于差动回路的切换，应根据原理图和调度规程的有关要求来确定操作顺序。<br>（4）加强针对性培训，确保操作人员知晓本站保护和自动装置联跳回路的原理。<br>（5）保护工作完毕，先投装置电源，再投功能连接片，最后测试出口连接片无压，投入出口连接片。在纵联（或差动）保护通道上工作后，需对保护通道进行测试合格后，投入保护，操作步骤填入操作票 |
| 17 | 交直流电压小开关误投、误退，造成误操作 | （1）正确填写操作票，操作中逐项操作打钩。<br>（2）操作结束后全面检查，确认无遗漏项目 |
| 18 | 定值切换未按要求进行或定值整定错误，造成误操作。如定值切换顺序错误、计算错误、未核对定值等 | （1）操作时，核对调度指令中定值单号与现场定值单一致，并与调度进行核对。<br>（2）正确进行一、二次定值的换算。<br>（3）运行人员现场要核对保护装置打印出的整定值与现场定值单一致 |

续表

| 序号 | 辨识内容 | 控制措施 |
|---|---|---|
| 19 | 两个系统并列操作时，未同期合闸，造成误操作。如同期装置故障、非同期并列等 | （1）定期进行同期装置的维护。<br>（2）系统并列开关合闸前，检查同期装置应正常。<br>（3）系统并列操作应由有经验的值班人员进行 |
| 20 | 漏投退连接片、误碰造成误操作 | （1）在屏前应有醒目的标示，投退时加强监护，按照操作票顺序逐项操作，防止漏投退连接片。<br>（2）对重要按钮，设置防止误碰的措施，并有醒目的警示 |
| 21 | 各类二次开关与辅助触点切换操作不到位，造成误操作 | 涉及二次运行方式的切换开关在操作后，应检查相应的指示灯、信号、电压、电流回路的指示，以确认操作到位 |
| 22 | 开关分合后，三相位置不一致。如机构卡涩、失灵等 | （1）操作人、监护人应同时到现场检查开关的实际位置。<br>（2）检查相应电流表、红绿灯及后台遥信变位指示等信息，确认设备状态 |

（5）检查操作所用安全工器具、操作工具正常。包括防误装置电脑钥匙、录音设备、绝缘手套、绝缘靴、验电器、绝缘拉杆、接地线、对讲机、照明设备等。

（6）安全工器具检查的项目：

1）检查绝缘手套外观良好无破损，在试验周期内，表面无脏污、无漏气。

2）检查验电器外观良好无破损，表面无脏污，电压等级110kV，在试验周期内，音响发光良好，拉伸良好。

3）检查接地线电压（等级110kV、在试验周期内、编号×号）外观良好无脏污，连接螺栓紧固，导线无散股、断股、裸漏，接头紧固可靠。

4）检查绝缘棒（电压等级110kV、在试验周期内、编号×号）外观良好无脏污，连接螺栓紧固，导线无散股、断股、裸漏，接头紧固可靠。

5）检查操作把手外观良好，钥匙、标示牌等齐全，钥匙交监护人。

（7）"五防"闭锁装置处于良好状态，当前运行方式与模拟图板对应。

2. 操作票填写

（1）倒闸操作由操作人员根据值班调控人员或运维负责人安排填写操作票。

（2）操作顺序应根据操作任务、现场运行方式，参照本站典型操作票内容进行填写。

（3）操作票填写后，由操作人和监护人共同审核，复杂的倒闸操作经班组专业工程师或班长审核执行。

3. 接令

（1）应由上级批准的人员接受调控指令，接令时发令人和受令人应先互报单位和姓名。

（2）接令时应随听随记，并记录在"变电运维工作日志"中；接令完毕，应将记录的全部内容向发令人复诵一遍，并得到发令人认可。

（3）对调控指令有疑问时，应向发令人询问清楚无误后执行。

（4）运维人员接受调控指令应全程录音。

4. 模拟预演

（1）模拟操作前应结合调控指令核对系统方式、设备名称、编号和位置。

（2）模拟操作由监护人在模拟图（或微机防误装置、微机监控装置）上，按操作顺序逐项下令，由操作人复令执行。

（3）模拟操作后应再次核对新运行方式与调控指令相符。

（4）由操作人和监护人共同核对操作票后分别签名。

5. 执行操作

（1）现场操作开始前，汇报调控中心监控人员，由监护人填写操作开始时间。

（2）操作地点转移前，监护人应提示；转移过程中操作人在前、监护人在后，到达操作位置，应认真核对。

（3）远方操作一次设备前，应对现场人员发出提示信号，提醒现场人员远离操作设备。

（4）监护人唱诵操作内容，操作人用手指向被操作设备并复诵。

（5）电脑钥匙开锁前，操作人应核对电脑钥匙上的操作内容与现场锁具名称编号一致，开锁后做好操作准备。

（6）监护人确认无误后发出"正确、执行"动令，操作人立即进行操作。操作人和监护人应注视相应设备的动作过程或表计、信号装置。

（7）监护人所站位置应能监视操作人的动作以及被操作设备的状态变化。

（8）操作人、监护人共同核对地线编号。

（9）操作人验电前，在邻近相同电压等级带电设备测试验电器，确认验电器合格，验电器的伸缩式绝缘棒长度应拉足，手握在手柄处不得超过护环，人体与验电设备保持足够安全距离。

（10）为防止存在验电死区，有条件时应采取同相多点验电的方式进行验电，即每相验电至少 3 个点间距在 10cm 以上。

（11）操作人逐相验明确无电压后唱诵"×相无电"，监护人确认无误并唱诵"正确"后，操作人方可移开验电器。

（12）当验明设备已无电压后，应立即将检修设备接地并三相短路。

（13）每步操作完毕，监护人应核实操作结果无误后立即在对应的操作项目后打"√"。

（14）全部操作结束后，操作人、监护人对操作票按操作顺序复查，仔细检查所有项目全部执行并已打"√"（逐项令逐项复查）。

（15）检查监控后台与"五防"画面设备位置确实对应变位。

（16）在操作票上填入操作结束时间，加盖"已执行"章。

（17）向值班调控人员汇报操作情况。

（18）操作完毕后将安全工器具、操作工具等归位。

（19）将操作票、录音归档管理。

## 五、电气设备倒闸操作票

### （一）操作票执行要点

1. 基本要求

（1）省（区）调、地调调管设备倒闸操作，按照相应电网调度规程"调控运行操作规定"和"继电保护调度运行规定"相关要求执行。

（2）变电站典型操作票应履行审批手续并及时修订。

（3）变电站内常规倒闸操作应使用操作票。进行以下工作时允许不填写操作票，但是在操作完成后应做好记录。事故紧急处理应保存原始记录。

1）事故紧急处理。

2）断开或合上单台断路器的单一操作。

3）程序操作。

（4）变电站常规倒闸操作程序包含操作准备、操作票填写、接令、模拟预演、执行操作复查、汇报等几个部分。

2. 操作票所列人员安全责任

（1）发令人。操作指令的必要性和安全性；按操作指令票正确下达指令；核对受令人复诵操作指令无误，存在疑问应予以明确。

（2）受令人。了解操作目的和操作顺序；正确接受操作指令，并复诵与发令人核对无误；负责检查操作指令是否正确，是否符合现场实际，存在疑问应向发令人提出；将操作指令正确传达给操作人、监护人及运维负责人。

（3）操作人。

1）熟悉设备正确操作方法，了解操作目的和操作顺序，明确操作中的危险点和安全注意事项。

2）按照操作指令正确填写操作票，并在模拟图（或微机防误装置、微机监控装置）上进行核对性模拟预演，执行顺控操作票时，应在变电站 D5000 远程工作站进行模拟预演，确保正确。

3）严格执行监护复诵制度，认真核对设备名称、编号和位置，操作过程中随时检查被操作设备状态的变化是否与操作指令相一致。

4）操作中产生疑问，应立即停止操作，并向监护人提出疑问，在没有解决疑问前禁止继续操作，必要时向上级报告。

5）正确使用顺控操作工作站、操作工器具、防误闭锁装置、安全工器具。

（4）监护人。

1）熟悉操作步骤和方法，明确操作中的危险点和安全注意事项，操作前必须向操作人进行安全技术交底。

2）检查（顺控）操作票填写正确，符合现场设备实际。

3）严格执行唱票制度，按操作票顺序逐项发出操作令，监督核对设备名称、编号和设备操作状态变化。与操作人按照"双人异机"原则执行顺控操作相关内容。

4）操作中产生疑问，应立即停止操作，向发令人报告，待发令人再行许可后，方可进行操作。

5）监督正确使用顺控操作工作站、操作工器具、防误闭锁装置、安全工器具。

（5）运维负责人（值长）。

1）正确组织倒闸操作。

2）检查操作票正确，符合现场设备实际。

3）操作前对现场操作人员进行操作任务、操作方案、安全措施交底和危险点告知。

4）监督正确使用顺控操作工作站、操作工器具、防误闭锁装置、安全工器具。

（6）操作票所列人员资格。

1）发令人、受令人、操作人、监护人均应具备相应资质。

2）发令人、受令人和实行单人操作的人员需经设备运维管理单位或调度控制中心批准。

3）单人操作人员应通过专项考核。

4）同一张（顺控）操作票中操作人和监护人不得兼任。

## （二）操作票填写规范

### 1. 操作票应填入的内容

操作票应由操作人根据值班调控人员或运维负责人发布的指令（预令）填写。操作顺序应根据操作任务、现场运行方式，参照本站典型操作票内容进行填写。

（1）应拉合的设备（断路器、隔离开关、手车式开关、接地开关等），验电，装拆接地线，合上（安装）或断开（拆除）控制回路或电压互感器回路的空气开关、熔断器，切换保护回路和自动化装置及检验是否确无电压等。

（2）拉合设备（断路器、隔离开关、手车式开关、接地开关等）后检查设备的位置。

（3）进行停、送电操作时，在拉合隔离开关、拉出或推入手车式开关前，检查断路器确在分闸位置。

（4）在进行倒负荷或解、并列操作前后，检查相关电源运行负荷分配情况。

（5）设备检修后合闸送电前，检查送电范围内接地开关已拉开，接地线已拆除。

（6）保护及安全自动装置软压板、硬压板的投退操作。

（7）各类方式开关设备、控制电源、合闸电源的操作，变压器风冷系统、有载调压装置等投退操作。

（8）站用系统低压备自投、低压侧断路器、低压侧隔离开关的操作。

### 2. 操作时间

（1）"操作开始时间"是指操作项目栏第一个操作项的开始时间（不包含模拟预演时间），"操作结束时间"是指操作项目栏最后一项操作完成时间。"操作开始时间"和"操作结束时间"在第一页上填写，"操作结束时间"在最后一页也要填写。若操作票由于其他原因未完成全部操作的，结束时间填写在相应页（项）上。发令时间、操作时间的年使用4位数字，月、日、时、分均使用2位数字，手工填写要工整易于识别。例如"2022年03月16日09时15分"。

（2）"监护下操作、单人操作、检修人员操作"只允许选择监护下操作，在操作票的每一页均打"√"。

### 3. 操作任务

（1）每张操作票只能填写一个操作任务。

（2）应使用设备双重名称，无人值班变电站还应加上站名称，如石碑110kV变电站水源线112断路器由检修转热备用。

（3）凡是符合运行、热备用、冷备用、检修四种状态的，应使用状态变化来表述。对于部分设备无法按"四态"表述的，可按照"四态"命名原则，按现场设备实际状态表述。

### 4. 操作项目

（1）基本规则。

1）操作票的一个项目是一个操作项，必须包含一个动词及对象（有且只有一个动词）。

2）断开、合上断路器的操作项目应填写设备双重名称，其他操作项目可以只写设备编号。

3）凡是涉及位置检查及其切换的状态或者名称均应采用双引号。如检查开关在"分"，将方式开关由"就地"位置切至"远方"位置。将重合闸方式开关由"单重"位置切换至"停用"位置等。

4）为了同一操作目的，提前与调控人员沟通好且根据调度指令中间必须进行间断操作时（如系统解、并列点，线路接地等），应在操作项目中专项注明"待令"。操作票中"待令"应作为独立的操作项目写入。

（2）备注时间的操作项目。

1）断路器的"断开"和"合上"、接地开关（接地线、绝缘隔板）的"合上"（装设）和"拉开"（拆除）操作均应在相应操作项后填写时间。

2）待令和待令后继续操作的第一项均应填写操作时间。

3）备注时间的时、分均使用 2 位数字，手工填写要工整易于识别。例如"09:16"。

（3）操作项与检查项的填写规则：

1）断路器、隔离开关、接地开关操作后，应逐相检查确在操作后状态，在操作票中分项填写检查项。

2）连续断开或合上几个断路器时，允许几个断路器操作完毕后再分项填写"检查"断路器位置。

① 进行母线全停操作，允许对母线连接所有断路器集中操作，但检查断路器在"分"位的项目不允许集中进行。

② 进行变压器停电操作时，允许对断路器集中操作，但检查断路器在"分"位的项目不允许集中进行。

3）连续断开几个断路器和相应的隔离开关时，允许先断开几个断路器后再分别拉开隔离开关，但拉开隔离开关前应检查断路器在"分"位。

（4）母线电压互感器操作时，应注意检查二次电压切换，严防二次回路失压。

（5）倒母线操作前应检查母联（分段）断路器及两侧隔离开关均在合位。应填写"检查母联（分段）断路器在合""检查母联（分段）断路器两侧隔离开关在合""断开母联（分段）断路器控制电源"等项目。拉、合母线侧隔离开关后，应填写"检查电压切换正常"的项目。

（6）检查二次电压切换时，每一个检查点应分项填入操作票，且检查电压切换应以二次装置主接线图、指示灯为检查判据，严禁进入使用密码操作的装置菜单。操作和检查顺序如下：

1）合上（拉开）××-×隔离开关。

2）检查××-×隔离开关在合位（分位）。

3）检查××-×隔离开关电压切换正常（电压切换屏、继电保护屏、母差保护屏、计量屏、智能终端、合并单元等相关检查点）。

（7）进行并列后或解列前操作时应填写"检查负荷分配"项目。

1）开环运行的双回线路不需检查负荷分配。

2）检查主变压器的负荷分配时应检查负荷侧。

3）所有合环后与解环前操作均应检查负荷分配，如两台主变压器的并列或解列；用母联断路器进行母线并列；用旁路断路器（或其他回路断路器）带路或退出带路等。

4）检查负荷分配的项目应具体明确，如"检查×××与×××的负荷分配正常"，并填写负荷电流数值（××A/××A）。

（8）电气设备操作后的位置检查应以设备各相实际位置为准，可以直接检查的设备位置，不得以间接信号作为位置检查。间接方法检查设备位置的操作项目应填写在操作票中作为检查项。

（9）对无法看到实际位置的断路器、隔离开关、接地开关的检查（如 GIS/HGIS 设备），采用间接位置判断的操作，操作票术语可填写为"检查××断路器（隔离开关、接地开关）分（合）位机械位置指示正确，检查××断路器（隔离开关、接地开关）分（合）位监控信号指示正确"。现场检查人员应按相序检查各相设备位置，综合汇报。

（10）应断开的断路器和应拉开的隔离开关，虽已在"分"的位置，也必须填写"检查在分"项目。

（11）手车开关的"操作"和"检查"按如下原则填写：断路器推至柜内工作位置，只相当于"合上隔离开关"，"检查隔离开关位置"应另作一项填写。断路器从柜内工作位置摇至试验位置时，相当于"拉开隔离开关"及"检查"，可不再另填写"检查"项目。

（12）操动机构或保护有工作时，该回路的控制、保护回路等的电源均应断开，断开或合上控制电源、合闸（储能）电源、电动隔离开关操作电源应作为独立项填入操作票。

（13）继电保护电源的投退、计算机保护已固化的定值切换（含保护连接片的投退、定值的切换、定值的核对），应逐项填入操作票。

（14）一套继电保护的几个连接片，其投入或退出应逐个逐项填写。

（15）只检查保护投退情况而不进行操作时，只需填写"检查保护投退正确"一项即可。

（16）智能变电站保护连接片不具备后台遥控操作，需在保护装置内进行连接片投退操作的由保护人员操作，运维人员只进行核对性检查，将检查项填入操作票中，具备后台遥控操作的由运维人员后台遥控操作，并填入操作票。

（17）检修后合闸送电前应检查相应的间隔无异物、无短路接地。

（18）手车开关送电前应检查送电回路无异物、无短路接地，检查项应在手车开关从"检修"位置推至"试验"位置前执行。

（19）投退消弧线圈前应填写"检查××kV 系统无接地"。

5．验电与接地操作项的填写规则

（1）"验电"和"接地"应分项紧跟填写，验电后应立即接地并三相短路，装设接地线位置需要注明，并填入接地线编号。因故中断操作者，如需继续操作，必须重新验电。

（2）可以直接验电的设备，不得间接验电。对无法进行直接验电的设备（GIS 设备、开关柜设备等）、高压直流输电设备和雨雪天气时的室外设备，可以进行间接验电。

（3）间接验电，停电前应确认带电显示装置、控制屏上的位置指示、电气指示、就地装设的机械位置指示，指示器外伸连杆拐臂，仪表及各种遥测、遥信信号的指示正常。在设备转为冷备用状态后，查看以上对应变化正确，即视为"验明设备三相确无电压"。只要有一组信号无对应变化，虽两个指示已同时发生对应变化，都必须查明原因。

（4）间接验电检查项目应填写在操作票中作为检查项。如断路器转检修间接验电应分相填写检查该断路器两侧隔离开关在"分"，并"确认×××断路器两侧确无电压"连续合上断路器两侧接地开关。所有指示均已同时发生对应变化，才能确定该设备已无电。检查中若发现其他任何信号有异常，均应停止操作，查明原因。

（5）遥控操作可采用上述的间接方法或其他可靠的方法进行间接验电。

（6）装设接地线之前应检查所有可能来电的隔离开关在"分"。

（7）接地线允许与工作地点相隔一组断开的隔离开关，可以用 B 点接地来代替 A 点接地（如图 6-80 所示），但必须同时满足以下条件：

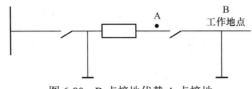

图 6-80　B 点接地代替 A 点接地

1）A 点没有其他的分支。

2）电压等级为 110 千伏及以下。

（8）接地线（包括接地开关）应填写编号。

**（三）倒闸操作术语**

1. 操作任务常用术语

（1）线路和断路器操作任务。

1）××110kV 变电站　南化线 513 线路由检修转运行。

2）××110kV 变电站　南化线 513 断路器由检修转运行。

（2）主变压器（含中性点）操作任务。

1）××110kV 变电站　1 号主变压器由运行转检修。

2）××110kV 变电站　1 号主变压器由检修转运行。

（3）母线操作任务。

1）××110kV 变电站　110kV　Ⅰ母由运行转检修。

2）××110kV 变电站　110kV　Ⅰ母由检修转运行。

（4）电压互感器操作任务。

1）迎水桥 330kV 变电站　110kV　Ⅰ母电压互感器由运行转检修。

2）迎水桥 330kV 变电站　110kV　Ⅰ母电压互感器由备用转运行。

（5）二次设备操作任务。

1）××110kV 变电站　1 号主变压器×××保护屏所有连接片退出运行。

2）××110kV 变电站　1 号主变压器×××保护屏所有连接片投入运行。

2. 动作类规范术语

（1）合上（断开、拉开）：操作断路器、隔离开关、接地开关等设备。

1）断开（合上）×××断路器。

2）拉开（合上）×××-×隔离开关。

（2）拉出（推入）、摇出（摇至）、拉至（推至）：操作手车开关、隔离手车、熔断器手车等设备。

1）拉出 ××× 手车开关。

2）将××× 手车开关由"工作"位置拉至"试验"位置。

（3）合上（断开）：操作二次空气开关设备。

1）断开（合上）×××控制（合闸）电源空气开关。

2）断开（合上）×××线路电压互感器×××电压二次空气开关。

3）断开（合上）××kV×母电压互感器×××电压二次空气开关。

（4）安上（取下）：操作一、二次熔断器及手车开关二次插头等设备。

1）安上（取下）×××控制（合闸）熔断器。

2）取下（安上）××kV×段电压互感器低（高）压熔断器。

3）取下（安上）×号主变压器充氮灭火装置机械闭锁销。

4）取下（安上）×××手车开关二次插头。

（5）验明无电压（验明……确无电压）：对设备进行验电的操作。在 ×××-×隔离开关线路［断路器、主变压器、母线、电压互感器、站用变压器］侧验明三相无电压。

（6）装设（拆除）：对接地线进行的操作。

1）在 ×××-×隔离开关线路［断路器、主变压器、母线、电压互感器、站用变压器］侧装设 × 号接地线。

2）拆除 ×××-×隔离开关线路［断路器、主变压器、母线、电压互感器、站用变压器］侧 × 号接地线。

（7）投入（退出）：启停保护装置、自动装置，投停二次保护连接片。

1）投入（退出） ××× 重合闸（连接片）。

2）投入（退出） ××× 过流保护（连接片）。

3）投入（退出） ××× 检修连接片。

4）投入（退出） ×××GOOSE 软连接片。

（8）切至：操作各种二次切换、转换开关，例如将××断路器方式开关由"远方"位置切换至"就地"位置。

调至：变压器的分接头位置调整。

选择：在监控机完成的操作，进行操作设备选择。

3. 检查类规范术语

（1）分闸（合闸）位置：检查断路器、隔离开关、接地开关的原始状态位置和操作后位置。

1）检查 ××× 断路器在"分闸（合闸）"位置。

2）检查 ×××-× 隔离开关在"分闸（合闸）"位置。

（2）投入（退出）位置：检查保护装置、安全自动装置和二次连接片的原始状态位置和操作后位置。

1）检查×××保护投入正确。

2）检查×××保护屏××连接片确在"投入（退出）"位置。

（3）指示正确：检查负荷分配、表计（遥测）电气量（电流、电压等）指示、设备状态。

1）检查 ××× 与 ××× 负荷分配。

2）检查 ××× 断路器电流 A 相 ×A，B 相 ×A，C 相 ×A。

3）检查 ××× 母线无异物、无短路接地。

（4）间接判断断路器、隔离开关、接地开关等设备的机械分、合闸位置指示。

1）检查 ××× 线路侧带电显示装置显示三相有电或无电（间接验电）。

2）检查 ××× 隔离开关位置指示器确在分位（间接验电）。

3）检查 ××× 母线确无电压（间接验电）。

（5）对于三相分体机构箱的断路器、隔离开关、接地开关，应使用检查三相术语。

（6）为防止没有明显断开点的断路器或其他设备有一相没有合好（或分开），检查电流、电压等电气量指示时，应全面检查遥测表、二次设备（保护或测控装置）参数指示，选择参数最多的进行记录。例如：遥测表中只显示线电流，而保护装置显示三相电流，操作完毕检查应全面，记录保护装置电流参数。

**4. 设备类规范术语**

断路器、隔离开关、接地开关、手车开关、熔断器手车、隔离手车、组合电器（GIS）、电压互感器、电流互感器、熔断器、二次保险、空气开关、手车开关二次插头、隔离手车二次插头。

**5. 操作票印章使用规定**

（1）操作票印章包括已执行、未执行、作废、合格、不合格。

（2）操作票作废应在操作任务栏内右下角加盖"作废"章，在作废操作票备注栏内注明作废原因。

（3）调控通知作废的任务票应在操作任务栏内右下角加盖"作废"章，并在备注栏内注明作废时间、通知作废的调控人员姓名和受令人姓名。

（4）若作废操作票含有多页，应在各页操作任务栏内右下角均加盖"作废"章，在作废操作票首页备注栏内注明作废原因，自第二张作废页开始可只在备注栏中注明"作废原因同上页"。

（5）操作任务完成后，在操作票最后一行居左加盖"已执行"章。

（6）在操作票执行过程中因故中断操作，应在已操作完的步骤下边一行顶格居左加盖"已执行"章，并在备注栏内注明中断原因。若此操作票还有几页未执行，应在未执行的各页操作票最后一行居左加盖"未执行"章。

（7）经检查票面正确，评议人在操作票最后一行中间加盖"合格"评议章并签名；检查为错票，在操作票最后一行中间加盖"不合格"评议章并签名，并在操作票备注栏说明原因。

（8）一份操作票超过一页时，评议章盖在最后一页。

**（四）倒闸操作票填写实例**

光伏电站主接线图示例如图 6-81 所示。

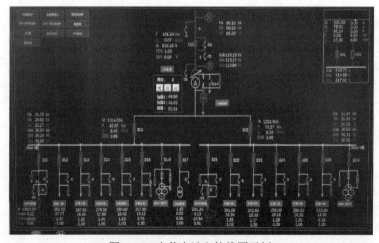

图 6-81　光伏电站主接线图示例

1. 35kV 1号SVG 311断路器由运行转检修

35kV 1 号 SVG 311 断路器由运行转检修电气倒闸操作票见表 6-6。

表 6-6　　　　35kV 1 号 SVG 311 断路器由运行转检修电气倒闸操作票

| 发令人 | | | 受令人 | | | 发令时间 | | 年　月　日　时　分 | |
|---|---|---|---|---|---|---|---|---|---|
| 操作开始时间 | | 年　月　日　时　分 | | | 操作结束时间 | | 年　月　日　时　分 | | |
| 任务编号 | | | 任务名称 | | | 35kV 1 号 SVG311 开关由运行转检修 | | | |
| 模拟(√) | 执行(√) | 序号 | 操作内容 | | | | | 完成时间 | |
| | | 1 | 在"五防"机上进行模拟预演 | | | | | | |
| | | 2 | 将 35kV 1 号 SVG 负荷降为零 | | | | | | |
| | | 3 | 检查 35kV 1 号 SVG 负荷已降为零 | | | | | | |
| | | 4 | 确认后台监控机 35kV 1 号 SVG 311 间隔分图 | | | | | | |
| | | 5 | 断开 35kV 1 号 SVG 311 断路器 | | | | | | |
| | | 6 | 检查 35kV 1 号 SVG 311 断路器电流（A 相 0A，B 相 0A，C 相 0A） | | | | | | |
| | | 7 | 确认 35kV 1 号 SVG 311 高压开关柜 | | | | | | |
| | | 8 | 将 35kV 1 号 SVG 311 断路器"远方，就地"转换开关切换至"就地"位 | | | | | | |
| | | 9 | 检查 35kV 1 号 SVG 311 断路器确在"分"位 | | | | | | |
| | | 10 | 将 35kV 1 号 SVG 311 手车开关由"工作位置"摇至"试验位置" | | | | | | |
| | | 11 | 检查 35kV 1 号 SVG 311 断路器确在"试验位置" | | | | | | |
| | | 12 | 取下 35kV 1 号 SVG 311 手车开关二次插头 | | | | | | |
| | | 13 | 将 35kV 1 号 SVG 311 手车开关由"试验"位置拉至"检修"位置 | | | | | | |
| | | 14 | 将 35kV 1 号 SVG 311 断路器储能转换开关切至"关"位 | | | | | | |
| | | 15 | 检查 35kV 1 号 SVG 311 断路器智能控制装置上带电指示灯已灭 | | | | | | |
| | | 16 | 检查 35kV 1 号 SVG 311-3 手车开关确在"检修"位置 | | | | | | |
| | | 17 | 合上 35kV 1 号 SVG 311-0 接地开关 | | | | | | |
| | | 18 | 检查 35kV 1 号 SVG 311-0 接地开关确在"合"位 | | | | | | |
| | | 19 | 退出 35kV 1 号 SVG 311 断路器保护跳闸连接片 | | | | | | |
| | | 20 | 退出 35kV 1 号 SVG 311 断路器保护合闸连接片 | | | | | | |
| | | 21 | 投入 35kV 1 号 SVG 311 断路器保护检修连接片 | | | | | | |
| | | 22 | 检查保护连接片投退正确 | | | | | | |
| | | 23 | 拉开 35kV 1 号 SVG 311 断路器保护电源空气开关 | | | | | | |
| | | 24 | 拉开 35kV 1 号 SVG 311 断路器控制电源空气开关 | | | | | | |
| | | 25 | 在 35kV 1 号 SVG 311 开关柜操作把手挂上"禁止合闸　有人工作"标识牌 | | | | | | |
| | | 26 | 在"五防"机上完成数据上传及状态核对 | | | | | | |
| | | 27 | 操作完毕，汇报，并记录 | | | | | | |
| | | | 以下空白 | | | | | | |
| | | | | | | | | | |
| 备注 | | | | | | | | | |
| 操作人 | | | 监护人 | | | 值班负责人 | | | |
| 盖（已执行/未执行）印 | | | 盖（合格/不合格）印 | | | 检查人 | | | |

2. 35kV 1号 SVG 311 断路器由检修转运行

35kV 1 号 SVG 311 断路器由检修转运行电气倒闸操作票见表 6-7。

表 6-7　　　　35kV 1 号 SVG 311 断路器由检修转运行电气倒闸操作票

| 发令人 | | | 受令人 | | | 发令时间 | 年　月　日　时　分 | |
|---|---|---|---|---|---|---|---|---|
| 操作开始时间 | | 年　月　日　时　分 | | | 操作结束时间 | | 年　月　日　时　分 | |
| 任务编号 | | | 任务名称 | | 35kV 1 号 SVG 311 断路器由检修转运行 | | | |

| 模拟（√） | 执行（√） | 序号 | 操作内容 | 完成时间 |
|---|---|---|---|---|
| | | 1 | 在五防机上进行模拟预演 | |
| | | 2 | 检查 35kV 1 号 SVG 检修工作全部结束，工作票已收回 | |
| | | 3 | 确认 35kV 1 号 SVG 311 高压开关柜 | |
| | | 4 | 合上 35kV 1 号 SVG 311 断路器保护电源空气开关 | |
| | | 5 | 合上 35kV 1 号 SVG 311 断路器控制电源空气开关 | |
| | | 6 | 退出 35kV 1 号 SVG 311 断路器保护检修连接片 | |
| | | 7 | 检查 35kV 1 号 SVG 311 断路器保护装置运行正常 | |
| | | 8 | 投入 35kV 1 号 SVG 311 断路器保护跳闸连接片 | |
| | | 9 | 投入 35kV 1 号 SVG 311 断路器保护合闸连接片 | |
| | | 10 | 检查 35kV 1 号 SVG 311 断路器保护连接片投退正确 | |
| | | 11 | 拉开 35kV 1 号 SVG 311-0 接地开关 | |
| | | 12 | 检查 35kV 1 号 SVG 311-0 接地开关确在"分"位 | |
| | | 13 | 检查 35kV 1 号 SVG 311 断路器送电回路无异物、无短路接地 | |
| | | 14 | 检查 35kV 1 号 SVG 311 断路器确在"分"位 | |
| | | 15 | 检查 35kV 1 号 SVG 311 断路器"远方/就地"转换开关在"就地"位 | |
| | | 16 | 检查 35kV 1 号 SVG 311 断路器储能转换开关在"关"位置 | |
| | | 17 | 在 35kV 1 号 SVG 311 开关柜后门 1 号 SVG 进线处验明三相确无电压 | |
| | | 18 | 检查 35kV 1 号 SVG 311 断路器智能控制装置带电指示灯灭 | |
| | | 19 | 摇测 35kV 1 号 SVG 311 1 号 SVG 进线三相电缆绝缘合格 | |
| | | 20 | 检查 35kV 1 号 SVG 311 断路器确在"分"位 | |
| | | 21 | 将 35kV 1 号 SVG 311 手车开关由"检修"位置推至"试验"位置 | |
| | | 22 | 安上 35kV 1 号 SVG 311 手车开关二次插头 | |
| | | 23 | 将 35kV 1 号 SVG 311 手车开关由"试验"位置摇至"工作"位置 | |
| | | 24 | 检查 35kV 1 号 SVG 311 断路器确在"工作位置" | |
| | | 25 | 将 35kV 1 号 SVG 311 断路器"远方/就地"转换开关切换至"远方"位 | |
| | | 26 | 将 35kV 1 号 SVG 311 断路器储能转换开关切换至"通"位 | |
| | | 27 | 确认后台监控机 35kV 1 号 SVG 311 间隔分图 | |
| | | 28 | 合上 35kV 1 号 SVG 311 断路器 | |
| | | 29 | 检查 35kV 1 号 SVG 311 断路器电流（A 相　　A，B 相　　A，C 相　　A） | |
| | | 30 | 检查 35kV 1 号 SVG 311 断路器确在"合"位 | |

| 模拟<br>（√） | 执行<br>（√） | 序号 | 操作内容 | 完成时间 |
|---|---|---|---|---|
| | | 31 | 检查 35kV 1 号 SVG 311 断路器智能控制装置上带电指示灯已亮 | |
| | | 32 | 在"五防"机上完成数据上传及状态核对 | |
| | | 33 | 操作完毕，汇报，并记录 | |
| | | | 以下空白 | |
| | | | | |
| | | | | |
| | | | | |

| 备注 | |
|---|---|

| 操作人 | | 监护人 | | 值班<br>负责人 | |
|---|---|---|---|---|---|
| 盖（已执行/未执行）印 | | 盖（合格/不合格）印 | | 检查人 | |

### 3. 35kV汇集一线312断路器由运行转检修

35kV 汇集一线 312 断路器由运行转检修电气倒闸操作票见表 6-8。

表 6-8　　　　　35kV 汇集一线 312 断路器由运行转检修电气倒闸操作票

| 发令人 | | 受令人 | | 发令时间 | 年　月　日　时　分 |
|---|---|---|---|---|---|
| 操作开始<br>时间 | 年　月　日　时　分 | 操作结束<br>时间 | | 年　月　日　时　分 | |
| 任务编号 | | 任务名称 | | 35kV 汇集一线 312 断路器由运行转检修 | |

| 模拟<br>（√） | 执行<br>（√） | 序号 | 操作内容 | 完成时间 |
|---|---|---|---|---|
| | | 1 | 在"五防"机上进行模拟预演 | |
| | | 2 | 断开 35kV 汇集一线 312 断路器所带逆变器 | |
| | | 3 | 检查 35kV 汇集一线 312 断路器所带负荷已降为零 | |
| | | 4 | 确认后台监控机 35kV 汇集一线 312 间隔分图 | |
| | | 5 | 断开 35kV 汇集一线 312 断路器 | |
| | | 6 | 检查 35kV 汇集一线 312 断路器电流（A 相 0A，B 相 0A，C 相 0A） | |
| | | 7 | 确认 35kV 汇集一线 312 高压开关柜 | |
| | | 8 | 将 35kV 汇集一线 312 断路器"远方，就地"转换开关切换至"就地"位 | |
| | | 9 | 检查 35kV 汇集一线 312 断路器确在"分"位 | |
| | | 10 | 将 35kV 汇集一线 312 手车开关由"工作位置"摇至"试验位置" | |
| | | 11 | 检查 35kV 汇集一线 312 断路器确在"试验位置" | |
| | | 12 | 取下 35kV 汇集一线 312 手车开关二次插头 | |
| | | 13 | 将 35kV 汇集一线 312 手车开关由"试验"位置拉至"检修"位置 | |
| | | 14 | 将 35kV 汇集一线 312 断路器储能转换开关切至"关"位 | |
| | | 15 | 检查 35kV 汇集一线 312 断路器智能控制装置上带电指示灯已灭 | |
| | | 16 | 检查 35kV 汇集一线 312-3 手车开关确在"检修"位置 | |
| | | 17 | 合上 35kV 汇集一线 312-0 接地开关 | |

| 模拟<br>(√) | 执行<br>(√) | 序号 | 操作内容 | 完成时间 |
|---|---|---|---|---|
| | | 18 | 检查 35kV 汇集一线 312-0 接地开关确在"合"位 | |
| | | 19 | 退出 35kV 汇集一线 312 断路器保护跳闸连接片 | |
| | | 20 | 退出 35kV 汇集一线 312 断路器保护合闸连接片 | |
| | | 21 | 投入 35kV 汇集一线 312 断路器保护检修连接片 | |
| | | 22 | 检查 35kV 汇集一线 312 断路器保护连接片投退正确 | |
| | | 23 | 拉开 35kV 汇集一线 312 断路器保护电源空气开关 | |
| | | 24 | 拉开 35kV 汇集一线 312 断路器控制电源空气开关 | |
| | | 25 | 在 35kV 汇集一线 312 开关柜操作把手挂上"禁止合闸 有人工作"标识牌 | |
| | | 26 | 在"五防"机上完成数据上传及状态核对 | |
| | | 27 | 操作完毕，汇报，并记录 | |
| | | | 以下空白 | |
| | | | | |
| 备注 | | | | |
| 操作人 | | | 监护人 | | | 值班<br>负责人 | |
| | 盖（已执行/未执行）印 | | | 盖（合格/不合格）印 | | 检查人 | |

4. 35kV 汇集一线 312 断路器由检修转运行

35kV 汇集一线 312 断路器由检修转运行电气倒闸操作票见表 6-9。

表 6-9　　　　35kV 汇集一线 312 断路器由检修转运行电气倒闸操作票

| 发令人 | | | 受令人 | | | 发令时间 | | 年　月　日　时　分 | | | |
|---|---|---|---|---|---|---|---|---|---|---|---|
| 操作开始<br>时间 | | 年　月　日　时　分 | | | | 操作结束<br>时间 | | 年　月　日　时　分 | | | |
| 任务编号 | | | | 任务名称 | | 35kV 汇集一线 312 断路器由检修转运行 | | | | | |
| 模拟<br>(√) | 执行<br>(√) | 序号 | 操作内容 | | | | | | | | 完成时间 |
| | | 1 | 在"五防"机上进行模拟预演 | | | | | | | | |
| | | 2 | 检查 35kV 1 号 SVG 检修工作全部结束，工作票已收回 | | | | | | | | |
| | | 3 | 确认 35kV 汇集一线 312 高压开关柜 | | | | | | | | |
| | | 4 | 合上 35kV 汇集一线 312 断路器保护电源空气开关 | | | | | | | | |
| | | 5 | 合上 35kV 汇集一线 312 断路器控制电源空气开关 | | | | | | | | |
| | | 6 | 退出 35kV 汇集一线 312 断路器保护检修连接片 | | | | | | | | |
| | | 7 | 检查保护装置运行正常 | | | | | | | | |
| | | 8 | 投入 35kV 汇集一线 312 断路器保护跳闸连接片 | | | | | | | | |

续表

| 模拟<br>（√） | 执行<br>（√） | 序号 | 操作内容 | 完成时间 |
|---|---|---|---|---|
| | | 9 | 投入 35kV 汇集一线 312 断路器保护合闸连接片 | |
| | | 10 | 检查保护连接片投退正确 | |
| | | 11 | 拉开 35kV 汇集一线 312-0 接地开关 | |
| | | 12 | 检查 35kV 汇集一线 312-0 接地开关确在"分"位 | |
| | | 13 | 检查 35kV 汇集一线 312 断路器送电回路无异物、无短路接地 | |
| | | 14 | 检查 35kV 汇集一线 312 断路器确在"分"位 | |
| | | 15 | 检查 35kV 汇集一线 312 断路器"远方/就地"转换开关在"就地"位 | |
| | | 16 | 检查 35kV 汇集一线 312 断路器储能转换开关在"关"位置 | |
| | | 17 | 在 35kV 汇集一线 312 开关柜后门进线处验明三相确无电压 | |
| | | 18 | 检查 35kV 汇集一线 312 断路器智能控制装置带电指示灯灭 | |
| | | 19 | 摇测 35kV 汇集一线 312 进线三相电缆绝缘合格 | |
| | | 20 | 检查 35kV 汇集一线 312 断路器确在"分"位 | |
| | | 21 | 将 35kV 汇集一线 312 手车开关由"检修"位置推至"试验"位置 | |
| | | 22 | 安上 35kV 汇集一线 312 手车开关二次插头 | |
| | | 23 | 将 35kV 汇集一线 312 手车开关由"试验"位置摇至"工作"位置 | |
| | | 24 | 检查 35kV 汇集一线 312 断路器确在"工作位置" | |
| | | 25 | 将 35kV 汇集一线 312 断路器"远方，就地"转换开关切至"远方" | |
| | | 26 | 将 35kV 汇集一线 312 断路器储能转换开关切换至"通" | |
| | | 27 | 确认后台监控机 35kV 汇集一线 312 间隔分图 | |
| | | 28 | 合上 35kV 汇集一线 312 断路器 | |
| | | 29 | 检查 35kV 汇集一线 312 断路器电流（A 相　A，B 相　A，C 相　A） | |
| | | 30 | 检查 35kV 汇集一线 312 断路器确在"合"位 | |
| | | 31 | 检查 35kV 汇集一线 312 断路器智能控制装置上带电指示灯已亮 | |
| | | 32 | 在"五防"机上完成数据上传及状态核对 | |
| | | 33 | 操作完毕，汇报，并记录 | |
| | | | 以下空白 | |
| | | | | |
| | | | | |
| | | | | |

| 备注 | | | | | |
|---|---|---|---|---|---|
| 操作人 | | 监护人 | | 值班<br>负责人 | |
| 盖（已执行/未执行）印 | | 盖（合格/不合格）印 | | 检查人 | |

5. 35kV Ⅰ 母由运行转检修

35kV Ⅰ 母由运行转检修电气倒闸操作票见表 6-10。

表 6-10　　　　　　　　　**35kV Ⅰ母由运行转检修电气倒闸操作票**

| 发令人 | | 受令人 | | | 发令时间 | 年　月　日　时　分 | | |
|---|---|---|---|---|---|---|---|---|
| 操作开始时间 | | 年　月　日　时　分 | | 操作结束时间 | | 年　月　日　时　分 | | |
| 任务编号 | | | 任务名称 | | 35kV Ⅰ母由运行转检修 | | | |

| 模拟（√） | 执行（√） | 序号 | 操作内容 | 完成时间 |
|---|---|---|---|---|
| | | 1 | 在"五防"机上进行模拟预演 | |
| | | 2 | 将 35kV 1 号 SVG 负荷降为零 | |
| | | 3 | 检查 35kV 1 号 SVG 负荷已降为零 | |
| | | 4 | 确认后台监控机 35kV 1 号 SVG 311 断路器间隔分图 | |
| | | 5 | 断开 35kV 1 号 SVG 311 断路器 | |
| | | 6 | 检查 35kV 1 号 SVG 311 断路器电流（A 相 0A，B 相 0A，C 相 0A） | |
| | | 7 | 确认 35kV 1 号 SVG 311 高压开关柜 | |
| | | 8 | 将 35kV 1 号 SVG 311 断路器"远方/就地"转换开关切换至"就地"位 | |
| | | 9 | 检查 35kV 1 号 SVG 311 断路器确在"分"位 | |
| | | 10 | 将 35kV 1 号 SVG 311 断路器由"工作位置"摇至"试验位置" | |
| | | 11 | 检查 35kV 1 号 SVG 311 断路器确在"试验位置" | |
| | | 12 | 将 35kV 1 号 SVG 311 断路器储能转换开关切至"关"位 | |
| | | 13 | 检查 35kV 1 号 SVG 311 断路器智能控制装置上带电指示灯已灭 | |
| | | 14 | 确认后台监控机 35kV 1 号站用变压器 317 断路器间隔分图 | |
| | | 15 | 断开 35kV 1 号站用变压器 317 断路器 | |
| | | 16 | 检查 35kV 1 号站用变压器 317 断路器电流（A 相 0A，B 相 0A，C 相 0A） | |
| | | 17 | 确认 35kV 1 号站用变压器 317 高压开关柜 | |
| | | 18 | 将 35kV 1 号站用变压器 317 断路器"远方/就地"转换开关切至"就地"位 | |
| | | 19 | 检查 35kV 1 号站用变压器 317 断路器确在"分"位 | |
| | | 20 | 将 35kV 1 号站用变压器 317 断路器由"工作位置"摇至"试验位置" | |
| | | 21 | 检查 35kV 1 号站用变压器 317 断路器确在"试验位置" | |
| | | 22 | 将 35kV 1 号站用变压器 317 断路器储能转换开关切至"关"位 | |
| | | 23 | 检查 35kV 1 号站用变压器 317 断路器智能控制装置上带电指示灯已灭 | |
| | | 24 | 确认后台监控机 35kV 汇集一线 312 断路器间隔分图 | |
| | | 25 | 断开 35kV 汇集一线 312 断路器 | |
| | | 26 | 检查 35kV 汇集一线 312 断路器电流（A 相 0A，B 相 0A，C 相 0A） | |
| | | 27 | 确认后台监控机 35kV 汇集二线 313 断路器间隔分图 | |
| | | 28 | 断开 35kV 汇集二线 313 断路器 | |
| | | 29 | 检查 35kV 汇集二线 313 断路器电流（A 相 0A，B 相 0A，C 相 0A） | |
| | | 30 | 确认后台监控机 35kV 汇集三线 314 断路器间隔分图 | |
| | | 31 | 断开 35kV 汇集三线 314 断路器 | |
| | | 32 | 检查 35kV 汇集三线 314 断路器电流（A 相 0A，B 相 0A，C 相 0A） | |
| | | 33 | 确认后台监控机 35kV 汇集四线 315 断路器间隔分图 | |

| 模拟<br>（√） | 执行<br>（√） | 序号 | 操作内容 | 完成时间 |
|---|---|---|---|---|
| | | 34 | 断开 35kV 汇集四线 315 断路器 | |
| | | 35 | 检查 35kV 汇集四线 315 断路器电流（A 相 0A，B 相 0A，C 相 0A） | |
| | | 36 | 确认后台监控机 35kV 汇集五线 316 断路器间隔分图 | |
| | | 37 | 断开 35kV 汇集五线 316 断路器 | |
| | | 38 | 检查 35kV 汇集五线 316 断路器电流（A 相 0A，B 相 0A，C 相 0A） | |
| | | 39 | 确认后台监控机 35kV Ⅰ 母 301 断路器间隔分图 | |
| | | 40 | 断开 35kV Ⅰ 母 301 断路器 | |
| | | 41 | 检查 35kV Ⅰ 母 301 断路器电流（A 相 0A，B 相 0A，C 相 0A） | |
| | | 42 | 确认 35kV Ⅰ 母 TV 31-9 高压开关柜 | |
| | | 43 | 断开 35kV Ⅰ 母 TV 保护电压二次空气开关 | |
| | | 44 | 断开 35kV Ⅰ 母 TV 计量电压二次空气开关 | |
| | | 45 | 断开 35kV Ⅰ 母 TV 测量电压二次空气开关 | |
| | | 46 | 将 35kV Ⅰ 母 TV 31-9 手车开关由"工作位置"摇至"试验位置" | |
| | | 47 | 检查 35kV Ⅰ 母 TV 31-9 手车开关确在"试验位置" | |
| | | 48 | 检查 35kV Ⅰ 母 TV 31-9 手车开关智能控制装置上带电指示灯已灭 | |
| | | 49 | 确认 35kV 1 号站用变压器 317 高压开关柜 | |
| | | 50 | 将 35kV 1 号站用变压器 317 断路器"远方/就地"转换开关切至"就地"位 | |
| | | 51 | 检查 35kV 1 号站用变压器 317 手车开关确在"试验位置" | |
| | | 52 | 将 35kV 1 号站用变压器 317 断路器储能转换开关切至"关"位 | |
| | | 53 | 检查 35kV 1 号站用变压器 317 断路器智能控制装置上带电指示灯已灭 | |
| | | 54 | 确认 35kV 汇集五线 316 高压开关柜 | |
| | | 55 | 断开 35kV 汇集五线 316 断路器所带逆变器 | |
| | | 56 | 检查 35kV 汇集五线 316 断路器所带负荷已降为零 | |
| | | 57 | 将 35kV 汇集五线 316 断路器"远方/就地"转换开关切至"就地"位 | |
| | | 58 | 检查 35kV 汇集五线 316 断路器确在"分"位 | |
| | | 59 | 将 35kV 汇集五线 316 断路器由"工作位置"摇至"试验位置" | |
| | | 60 | 检查 35kV 汇集五线 316 手车开关确在"试验位置" | |
| | | 61 | 将 35kV 1 号站用变压器 317 断路器储能转换开关切至"关"位 | |
| | | 62 | 检查 35kV 1 号站用变压器 317 断路器智能控制装置上带电指示灯已灭 | |
| | | 63 | 确认 35kV 汇集四线 315 高压开关柜 | |
| | | 64 | 断开 35kV 汇集四线 315 断路器所带逆变器 | |
| | | 65 | 检查 35kV 汇集四线 315 断路器所带负荷已降为零 | |
| | | 66 | 将 35kV 汇集四线 315 断路器"远方/就地"转换开关切至"就地"位 | |
| | | 67 | 检查 35kV 汇集四线 315 断路器确在"分"位 | |

续表

| 模拟<br>（√） | 执行<br>（√） | 序号 | 操作内容 | 完成时间 |
|---|---|---|---|---|
| | | 68 | 将 35kV 汇集四线 315 断路器由"工作位置"摇至"试验位置" | |
| | | 69 | 检查 35kV 汇集四线 315 手车开关确在"试验位置" | |
| | | 70 | 将 35kV 汇集四线 315 断路器储能转换开关切至"关"位 | |
| | | 71 | 检查 35kV 汇集四线 315 断路器智能控制装置上带电指示灯已灭 | |
| | | 72 | 确认 35kV 汇集三线 314 高压开关柜 | |
| | | 73 | 断开 35kV 汇集三线 314 断路器所带逆变器 | |
| | | 74 | 检查 35kV 汇集三线 314 断路器所带负荷已降为零 | |
| | | 75 | 将 35kV 汇集三线 314 断路器"远方/就地"转换开关切至"就地"位 | |
| | | 76 | 检查 35kV 汇集三线 314 断路器确在"分"位 | |
| | | 77 | 将 35kV 汇集三线 314 断路器由"工作位置"摇至"试验位置" | |
| | | 78 | 检查 35kV 汇集三线 314 手车开关确在"试验位置" | |
| | | 79 | 将 35kV 汇集三线 314 断路器储能转换开关切至"关"位 | |
| | | 80 | 检查 35kV 汇集三线 314 断路器智能控制装置上带电指示灯已灭 | |
| | | 81 | 确认 35kV 汇集二线 313 高压开关柜 | |
| | | 82 | 断开 35kV 汇集二线 313 断路器所带逆变器 | |
| | | 83 | 检查 35kV 汇集二线 313 断路器所带负荷已降为零 | |
| | | 84 | 将 35kV 汇集二线 313 断路器"远方/就地"转换开关切至"就地"位 | |
| | | 85 | 检查 35kV 汇集二线 313 断路器确在"分"位 | |
| | | 86 | 将 35kV 汇集二线 313 断路器由"工作位置"摇至"试验位置" | |
| | | 87 | 检查 35kV 汇集二线 313 手车开关确在"试验位置" | |
| | | 88 | 将 35kV 汇集二线 313 断路器储能转换开关切至"关"位 | |
| | | 89 | 检查 35kV 汇集二线 313 断路器智能控制装置上带电指示灯已灭 | |
| | | 90 | 确认 35kV 汇集一线 312 高压开关柜 | |
| | | 91 | 断开 35kV 汇集一线 312 断路器所带逆变器 | |
| | | 92 | 检查 35kV 汇集一线 312 断路器所带负荷已降为零 | |
| | | 93 | 将 35kV 汇集一线 312 断路器"远方/就地"转换开关切至"就地"位 | |
| | | 94 | 检查 35kV 汇集一线 312 断路器确在"分"位 | |
| | | 95 | 将 35kV 汇集一线 312 断路器由"工作位置"摇至"试验位置" | |
| | | 96 | 检查 35kV 汇集一线 312 手车开关确在"试验位置" | |
| | | 97 | 将 35kV 汇集一线 312 断路器储能转换开关切至"关"位 | |
| | | 98 | 检查 35kV 汇集一线 312 断路器智能控制装置上带电指示灯已灭 | |
| | | 99 | 确认 35kV Ⅰ母 301 高压开关柜 | |
| | | 100 | 将 35kV Ⅰ母 301 断路器"远方/就地"转换开关切至"就地"位 | |
| | | 101 | 检查 35kV Ⅰ母 301 断路器确在"分"位 | |

续表

| 模拟<br>（√） | 执行<br>（√） | 序号 | 操作内容 | 完成时间 |
|---|---|---|---|---|
| | | 102 | 将 35kV Ⅰ母 301 断路器由"工作位置"摇至"试验位置" | |
| | | 103 | 检查 35kV Ⅰ母 301 手车开关确在"试验位置" | |
| | | 104 | 将 35kV Ⅰ母 301 手车开关储能转换开关切至"关"位 | |
| | | 105 | 检查 35kV Ⅰ母 301 手车开关智能控制装置上带电指示灯已灭 | |
| | | 106 | 确认后台监控机 35kV Ⅰ母间隔分图 | |
| | | 107 | 检查 35kV Ⅰ母三相电压（A 相 0V，B 相 0V，C 相 0V） | |
| | | 108 | 检查 35kV Ⅰ母所连接间隔手车开关均在"试验位置" | |
| | | 109 | 在 35kV Ⅰ母 301 开关柜后门 35kV Ⅰ母线侧验明三相确无电压 | |
| | | 110 | 在 35kV Ⅰ母母线上装设××号接地线一组 | |
| | | 111 | 确认 35kV Ⅰ母母线保护屏 | |
| | | 112 | 退出 1C2LP1 跳 301 断路器保护连接片 | |
| | | 113 | 退出 1C4LP1 跳站用变压器 317 断路器保护连接片 | |
| | | 114 | 退出 1C5LP1 跳 312 断路器保护连接片 | |
| | | 115 | 退出 1C6LP1 跳 313 断路器保护连接片 | |
| | | 116 | 退出 1C7LP1 跳 314 断路器保护连接片 | |
| | | 117 | 退出 1C8LP1 跳 315 断路器保护连接片 | |
| | | 118 | 退出 1C9LP1 跳 316 断路器保护连接片 | |
| | | 119 | 退出 1C10LP1 跳 1 号 SVG 311 断路器保护连接片 | |
| | | 120 | 退出 1KLP1 差动保护投入连接片 | |
| | | 121 | 投入 1KLP3 检修状态投入连接片 | |
| | | 122 | 检查保护连接片投退正确 | |
| | | 123 | 拉开 35kV Ⅰ母母线装置电源空气开关 K | |
| | | 124 | 拉开 35kV Ⅰ母母线电压空气开关 1ZKK1 | |
| | | 125 | 确认 110kV 变压器保护柜 | |
| | | 126 | 退出 1CLP2 低压 1 侧出口（差动）保护连接片 | |
| | | 127 | 退出 5CLP2 低压 1 侧出口（非电量）保护连接片 | |
| | | 128 | 退出 1-2CLP2 低压 1 侧出口（高后备）保护连接片 | |
| | | 129 | 退出 3-2CLP2 低压 1 侧出口（低压 1 侧后备）保护连接片 | |
| | | 130 | 合上 35kV 1 号 SVG 311 断路器保护电源空气开关 | |
| | | 131 | 合上 35kV 1 号 SVG 311 断路器控制电源空气开关 | |
| | | 132 | 合上 35kV 汇集一线 312 断路器保护电源空气开关 | |
| | | 133 | 合上 35kV 汇集一线 312 断路器控制电源空气开关 | |
| | | 134 | 合上 35kV 汇集二线 313 断路器保护电源空气开关 | |
| | | 135 | 合上 35kV 汇集二线 313 断路器控制电源空气开关 | |
| | | 136 | 合上 35kV 汇集三线 314 断路器保护电源空气开关 | |
| | | 137 | 合上 35kV 汇集三线 314 断路器控制电源空气开关 | |
| | | 138 | 合上 35kV 汇集四线 315 断路器保护电源空气开关 | |

| 模拟<br>(√) | 执行<br>(√) | 序号 | 操作内容 | 完成时间 |
|---|---|---|---|---|
| | | 139 | 合上 35kV 汇集四线 315 断路器控制电源空气开关 | |
| | | 140 | 合上 35kV 汇集五线 316 断路器保护电源空气开关 | |
| | | 141 | 合上 35kV 汇集五线 316 断路器控制电源空气开关 | |
| | | 142 | 合上 35kV 1 号站用变压器 317 断路器保护电源空气开关 | |
| | | 143 | 合上 35kV 1 号站用变压器 317 断路器控制电源空气开关 | |
| | | 144 | 合上 35kV Ⅰ母 301 断路器保护电源空气开关 | |
| | | 145 | 合上 35kV Ⅰ母 301 断路器控制电源空气开关 | |
| | | 146 | 在 35kV 301、311、312、313、314、315、316、317 断路器操作把手上挂<br>"禁止合闸 有人工作"标识牌 | |
| | | 147 | 在"五防"机上完成数据上传及状态核对 | |
| | | 148 | 操作完毕,汇报,并记录 | |
| | | | 以下空白 | |
| | | | | |
| | | | | |
| | | | | |

| 备注 | | | | | | |
|---|---|---|---|---|---|---|
| 操作人 | | | 监护人 | | 值班<br>负责人 | |
| | 盖(已执行/未执行)印 | | | 盖(合格/不合格)印 | 检查人 | |

## 6. 35kV Ⅰ母由检修转运行

35kV Ⅰ母由检修转运行电气倒闸操作票见表 6-11。

表 6-11 35kV Ⅰ母由检修转运行电气倒闸操作票

| 发令人 | | | 受令人 | | | 发令时间 | | 年 月 日 时 分 | | | |
|---|---|---|---|---|---|---|---|---|---|---|---|
| 操作开始<br>时间 | | 年 月 日 时 分 | | | | 操作结束<br>时间 | | 年 月 日 时 分 | | | |
| 任务编号 | | | | 任务名称 | | 35kV Ⅰ母由检修转运行 | | | | | |

| 模拟<br>(√) | 执行<br>(√) | 序号 | 操作内容 | 完成时间 |
|---|---|---|---|---|
| | | 1 | 在"五防"机上进行模拟预演 | |
| | | 2 | 检查 35kV Ⅰ母母线检修工作全部结束,工作票已全部收回 | |
| | | 3 | 确认 35kV Ⅰ母母线保护屏 | |
| | | 4 | 合上 35kV Ⅰ母母线装置电源空气开关 K | |
| | | 5 | 合上 35kV Ⅰ母母线电压空气开关 1ZKK1 | |
| | | 6 | 退出 1KLP3 检修状态投入连接片 | |
| | | 7 | 检查 35KV Ⅰ母母线保护装置运行正常 | |
| | | 8 | 投入 1C2LP1 跳 301 断路器保护连接片 | |
| | | 9 | 投入 1C4LP1 跳站用变压器 317 断路器保护连接片 | |

| 模拟（√） | 执行（√） | 序号 | 操作内容 | 完成时间 |
|---|---|---|---|---|
| | | 10 | 投入 1C5LP1 跳 312 断路器保护连接片 | |
| | | 11 | 投入 1C6LP1 跳 313 断路器保护连接片 | |
| | | 12 | 投入 1C7LP1 跳 314 断路器保护连接片 | |
| | | 13 | 投入 1C8LP1 跳 315 断路器保护连接片 | |
| | | 14 | 投入 1C9LP1 跳 316 断路器保护连接片 | |
| | | 15 | 投入 1C10LP1 跳 1 号 SVG 311 断路器保护连接片 | |
| | | 16 | 投入 1KLP1 差动保护投入连接片 | |
| | | 17 | 投入 1KLP3 检修状态投入连接片 | |
| | | 18 | 检查保护连接片投退正确 | |
| | | 19 | 确认 110KV 变压器保护柜 | |
| | | 20 | 投入 1CLP2 低压 1 侧出口（差动）保护连接片 | |
| | | 21 | 投入 5CLP2 低压 1 侧出口（非电量）保护连接片 | |
| | | 22 | 投入 1-2CLP2 低压 1 侧出口（高后备）保护连接片 | |
| | | 23 | 投入 3-2CLP2 低压 1 侧出口（低压 1 侧后备）保护连接片 | |
| | | 24 | 检查保护连接片投退正确 | |
| | | 25 | 拆除 35kV Ⅰ母母线上××号接地线一组 | |
| | | 26 | 检查 35kV Ⅰ母母线送电回路无异物、无短路接地 | |
| | | 27 | 确认 35kV Ⅰ母 301 高压开关柜 | |
| | | 28 | 合上 35kV Ⅰ母 301 断路器保护电源空气开关 | |
| | | 29 | 合上 35kV Ⅰ母 301 断路器控制电源空气开关 | |
| | | 30 | 检查 35kV Ⅰ母 301 断路器保护装置正常 | |
| | | 31 | 检查 35kV Ⅰ母 301 断路器保护连接片投退正确 | |
| | | 32 | 检查 35kV Ⅰ母 301 断路器确在"分"位 | |
| | | 33 | 检查 35kV Ⅰ母 301 断路器"远方、就地"转换开关确在"就地"位 | |
| | | 34 | 检查 35kV Ⅰ母 301 断路器储能转换开关确在"关"位 | |
| | | 35 | 在 35kV Ⅰ母 301 开关柜后门 35kV Ⅰ母母线侧验明三相确无电压 | |
| | | 36 | 检查 35kV Ⅰ母 301 断路器智能控制装置带电指示灯灭 | |
| | | 37 | 摇测 35kV Ⅰ母 301 进线三相电缆绝缘合格 | |
| | | 38 | 检查 35kV Ⅰ母 301 断路器确在"分"位 | |
| | | 39 | 将 35kV Ⅰ母 301 手车开关由"试验位置"摇至"工作位置" | |
| | | 40 | 检查 35kV Ⅰ母 301 断路器小车断路器确在"工作位置" | |
| | | 41 | 将 35kV Ⅰ母 301 断路器"远方/就地"转换开关切换至"远方"位 | |
| | | 42 | 将 35kV Ⅰ母 301 断路器储能转换开关切换至"通"位 | |
| | | 43 | 确认后台监控机 35kV Ⅰ母 301 断路器间隔分图 | |
| | | 44 | 合上 35kV Ⅰ母 301 断路器 | |
| | | 45 | 检查 35kV Ⅰ母 301 断路器电流（A 相 0A，B 相 0A，C 相 0A） | |
| | | 46 | 检查 35kV Ⅰ母 301 断路器确在"合"位 | |

| 模拟<br>（√） | 执行<br>（√） | 序号 | 操作内容 | 完成时间 |
|---|---|---|---|---|
| | | 47 | 检查 35kV Ⅰ母充电正常 | |
| | | 48 | 检查 35kV Ⅰ母母线三相电压（A 相 0V，B 相 0V，C 相 0V） | |
| | | 49 | 检查 35kV Ⅰ母 301 手车开关智能控制装置上带电指示灯已亮 | |
| | | 50 | 确认 35kV Ⅰ母 TV 31-9 高压开关柜 | |
| | | 51 | 检查 35kV Ⅰ母 TV 31-9 手车开关确在"试验位置" | |
| | | 52 | 检查 35kV Ⅰ母 TV 31-9 手车开关储能转换开关确在"关"位 | |
| | | 53 | 在 35kV Ⅰ母 TV 31-9 手车开关柜后门 35kV Ⅰ母母线侧验明三相确无电压 | |
| | | 54 | 检查 35kV Ⅰ母 TV 31-9 手车开关智能控制装置带电指示灯灭 | |
| | | 55 | 摇测 35kV Ⅰ母 TV 31-9 手车进线三相电缆绝缘合格 | |
| | | 56 | 检查 35kV Ⅰ母 TV 保护电压二次空气开关确在"分"位 | |
| | | 57 | 检查 35kV Ⅰ母 TV 计量电压二次空气开关确在"分"位 | |
| | | 58 | 检查 35kV Ⅰ母 TV 测量电压二次空气开关确在"分"位 | |
| | | 59 | 将 35kV Ⅰ母 TV 31-9 手车开关由"试验位置"摇至"工作位置" | |
| | | 60 | 检查 35kV Ⅰ母 TV 31-9 手车开关小车断路器确在"工作位置" | |
| | | 61 | 合上 35kV Ⅰ母 TV 保护电压二次空气开关 | |
| | | 62 | 合上 35kV Ⅰ母 TV 计量电压二次空气开关 | |
| | | 63 | 合上 35kV Ⅰ母 TV 测量电压二次空气开关 | |
| | | 64 | 检查 35kV Ⅰ母 TV 31-9 手车开关智能控制装置带电指示灯已亮 | |
| | | 65 | 检查 35kV Ⅰ母电压（A 相：V，B 相：V，C 相：V） | |
| | | 66 | 确认 35kV 汇集一线 312 高压开关柜 | |
| | | 67 | 合上 35kV 汇集一线 312 断路器保护电源空气开关 | |
| | | 68 | 合上 35kV 汇集一线 312 断路器控制电源空气开关 | |
| | | 69 | 检查 35kV 汇集一线 312 断路器保护装置正常 | |
| | | 70 | 检查 35kV 汇集一线 312 断路器保护连接片投退正确 | |
| | | 71 | 检查 35kV 汇集一线 312 断路器确在"分"位 | |
| | | 72 | 检查 35kV 汇集一线 312 断路器"远方，就地"转换开关确在"就地"位 | |
| | | 73 | 检查 35kV 汇集一线 312 断路器储能转换开关确在"关"位 | |
| | | 74 | 在 35kV 汇集一线 312 断路器柜后门 35kV Ⅰ母母线侧验明三相确无电压 | |
| | | 75 | 检查 35kV 汇集一线 312 断路器智能控制装置带电指示灯灭 | |
| | | 76 | 摇测 35kV 汇集一线 312 进线三相电缆绝缘合格 | |
| | | 77 | 检查 35kV 汇集一线 312 断路器确在"分"位 | |
| | | 78 | 将 35kV 汇集一线 312 手车开关由"试验位置"推至"工作位置" | |
| | | 79 | 检查 35kV 汇集一线 312 断路器小车断路器确在"工作位置" | |
| | | 80 | 将 35kV 汇集一线 312 断路器"远方/就地"转换开关切换至"远方"位 | |
| | | 81 | 将 35kV 汇集一线 312 断路器储能转换开关切换至"通"位 | |
| | | 82 | 确认后台监控机 35kV Ⅰ母 301 断路器间隔分图 | |
| | | 83 | 合上 35kV 汇集一线 312 断路器 | |
| | | 84 | 检查 35kV 汇集一线 312 断路器电流（A 相 0A，B 相 0A，C 相 0A） | |

| 模拟<br>（√） | 执行<br>（√） | 序号 | 操作内容 | 完成时间 |
|---|---|---|---|---|
| | | 85 | 检查 35kV 汇集一线 312 断路器确在"合"位 | |
| | | 86 | 检查 35kV 汇集一线 312 断路器智能控制装置上带电指示灯已亮 | |
| | | 87 | 确认 35kV 汇集二线 313 高压开关柜 | |
| | | 88 | 合上 35kV 汇集二线 313 断路器保护电源空气开关 | |
| | | 89 | 合上 35kV 汇集二线 313 断路器控制电源空气开关 | |
| | | 90 | 检查 35kV 汇集二线 313 断路器保护装置正常 | |
| | | 91 | 检查 35kV 汇集二线 313 断路器保护连接片投退正确 | |
| | | 92 | 检查 35kV 汇集二线 313 断路器确在"分"位 | |
| | | 93 | 检查 35kV 汇集二线 313 断路器"远方，就地"转换开关确在"就地"位 | |
| | | 94 | 检查 35kV 汇集二线 313 断路器储能转换开关确在"关"位 | |
| | | 95 | 在 35kV 汇集二线 313 断路器柜后门 35kV Ⅰ 母母线侧验明三相确无电压 | |
| | | 96 | 检查 35kV 汇集二线 313 断路器智能控制装置带电指示灯灭 | |
| | | 97 | 摇测 35kV 汇集二线 313 进线三相电缆绝缘合格 | |
| | | 98 | 检查 35kV 汇集二线 313 断路器确在"分"位 | |
| | | 99 | 将 35kV 汇集二线 313 手车开关由"试验位置"推至"工作位置" | |
| | | 100 | 检查 35kV 汇集二线 313 断路器小车断路器确在"工作位置" | |
| | | 101 | 将 35kV 汇集二线 313 断路器"远方/就地"转换开关切换至"远方"位 | |
| | | 102 | 将 35kV 汇集二线 313 断路器储能转换开关切换至"通"位 | |
| | | 103 | 确认后台监控机 35kV 汇集二线 313 断路器间隔分图 | |
| | | 104 | 合上 35kV 汇集二线 313 断路器 | |
| | | 105 | 检查 35kV 汇集二线 313 断路器电流（A 相 0A，B 相 0A，C 相 0A） | |
| | | 106 | 检查 35kV 汇集二线 313 断路器确在"合"位 | |
| | | 107 | 检查 35kV 汇集二线 313 断路器智能控制装置上带电指示灯已亮 | |
| | | 108 | 确认 35kV 汇集三线 314 高压开关柜 | |
| | | 109 | 合上 35kV 汇集三线 314 断路器保护电源空气开关 | |
| | | 110 | 合上 35kV 汇集三线 314 断路器控制电源空气开关 | |
| | | 111 | 检查 35kV 汇集三线 314 断路器保护装置正常 | |
| | | 112 | 检查 35kV 汇集三线 314 断路器保护连接片投退正确 | |
| | | 113 | 检查 35kV 汇集三线 314 断路器确在"分"位 | |
| | | 114 | 检查 35kV 汇集三线 314 断路器"远方/就地"转换开关确在"就地"位 | |
| | | 115 | 检查 35kV 汇集三线 314 断路器储能转换开关确在"关"位 | |
| | | 116 | 在 35kV 汇集三线 314 断路器柜后门 35kV Ⅰ 母母线侧验明三相确无电压 | |
| | | 117 | 检查 35kV 汇集三线 314 断路器智能控制装置带电指示灯灭 | |
| | | 118 | 摇测 35kV 汇集三线 314 进线三相电缆绝缘合格 | |
| | | 119 | 检查 35kV 汇集三线 314 断路器确在"分"位 | |
| | | 120 | 将 35kV 汇集三线 314 手车开关由"试验位置"推至"工作位置" | |
| | | 121 | 检查 35kV 汇集三线 314 断路器小车断路器确在"工作位置" | |
| | | 122 | 将 35kV 汇集三线 314 断路器"远方/就地"转换开关切换至"远方"位 | |

续表

| 模拟<br>（√） | 执行<br>（√） | 序号 | 操作内容 | 完成时间 |
|---|---|---|---|---|
| | | 123 | 将 35kV 汇集三线 314 断路器储能转换开关切换至"通"位 | |
| | | 124 | 确认后台监控机 35kV 汇集三线 314 断路器间隔分图 | |
| | | 125 | 合上 35kV 汇集三线 314 断路器 | |
| | | 126 | 检查 35kV 汇集三线 314 断路器电流（A 相 0A，B 相 0A，C 相 0A） | |
| | | 127 | 检查 35kV 汇集三线 314 断路器确在"合"位 | |
| | | 128 | 检查 35kV 汇集三线 314 断路器智能控制装置上带电指示灯已亮 | |
| | | 129 | 确认 35kV 汇集四线 315 高压开关柜 | |
| | | 130 | 合上 35kV 汇集四线 315 断路器保护电源空气开关 | |
| | | 131 | 合上 35kV 汇集四线 315 断路器控制电源空气开关 | |
| | | 132 | 检查 35kV 汇集四线 315 断路器保护装置正常 | |
| | | 133 | 检查 35kV 汇集四线 315 断路器保护连接片投退正确 | |
| | | 134 | 检查 35kV 汇集四线 315 断路器确在"分"位 | |
| | | 135 | 检查 35kV 汇集四线 315 断路器"远方，就地"转换开关确在"就地"位 | |
| | | 136 | 检查 35kV 汇集四线 315 断路器储能转换开关确在"关"位 | |
| | | 137 | 在 35kV 汇集四线 315 断路器柜后门 35kV Ⅰ母母线侧验明三相确无电压 | |
| | | 138 | 检查 35kV 汇集四线 315 断路器智能控制装置带电指示灯灭 | |
| | | 139 | 摇测 35kV 汇集四线 315 进线三相电缆绝缘合格 | |
| | | 140 | 检查 35kV 汇集四线 315 断路器确在"分"位 | |
| | | 141 | 将 35kV 汇集四线 315 手车开关由"试验位置"推至"工作位置" | |
| | | 142 | 检查 35kV 汇集四线 315 断路器小车断路器确在"工作位置" | |
| | | 143 | 将 35kV 汇集四线 315 断路器"远方/就地"转换开关切换至"远方"位 | |
| | | 144 | 将 35kV 汇集四线 315 断路器储能转换开关切换至"通"位 | |
| | | 145 | 确认后台监控机 35kV 汇集四线 315 断路器间隔分图 | |
| | | 146 | 合上 35kV 汇集四线 315 断路器 | |
| | | 147 | 检查 35kV 汇集四线 315 断路器电流（A 相 0A，B 相 0A，C 相 0A） | |
| | | 148 | 检查 35kV 汇集四线 315 断路器确在"合"位 | |
| | | 149 | 检查 35kV 汇集四线 315 断路器智能控制装置上带电指示灯已亮 | |
| | | 150 | 确认 35kV 汇集五线 316 高压开关柜 | |
| | | 151 | 合上 35kV 汇集五线 316 断路器保护电源空气开关 | |
| | | 152 | 合上 35kV 汇集五线 316 断路器控制电源空气开关 | |
| | | 153 | 检查 35kV 汇集五线 316 断路器保护装置正常 | |
| | | 154 | 检查 35kV 汇集五线 316 断路器保护连接片投退正确 | |
| | | 155 | 检查 35kV 汇集五线 316 断路器确在"分"位 | |
| | | 156 | 检查 35kV 汇集五线 316 断路器"远方，就地"转换开关确在"就地"位 | |
| | | 157 | 检查 35kV 汇集五线 316 断路器储能转换开关确在"关"位 | |
| | | 158 | 在 35kV 汇集五线 316 断路器柜后门 35KV Ⅰ母母线侧验明三相确无电压 | |

| 模拟（√） | 执行（√） | 序号 | 操作内容 | 完成时间 |
|---|---|---|---|---|
| | | 159 | 检查 35kV 汇集五线 316 断路器智能控制装置带电指示灯灭 | |
| | | 160 | 摇测 35kV 汇集五线 316 进线三相电缆绝缘合格 | |
| | | 161 | 检查 35kV 汇集五线 316 断路器确在"分"位 | |
| | | 162 | 将 35kV 汇集五线 316 手车开关由"试验位置"推至"工作位置" | |
| | | 163 | 检查 35kV 汇集五线 316 断路器小车断路器确在"工作位置" | |
| | | 164 | 将 35kV 汇集五线 316 断路器"远方/就地"转换开关切换至"远方"位 | |
| | | 165 | 将 35kV 汇集五线 316 断路器储能转换开关切换至"通"位 | |
| | | 166 | 确认后台监控机 35kV 汇集五线 316 断路器间隔分图 | |
| | | 167 | 合上 35kV 汇集五线 316 断路器 | |
| | | 168 | 检查 35kV 汇集五线 316 断路器电流（A 相 0A，B 相 0A，C 相 0A） | |
| | | 169 | 检查 35kV 汇集五线 316 断路器确在"合"位 | |
| | | 170 | 检查 35kV 汇集五线 316 断路器智能控制装置上带电指示灯已亮 | |
| | | 171 | 确认 35kV 1 号站用变压器 317 高压开关柜 | |
| | | 172 | 合上 35kV 1 号站用变压器 317 断路器保护电源空气开关 | |
| | | 173 | 合上 35kV 1 号站用变压器 317 断路器控制电源空气开关 | |
| | | 174 | 检查 35kV 1 号站用变压器 317 断路器保护装置正常 | |
| | | 175 | 检查 35kV 1 号站用变压器 317 断路器保护连接片投退正确 | |
| | | 176 | 检查 35kV 1 号站用变压器 317 断路器确在"分"位 | |
| | | 177 | 检查 35kV 1 号站用变压器 317 断路器"远方，就地"转换开关确在"就地"位 | |
| | | 178 | 检查 35kV 1 号站用变压器 317 断路器储能转换开关确在"关"位 | |
| | | 179 | 在 35kV 1 号站用变压器 317 断路器柜后门 35kV Ⅰ 母母线侧验明三相无电压 | |
| | | 180 | 检查 35kV 1 号站用变压器 317 断路器智能控制装置带电指示灯灭 | |
| | | 181 | 摇测 35kV 1 号站用变压器 317 进线三相电缆绝缘合格 | |
| | | 182 | 检查 35kV 1 号站用变压器 317 断路器确在"分"位 | |
| | | 183 | 将 35kV 1 号站用变压器 317 手车开关由"试验位置"推至"工作位置" | |
| | | 184 | 检查 35kV 1 号站用变压器 317 断路器小车断路器确在"工作位置" | |
| | | 185 | 将 35kV 1 号站用变压器 317 断路器"远方/就地"转换开关切换至"远方"位 | |
| | | 186 | 将 35kV 1 号站用变压器 317 断路器储能转换开关切换至"通"位 | |
| | | 187 | 确认后台监控机 35kV 1 号站用变压器 317 断路器间隔分图 | |
| | | 188 | 合上 35kV 1 号站用变压器 317 断路器 | |
| | | 189 | 检查 35kV 1 号站用变压器 317 断路器电流（A 相 0A，B 相 0A，C 相 0A） | |
| | | 190 | 检查 35kV 1 号站用变压器 317 断路器确在"合"位 | |
| | | 191 | 检查 35kV 1 号站用变压器 317 断路器智能控制装置上带电指示灯已亮 | |

续表

| 模拟<br>（√） | 执行<br>（√） | 序号 | 操作内容 | 完成时间 |
|---|---|---|---|---|
| | | 192 | 确认 35kV 1 号 SVG 311 高压开关柜 | |
| | | 193 | 合上 35kV 1 号 SVG 311 断路器保护电源空气开关 | |
| | | 194 | 合上 35kV 1 号 SVG 311 断路器控制电源空气开关 | |
| | | 195 | 检查 35kV 1 号 SVG 311 断路器保护装置正常 | |
| | | 196 | 检查 35kV 1 号 SVG 311 断路器保护连接片投退正确 | |
| | | 197 | 检查 35kV 1 号 SVG 311 断路器确在"分"位 | |
| | | 198 | 将 35kV 1 号 SVG 311 断路器"远方/就地"转换开关确在"就地"位 | |
| | | 199 | 检查 35kV 1 号 SVG 311 断路器储能转换开关在"关"位置 | |
| | | 200 | 在 35kV 1 号 SVG 311 开关柜后门 1 号 SVG 进线处验明三相确无电压 | |
| | | 201 | 检查 35kV 1 号 SVG 311 断路器智能控制装置带电指示灯灭 | |
| | | 202 | 摇测 35kV 1 号 SVG 311 1 号 SVG 进线三相电缆绝缘合格 | |
| | | 203 | 检查 35kV 1 号 SVG 311 断路器确在"分"位 | |
| | | 204 | 将 35kV 1 号 SVG 311 手车开关由"试验"位置摇至"工作"位置 | |
| | | 205 | 检查 35kV 1 号 SVG 311 断路器确在"工作位置" | |
| | | 206 | 将 35kV 1 号 SVG 311 断路器"远方/就地"转换开关切换至"远方"位 | |
| | | 207 | 将 35kV 1 号 SVG 311 断路器储能转换开关切换至"通"位 | |
| | | 208 | 确认后台监控机 35kV 1 号 SVG 311 间隔分图 | |
| | | 209 | 合上 35kV 1 号 SVG 311 断路器 | |
| | | 210 | 检查 35kV 1 号 SVG 311 断路器电流（A 相　A，B 相　A，C 相　A） | |
| | | 211 | 检查 35kV 1 号 SVG 311 断路器确在"合"位 | |
| | | 212 | 检查 35kV 1 号 SVG 311 断路器智能控制装置上带电指示灯已亮 | |
| | | 213 | 在"五防"机上完成数据上传及状态核对 | |
| | | 214 | 操作完毕，汇报，并记录 | |
| | | | 以下空白 | |
| | | | | |
| | | | | |
| 备注 | | | | |

| 操作人 | | 监护人 | | 值班<br>负责人 | |
|---|---|---|---|---|---|
| 盖（已执行/未执行）印 | | 盖（合格/不合格）印 | | 检查人 | |

7. 110kV 1 号主变压器由运行转检修

110kV 1 号主变压器由运行转检修电气倒闸操作票见表 6-12。

表 6-12 　　　　　　　110kV 1 号主变压器由运行转检修电气倒闸操作票

| 发令人 | | | 受令人 | | 发令时间 | 年 　 月 　 日 　 时 　 分 | |
|---|---|---|---|---|---|---|---|
| 操作开始时间 | | 年 　 月 　 日 　 时 　 分 | | 操作结束时间 | 年 　 月 　 日 　 时 　 分 | | |
| 任务编号 | | | 任务名称 | | 110kV 1 号主变压器由运行转检修 | | |

| 模拟（√） | 执行（√） | 序号 | 操作内容 | 完成时间 |
|---|---|---|---|---|
| | | 1 | 在"五防"机上进行模拟预演 | |
| | | 2 | 检查 35kV Ⅰ母所带负荷已降为零 | |
| | | 3 | 检查 35kV Ⅱ母所带负荷已降为零 | |
| | | 4 | 确认后台监控机 35kV Ⅰ母 301 间隔分图 | |
| | | 5 | 拉开 35kV Ⅰ母 301 断路器 | |
| | | 6 | 检查 35kV Ⅰ母 301 断路器电流（A 相 0A，B 相 0A，C 相 0A） | |
| | | 7 | 确认 35kV Ⅰ母 301 高压开关柜 | |
| | | 8 | 检查 35kV Ⅰ母 301 断路器确在"分"位 | |
| | | 9 | 将 35kV Ⅰ母 301 手车开关由"工作位置"摇至"试验位置" | |
| | | 10 | 检查 35kV Ⅰ母 301 断路器小车断路器确在"试验位置" | |
| | | 11 | 将 35kV Ⅰ母 301 断路器"远方/就地"转换开关切换至"就地"位 | |
| | | 12 | 将 35kV Ⅰ母 301 断路器储能转换开关切换至"关"位 | |
| | | 13 | 确认后台监控机 35kV Ⅱ母 302 间隔分图 | |
| | | 14 | 拉开 35kV Ⅱ母 302 断路器 | |
| | | 15 | 检查 35kV Ⅱ母 302 断路器电流（A 相 0A，B 相 0A，C 相 0A） | |
| | | 16 | 检查 35kV Ⅱ母 302 断路器确在"分"位 | |
| | | 17 | 将 35kV Ⅱ母 302 手车开关由"工作位置"摇至"试验位置" | |
| | | 18 | 检查 35kV Ⅱ母 302 断路器小车断路器确在"试验位置" | |
| | | 19 | 将 35kV Ⅱ母 302 断路器"远方/就地"转换开关切换至"就地"位 | |
| | | 20 | 将 35kV Ⅱ母 302 断路器储能转换开关切换至"关"位 | |
| | | 21 | 合上 110kV ××线 1 号主变压器中性点 011-0 接地开关 | |
| | | 22 | 检查 110kV ××线 1 号主变压器中性点 011-0 接地开关确在"合"位 | |
| | | 23 | 确认后台监控机 110kV ××线间隔分图 | |
| | | 24 | 断开 110kV ××线 111 断路器 | |
| | | 25 | 检查 110kV ××线 111 电流（A 相 0A，B 相 0A，C 相 0A） | |
| | | 26 | 检查 110kV ××线 111 断路器监控信号指示在"分"位 | |
| | | 27 | 检查 110kV ××线 111 断路器机械指示在"分"位 | |
| | | 28 | 拉开 110kV ××线 111-1 隔离开关 | |
| | | 29 | 检查 110kV ××线 111-1 隔离开关监控信号指示在"分"位 | |
| | | 30 | 检查 110kV ××线 111-1 隔离开关机械指示在"分"位 | |
| | | 31 | 拉开 110kV ××线 111-3 隔离开关 | |
| | | 32 | 检查 110kV ××线 111-3 隔离开关监控信号指示在"分"位 | |
| | | 33 | 检查 110kV ××线 111-3 隔离开关机械指示在"分"位 | |
| | | 34 | 断开 111-1 隔离开关操作电源 | |
| | | 35 | 断开 111-3 隔离开关操作电源 | |
| | | 36 | 确认 110kV ××线 111 开关汇控柜 | |

续表

| 模拟<br>（√） | 执行<br>（√） | 序号 | 操作内容 | 完成<br>时间 |
|---|---|---|---|---|
| | | 37 | 将 111 开关方式控制把手由"远方"位置切至"就地"位置 | |
| | | 38 | 将"隔离/接地"方式控制把手由"远方"位置切至"就地"位置 | |
| | | 39 | 确认 35kV Ⅰ母 301 开关柜 | |
| | | 40 | 将 301 开关方式控制把手由"远方"位置切至"就地"位置 | |
| | | 41 | 确认 35kV Ⅱ母 302 开关柜 | |
| | | 42 | 将 302 开关方式控制把手由"远方"位置切至"就地"位置 | |
| | | 43 | 确认 1 号主变压器 110kV 侧电压互感器端子箱 | |
| | | 44 | 断开 1 号主变压器 110kV 侧保护电压二次空气开关 | |
| | | 45 | 断开 1 号主变压器 110kV 侧计量电压二次空气开关 | |
| | | 46 | 断开 1 号主变压器 110kV 侧测量电压二次空气开关 | |
| | | 47 | 在 110kV××线 111-1 隔离开关主变压器侧位置验明三相确无电压 | |
| | | 48 | 合上 110kV××线 111-02 接地开关 | |
| | | 49 | 检查 110kV××线 111-02 接地开关监控信号指示在"合"位 | |
| | | 50 | 检查 110kV××线 111-02 接地开关机械指示在"合"位 | |
| | | 51 | 在 1 号主变压器 35kV 低压套管侧位置验明三相确无电压 | |
| | | 52 | 在 1 号主变压器 35kV 低压套管侧装设××号接地线一组 | |
| | | 53 | 拉开 110kV××线 1 号主变压器中性点 011-0 接地开关 | |
| | | 54 | 检查 110kV××线 1 号主变压器中性点 011-0 接地开关确"分"位 | |
| | | 55 | 确认 1 号主变压器保护屏 | |
| | | 56 | 退出 1CLP1 高压出口（差动）保护连接片 | |
| | | 57 | 退出 5CLP1 高压出口（非电量）保护连接片 | |
| | | 58 | 退出 1-2CLP1 高压出口（高后备）保护连接片 | |
| | | 59 | 退出 2-2CLP1 高压出口（接地变压器）保护连接片 | |
| | | 60 | 退出 4-2CLP1 高压出口（低压 2 侧后备）保护连接片 | |
| | | 61 | 退出 1CLP2 低压 1 侧出口（差动）保护连接片 | |
| | | 62 | 退出 5CLP2 低压 1 侧出口（非电量）保护连接片 | |
| | | 63 | 退出 1-2CLP2 低压 1 侧出口（高后备）保护连接片 | |
| | | 64 | 退出 2-2CLP2 低压 1 侧出口（接地变压器）保护连接片 | |
| | | 65 | 退出 3-2CLP2 低压 1 侧出口（低压 1 侧后备）保护连接片 | |
| | | 66 | 退出 1CLP3 低压 2 侧出口（差动）保护连接片 | |
| | | 67 | 退出 5CLP3 低压 2 侧出口（非电量）保护连接片 | |
| | | 68 | 退出 1-2CLP3 低压 2 侧出口（高后备）保护连接片 | |
| | | 69 | 退出 2-2CLP3 低压 2 侧出口（接地变压器）保护连接片 | |
| | | 70 | 退出 4-2CLP3 低压 2 侧出口（低压 2 侧后备）保护连接片 | |
| | | 71 | 退出 1-2ZLP1 启动通风保护连接片 | |
| | | 72 | 退出 LP7 冷却器全停（非电量）连接片 | |
| | | 73 | 退出 3-2ZLP1 至高复压开入（低压 1 侧后备）保护连接片 | |
| | | 74 | 退出 4-2ZLP1 至高复压开入（低压 2 侧后备）保护连接片 | |
| | | 75 | 退出 1KLP1 差动保护投入连接片 | |
| | | 76 | 退出 1-2KLP1 高后备保护投入连接片 | |

续表

| 模拟<br>（√） | 执行<br>（√） | 序号 | 操作内容 | 完成<br>时间 |
|---|---|---|---|---|
| | | 77 | 退出 1-2KLP2 高压侧电压投入连接片 | |
| | | 78 | 退出 3-2KLP1 低压 1 侧后备保护投入连接片 | |
| | | 79 | 退出 3-2KLP2 低压 1 侧电压投入连接片 | |
| | | 80 | 退出 4-2KLP1 低压 2 侧后备保护投入连接片 | |
| | | 81 | 退出 4-2KLP2 低压 2 侧电压投入连接片 | |
| | | 82 | 退出 5KLP1 本体重瓦斯投入连接片 | |
| | | 83 | 退出 5KLP2 调压重瓦斯投入连接片 | |
| | | 84 | 退出 5KLP3 本体压力释放投入连接片 | |
| | | 85 | 退出 5KLP4 调压压力释放投入连接片 | |
| | | 86 | 退出 5KLP5 油温高跳闸投入连接片 | |
| | | 87 | 投入 1KLP3 检修状态投入（差动）连接片 | |
| | | 88 | 投入 1-2KLP4 检修状态投入（高后备）连接片 | |
| | | 89 | 投入 2-2KLP2 检修状态投入（接地变压器）连接片 | |
| | | 90 | 投入 3-2KLP4 检修状态投入（低压 1 侧后备）连接片 | |
| | | 91 | 投入 4-2KLP4 检修状态投入（低压 2 侧后备）连接片 | |
| | | 92 | 投入 5KLP6 检修状态投入（非电量）连接片 | |
| | | 93 | 检查保护连接片投退正确 | |
| | | 94 | 确认 1 号主变压器有载调压控制箱 | |
| | | 95 | 断开 1 号主变压器有载调压电源空气开关 | |
| | | 96 | 确认 35kV Ⅰ母 301 开关柜 | |
| | | 97 | 断开 35kV Ⅰ母 301 断路器操作电源空气开关 | |
| | | 98 | 断开 35kV Ⅰ母 301 断路器储能电源空气开关 | |
| | | 99 | 确认 35kV Ⅱ母 302 开关柜 | |
| | | 100 | 断开 35kV Ⅱ母 302 断路器操作电源空气开关 | |
| | | 101 | 断开 35kV Ⅱ母 302 断路器储能电源空气开关 | |
| | | 102 | 确认 110kV××线 111 开关汇控柜 | |
| | | 103 | 断开 110kV××线 111 断路器操作电源空气开关 | |
| | | 104 | 断开 110kV××线 111 断路器储能电源空气开关 | |
| | | 105 | 在"五防"机上完成数据上传及状态核对 | |
| | | 106 | 操作完毕，汇报，并记录 | |
| | | | 以下空白 | |
| | | | | |
| | | | | |
| | | | | |
| 备注 | | | | |
| 操作人 | | | 监护人 | | 值班<br>负责人 | |
| | 盖（已执行/未执行）印 | | 盖（合格/不合格）印 | | 检查人 | |

8. 110kV 1 号主变压器由检修转运行

110kV 1 号主变压器由检修转运行电气倒闸操作票见表 6-13。

表 6-13　　　110kV 1 号主变压器由检修转运行电气倒闸操作票

| 发令人 | | | 受令人 | | | 发令时间 | 年　月　日　时　分 | |
|---|---|---|---|---|---|---|---|---|
| 操作开始时间 | | 年　月　日　时　分 | | 操作结束时间 | | 年　月　日　时　分 | | |
| 任务编号 | | | 任务名称 | | 110kV 1 号主变压器由检修转运行 | | | |

| 模拟（√） | 执行（√） | 序号 | 操作内容 | 完成时间 |
|---|---|---|---|---|
| | | 1 | 在"五防"机上进行模拟预演 | |
| | | 2 | 检查 110kV 1 号主变压器工作已完成，人员已撤离，工作票已全部收回 | |
| | | 3 | 确认 110kV××线 111 开关汇控柜 | |
| | | 4 | 合上 110kV××线 111 断路器操作电源空气开关 | |
| | | 5 | 合上 110kV××线 111 断路器储能电源空气开关 | |
| | | 6 | 确认 35kV Ⅰ母 301 开关柜 | |
| | | 7 | 合上 35kV Ⅰ母 301 断路器操作电源空气开关 | |
| | | 8 | 合上 35kV Ⅰ母 301 断路器储能电源空气开关 | |
| | | 9 | 确认 35kV Ⅱ母 302 开关柜 | |
| | | 10 | 合上 35kV Ⅱ母 302 断路器操作电源空气开关 | |
| | | 11 | 合上 35kV Ⅱ母 302 断路器储能电源空气开关 | |
| | | 12 | 确认 1 号主变压器有载调压控制箱 | |
| | | 13 | 断开 1 号主变压器有载调压电源空气开关 | |
| | | 14 | 确认 1 号主变压器保护屏 | |
| | | 15 | 退出 1KLP3 检修状态投入（差动）连接片 | |
| | | 16 | 退出 1-2KLP4 检修状态投入（高后备）连接片 | |
| | | 17 | 退出 2-2KLP2 检修状态投入（接地变压器）连接片 | |
| | | 18 | 退出 3-2KLP4 检修状态投入（低压 1 侧后备）连接片 | |
| | | 19 | 退出 4-2KLP4 检修状态投入（低压 2 侧后备）连接片 | |
| | | 20 | 退出 5KLP6 检修状态投入（非电量）连接片 | |
| | | 21 | 检查 1 号主变压器保护装置运行正常 | |
| | | 22 | 投入 3-2ZLP1 至高复压开入（低压 1 侧后备）保护连接片 | |
| | | 23 | 投入 4-2ZLP1 至高复压开入（低压 2 侧后备）保护连接片 | |
| | | 24 | 投入 1KLP1 差动保护投入连接片 | |
| | | 25 | 投入 1-2KLP1 高后备保护投入连接片 | |
| | | 26 | 投入 1-2KLP2 高压侧电压投入连接片 | |
| | | 27 | 投入 3-2KLP1 低压 1 侧后备保护投入连接片 | |
| | | 28 | 投入 3-2KLP2 低压 1 侧电压投入连接片 | |
| | | 29 | 投入 4-2KLP1 低压 2 侧后备保护投入连接片 | |
| | | 30 | 投入 4-2KLP2 低压 2 侧电压投入连接片 | |
| | | 31 | 投入 5KLP1 本体重瓦斯投入连接片 | |
| | | 32 | 投入 5KLP2 调压重瓦斯投入连接片 | |
| | | 33 | 投入 5KLP3 本体压力释放投入连接片 | |
| | | 34 | 投入 5KLP4 调压压力释放投入连接片 | |
| | | 35 | 投入 5KLP5 油温高跳闸投入连接片 | |
| | | 36 | 投入 1CLP1 高压出口（差动）保护连接片 | |

| 模拟<br>（√） | 执行<br>（√） | 序号 | 操作内容 | 完成时间 |
|---|---|---|---|---|
| | | 37 | 投入 5CLP1 高压出口（非电量）保护连接片 | |
| | | 38 | 投入 1-2CLP1 高压出口（高后备）保护连接片 | |
| | | 39 | 投入 2-2CLP1 高压出口（接地变压器）保护连接片 | |
| | | 40 | 投入 1CLP2 低压 1 侧出口（差动）保护连接片 | |
| | | 41 | 投入 5CLP2 低压 2 侧出口（非电量）保护连接片 | |
| | | 42 | 投入 1-2CLP2 低压 1 侧出口（高后备）保护连接片 | |
| | | 43 | 投入 2-2CLP2 低压 1 侧出口（接地变压器）保护连接片 | |
| | | 44 | 投入 3-2CLP2 低压 1 侧出口（低压 1 侧后备）保护连接片 | |
| | | 45 | 投入 1CLP3 低压 2 侧出口（差动）保护连接片 | |
| | | 46 | 投入 5CLP3 低压 2 侧出口（非电量）保护连接片 | |
| | | 47 | 投入 1-2CLP3 低压 2 侧出口（高后备）保护连接片 | |
| | | 48 | 投入 2-2CLP3 低压 2 侧出口（接地变）保护连接片 | |
| | | 49 | 投入 4-2CLP3 低压 2 侧出口（低压 2 侧后备）保护连接片 | |
| | | 50 | 投入 1-2ZLP1 启动通风保护连接片 | |
| | | 51 | 投入 LP7 冷却器全停（非电量）连接片 | |
| | | 52 | 检查 1 号主变压器保护连接片投退正确 | |
| | | 53 | 拆除 1 号主变压器 35kV 低压套管侧装设××号接地线一组 | |
| | | 54 | 拉开 110kV××线 111-02 接地开关 | |
| | | 55 | 检查 110kV××线 111-02 接地开关监控信号指示在"分"位 | |
| | | 56 | 检查 110kV××线 111-02 接地开关机械指示在"分"位 | |
| | | 57 | 检查 110kV××线 1 号主变压器送电回路无异物、无短路接地 | |
| | | 58 | 在 110kV××线 111-3 隔离开关线路侧验明三相确无电压 | |
| | | 59 | 在 110kV××线 111-3 隔离开关线路侧摇测线路三相绝缘合格 | |
| | | 60 | 确认 110kV××线 111 开关汇控柜 | |
| | | 61 | 将 111 开关方式控制把手由"就地"位置切至"远方"位置 | |
| | | 62 | 将"隔离/接地"方式控制把手由"就地"位置切至"远方"位置 | |
| | | 63 | 确认 35kV Ⅰ母 301 开关柜 | |
| | | 64 | 现场检查 35kV Ⅰ母 301 手车开关确在"试验位置"位 | |
| | | 65 | 确认 35kV Ⅰ母 301 开关柜 | |
| | | 66 | 现场检查 35kV Ⅱ母 302 手车开关确在"试验位置"位 | |
| | | 67 | 合上 111-1 隔离开关操作电源 | |
| | | 68 | 合上 111-3 隔离开关操作电源 | |
| | | 69 | 检查 110kV××线 111 开关监控信号指示在"分"位 | |
| | | 70 | 检查 110kV××线 111 开关机械指示在"分"位 | |
| | | 71 | 确认后台监控机 110kV××线间隔分图 | |
| | | 72 | 合上 110kV××线 111-3 隔离开关 | |
| | | 73 | 检查 110kV××线 111-3 隔离开关监控信号指示在"合"位 | |
| | | 74 | 检查 110kV××线 111-3 隔离开关机械指示在"分"合 | |
| | | 75 | 合上 110kV××线 111-1 隔离开关 | |
| | | 76 | 检查 110kV××线 111-1 隔离开关监控信号指示在"合"位 | |

| 模拟<br>（√） | 执行<br>（√） | 序号 | 操作内容 | 完成时间 |
|---|---|---|---|---|
| | | 77 | 检查 110kV××线 111-1 隔离开关机械指示在"分"位 | |
| | | 78 | 确认 35kV Ⅰ母 301 开关柜 | |
| | | 79 | 检查 35kV Ⅰ母 301 断路器确在"分"位 | |
| | | 80 | 将 35kV Ⅰ母 301 手车开关由"试验位置"摇至"工作位置" | |
| | | 81 | 检查 35kV Ⅰ母 301 断路器小车断路器确在"工作位置" | |
| | | 82 | 将 35kV Ⅰ母 301 断路器"远方/就地"转换开关切换至"远方"位 | |
| | | 83 | 将 35kV Ⅰ母 301 断路器储能转换开关切换至"通"位 | |
| | | 84 | 确认 35kV Ⅱ母 302 开关柜 | |
| | | 85 | 检查 35kV Ⅱ母 302 断路器确在"分"位 | |
| | | 86 | 将 35kV Ⅱ母 302 手车开关由"试验位置"摇至"工作位置" | |
| | | 87 | 检查 35kV Ⅱ母 302 断路器小车断路器确在"工作位置" | |
| | | 88 | 将 35kV Ⅱ母 302 断路器"远方/就地"转换开关切换至"远方"位 | |
| | | 89 | 将 35kV Ⅱ母 302 断路器储能转换开关切换至"通"位 | |
| | | 90 | 合上 110kV 1 号主变压器中性点 011-0 接地开关 | |
| | | 91 | 检查 110kV 1 号主变压器中性点 011-0 接地开关确在"合"位 | |
| | | 92 | 确认后台监控机 110kV××线间隔分图 | |
| | | 93 | 合上 110kV××线 111 断路器 | |
| | | 94 | 检查 110kV××线 111 电流（A 相 A，B 相 A，C 相 A） | |
| | | 95 | 检查 110kV××线 111 断路器监控信号指示在"合"位 | |
| | | 96 | 检查 110kV××线 111 断路器机械指示在"合"位 | |
| | | 97 | 检查 110kV 1 号主变压器运行正常 | |
| | | 98 | 检查 35kV 1 号接地变压器运行正常 | |
| | | 99 | 确认后台监控机 35kV Ⅰ母 301 断路器间隔分图 | |
| | | 100 | 合上 35kV Ⅰ母 301 断路器 | |
| | | 101 | 检查 35kV Ⅰ母 301 断路器电流（A 相 0A，B 相 0A，C 相 0A） | |
| | | 102 | 检查 35kV Ⅰ母 301 断路器确在"合"位 | |
| | | 103 | 确认后台监控机 35kV Ⅱ母 302 断路器间隔分图 | |
| | | 104 | 合上 35kV Ⅱ母 302 断路器 | |
| | | 105 | 检查 35kV Ⅱ母 302 断路器电流（A 相 A，B 相 A，C 相 A） | |
| | | 106 | 检查 35kV Ⅱ母 302 断路器确在"合"位 | |
| | | 107 | 拉开 110kV 1 号主变压器中性点 011-0 接地开关 | |
| | | 108 | 检查 110kV 1 号主变压器中性点 011-0 接地开关确在"分"位 | |
| | | 109 | 在"五防"机上完成数据上传及状态核对 | |
| | | 110 | 操作完毕，汇报，并记录 | |
| | | | 以下空白 | |

| 备注 | | | | |
|---|---|---|---|---|
| 操作人 | | 监护人 | | 值班<br>负责人 |
| 盖（已执行/未执行）印 | | 盖（合格/不合格）印 | | 检查人 |

# 第五节　变电站设备的定期维护及试验检测

## 一、设备的维护管理

### （一）设备缺陷管理

缺陷管理包括缺陷的发现、建档、上报、处理、验收等全过程的闭环管理。缺陷管理的各个环节应分工明确、责任到人。

1．缺陷分类

（1）危急缺陷。设备或建筑物发生了直接威胁安全运行并需立即处理的缺陷，否则，随时可能造成设备损坏、人身伤亡、大面积停电、火灾等事故。

（2）严重缺陷。对人身或设备有严重威胁，暂时尚能坚持运行但需尽快处理的缺陷。

（3）一般缺陷。上述危急、严重缺陷以外的设备缺陷，指性质一般、情况较轻、对安全运行影响不大的缺陷。

2．缺陷发现

（1）运维人员应认真开展设备巡视、操作、检修、试验等工作，及时发现设备缺陷。

（2）检修、试验人员发现的设备缺陷应及时告知运维人员。

3．缺陷建档及上报

（1）发现缺陷后，电站负责参照缺陷定性标准进行定性，及时启动缺陷管理流程。

（2）在缺陷管理系统中登记设备缺陷时，应严格按照缺陷标准库和现场设备缺陷实际情况对缺陷主设备、设备部件、部件种类、缺陷部位、缺陷描述以及缺陷分类依据进行选择。

（3）对于缺陷标准库未包含的缺陷，应根据实际情况进行定性，并将缺陷内容记录清楚。

（4）对不能定性的缺陷应由上级单位组织讨论确定。

（5）对可能会改变一、二次设备运行方式或影响集中监控的危急、严重缺陷情况应向相应调控人员汇报。缺陷未消除前，运维人员应加强设备巡视。

4．缺陷处理

（1）设备缺陷的处理时限。

1）危急缺陷处理不超过24h。

2）严重缺陷处理不超过1个月。

3）需停电处理的一般缺陷不超过1个检修周期，可不停电处理的一般缺陷原则上不超过3个月。

4）发现危急缺陷后，应立即通知调控人员采取应急处理措施。

5）缺陷未消除前，根据缺陷情况，运维单位应组织制定预控措施和应急预案。

（2）消缺验收。

1）缺陷处理后，运维人员应进行现场验收,核对缺陷是否消除。

2）验收合格后，待检修人员将处理情况录入缺陷、检修试验记录，并有"合格，可以投运"的结论，运维人员再将验收意见录入相应记录，完成闭环管理。

### （二）变电站定期维护工作

（1）避雷器动作次数、泄漏电流抄录每月 1 次，雷雨后增加 1 次。

（2）高压带电显示装置每月检查维护 1 次。

（3）单个蓄电池电压测量每月 1 次，蓄电池内阻测试每年至少 1 次。

（4）全站各装置、系统时钟每月核对 1 次。

（5）防小动物设施每月维护 1 次。

（6）安全工器具每月检查 1 次。

（7）消防器材每月维护 1 次，消防设施每季度维护 1 次。

（8）微机防误装置及其附属设备（电脑钥匙、锁具、电源灯）维护、除尘、逻辑校验每半年 1 次。

（9）接地螺栓及接地标志维护每半年 1 次。

（10）排水、通风系统每月维护 1 次。

（11）室内外照明系统每季度维护 1 次。

（12）机构箱、端子箱、汇控柜等的加热器及照明每季度维护 1 次。

（13）安防设施每季度维护 1 次。

（14）二次设备每半年清扫 1 次。

（15）电缆沟每年清扫 1 次。

（16）配电箱、检修电源箱每半年检查、维护 1 次。

（17）室内 $SF_6$ 氧量告警仪每季度检查维护 1 次。

（18）防汛物资、设施在每年汛前进行全面检查、试验。

### （三）设备定期轮换、试验项目

（1）变电站事故照明系统每季度试验检查 1 次。

（2）主变压器冷却电源自动投切功能每季度试验 1 次。

（3）直流系统中的备用充电机应半年进行 1 次启动试验。

（4）变电站内的备用站用变压器（一次侧不带电）每半年应启动试验 1 次，每次带电运行不少于 24h。

（5）站用交流电源系统的备自投装置应每季度切换检查 1 次。

（6）对强油风冷的变压器冷却系统，各组冷却器的工作状态（即工作、辅助、备用状态）应每季进行轮换运行 1 次。

（7）对通风系统的备用风机与工作风机，应每季轮换运行 1 次。

（8）UPS 系统每半年试验 1 次。

## 二、设备的试验检测管理

### （一）检测分类

检测工作分为带电检测和停电试验两类。

（1）带电检测指设备在运行状态下，采用检测仪器对其状态量进行的现场检测。

（2）停电试验指需要设备退出运行才能进行的试验。

**（二）检测规定**

正常情况下，依据检测基准周期、项目和标准开展带电检测和停电试验。

（1）带电检测工作出现以下情况时应适当增加检测频次：

1）在雷雨季节前和大风、暴雨、冰雪灾、沙尘暴、地震、严重寒潮、严重雾霾等恶劣天气之后。

2）新投运的设备、对核心部件或主体进行解体性检修后重新投运的设备。

3）高峰负荷期间或负荷有较大变化时。

4）经受故障电流冲击、过电压等不良工况后。

5）设备有家族性缺陷警示时。

（2）停电试验周期可依据设备状态、地域环境、电网结构等特点，在基准周期的基础上酌情延长或缩短，调整后的试验周期一般不小于 1 年，也不大于基准周期的 2 倍。

（3）对于未开展带电检测设备，停电试验周期不大于基准周期的 1.4 倍；未开展带电检测老旧设备（大于 20 年运龄），停电试验周期不大于基准周期。

（4）符合以下各项条件的设备，停电试验周期可以在调整后的基础上最多延迟 1 个年度：

1）巡检中未见可能危及该设备安全运行的任何异常。

2）带电检测显示设备状态良好。

3）上次试验与其前次试验结果相比无明显差异。

4）没有任何可能危及设备安全运行的家族缺陷。

5）上次试验以来，没有经受严重的不良工况。

（5）有下列情形之一的设备，需提前或尽快安排停电试验：

1）巡检中发现有异常，此异常可能是重大质量隐患所致。

2）带电检测显示设备状态不良。

3）以往的例行试验有朝着注意值或警示值方向发展的明显趋势，或者接近注意值或警示值。

4）存在重大家族缺陷。

5）经受了较为严重不良工况，不进行试验无法确定其是否对设备状态有实质性损害。

6）判定设备继续运行有风险，则不论是否到期，都应列入最近的年度试验计划，情况严重时，应尽快退出运行，进行试验。

（6）110（66）kV 及以上新设备投运满 1～2 年，以及停运 6 个月以上重新投运前的设备，应进行例行试验。

**（三）设备检测项目、分类和周期**

1. 油浸式电力变压器和电抗器的检测项目、分类和周期

油浸式电力变压器和电抗器的检测项目、分类和周期见表 6-14。

表 6-14　　　　　　　　油浸式电力变压器和电抗器的检测项目、分类和周期表

| 序号 | 项目 | 分类 | 基准周期 |
|---|---|---|---|
| 1 | 红外热像检测 | 带电检测 | (1) 新投运后1周内（但应超过24h）。<br>(2) 220kV：3月。110（66）kV：半年；35kV及以下：1年。<br>(3) 必要时 |
| 2 | 油中溶解气体分析 | 带电检测/停电试验 | (1) 新投运、对核心部件或主体进行解体性检修后。<br>(2) 110（66）～330kV：第1、4、10、30天各进行1次；35kV：第1、30天各进行1次。<br>运行中：220kV：半年；35～110（66）kV：1年。<br>(3) 必要时 |
| 3 | 绝缘油 | 带电检测/停电试验 | 220kV及以下：3年 |
| 4 | 绕组电阻 | 停电试验 | (1) 1000kV：1年；其他：3年。<br>(2) 解体检修后。<br>(3) 无励磁调压变压器变换分接位置后。<br>(4) 有载调压变压器的分接开关检修后（在所有分接）。<br>(5) 更换套管后。<br>(6) 必要时 |
| 5 | 套管试验 | 停电试验 | 110（66）kV：3年 |
| 6 | 铁芯、夹件接地电流测量 | 带电检测 | (1) 220kV：每6个月不少于一次；35～110kV：每年不少于一次。<br>(2) 新安装及A、B类检修重新投运后1周内。<br>(3) 必要时 |
| 7 | 铁芯绝缘电阻 | 停电试验 | (1) 110（66）kV：3年；35kV及以下：4年。<br>(2) 解体检修后。<br>(3) 更换绕组后。<br>(4) 油中溶解气体分析异常时。<br>(5) 必要时 |
| 8 | 绕组绝缘电阻 | 停电试验 | (1) 110（66）kV：3年；35kV及以下：4年。<br>(2) 解体检修后。<br>(3) 绝缘油例行试验中水分偏高，或者怀疑箱体密封被破坏时。<br>(4) 必要时 |
| 9 | 绕组绝缘介质损耗因数（20℃） | 停电试验 | (1) 110（66）kV：3年；35kV及以下：4年。<br>(2) 解体检修后。<br>(3) 必要时 |
| 10 | 操作试验 | 停电试验 | (1) 110（66）kV：3年；35kV及以下：4年。<br>(2) 有载开关检修时。<br>(3) 制造厂规定时 |
| 11 | 过渡电阻阻值 | 停电试验 | (1) 110（66）kV：3年；35kV及以下：4年。<br>(2) 有载开关检修时 |
| 12 | 触头接触电阻 | 停电试验 | (1) 3年。<br>(2) 有载开关检修时 |
| 13 | 切换过程程序与时间 | 停电试验 | (1) 110（66）kV：3年；35kV及以下：4年。<br>(2) 有载开关检修时。<br>(3) 制造厂规定时 |
| 14 | 有载开关的油击穿电压 | 停电试验 | (1) 110（66）kV：3年；35kV及以下：4年。<br>(2) 有载开关检修时。<br>(3) 必要时 |
| 15 | 测温装置检查及其二次回路试验 | 停电试验 | (1) 110（66）kV：3年；35kV及以下：4年。<br>(2) 必要时 |

续表

| 序号 | 项目 | 分类 | 基准周期 |
|---|---|---|---|
| 16 | 气体继电器检查及其二次回路试验 | 停电试验 | （1）110（66）kV：3 年；35kV 及以下：4 年。<br>（2）必要时 |
| 17 | 冷却装置检查及其二次回路试验 | 停电试验 | （1）110（66）kV：3 年；35kV 及以下：4 年。<br>（2）必要时 |

2. $SF_6$ 断路器检测项目、分类和周期

$SF_6$ 断路器的检测项目、分类和周期见表 6-15。

表 6-15　　　　　　　　　　　$SF_6$ 断路器的检测项目、分类和周期表

| 序号 | 项目 | 分类 | 周期 |
|---|---|---|---|
| 1 | 红外热像检测 | 带电检测 | （1）新投运后 1 周内（但应超过 24h）。<br>（2）220kV：3 月；110（66）kV：半年；35kV 及以下：1 年。<br>（3）必要时 |
| 2 | 主回路电阻测量 | 停电试验 | （1）110（66）kV：3 年；35kV 及以下：4 年。<br>（2）断口温度异常、相间温差异常时。<br>（3）自上次试验之后又有 100 次以上分、合闸操作时 |
| 3 | 合闸电阻阻值及合闸电阻预接入时间 | 停电试验 | （1）110（66）kV：3 年。<br>（2）解体检修后 |
| 4 | 外观停电检查 | 停电试验 | （1）110（66）kV：3 年；35kV 及以下：4 年。<br>（2）必要时 |
| 5 | 分、合闸线圈的直流电阻及绝缘电阻 | 停电试验 | （1）110（66）kV：3 年；35kV 及以下：4 年。<br>（2）必要时 |
| 6 | 储能电动机工作电流及储能时间 | 停电试验 | （1）110（66）kV 及以上：3 年。<br>（2）35kV 及以下：4 年。<br>（3）必要时 |
| 7 | 辅助回路和控制回路绝缘电阻 | 停电试验 | （1）110（66）kV 及以上：3 年。<br>（2）35kV 及以下：4 年。<br>（3）必要时 |
| 8 | 防跳跃装置检查 | 停电试验 | （1）110（66）kV 及以上：3 年。<br>（2）35kV 及以下：4 年。<br>（3）必要时 |
| 9 | 联锁和闭锁装置检查 | 停电试验 | （1）110（66）kV 及以上：3 年。<br>（2）35kV 及以下：4 年。<br>（3）必要时 |
| 10 | 分、合闸电磁铁的动作电压 | 停电试验 | （1）110（66）kV：3 年。<br>（2）35kV 及以下：4 年。<br>（3）必要时 |
| 11 | 断路器的时间特性 | 停电试验 | （1）110（66）kV：3 年；35kV 及以下：4 年。<br>（2）必要时 |
| 12 | 机构压力表、机构操作压力整定值校验和机械安全阀校验 | 停电试验 | （1）110（66）kV：3 年；35kV 及以下：4 年。<br>（2）必要时 |
| 13 | 操动机构在分闸、合闸及重合闸下的操作压力下降值 | 停电试验 | （1）110（66）kV：3 年；35kV 及以下：4 年。<br>（2）必要时 |
| 14 | 液压操动机构泄漏试验 | 停电试验 | （1）110（66）kV：3 年；35kV 及以下：3 年；35kV 及以下：4 年。<br>（2）必要时 |

| 序号 | 项目 | 分类 | 周期 |
|---|---|---|---|
| 15 | 液压机构防失压慢分试验和非全相合闸试验 | 停电试验 | （1）110（66）～750kV：3年；35kV及以下：4年。<br>（2）必要时 |
| 16 | SF₆气体湿度 | 带电检测 | （1）110（66）kV：3年；35kV及以下：4年。<br>（2）必要时 |

3. 真空断路器检测项目、分类和周期

真空断路器的检测项目、分类和周期见表6-16。

表 6-16                     真空断路器的检测项目、分类和周期表

| 序号 | 项目 | 分类 | 周期 |
|---|---|---|---|
| 1 | 红外热像检测 | 带电检测 | （1）新投运后1周内（但应超过24h）；<br>（2）35kV及以下：1年。<br>（3）必要时 |
| 2 | 绝缘电阻 | 停电试验 | （1）35kV及以下：4年。<br>（2）必要时 |
| 3 | 主回路电阻 | 停电试验 | （1）35kV及以下：4年。<br>（2）必要时 |
| 4 | 分、合闸线圈的直流电阻及绝缘电阻 | 停电试验 | （1）35kV及以下：4年。<br>（2）必要时 |
| 5 | 储能电动机工作电流及储能时间 | 停电试验 | （1）35kV及以下：4年。<br>（2）必要时 |
| 6 | 辅助回路和控制回路绝缘电阻 | 停电试验 | （1）35kV及以下：4年。<br>（2）必要时 |
| 7 | 防跳跃装置检查 | 停电试验 | （1）35kV及以下：4年。<br>（2）必要时 |
| 8 | 联锁和闭锁装置检查 | 停电试验 | （1）35kV及以下：4年。<br>（2）必要时 |
| 9 | 分、合闸电磁铁的动作电压 | 停电试验 | （1）35kV及以下：4年。<br>（2）必要时 |
| 10 | 断路器的时间特性 | 停电试验 | （1）35kV及以下：4年。<br>（2）必要时 |
| 11 | 灭弧室真空度 | 停电试验 | （1）按设备技术文件要求。<br>（2）受家族缺陷警示。<br>（3）必要时 |
| 12 | 交流耐压试验 | 停电试验 | （1）对核心部件或主体进行解体性检修之后。<br>（2）必要时 |

4. 组合电器检测项目、分类和周期

组合电器的检测项目、分类和周期见表6-17。

表 6-17                     组合电器的检测项目、分类和周期表

| 序号 | 项目 | 分类 | 周期 |
|---|---|---|---|
| 1 | 红外热像检测 | 带电检测 | （1）新投运后1周内（但应超过24h）。<br>（2）220kV：3月；110（66）kV：半年；35kV及以下：1年。<br>（3）必要时 |

续表

| 序号 | 项目 | 分类 | 周期 |
|---|---|---|---|
| 2 | $SF_6$气体湿度（20℃，v/v） | 带电检测 | （1）3年。<br>（2）必要时 |
| 3 | 特高频局部放电检测 | 带电检测 | （1）220kV：1年；110（66）kV：1年。<br>（2）新安装及A、B类检修重新投运后1个月内。<br>（3）必要时 |
| 4 | 超声波局部放电检测 | 带电检测 | 1）220kV：1年；110（66）kV：2年。<br>2）新安装及A、B类检修重新投运后1个月内。<br>3）必要时 |
| 5 | 元件试验 | 停电试验 | 按设备技术文件规定或根据状态评价结果确定 |
| 6 | 主回路绝缘电阻 | 停电试验 | 交流耐压试验前、后 |
| 7 | 主回路电阻测量 | 停电试验 | （1）其他：自上次试验之后又有100次以上分、合闸操作。<br>（2）必要时 |
| 8 | 交流耐压试验 | 停电试验 | （1）对核心部件或主体进行解体性检修之后。<br>（2）检验主回路绝缘时 |
| 9 | 局部放电测量 | 停电试验 | 可结合耐压试验同时进行 |
| 10 | 气体密封性检测 | 停电试验 | （1）气体密度表显示密度下降时。<br>（2）定性检测发现气体泄漏时 |
| 11 | 气体密度表（继电器）校验 | 停电试验 | （1）数据显示异常时。<br>（2）达到制造商推荐的校验周期时 |
| 12 | 紫外检测 | 带电检测 | （1）新安装及A、B类检修重新投运后1周内。<br>（2）必要时 |

**5. 隔离开关检测项目、分类和周期**

隔离开关的检测项目、分类和周期见表6-18。

表6-18　　　　　　　　　　隔离开关的检测项目、分类和周期表

| 序号 | 项目 | 分类 | 周期 |
|---|---|---|---|
| 1 | 外热像检测 | 带电检测 | （1）新投运后1周内（但应超过24h）。<br>（2）220kV：3月；110（66）kV：半年；35kV及以下：1年。<br>（3）必要时 |
| 2 | 主回路电阻 | 停电试验 | （1）红外检测异常。<br>（2）上次测量结果偏大或呈明显增长趋势，且又有2年未进行测量。<br>（3）上次测量之后又进行了100次以上分、合闸操作。<br>（4）对核心部件或主体进行解体性检修之后 |
| 3 | 支柱绝缘子探伤 | 停电试验 | （1）存在家族性缺陷时。<br>（2）经历了有明显震感的地震后。<br>（3）基础沉降时 |
| 4 | 紫外检测 | 带电检测 | （1）新安装及A、B类检修重新投运后1周内。<br>（2）必要时 |

**6. 高压开关柜检测项目、分类和周期**

高压开关柜的检测项目、分类和周期见表6-19。

表 6-19　　　　　　　　　　　高压开关柜的检测项目、分类和周期表

| 序号 | 项目 | 分类 | 周期 |
|---|---|---|---|
| 1 | 红外热像检测 | 带电检测 | （1）新设备投运后 1 周内（但应超过 24h）。<br>（2）750kV 及以下：1 年。<br>（3）必要时 |
| 2 | 暂态地电压检测 | 带电检测 | （1）至少每年一次。<br>（2）新安装及 A、B 类检修重新投运 1 个月内。<br>（3）必要时 |
| 3 | 辅助回路和控制回路绝缘电阻；<br>电压抽取（带电显示）装置检查；<br>交流耐压试验；<br>主回路绝缘电阻；<br>"五防"性能检查；<br>断路器特性及其他要求 | 停电试验 | （1）4 年。<br>（2）必要时 |
| 4 | 辅助回路和控制回路交流耐压试验 | 停电试验 | 必要时 |
| 5 | 超声波局部放电检测 | 带电检测 | （1）1 年。<br>（2）新安装 及 A、B 类检修重新投运 1 个月内。<br>（3）必要时 |

注　计量柜、电压互感器柜和电容柜等的停电试验、周期和要求可参照此表进行，柜内主要部件（如互感器、电容器、避雷器等）的试验项目按本规程有关项目规定进行。

7. 电流互感器检测项目、分类和周期

电流互感器的检测项目、分类和周期见表 6-20。

表 6-20　　　　　　　　　　　电流互感器的检测项目、分类和周期表

| 序号 | 项目 | 分类 | 周期 |
|---|---|---|---|
| 1 | 红外热像检测 | 带电检测 | （1）新投运后 1 周内（但应超过 24h）。<br>（2）220 kV：3 月；110（66）kV：半年；35kV 及以下：1 年。<br>（3）必要时 |
| 2 | 相对介质损耗因数 | 带电检测 | （1）110kV 及以上：1 年。<br>（2）必要时 |
| 3 | 相对电容量比值 | 带电检测 | （1）110kV 及以上：1 年。<br>（2）必要时 |
| 4 | 油中溶解气体分析 | 停电试验 | 110（66）kV 及以上：正立式≤3 年；倒置式≤6 年 |
| 5 | 绝缘电阻 | 停电试验 | （1）110（66）kV：3 年。<br>（2）必要时 |
| 6 | 电容量和介质损耗因数 | 停电试验 | （1）110（66）kV：3 年。<br>（2）必要时 |
| 7 | $SF_6$气体湿度 | 带电检测 | 必要时 |
| 8 | 绝缘油 | 停电试验 | 必要时 |
| 9 | 交流耐压试验 | 停电试验 | 需要确认设备绝缘介质强度时 |
| 10 | 局部放电测量 | 停电试验 | 检验是否存在严重局部放电时 |
| 11 | 电流比校核 | 停电试验 | （1）对核心部件或主体进行解体性检修之后。<br>（2）确认电流比时 |
| 12 | 绕组电阻 | 停电试验 | （1）红外检测温升异常或怀疑一次绕组存在接触不良时，测量一次绕组电阻。<br>（2）二次电流异常或怀疑有二次绕组方面的缺陷时，测量二次绕组电阻 |

| 序号 | 项目 | 分类 | 周期 |
|---|---|---|---|
| 13 | 气体密封性检测 | 停电试验 | 当气体密度表显示密度下降或定性检测发现气体泄漏时 |
| 14 | 气体密度表（继电器）校验 | 停电试验 | （1）数据显示异常时。<br>（2）达到制造商推荐的校验周期时 |
| 15 | 高频局部放电检测 | 带电检测 | 必要时 |
| 16 | SF$_6$气体纯度分析 | 停电试验 | 必要时 |
| 17 | SF$_6$气体分解物（20℃，μL/L） | 停电试验 | 必要时 |
| 18 | 紫外检测 | 带电检测 | （1）新安装及 A、B 类检修重新投运后 1 周内。<br>（2）必要时 |

8. 电容式电压互感器检测项目、分类和周期

电容式电压互感器的检测项目、分类和周期见表6-21。

表 6-21　　　　　　　电容式电压互感器的检测项目、分类和周期表

| 序号 | 项目 | 分类 | 周期 |
|---|---|---|---|
| 1 | 红外热像检测 | 带电检测 | （1）新设备投运后 1 周内（但应超过 24h）。<br>（2）220 kV：3 月；110（66）kV：半年；35kV 及以下：1 年。<br>（3）必要时 |
| 2 | 分压电容器试验 | 停电试验 | （1）110（66）kV：3 年。<br>（2）当二次电压异常时。<br>（3）必要时 |
| 3 | 二次绕组绝缘电阻 | 停电试验 | （1）1000kV：1 年。<br>（2）110（66）kV：3 年 |
| 4 | 局部放电测量 | 停电试验 | 诊断是否存在严重局部放电缺陷时 |
| 5 | 电磁单元感应耐压试验 | 停电试验 | 必要时 |
| 6 | 电磁单元绝缘油击穿电压和水分测量 | 停电试验 | （1）当二次绕组绝缘电阻不能满足要求时。<br>（2）存在密封缺陷时 |
| 7 | 阻尼装置检查 | 停电试验 | 必要时 |
| 8 | 相对介质损耗因数 | 带电检测 | （1）110kV 及以上：1 年。<br>（2）必要时 |
| 9 | 相对电容量比值 | 带电检测 | （1）110kV 及以上：1 年。<br>（2）必要时 |
| 10 | SF$_6$气体分解物（20℃，μL/L） | 停电试验 | 必要时 |
| 11 | 紫外检测 | 带电检测 | （1）新安装及 A、B 类检修重新投运后 1 周内。<br>（2）必要时 |
| 12 | 高频局部放电检测 | | 必要时 |

9. 避雷器检测项目、分类和周期

金属氧化锌避雷器的检测项目、分类和周期见表6-22。

表 6-22　　　　　　　　　　金属氧化锌避雷器的检测项目、分类和周期表

| 序号 | 项目 | 分类 | 周期 |
|---|---|---|---|
| 1 | 红外热像检测 | 带电检测 | （1）新安装及 A、B 类检修重新投运后 1 个月。<br>（2）220 kV：3 月；110（66）kV：半年；35kV 及以下：1 年。<br>（3）必要时 |
| 2 | 运行中持续电流检测 | 带电检测 | （1）110（66）kV：1 年。<br>（2）新安装及 A、B 类检修重新投运后 1 个月。<br>（3）必要时 |
| 3 | 直流 1mA 电压（$U_{1mA}$）及在 0.75 $U_{1mA}$ 下泄漏电流测量 | 停电试验 | （1）110（66）kV：3 年；35kV 及以下：4 年。<br>（2）红外热像检测发现温度同比异常时。<br>（3）运行电压下持续电流偏大时。<br>（4）有电阻片老化或者内部受潮的家族缺陷，隐患尚未消除时 |
| 4 | 底座绝缘电阻 | 停电试验 | （1）110（66）kV：3 年；35kV 及以下：4 年。<br>（2）运行电压下持续电流异常减小时。<br>（3）必要时 |
| 5 | 放电计数器功能检查 | 停电试验 | （1）其他：如果已有基准周期以上未检查，有停电机会时。<br>（2）必要时 |
| 6 | 工频参考电流下的工频参考电压 | 停电试验 | 诊断内部电阻片是否存在老化、检查均压电容等缺陷时 |
| 7 | 均压电容的电容量 | 停电试验 | 必要时 |
| 8 | 高频局部放电检测 | 带电检测 | 必要时 |
| 9 | 紫外检测 | 带电检测 | （1）新安装及 A、B 类检修重新投运后 1 周内。<br>（2）必要时 |
| 10 | 绝缘电阻 | 停电试验 | （1）每年雷雨季节前。<br>（2）必要时 |

10. 并联电容器组检测项目、分类和周期

并联电容器组的检测项目、分类和周期见表 6-23。

表 6-23　　　　　　　　　　并联电容器组的检测项目、分类和周期表

| 序号 | 项目 | 分类 | 周期 |
|---|---|---|---|
| 1 | 红外热像检测 | 带电检测 | （1）新设备投运后 1 周内（但应超过 24h）。<br>（2）750kV 及以下：1 年。<br>（3）必要时 |
| 2 | 绝缘电阻 | 停电试验 | （1）新设备投运后 1 年内。<br>（2）自定（≤6 年）。<br>（3）必要时 |
| 3 | 电容量 | 停电试验 | （1）新设备投运后 1 年内。<br>（2）6 年。<br>（3）必要时 |
| 4 | 紫外检测 | 带电检测 | （1）新安装及 A、B 类检修重新投运后 1 周内。<br>（2）必要时 |

11. 母线检测项目、分类和周期

母线的检测项目、分类和周期见表 6-24。

表 6-24　　　　　　　　　　　母线的检测项目、分类和周期表

| 序号 | 项目 | 分类 | 周期 |
|---|---|---|---|
| 1 | 红外热像检测 | 带电检测 | （1）新设备投运后 1 周内（但应超过 24h）。<br>（2）220 kV：3 月；110（66）kV：半年；35kV 及以下：1 年。<br>（3）必要时 |
| 2 | 绝缘电阻 | 停电试验 | （1）35kV 及以下：3 年。<br>（2）解体检修时 |
| 3 | 交流耐压 | 停电试验 | （1）35kV 及以下：3 年。<br>（2）解体检修时 |
| 4 | 系统电容电流 | 带电检测 | 10、35kV 非有效接地系统：<br>（1）不接地系统：1 年。<br>（2）非自动调谐消弧线圈接地系统：1 年。<br>（3）自动调谐消弧线圈接地系统：2 年 |
| 5 | 紫外检测 | 带电检测 | （1）新安装及 A、B 类检修重新投运后 1 周内。<br>（2）必要时 |

12. 设备外绝缘和绝缘子检测项目、分类和周期

设备外绝缘和绝缘子的检测项目、分类和周期见表 6-25。

表 6-25　　　　　　　设备外绝缘和绝缘子的检测项目、分类和周期表

| 序号 | 项目 | 分类 | 周期 |
|---|---|---|---|
| 1 | 红外热像检测 | 带电检测 | （1）新设备投运后 1 周内（但应超过 24h）。<br>（2）220 kV：3 月；110（66）kV：半年；35kV 及以下：1 年。<br>（3）必要时 |
| 2 | 现场污秽度评估 | 停电试验 | （1）110（66）kV 及以上：3 年；35kV 及以下：4 年。<br>（2）必要时 |
| 3 | 盘形瓷绝缘子零值检测 | 停电试验 | （1）110（66）kV：3 年；35kV 及以下 4 年。<br>（2）必要时 |
| 4 | 超声探伤检查 | 停电试验 | （1）有断裂、材质或机械强度方面的家族性缺陷时（家族瓷件抽查）。<br>（2）有明显震感的地震后（所有瓷件普查） |
| 5 | 复合绝缘子和室温硫化硅橡胶涂层的状态评估 | 停电试验 | （1）复合绝缘子：首次 6 年，后继≤4 年。<br>（2）室温硫化硅橡胶涂层：首次 4 年，后继≤2 年 |
| 5.1 | 憎水性试验 | 停电试验 | （1）复合绝缘子首次 6 年，后继≤4 年；室温硫化硅橡胶涂层首次 4 年，后继≤2 年。<br>（2）必要时 |
| 5.2 | 界面试验（水煮试验和陡波前冲击电压试验） | 停电试验 | （1）其他：复合绝缘子首次 6 年，后继≤4 年；室温硫化硅橡胶涂层首次 4 年，后继≤2 年。<br>（2）必要时 |
| 5.3 | 机械破坏负荷试验 | 停电试验 | （1）其他：复合绝缘子首次 6 年，后继≤4 年；室温硫化硅橡胶涂层首次 4 年，后继≤2 年。<br>（2）必要时 |
| 6 | 机械弯曲破坏负荷试验 | 停电试验 | 必要时 |
| 7 | 孔隙性试验 | 停电试验 | 必要时 |
| 8 | 紫外检测 | 带电检测 | （1）新安装及 A、B 类检修重新投运后 1 周内。<br>（2）必要时 |
| 9 | 密封性能试验 | 停电试验 | 必要时 |
| 10 | 工频湿耐受电压试验 | 停电试验 | 必要时 |

13. 套管检测项目、分类和周期

套管的检测项目、分类和周期见表 6-26。

表 6-26　　　　　　　　　　　套管的检测项目、分类和周期表

| 序号 | 项目 | 分类 | 周期 |
|---|---|---|---|
| 1 | 红外热像检测 | 带电检测 | (1) 新设备投运后 1 周内（但应超过 24h）。<br>(2) 220 kV：3 月；　110（66）kV：半年；35kV 及以下：1 年。<br>(3) 必要时 |
| 2 | 绝缘电阻 | 停电试验 | (1) 1000 kV：1 年；110（66）kV：3 年。<br>(2) 必要时 |
| 3 | 电容量和介质损耗因数（20℃） | 停电试验 | (1) 1000 kV：1 年；110（66）kV：3 年。<br>(2) 必要时 |
| 4 | SF$_6$ 气体湿度检测 | 停电试验 | 110（66）kV：3 年 |
| 5 | 相对介质损耗因数 | 带电检测 | (1) 1 年。<br>(2) 新设备投运、解体检修后 1 周内。<br>(3) 必要时 |
| 6 | 相对电容量比值 | 带电检测 | (1) 1 年。<br>(2) 新设备投运、解体检修后 1 周内。<br>(3) 必要时 |
| 7 | 油中溶解气体色谱分析 | 停电试验 | 怀疑绝缘受潮、劣化，或怀疑内部存在过热、局部放电等缺陷时 |
| 8 | 末屏（如有）介质损耗因数 | 停电试验 | 套管末屏绝缘电阻不满足要求时 |
| 9 | 交流耐压和局部放电测量 | 停电试验 | (1) 需验证绝缘强度。<br>(2) 需诊断是否存在局部放电缺陷时 |
| 10 | 气体密封性检测 | 停电试验 | 气体密度表显示密度下降或定性检测发现气体泄漏时 |
| 11 | 气体密度表（继电器）校验 | 停电试验 | 数据显示异常或达到制造商推荐的校验周期时 |
| 12 | SF$_6$ 气体成分分析 | 停电试验 | 必要时 |
| 13 | 高频局部放电检测 | 带电检测 | 必要时 |

注　套管包括各类设备套管和穿墙套管，"充油"包括纯油绝缘套管、油浸纸绝缘套管和油气混合绝缘套管。"充气"包括 SF$_6$ 绝缘套管和油气混合绝缘套管。"电容型"包括所有采用电容屏均压的套管等。

14. 消弧线圈、干式电抗器、干式变压器检测项目、分类和周期

消弧线圈、干式电抗器、干式变压器的检测项目、分类和周期见表 6-27。

表 6-27　　　　消弧线圈、干式电抗器、干式变压器的检测项目、分类和周期和标准

| 序号 | 项目 | 分类 | 周期 |
|---|---|---|---|
| 1 | 红外热像检测 | 带电检测 | (1) 新投运后 1 周内（但应超过 24h）。<br>(2) 1 月；220 kV：3 月；　110（66）kV：半年；35kV 及以下：1 年。<br>(3) 必要时 |
| 2 | 绕组直流电阻 | 停电试验 | (1) 4 年。<br>(2) 无励磁调压变压器变换分接位置后。<br>(3) 解体检修后。<br>(4) 必要时 |
| 3 | 绕组绝缘电阻 | 停电试验 | 4 年 |

| 序号 | 项目 | 分类 | 周期 |
|---|---|---|---|
| 4 | 测温装置及其二次回路检查 | 停电试验 | （1）4年。<br>（2）解体检修后。<br>（3）必要时 |
| 5 | 空载电流 | 停电试验 | （1）诊断铁芯结构缺陷、匝间绝缘损坏时。<br>（2）必要时 |
| 6 | 短路阻抗测量 | 停电试验 | 诊断绕组是否发生变形时 |
| 7 | 感应耐压和局部放电测量 | 停电试验 | （1）更换绕组后。<br>（2）验证绝缘强度或诊断是否存在局部放电缺陷时 |
| 8 | 绕组各分接位置电压比 | 停电试验 | （1）解体检修后。<br>（2）怀疑绕组存在缺陷时 |
| 9 | 高频局部放电检测 | 带电检测 | 必要时 |
| 10 | 特高频局部放电检测 | 带电检测 | 必要时 |
| 11 | 紫外检测 | 带电检测 | 必要时 |

15. 接地装置检测项目、分类和周期

接地装置的检测项目、分类和周期见表6-28。

表 6-28　　　　　　　　　接地装置的检测项目、分类和周期表

| 序号 | 项目 | 分类 | 周期 |
|---|---|---|---|
| 1 | 设备接地引下线导通检查 | 带电检测 | （1）220kV 及以上：1 年，110（66）kV：3 年。<br>（2）35kV 及以下：4 年 |
| 2 | 接地网接地阻抗 | 带电检测 | （1）220kV 及以下：6 年。<br>（2）当接地网结构发生改变时 |
| 3 | 接触电压、跨步电压测量 | 停电试验 | （1）接地阻抗明显增加接地网开挖检查。<br>（2）修复后 |
| 4 | 开挖检查 | 带电检测 | （1）不大于 5 年。<br>（2）若接地网接地阻抗或接触电压和跨步电压测量不符合设计要求，怀疑接地网被严重腐蚀时。<br>（3）必要时 |

16. 绝缘油检测项目、分类和周期

绝缘油的检测项目、分类和周期见表6-29。

表 6-29　　　　　　　　　绝缘油的检测项目、分类和周期表

| 序号 | 项目 | 分类 | 周期 |
|---|---|---|---|
| 1 | 外观 | | 取油样时 |
| 2 | 击穿电压（kV） | | |
| 3 | 水分 | | |
| 4 | $\tan\delta$（90℃） | | |
| 5 | 酸值 | | |
| 6 | 油中含气量 | | |
| 7 | 界面张力（25℃） | | 必要时 |
| 8 | 抗氧化剂含量 | | 对于添加了抗氧化剂的油，当油变色或酸值偏高时 |

| 序号 | 项目 | 分类 | 周期 |
|---|---|---|---|
| 9 | 体积电阻率（90℃） | | 必要时 |
| 10 | 油泥与沉淀物（m/m） | | 界面张力小于 25mN/m 时 |
| 11 | 颗粒数（大于 5μm） | | 必要时 |
| 12 | 油的相容性试验 | | 不同牌号油混合使用时 |
| 13 | 铜金属含量数量 | | 当发现介损和绝缘油发现明显劣化时 |
| 14 | 水溶性酸 Ph 值 | | |
| 15 | 闪点（闭口） | | |
| 16 | 腐蚀性硫 | | |
| 17 | 析气性 | | |

**注** 油样提取应遵循 GB/T 7597—2007《电力用油（变压器油、透平油）取样方法》的规定，特别是少油设备。

17. $SF_6$ 气体检测项目、分类和周期

$SF_6$ 气体的检测项目、分类和周期见表 6-30。

表 6-30　　　　　　　　　　$SF_6$ 气体的检测项目、分类和周期表

| 序号 | 项目 | 分类 | 周期 |
|---|---|---|---|
| 1 | $SF_6$ 气体湿度（20℃，0.1013MPa） | | （1）新投运测一次，若接近注意值，半年之后应再测一次。<br>（2）新充（补）气 48h 之后至 2 周之内应测量一次。<br>（3）气体压力明显下降时，应定期跟踪测量气体湿度 |
| 2 | $SF_6$ 气体成分分析 | 怀疑 $SF_6$ 气体质量存在问题，或者配合事故分析时 | |
| 2.1 | $CF_4$ | | |
| 2.2 | 空气（$O_2+N_2$） | | |
| 2.3 | 可水解氟化物 | | |
| 2.4 | 矿物油 | | |
| 2.5 | 毒性（生物试验） | | |
| 2.6 | 密度（20℃，0.1013MPa） | | |
| 2.7 | $SF_6$ 气体纯度（质量分数） | | |
| 2.8 | 酸度 | | |
| 2.9 | 杂质组分（$SO_2$、$H_2S$、$CF_4$、$CO$、$CO_2$、$HF$、$SF_4$、$SOF_2$、$SO_2F_2$） | | |

# 第七章　光伏电站站用电设备及辅助系统运维

## 第一节　站用电设备结构原理

### 一、站用变压器

#### （一）站用变压器的结构及原理

站用变压器的作用：一是提供变电站内的生活、生产用电；二是为变电站内的设备提供交流电，如保护屏、高压开关柜内的储能电机、断路器储能、隔离开关操作、主变压器冷却和有载调压机构等都需要操作电源；三是为直流系统充电装置提供电源。

1. 油浸式站用变压器

油浸式站用变压器主要由铁芯、绕组、绝缘、油和其他辅助设备组成，如图 7-1 所示。

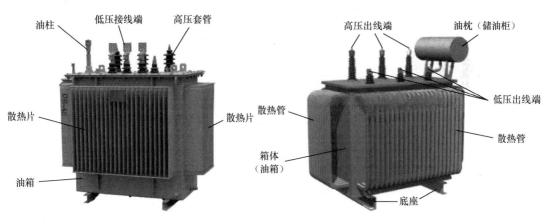

图 7-1　油浸式站用变压器的结构示意图

（1）铁芯。铁芯是站用变压器中主要的磁路部分，是变压器的基本部件。铁芯是框形闭合结构，由磁导体和夹紧装置组成。铁芯分为铁芯柱和铁轭两部分，其中套线圈的部分叫作铁芯柱，不套线圈只起闭合磁路的部分称为铁轭，铁轭将铁芯柱连接起来，使之形成闭合磁路。站用变压器普遍采用心式铁芯结构型式，采用三相三柱式结构，如图 7-2 所示。

（2）绕组。绕组是变压器的电路部分，是变压器的基本部件，它与铁芯合称电力变压器本体。一般在 3～35kV 电压等级、250～630kVA 电力变压器的高压绕组中多用圆筒式绕组，如图 7-3 所示。

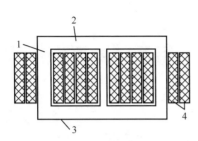

图 7-2　三相三芯柱变压器的铁芯和绕组　　　　　图 7-3　双层圆筒形绕组
1—铁芯柱；2—上铁轭；3—下铁轭；4—绕组

（3）绝缘。变压器的绝缘性能（电气、耐热和机械性能）是决定其能否运行的基本条件之一。只要有任何局部绝缘的损坏，都有可能损坏整台变压器，甚至危及站用电系统的安全运行。

1）变压器油。主要是起绝缘和散热的作用，由于在制造和运行过程中不可避免地会有杂质、气泡和水分等混入，因此很有可能在运行中使变压器受潮。

2）绝缘纸。用作变压器绕组的匝间绝缘、层间绝缘、引线绝缘及端部绝缘的加强绝缘。

3）油纸绝缘。油与纸配合使用，可以互相弥补各自的缺点，显著增强绝缘性能。

2. 干式站用变压器

干式变压器主要由硅钢片组成的铁芯和环氧树脂浇注的线圈组成，高低压绕组之间放置绝缘筒增加电气绝缘，并由垫块支撑和约束线圈，其零部件搭接的紧固件均有防松性能。干式站用变压器的结构如图 7-4 所示。

（1）干式变压器结构。

1）铁芯。干式隔离变压器采用优质冷轧晶粒取向硅钢片，铁芯硅钢片采用 45°全斜接缝，使磁通沿着硅钢片接缝方向通过。

2）绕组形式。

① 缠绕。

② 环氧树脂加石英砂填充浇注。

③ 玻璃纤维增强环氧树脂浇注（即薄绝缘结构）。

④ 多股玻璃丝浸渍环氧树脂缠绕式（一般多采用③，因为它能有效地防止浇注的树脂开裂，提高设备的可靠性）。

3）高压绕组。一般采用多层圆筒式或多层分段式结构。

（2）结构特点。

1）安全，防火，无污染，可直接运行于负荷中心。

2）采用国内先进技术，机械强度高，抗短路能力强，局部放电小，热稳定性好，可靠性高，使用寿命长。

3）低损耗，低噪声，节能效果明显，免维护。

4）散热性能好，过负荷能力强，强迫风冷时可提高容量运行。

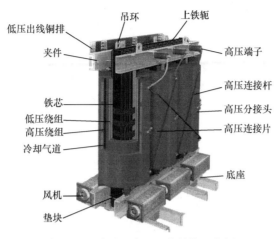

图 7-4　干式站用变压器的结构示意图

5）防潮性能好，适应高湿度和其他恶劣环境中运行。

6）干式变压器可配备完善的温度检测和保护系统。采用智能信号温控系统，可自动检测和巡回显示三相绕组各自的工作温度，可自动启动、停止风机，并有报警、跳闸等功能设置。

7）体积小，质量小，占地空间少，安装费用低。

（3）结构形式。

1）浸渍型绕组采用玻璃丝包线绕制后，浸渍绝缘漆而成。浸渍型干式变压器如图 7-5 所示，这类变压器制造设备简单、成本低，但其所能承受短路的能力较差，且绕组防潮和防尘性能不足。

2）树脂型干式变压器需依靠模具，并采用专用浇注设备，在真空状态下加入石英粉作为填料，增强树脂机械强度，减小膨胀系数，提高导热性。其机械强度高，耐受短路能力强，防潮耐腐蚀性能好，运行寿命长，过负荷能力强。树脂型干式变压器如图 7-6 所示。

图 7-5　浸渍型干式变压器

图 7-6　树脂型干式变压器

（4）冷却方式。干式变压器的冷却方式分为自然空气冷却（AN）和强迫空气冷却（AF）。自然空气冷却时，变压器可在额定容量下长期连续运行。强迫风冷时，变压器输出容量可提高 50%。适用于断续过负荷运行，或应急事故过负荷运行，由于过负荷时负载损耗和阻抗电压增幅较大，处于非经济运行状态，故不应使其长时间连续过负荷运行。

**（二）站用变压器的配置原则**

1. 站用变压器的选择

（1）站用变压器是站内为低压设备或照明等提供动力负荷的降压变压器，是站用电系统中的重要组成部分。站用变压器容量按照变电站远期规划容量配置，每回站用电源的容量应满足全站计算负荷用电需要。一般变压器经常性负荷配置在接近 35% 额定容量时，变压器能获得较高的运行效率。

确定站用变压器容量时应对全站用电负荷进行详细分类、统计，充分考虑负荷的季节特性，同时考虑了检修、运行、水泵启动等负荷需要，确定了全站用电负荷总容量，并以此为依据，确定站用变压器容量。

（2）站用变压器应选用低损耗节能型标准系列产品。户外变压器型式宜采用油浸式，当防火和布置条件有特殊要求时，可采用干式变压器，户内变压器型式宜采用干式。

（3）站用变压器宜采用 Dyn11 联结组。

（4）站用变压器的阻抗应按低压电器对短路电流的承受能力确定，宜采用标准阻抗系列的变压器。

（5）站用变压器高压侧的额定电压，应按其接入点的实际运行电压确定，宜取接入点主变压器相应的额定电压。

（6）当高压电源电压波动较大，经常使站用电母线电压偏差超过 ±5% 时，应采用有载调压站用变压器。

2. 站用变压器接线

根据站用变压器在各级变电站中起的作用，站用变压器接线应遵循以下原则：

（1）站用变压器宜选用一级降压方式。

（2）站用变压器低压系统额定电压采用 220V/380V。

（3）有发电车接入需求的变电站，站用电低压母线应设置移动电源引入装置。

（4）站用变压器高压侧一般是不接地的，变压器的低压侧（0.4kV）的中性点必须接地，以保证中性点的电位始终为零电位和三相电压对大地的电位平衡。

3. 站用变压器供电方式

（1）站用电负荷宜由站用配电屏直配供电，负荷宜集中供电。

（2）断路器、隔离开关的操作及加热负荷，可采用按配电装置电压区域划分的供电方式。

（3）检修电源网络宜采用按功能区域划分的单回路分支供电方式。

## 二、低压断路器

### （一）低压断路器的概念和作用

低压断路器又称为空气断路器、空气开关或自动开关，能够接通、承载及分断正常电路条件下的电流，也能在规定的非正常电路条件（过负荷、短路）下接通、承载一定时间和分断电流的开关电器。低压断路器如图 7-7 所示。

图 7-7　低压断路器示意图

## （二）低压断路器的分类

低压断路器根据结构、用途和所具备的功能可分为万能式断路器、塑料外壳式断路器和微型断路器三大类。具体分类形式如下：

（1）按结构形式可分为万能式、塑壳式、限流式、直流快速式、灭磁式、漏电保护式等。万能式和塑壳式低压断路器如图 7-8 所示。

图 7-8　万能式和塑壳式低压断路器

（2）按极数可分为单极、二极、三极、四极式。

（3）按操作方式可分为人力操作式、动力操作式和储能操作式，如图 7-9 所示。

图 7-9　人力操作式、动力操作式和储能操作式低压断路器

（4）按安装方式可分为抽屉式、插入式、固定式，如图 7-10 所示。

图 7-10　抽屉式、插入式、固定式低压断路器

（5）按断路器在电路用途可分为配电用（站用）断路器、电动机保护用断路器、其他负载用断路器，如图 7-11 所示。

图 7-11　配电用（站用）、电动机保护用、其他负载用低压断路器

## （三）低压断路器的基本构成、动作原理及保护功能

### 1. 低压断路器基本构成

低压断路器主要由触头系统、灭弧装置、传动机构及脱扣机构等组成。保护装置和传动机构组成脱扣器。

（1）触头系统：由镶有银基合金的 3 对动、静触头串于主电路作为主触头，另有动合、动断辅助触头各 1 对。触头采用直动式双断口桥式触头。

（2）灭弧结构：开关内装有灭弧罩，罩内有相互绝缘的镀铜钢片组成灭弧栅片，便于在切断短路电流时，加速灭弧和提高断流能力。

（3）传动机构：由合闸、维持和分闸三部分组成，在外壳上伸出分、合两个按钮，有手动和自动两种方式。

（4）脱扣机构，如图 7-12 所示。

1）过流脱扣器（电磁脱扣器）：过流脱扣器 3 上的线圈串联于主电路内，线路正常工作通过正常电流时，产生的电磁吸力不足以使衔铁吸合，脱扣器的上下搭钩 2 钩住，使 3 对主触头闭合。当线路发生短路或严重过负荷时，电磁脱扣器的电磁吸力增大，将衔铁吸合，向上撞击杠杆，使上下搭钩脱离，弹簧力把 3 对主触头 1 的动触头拉开，实现自动跳闸，达到切断电路之目的。

2）失压脱扣器：当线路电压下降或失去时，欠压脱扣器 6 的线圈产生的电磁吸力减小或消失，衔铁被弹簧拉开，撞击杠杆，搭钩脱离，断开主触头，实现自动跳闸。用于电动机的失压保护。

3）热脱扣器：热脱扣器的发热元件 5 串联在主电路中，当线路过负荷时，过负荷电流流过发热元件，双金属片受热弯曲，撞击杠杆，搭钩分离，主触头断开，起过负荷保护。跳闸后不能立即合闸，须等 1～3min 待双金属片冷却复位后才能再合闸。

4）分励脱扣器：由分励电磁铁和一套机械机构组成，当需要断开电路时，按下跳闸按钮，分励电磁铁线圈通入电流，产生电磁吸力吸合衔铁，使开关跳闸。分励脱扣只用于远距离跳闸，对电路不起保护作用。

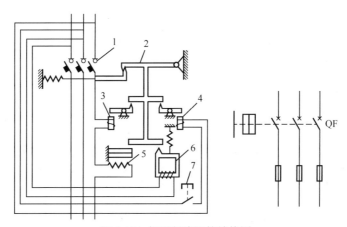

图 7-12　低压断路器的结构图
1—主触头；2—搭钩；3—过流脱扣器；4—分励脱扣器；5—发热元件；6—欠压脱扣器；7—按钮

2. 低压断路器的工作原理

低压断路器的工作原理如图 7-13 所示。低压断路器的主触点是靠手动操作或电动合闸的。主触点闭合后，自由脱扣机构将主触点锁在合闸位置上。过电流脱扣器的线圈和热脱扣器的发热元件与主电路串联，欠电压脱扣器的线圈和电源并联。当电路发生短路或严重过负荷时，过电流脱扣器的衔铁吸合，使自由脱扣机构动作，主触点断开主电路。

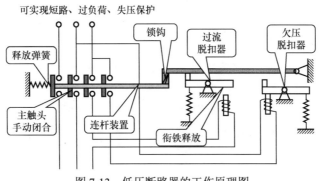

图 7-13　低压断路器的工作原理图

当电路过负荷时，热脱扣器的发热元件发热使双金属片上弯曲，推动自由脱扣机构动作。

当电路欠电压时，欠电压脱扣器的衔铁释放，也使自由脱扣机构动作。分励脱扣器则作为远距离控制用，在正常工作时，其线圈是断电的，在需要远距离控制时：按下启动按钮，使线圈通电，衔铁带动自由脱扣器动作。

3. 低压断路器的保护功能

（1）过负荷长延时保护：当线路过负荷时，断路器会延时一段时间，延时后若仍然存在过负荷则断路器跳闸，这个时间一般在秒级。

（2）短路短延时保护：当发生短路时，断路器会延时后跳闸，这个时间一般在毫秒级。

（3）短路瞬时保护：当短路电流发生时，断路器瞬间即跳闸以保护线路或用电设备。

（4）接地保护：当中性线电流超过设定值时断路器会自动跳闸的一种保护功能。

（5）漏电保护：当电流没经过导体而直接与外界连接时断路器的一种保护功能，目的是防止触电，是断路器的一种附加保护功能，有此功能的断路器叫带漏电保护的断路器。

（6）欠电压保护功能：当电源电压低于额定电压一定范围时断路器跳闸的一种保护功能，这是断路器非标配的功能，需要单定欠电压线圈实现。

（7）其他功能：如远程监控功能等。

**（四）低压开关柜**

低压配电柜适用于发电厂、变电站、厂矿企业等电力用户的交流 50Hz、额定电压 380V、额定电流在 3150A 以内的配电系统中，作为动力、照明及配电设备的电能转换、分配、控制之用。GGD 型交流低压配电柜具有分断能力高，动热稳定性好，电气方案灵活、组合方便，系列性、实用性强，结构新颖、防护等级高等特点。MNS 型低压抽出式开关柜设计紧凑，结构通用性强，组装灵活，采用标准模块设计，是一种安全、经济、合理、可靠的新型低压抽出式开关柜。

1. GGD型交流低压配电柜（如图7-14所示）

在主回路结构方面，由于回路负荷不同，流过回路的电流也不同，回路选用的断路器是按照最大负荷电流确定的，因此，低压配电柜中配置的断路器不同。同时，根据柜内设备，配置了相应的测量和保护元件。

图 7-14　低压配电柜示意图

一般母线的设置应选择额定电流在 1500A 及以下时采用单铝排母线，额定电流大于 1500A 时采用双铜排母线。

GGD 型低压配电柜不能靠墙安装，单面(正面)操作，双面开门。配电柜的维修通道及柜门必须经考核合格的专业人员方可进入或开启进行操作、检查和维修。另外，空气断路器经过多次合、分后，会使主触头局部烧伤和产生碳类物质，使接触电阻增大，应定期对空气断路器进行维护和检修。

2. MNS型低压抽出式开关柜

（1）基本构成。MNS 型低压抽出式开关柜整体结构如图 7-15 所示。框架为组合式结构，基本骨架由 C 型钢材组装而成。全部结构件经过镀锌处理，用螺栓紧固连接成基本框架。加上门、隔板、安装支架以及母线功能单元等部件组装成完整的开关柜。

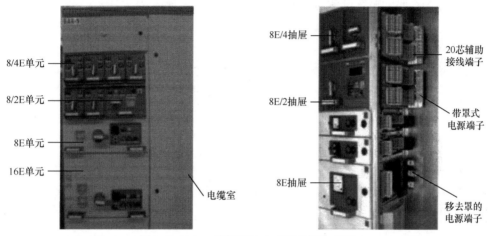

图 7-15 MNS 型低压抽出式开关柜构成图

MNS 型低压开关柜的每一个柜体分隔为三个室，即水平母线室（在柜后部）、抽屉小室（在柜前部）、电缆室（在柜下部或桓前右边）。MNS 型低压开关柜的结构设计可满足各种出线方案要求：上进上出、上进下出、下进上出、下进下出。

（2）MNS 开关柜隔离。利用隔板将开关柜划分为几个隔室，如母线隔室、电缆隔室、功能单元隔室，以满足下述要求。①限制事故电弧的扩大。②防止外界物体从一个隔室进入另一个隔室。③防止触及邻近功能单元的带电部分。

（3）主回路。MNS 开关柜可配置 2 组主母线，安装在开关柜的后部母线室，2 组母线可分别安装在柜后上部或下部。根据进线需要，上下 2 组母线可分别采用不同或相同截面的材料。二者既可单独供电，也可并联供电，也可用作后备电源。

（4）母线布置。配电母线（垂直母线）组装在阻燃型塑料板中，既可防止电弧引起的放电，又能防止人体接触，通过特殊的连接件与母线连接。柜内设独立的 PE 接地系统和 N 中性导体. 二者贯穿整个装置，安装在柜底部或右侧。各回路接地或接零都可就近连接。

## 三、低压熔断器

### （一）熔断器的作用

熔断器是根据电流超过规定值一定时间后，以其自身产生的热量使熔体熔化，从而使电路断开的原理制成的一电流保护器。熔断器作为短路和过电流保护，是应用最普遍的保护器件之一。熔断器主要由熔体和熔管两个部分及外加填料等组成。使用时，将熔断器串联于被保护电路中，当被保护电路的电流超过规定值，并经过一定时间后，由熔体自身产生的热量熔断熔体，使电路断开，起到保护的作用。

### （二）低压熔断器的分类

低压熔断器多用于 50Hz 额定电压在 380V 的低压配电系统和电力拖动系统中，作为线路和分支电路中短路保护和一定的过负荷保护。使用时，熔断器应串联在被保护的电路中，正常情况下，熔断器的熔体相当于一段导线，而当电路发生短路故障时，熔体能迅速熔断分断电路，起到保护线路和电气设备的作用。低压熔断器结构如图 7-16 所示。

图 7-16　低压熔断器结构示意图

### （三）低压熔断器结构

1. 基本构成

熔断器的结构包括以下六部分。

（1）熔体：正常工作时起导通电路的作用，在故障情况下熔体将首先熔化，从而切断电路实现对其他设备的保护。熔体以两个字母表示，如"gG""gM""aM"等。

（2）熔断体：用于安装和拆卸熔体，常采用触点的形式。

（3）底座：用于实现各导电部分的绝缘和固定。

（4）熔管：用于放置熔体，限制熔体电弧的燃烧范围，并可灭弧。

（5）填物：一般采用固体石英砂，用于冷却和熄灭电弧。

（6）熔断指示器：用于反映熔体的状态，即完好或已熔断。

2. 无填料封闭管式低压熔断器

无填料封闭管式低压熔断器的结构包括熔断管、熔体、夹头、夹座等，如图 7-17 所示。适用于额定电压至交流 380V 或直流 400V 的低压电力网络或配电装置中，作为电缆、导线及电气设备的短路保护及电缆、导线的过负荷保护之用。额定电压包括 220、250、380、500V。

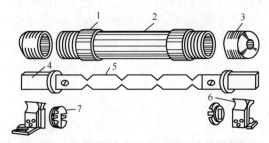

图 7-17　无填料封闭管式低压熔断器的结构图

1—黄铜圈；2—纤维管；3—黄铜帽；4—刀形接触片；5—熔片；6—刀座；7—垫圈

无填料封闭管式熔断器采用钢纸管，当熔体熔断时，钢纸管内壁在电弧热量的作用下，产生高压气体，使电弧迅速熄灭。在更换熔体时，先将原来弧后剩积在管内和其他零部件上的污物清除干净，然后装上新的锌质熔体，切勿用钢丝等其他导体代用。安装熔体时，请勿使熔体损坏或碰到管壁。经受三次短路电流作用后，熔断管不能继续使用，顺序更换。在运行时，应经常检查接触部分的温升，熔断器温升过高，会影响其正常工作。

**3. 有填料封闭管式刀型触头熔断器**

有填料封闭管式刀型触头熔断器由熔断体、底座组成。熔断体由熔管、熔体、填料、指示器等组成。由纯铜带或丝制成的变截面熔体封装于高强度的熔管内，熔管中填满高纯度石英砂作为灭弧质。熔体二端采用点焊与端板（或连接板）牢固连接，形成刀型触头插入式结构。熔断体带熔断指示器，当熔体熔断时能显示熔断。底座由阻燃型 BMC 模塑料底板、楔形静触头组合而成，呈敞开式结构。有填料封闭管式刀型触头熔断器结构如图 7-18 所示。

图 7-18 有填料封闭管式刀型触头熔断器的结构图

**4. 熔断器工作过程**

熔断器的工作过程分为以下四个阶段：

（1）熔断器的熔体因过负荷或短路而加热到熔化温度。

（2）熔体的熔化和气化。

（3）触点之间的间隙击穿和产生电弧。

（4）电弧熄灭、电路被断开。

**5. 熔断器的特性**

（1）熔断器的保护特性。熔断器熔体的熔断时间与电流的大小关系，称为熔断器的安秒特性，也称为熔断器的保护特性。

熔断器的保护特性为反时限的保护特性曲线，其规律是熔断时间与电流的平方成反比，各类熔断器的保护特性曲线均不相同，与熔断器的结构型式有关。

（2）熔断器的过电流选择比。在配电干线和支线中都用熔断器作为保护电器，支线发生过负荷或短路，要求支线熔断器熔断，干线熔断器不熔断。

国家规定的选择比为 1.6∶1 或 2∶1，即若 b1 选 100A 则 a 选 160A，或 b2 选 100A 则 a 选 200A 及以上。熔断器上下级电流配合示意图如图 7-19 所示。

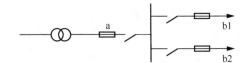

图 7-19　熔断器上下级电流配合示意图

### （四）熔断器的优缺点

1. 熔断器的主要优点

（1）选择性好。上下级熔断器的熔断体额定电流只要符合国标和 IEC 标准规定的过电流选择比为 1.6：1 的要求，即上级熔断体额定电流不小于下级的该值的 1.6 倍，就视为上下级能有选择性地切断故障电流。

（2）限流特性好，分断能力高。

（3）相对尺寸较小。

（4）价格较便宜。

2. 熔断器的主要缺点和弱点

（1）故障熔断后必须更换熔断体。

（2）保护功能单一，只有一段过电流反时限特性，过负荷、短路和接地故障都用此防护。

（3）发生一相熔断时，对于三相电动机将导致两相运转的不良后果，当然可用带发报警信号的熔断器予以弥补，一相熔断可断开三相。

（4）不能实现遥控，需要与电动刀开关、开关组合才有可能。

### （五）熔断器的主要技术参数

（1）额定电压。熔断器长期能够承受的正常工作电压，即安装处电网的额定电压。

（2）额定电流。熔断器壳体部分和载流部分允许通过的长期最大工作电流。

（3）熔体的额定电流。熔体允许长期通过而不会熔断的最大电流。

（4）极限断路电流。熔断器所能断开的最大短路电流。

## 四、蓄电池

### （一）蓄电池的基本概念和作用

电池又叫化学电源，是一种将化学能转化为电能的装置。蓄电池指放电后可以用充电的方式使内部活性物质再生，把电能储存为化学能，需要放电时再次把化学能转换为电能的电池。蓄电池是变电站直流系统的备用电源。在通常情况下，变电站的直流电源由充电装置来送电，蓄电池处于备用状态下。当直流电源的充电装备不能供电时，变电站的直流电源就需要蓄电池来供电。一般的蓄电池可以供给 10h 的电，这些时间足够变电站对直流系统进行修理复原。

### （二）铅酸蓄电池的应用分类

蓄电池的种类包括以下几种：

（1）阀控式密封铅酸蓄电池。

（2）碱性蓄电池（碱性镉镍蓄电池及袋装蓄电池等）。

（3）固定型铅酸蓄电池（开口式、防酸式和防酸隔爆式等）。

### （三）蓄电池的型号含义

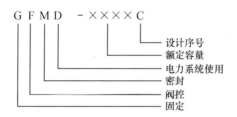

### （四）蓄电池的原理

充电时将电能转化为化学能在电池内储存起来，放电时将化学能转化为电能供给外系统。其充电和放电过程是通过电化学反应完成的。

### （五）蓄电池结构

蓄电池主要由正极板、负极板、极柱、隔板、接线端子、盖、安全阀、端子胶及外壳组成，具体的元件如图 7-20 所示。

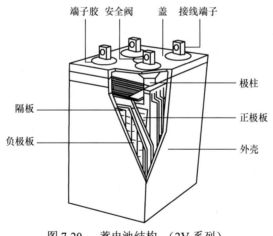

图 7-20　蓄电池结构 （2V 系列）

1．正、负极板

铅酸蓄电池的极板，依构造和活性物质化成方法，可分为四类：涂膏式极板、管式极板、化成式极板、半化成式极板。

2．隔板

电池用隔板是由微孔橡胶、玻璃纤维等材料制成的，它的主要作用是防止正负极板短路；使电解液中正、负离子顺利通过。阻缓正负极板活性物质的脱落，防止正负极板因震动而损伤。

3．电解液

电解液是蓄电池的重要组成部分，它的作用是传导电流和参加电化学反应，电解液是由浓硫酸和净化水（去离子水）配制而成的，电解液的纯度和密度对电池容量和寿命有重要影响。

4. 极柱

极柱是一端直接与汇流排连接，另一端与外部导体连接（在这种情况下亦称端子），或与电池组中相邻的单体电池的一极连接的部件。

5. 接线端子

接线端子是和用电设施连接的端点。端子承受电流强度是以蓄电池的最大功率为依据设计的，能确保蓄电池输出最大电流，不发热、不腐蚀，安全可靠。

### （六）铅酸蓄电池的性能参数

（1）电池容量：电池在一定放电条件下所能给出的电量称为电池的容量，以符号 C 表示。常用的单位为安培小时，简称安时（Ah）或毫安时（mAh）。

（2）额定电压：又叫标称电压，铅酸蓄电池的额定电压为 2V。

（3）开路电压：外电路没有电流流过时电极之间的电位差。

（4）工作电压：又称放电电压或负荷电压，是指有电流通过外电路时，电池两极间的电位差。

（5）终止电压：电池放电时，电压下降到不宜再继续放电的最低工作电压称为终止电压。

（6）放电电流：通常用放电率表示，放电率指放电时的速率，常用"时率"和"倍率"表示。"时率"是指以放电时间（h）表示的放电速率，即以一定的放电电流放完额定容量所需的小时数。"倍率"是指电池在规定时间内放出其额定容量时所输出的电流值，数值上等于额定容量的倍数。

（7）电池的内阻：电池内阻包括欧姆电阻和电极在化学反应时所表现的极化电阻。欧姆电阻、极化电阻之和为电池的内阻。

（8）电池的使用寿命：在规定条件下，电池的有效寿命期限称为该电池的使用寿命。蓄电池的使用寿命包括使用期限和使用周期。使用期限是指蓄电池使用的时间，包括蓄电池的存放时间。使用周期是指蓄电池可供重复使用的次数。

### （七）技术特性

1. 充电特性

无论使用状态如何，GFM 蓄电池要求采用限流-恒压方式充电。即充电初期控制电流（＜0.2C，C 表示蓄电池的充电电流，C 的实际值与蓄电池的容量有关），一般采用恒流（0.1C）；中、后期采用控制电压的充电方法。充电参数见表 7-1 所示。

表 7-1　　　　　　　　　　充电基本参数（25℃）

| 使用方式 | 恒流充电电流（A） | | 恒压充电电压（V） | |
|---|---|---|---|---|
| | 标准电流范围 | 最大允许范围 | 允许范围 | 设置点 |
| 浮充使用 | 0.08～0.10C | ＜0.2C | 2.23～2.25 | 2.24 |
| 循环使用 | 0.08～0.10 | ＜0.2C | 2.35～2.45 | 2.40 |

蓄电池一般应在 5～35℃范围内进行充电，低于 5℃或高于 35℃都会降低寿命。充电电压也应在范围内。

（1）浮充电特性。25℃时 2V 蓄电池浮充电压采用 2.24V，浮充饱和时浮充电流一般每 AH 为 2～4mA。

（2）循环充电特性。25℃时 2V 蓄电池使用循环充电电压为 2.40V。

（3）均衡充电特性。GFM 蓄电池正常浮充使用时不需要进行均衡充电。当出现整组电池浮充电压偏差大于 0.1V 或个别单体电压过低（＜2.18V）以及严重过放电等情况，需提高浮充的恒压电压给电池均衡充电。充电电压一般采用 2.35V。

2. 放电特性

（1）恒流放电特性。蓄电池放出容量与放电电流有关，放电电流越大，放出容量越小，放电时端电压不能低于终止电压，否则会发生过放电现象，将会影响电池的寿命。

（2）放电容量的温度特性。蓄电池放电容量与环境温度有关。温度低，容量低；温度过高，虽然容量增大，但严重损坏寿命，最佳工作温度为 15～25℃。

（3）恒定终止电压放电特性。蓄电池在确定终止电压后以不同小时率电流放电。

（4）容量保持特性——自放电。蓄电池在长期存贮中容量逐渐损失，容量损失与温度有关。容量保持率可以通过电池开路端电压简单地来判断，一般充足电的新电池开路端电压为 2.15～2.18V。

### （八）蓄电池的选择

按正常浮充运行时保证直流母线电压为直流系统额定电压的 105%计算，即阀控蓄电池额定电压的选择如下：

（1）常见的有单体 2V 和 12V 两种。

（2）2V 蓄电池的优点是电池设计寿命长并且可靠性高，损坏 1～2 节可将其短接，不会对系统电压有大的影响，缺点是造价较高、维护量大、占地面积大。

（3）12V 蓄电池的优点是每组仅 18 块（220V 系统），维护、更换都比较方便，造价比相同容量的 2V 电池低，结构紧凑，占地面积小，缺点是损坏 1～2 节对系统电压影响较大，不能短接，一般需更换。

## 五、充电装置

### （一）高频开关电源的基本组成

高频开关电源由主电路、控制电路、检测电路和辅助电源等部分组成，如图 7-21 所示。

1. 主电路

从交流电网输入、直流输出的全过程，包括以下内容：

（1）输入滤波：其作用是将电网存在的杂波过滤，同时也阻碍本机产生的杂波反馈到公共电网。

（2）整流滤波：将电网交流电源直接整流为较平滑的直流电，以供下一级变换。

（3）逆变：将整流后的直流电变为高频交流电，这是高频开关电源的核心部分，频率越高，体积、重量与输出功率之比越小。

（4）输出整流滤波：根据负载需要，提供稳定可靠的直流电源。

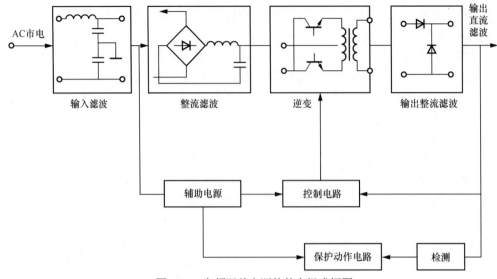

图 7-21　高频开关电源的基本组成框图

**2. 控制电路**

一方面从输出端取样，经与设定标准进行比较，然后控制逆变器，改变其频率或脉宽，达到输出稳定；另一方面，根据测试电路提供的数据，经保护电路鉴别，提供控制电路对整机进行各种保护措施。

**3. 检测电路**

除了提供保护电路中正在运行的各种参数外，还提供各种显示仪表数据。

**4. 辅助电源**

提供所有单一电路的不同要求电源。

### （二）高频开关电源的基本原理

高频开关电源也被称为开关型整流器 SMR，是通过 MOS 或者 IGBT 进行高频工作的电源，其开关频率一般控制在 50～100kHz 范围内，实现了高效率和小型化。交流电源输入整流滤波成直流，通过高频脉冲宽度调制信号控制开关管，过滤掉电源对电网的干扰，将直流加到开关变压器上，开关频率越高体积就越小，开关变压器次级有一个或多个绕组感应出高频电压，经整流滤波供给负载，输出部分通过一定的电路反馈给控制电路并控制脉冲宽度调制占比来达到稳定输出的目的。

### （三）高频开关电源的功能

高频开关电源模块具有自动均流功能，个别模块故障后，将自动退出运行，不影响系统正常运行，输出电流由其余正常模块自动平均分担，保证直流柜始终处于最佳运行状态。

（1）通过 MODEM 和电话网与监控中心通信，从通信口读取高频开关电源的信息。

（2）测量模块的输出电流和电压、直流母线电流和电压、电源的输出电流和电压、电池充放电电流和电压等。

（3）控制电源的输出电流和稳流，控制电源的开关机等。

（4）控制高频开关电源实现对蓄电池浮充、均充方式的自动转换。

（5）控制硅链的自动或手动投切，保证控制母线的稳压精度，进而保证微机和晶体管保护用电的可靠性，防止造成保护误动。

（6）调节充电限流值和总输出电流稳流值。

（7）具有本地和远程控制方式，采用密码允许或禁止方式操作，以增强系统运行可靠性。

**（四）开关控制稳压原理**

开关控制稳压原理如图 7-22 所示，开关 S 以一定的时间间隔重复地接通和断开，在开关 S 接通时，输入电源 E 通过开关 S 和滤波电路提供给负载 $R_L$，在整个开关接通期间，电源 E 向负载提供能量；当开关 S 断开时，输入电源 E 便中断了能量的提供。可见，输入电源向负载提供能量是断续的，为使负载能得到连续的能量提供，开关稳压电源必须要有一套储能装置，在开关接通时将一部分能量储存起来，在开关断开时，向负载释放。在图 7-22 中，由电感 L、电容 $C_2$ 和二极管 D 组成的电路，就具有这种功能。电感 L 用以储存能量，在开关断开时，储存在电感 L 中的能量通过二极管 D 释放给负载，使负载得到连续而稳定的能量，因二极管 VD 使负载电流连续不断，所以称为续流二极管。

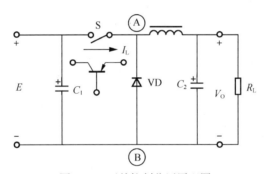

图 7-22　开关控制稳压原理图

**（五）高频开关电源的均流**

1. 平均电流自动均流法

平均电流自动均流控制电路如图 7-23 所示。均流总线连接所有的电源模块，每台电源模块的输出电流都通过电流监控器转换为控制电压 $U_C$，并经过电阻 R 加到均流总线上，均流总线上的电压 $U_{BUS}$ 等于所有模块 $U_C$ 的平均值，$U_{BUS}$ 与每台电源模块控制电压 $U_C$ 之差加到调整放大器的输入端，某台电源模块输出电流变化时控制电压 $U_C$ 也变化，调整放大器的输出电压变化，从而使该电源模块的基准电压变化。因此，可调整该模块的输出电流，实现负载均流。

2. 最大电流自动均流法

最大电流自动均流法的控制电路如图 7-24 所示。输出电流最大的模块的电流与其他模块的电流比较，其差值近调整放大器放大后，调整模块内的基准电压，以保证负载电流均匀分配。该电路与平均电流自动均流控制电路的差别只是用二极管 VD 代替电阻 R，而且允许电流最大的模块的电流取样电压加到均流总线上，其他模块的电流取样电压低于均流总线上的电压，二极管 VD 不能导通。

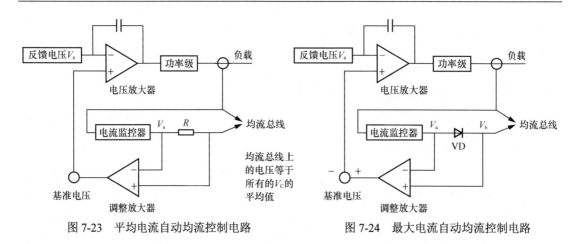

图 7-23　平均电流自动均流控制电路　　　图 7-24　最大电流自动均流控制电路

## 六、不间断电源（UPS）

UPS 是交流不间断电源的简称。不间断电源装置向变电站不允许停电的主要交流负荷提供不间断的、符合要求的交流电源的装置。

### （一）UPS 系统的组成

UPS 电源系统由主路、旁路、电池等电源输入电路，进行 AC/DC 变换的整流器（REC），进行 DC/AC 变换的逆变器（INV），逆变和旁路输出切换电路以及蓄能电池五部分组成。UPS 不间断电源系统组成及原理图如图 7-25 所示。其系统的稳压功能通常是由整流器完成的，整流器件采用可控硅或高频开关整流器，本身具有可根据外电的变化控制输出幅度的功能，从而当外电发生变化时（该变化应满足系统要求），输出幅度基本不变的整流电压。净化功能由储能电池来完成，由于整流器对瞬时脉冲干扰不能消除，整流后的电压仍存在干扰脉冲。储能电池除可存储直流储能的功能外，对整流器来说就像接了一只大容量电容器，其等效电容量的大小，与储能电池容量大小成正比。由于电容两端的电压是不能突变的，即利用了电容器对脉冲的平滑特性消除了脉冲干扰，起到了净化功能，也称对干扰的屏蔽。频率的稳定则由变换器来完成，频率稳定度取决于变换器的振荡频率的稳定程度。为方便 UPS 电源系统的日常操作与维护，设计了系统工作开关、主机自检故障后的自动旁路开关、检修旁路开关等开关控制。

### （二）UPS 系统的基本原理

#### 1. UPS装置输入、输出方式

UPS 装置为三相输入、单相输出，旁路输入电源为单相，直流输入用直流蓄电池供电。正常情况由交流电源经整流、逆变给不间断电源供电。事故情况由变电站直流系统逆变供电。整套系统为在线式工作。

#### 2. 工作模式

（1）正常工作模式：在主路市电正常时，市电输入，经整流器把交流变成直流，然后再经逆变器将直流变成交流，经静态开关输出到交流母线，由 UPS 给负载提供高品质纯净正弦波交流电源。

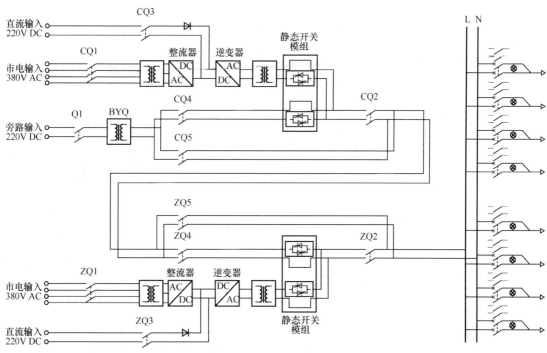

图 7-25 UPS 不间断电源系统组成及原理图

（2）电池工作模式：当主电异常时，输入的直流电经由逆变器把直流变成交流，经由静态开关输出到交流母线，供负载使用，此过程是有系统自动无间断地切换到电池模式，由电池通过逆变器输入交流电向负载供电。市电恢复后系统自动无间断地恢复到正常工作模式。

（3）旁路工作模式：UPS 有两种旁路工作方式，一种能自动恢复到正常工作模式；另一种需要人工干预才能回到正常工作模式。

（4）在逆变器过负荷延时时间到、逆变器受到大负载冲击的情况下，系统自动无间断切换到静态旁路电源向负载供电。过负荷消除后，系统自动恢复正常供电方式。

（5）当用户关机，或发生严重故障情况下，逆变器关闭，系统会切换并停留在旁路工作模式。此后若需恢复到正常工作模式，则需要用户重新开机。

3. 正常方式

三相交流输入开关、直流输入空气开关、交流输出空气开关、旁路输入空气开关均处于闭合状态。维修旁路空气开关处于断开状态。UPS 均无报警，整流指示、逆变指示绿灯显示正常。

4. 异常方式

（1）UPS 在交流电中断后，会无间断地转由蓄电池向逆变器供电，UPS 会发出交流电故障报警。此时故障红灯亮，并发出报警声（按"消音"按钮可消除报警声）。

（2）在交流电恢复后，UPS 自动转主整流器向逆变器供电，UPS 恢复正常。

（3）UPS 旁路电中断后，UPS 柜均会发出报警提示，旁路电正常后，自动恢复正常；在交流电和外部直流电均正常时，UPS 故障报警时经处理无效，应马上向上级汇报。

### （三）UPS 的分类

**1. 按工作方式分**

UPS 按照工作方式可分为后备式、在线互动式及在线式三大类。

（1）后备式 UPS：在市电正常时直接由市电向负载供电，当市电超出其工作范围或停电时，通过转换开关转为电池逆变供电。特点：结构简单，体积小，成本低，但输入电压范围窄，输出电压稳定精度差，有切换时间，且输出波形一般为方波。

（2）在线互动式 UPS：在市电正常时直接由市电向负载供电，当市电偏低或偏高时，通过 UPS 内部稳压线路稳压后输出，当市电异常或停电时，通过转换开关转为电池逆变供电。特点：有较宽的输入电压范围，噪声小，体积小，但同样存在切换时间。

（3）在线式 UPS：在市电正常时，由市电进行整流提供直流电压给逆变器工作，由逆变器向负载提供交流电，在市电异常时，逆变器由电池提供能量，逆变器始终处于工作状态，保证无间断输出。特点：有极宽的输入电压范围，无切换时间且输出电压稳定精度高，特别适合对电源要求较高的场合，但是成本较高。目前，功率大于 3kVA 的 UPS 几乎都是在线式UPS。

**2. 按照输出容量分**

UPS 按照输出容量大小划分为小容量 3kVA 以下，中小容量 3～10kVA，中大容量 10kVA以上。

**3. 按照输入/输出方式分**

UPS 按输入/输出方式可分为三类：单相输入/单相输出、三相输入/单相输出、三相输入/三相输出。对于用户来说，三相供电的市电配电和负载配电容易，每一相都承担一部分负载电流，因而中、大功率 UPS 多采用三相输入/单相输出或三相输入/三相输出的供电方式。

### （四）UPS 具有的功能

（1）电网电压正常时，市电电压通过 UPS 稳压后供应给负载使用，性能好的 UPS 本身就是良好的交流稳压器，同时改善电源质量；同时，它还对电池进行充电，储存后备能量。

（2）电网电压异常时（欠压、过压、掉电、干扰等），UPS 的逆变器将电池的直流电能转换为交流电能，维持对负载的供电。

（3）UPS 在电网供电和电池供电之间自行切换，确保对负载的不间断供电。而且可以根据设备的精密程度来选择可承受的切换时间。

## 第二节　站用交流设备运行一般规定

### 一、一般规定

（1）交流电源相间电压值应不超过 420V、不低于 380V，三相不平衡值应小于 10V，一般站用变压器低压电压应控制在 385～395V。

（2）如发现电压值过高或过低，应立即安排调整站用变压器分接头，三相负载应均衡分配。

（3）两路不同站用变压器电源供电的负荷回路不得并列运行，站用交流环网严禁合环运行。

（4）站用电系统重要负荷（如主变压器冷却系统、直流系统等）应采用双回路供电，且接于不同的站用电母线段上，并能实现自动切换。

（5）站用交流电源系统涉及拆动接线工作后，恢复时应进行核相。

## 二、站用交流电源柜

（1）站用交流电源柜内各级开关动、热稳定，开断容量和级差配合应配置合理。

（2）交流回路中的各级熔断器、快分开关容量的配合每年进行一次核对，并对快分开关、熔断器（熔片）逐一进行检查，不良者予以更换。

（3）具有脱扣功能的低压断路器应设置一定延时。低压断路器因过负荷脱扣，在冷却后方可合闸继续工作。

（4）漏电保护器每季度应进行一次动作试验。

## 三、站用交流不间断电源系统（UPS）

运行中不得随意触动 UPS 装置控制面板开、关机及其他按键。

## 四、自动装置

（1）站用电切换及自动转换开关、备用电源自投装置动作后，应检查备自投装置的工作位置、站用电的切换情况是否正常，详细检查直流系统、UPS 系统、主变压器（高压电抗器）冷却系统运行正常。

（2）站用电正常工作电源恢复后，备用电源自动投入装置不能自动恢复正常工作电源的须人工进行恢复，不能自重启的辅助设备应手动重启。

（3）站用电备用电源自动投入装置闭锁功能应完善，确保不发生备用电源自投到故障元件上，造成事故扩大。

（4）站用电备用电源自动投入装置母线失压启动延时应大于最长的外部故障切除时间。

## 五、站用变压器

（1）当任一台站用变压器退出时，备用站用变压器应切换至失电的工作母线段继续供电。

（2）新投运站用变压器、涉及绕组接线的大修、低压回路进行拆接线、站用电源线路进行导线拆接线工作后，必须进行核相。

（3）站用变压器电源电压等级、联结组别、短路阻抗、相角不一致时，严禁并列运行。

（4）切换不同电源点的站用变压器时，严禁站用变压器低压侧并列，严防造成站用变压器倒送电。

（5）站用变压器在额定电压下运行，其二次电压变化范围一般不超过-5%～+10%。

（6）树脂绝缘干式站用变压器宜安装在室内；安装在室外时，应带防护外壳，站用变压器门要求加装机械锁或电磁锁；站用变压器壳体选用易于安装、维护的铝合金材料（或者其他优质非导磁材料），下有通风百叶或网孔，上有出风孔，外壳防护等级大于 IP20。

（7）室外运行的站用变压器，应在站用变压器高、低压侧接线端子处加装绝缘罩，引线部分应采取绝缘措施；站用变压器母排应加装绝缘护套。

（8）在正常情况下，设备不允许超过铭牌的额定值运行。

（9）油浸式变压器的油位要与油温相适应，不允许油位越上下限运行。

（10）站用变压器气体继电器应具备防潮和防雨的功能，气体集气盒内应充满变压器油，且密封良好。

（11）一般户内干式站用变压器，站用变压器箱已安装温度显示器，日常应加强对站用变压器测温，夏季、大负荷期间要增加检测频次。

（12）站用变压器检修恢复送电后要及时检查 UPS 装置、直流系统交流电源及室内空调电源是否恢复正常，若有异常及时进行处理，防止切换装置未正确动作，导致所带负荷失电。

# 第三节　站用直流设备运行一般规定

## 一、一般规定

（1）每台充电装置两路交流输入（分别来自站用系统不同母线上的出线）互为备用，当运行的交流输入失去时能自动切换到备用交流输入供电。

（2）正常运行方式下不允许两段直流母线并列运行，只有在切换直流电源过程中，才允许两段直流母线短时并列。两组蓄电池组的直流系统，禁止在两系统都存在接地故障的情况下进行切换。

（3）直流母线在正常运行和改变运行方式的操作中，严禁发生直流母线无蓄电池组的运行方式。

（4）查找和处理直流接地时，应使用内阻大于 $2000\Omega/V$ 的高内阻电压表，工具应绝缘良好。

（5）使用拉路法查找直流接地时，至少应由两人进行，断开直流时间不得超过 3s。

（6）直流电源系统同一条支路中熔断器与空气断路器不应混用，尤其不应在空气断路器的上级使用熔断器。防止在回路故障时失去动作选择性。严禁直流回路使用交流空气断路器。直流断路器配置应符合级差配合要求。

（7）蓄电池室应使用防爆型，照明、排风机及空调、开关、熔断器和插座等应装在室外。门窗完好，窗户应有防止阳光直射的措施。

## 二、蓄电池

（1）新安装的阀控密封蓄电池组，应进行全核对性放电试验。以后每隔 3 年进行一次核对性放电试验。运行了 6 年以后的蓄电池组，每年做一次核对性放电试验。

（2）阀控蓄电池组正常应以浮充电方式运行，浮充电压值应控制为 $2.23\sim2.28V\times N$，一般宜控制在 $2.25V\times N$（25℃时）；均衡充电电压宜控制为 $2.30\sim2.35V\times N$。

（3）蓄电池熔断器损坏应查明原因并处理后方可更换。

（4）蓄电池室的温度宜保持在 5～30℃，最高不应超过 35℃，并应通风良好。

（5）蓄电池不宜受到阳光直射。

（6）蓄电池室内禁止点火、吸烟，并在门上贴有"禁止烟火"警示牌，严禁明火靠近蓄电池。

（7）测量电池电压时应使用四位半精度万用表。

（8）蓄电池带负载时间严格控制在规程要求的时间范围内，蓄电池带负载时间根据放电电流大小及整组蓄电池的电压决定，当放电电压低于蓄电池额定电压的80%时，应停止蓄电池带负载运行。

### 三、充电装置

（1）充电装置在检修结束恢复运行时，应先合交流侧开关，再带直流负荷。

（2）对交流切换装置模拟自动切换，重点检查交流接触器是否正常、切换回路是否完好。

（3）运行中直流电源装置的微机监控装置，应通过操作按钮切换检查有关功能和参数，其各项参数的整定应有权限设置和监督措施。

（4）当微机监控装置故障时，若有备用充电装置，应先投入备用充电装置，并将故障装置退出运行。

### 四、直流屏（柜）

（1）直流电源系统同一条支路中熔断器与空气断路器不应混用，尤其不应在空气断路器的上级使用熔断器。防止在回路故障时失去动作选择性。

（2）变电站直流系统采用交直流两用断路器的应进行专项直流性能验证，不满足要求的应尽快更换。

### 五、不间断电源

（1）正常状态下，由交流经变压器后整流再通过逆变器、静态开关向负载供电，直流输入处于热备用状态。

（2）当输入交流出现故障时，立即切换到正处于热备用状态的直流输入，即直流供电，切换时间为0ms，真正做到无间断供电。

（3）当交流输入和直流输入均异常时，系统无条件地切换到静态旁路输出。系统还配置了维护旁路，当系统有故障或需要检修时，可以把检修旁路开关合上，把模块退出检修，系统保持不间断供电。

# 第四节　站用设备巡视

## 一、站用变压器巡视

### （一）例行巡视

（1）运行监控信号、灯光指示、运行数据等均应正常。

（2）各部位无渗油、漏油。

（3）套管无破损裂纹、无放电痕迹及其他异常现象。

（4）本体声响均匀、正常。

（5）引线接头、电缆应无过热。

（6）站用变压器低压侧绝缘包封情况良好。

（7）站用变压器各部位的接地可靠，接地引下线无松动、锈蚀、断股。

（8）电缆穿管端部封堵严密。

（9）有载分接开关的分接位置及电源指示应正常，分接档位指示与监控系统一致。

（10）本体运行温度正常，温度计指示清晰，表盘密封良好，防雨措施完好。

（11）压力释放阀及防爆膜应完好无损，无漏油现象。

（12）气体继电器内应无气体。

（13）储油柜油位计外观正常，油位应与制造厂提供的油温、油位曲线相对应。

（14）吸湿器呼吸畅通，吸湿剂不应自上而下变色，上部不应被油浸润，无碎裂、粉化现象，吸湿剂潮解变色部分不超过总量的 2/3，油杯油位正常。

（15）干式站用变压器环氧树脂表面及端部应光滑、平整，无裂纹、毛刺或损伤变形，无烧焦现象，表面涂层无严重变色、脱落或爬电痕迹。

（16）干式站用变压器温度控制器显示正常，器身感温线固定良好，无脱落现象，散热风扇可正常启动，运转时无异常响声。

（17）原存在的设备缺陷是否有发展。

（18）气体继电器（本体、有载分接开关）、温度计防雨措施良好。

## （二）全面巡视

全面巡视在例行巡视的基础上增加以下项目：

（1）端子箱门应关闭严密无受潮，电缆孔洞封堵完好，温、湿度控制装置工作正常。

（2）站用变压器室的门、窗、照明完好，房屋无渗漏水，室内通风良好、温度正常、环境清洁；消防灭火设备良好。

## （三）熄灯巡视

（1）引线、接头有无放电、发红迹象。

（2）瓷套管有无闪络、放电。

## （四）特殊巡视

1. 新投入或者经过大修的站用变压器巡视

（1）声音应正常，如果发现响声特大、不均匀或者有放电声，应认为内部有故障。

（2）油位变化应正常，应随温度的增加合理上升，如果发现假油面应及时查明原因。

（3）油温变化应正常，站用变压器带负载后，油温应缓慢上升，上升幅度合理。

（4）干式站用变压器本体温度应变化正常，站用变压器带负载后，本体温度上升幅度应合理。

2. 异常天气时的巡视

（1）气温骤变时，检查储油柜油位是否有明显变化，各侧连接引线是否受力，是否存在断股或者接头部位、部件发热现象。各密封部位、部件是否有渗漏油现象。

（2）大风、雷雨、冰雹天气过后，检查导引线有无断股迹象，设备上有无飘落积存杂物，瓷套管有无放电痕迹及破裂现象。

（3）浓雾、小雨天气时，瓷套管有无沿表面闪络和放电，各接头部位、部件在小雨中不应有水蒸气上升现象。

（4）雨雪低温天气时，根据接头部位积雪融化迹象检查是否发热。检查导引线积雪累积厚度，根据情况清除导引线上的积雪和形成的冰柱。

（5）高温天气时，检查本体温度及其散热是否正常，室内站用变压器的散热风扇及辅助通风装置可否正常启动。

（6）覆冰天气时，观察绝缘子的覆冰厚度及冰凌桥接程度，覆冰厚度不超 10mm，冰凌桥接长度不宜超过干弧距离的 1/3，放电不超过第二伞裙，不出现中部伞裙放电现象。

3．故障跳闸后的巡视

（1）检查站用变压器间隔内一次设备有无着火、爆炸、喷油、放电痕迹、导线断线、短路、小动物爬入等情况。

（2）检查保护及自动装置的动作情况。

（3）检查两侧断路器运行状态（位置、压力、油位）。

## 二、站用低压设备巡视

### （一）例行巡视

（1）站用电运行方式正确，三相负荷平衡，各段母线电压正常。

（2）低压母线进线断路器、分段断路器位置指示与监控机显示一致，储能指示正常。

（3）站用交流电源柜支路低压断路器位置指示正确，低压熔断器无熔断。

（4）站用交流电源柜电源指示灯、仪表显示正常，无异常声响。

（5）站用交流电源柜元件标识正确，操作把手位置正确。

（6）站用交流不间断电源系统（UPS）面板、指示灯、仪表显示正常，风扇运行正常，无异常告警，无异常声响振动。

（7）站用交流不间断电源系统（UPS）低压断路器位置指示正确，各部件无烧伤、损坏。

（8）备自投装置充电状态指示正确，无异常告警。

（9）自动转换开关（ATS）正常运行在自动状态。

（10）原存在的设备缺陷是否有发展趋势。

### （二）全面巡视

全面巡视在例行巡视的基础上增加以下项目：

（1）屏柜内电缆孔洞封堵完好。

（2）各引线接头无松动、无锈蚀，导线无破损，接头线夹无变色、过热迹象。

（3）配电室温度、湿度、通风正常，照明及消防设备完好，防小动物措施完善。

（4）门窗关闭严密，房屋无渗、漏水现象。

### （三）特殊巡视

（1）雨、雪天气，检查配电室无漏雨，户外电源箱无进水受潮情况。

（2）雷电活动及系统过电压后，检查交流负荷、断路器动作情况，以及 UPS 不间断电源主、从机柜浪涌保护器动作情况。

### 三、直流系统的巡视

#### （一）例行巡视

**1. 蓄电池**

（1）蓄电池组外观清洁，无短路、接地。

（2）蓄电池组总熔断器运行正常。

（3）蓄电池壳体无渗漏、变形，连接条无腐蚀、松动，构架、护管接地良好。

（4）蓄电池电压在合格范围内，浮充单体电压为 2.23～2.28V。

（5）电池巡检采集单元运行正常。

（6）蓄电池室温度、湿度、通风正常，照明及消防设备完好，无易燃、易爆物品。

（7）蓄电池室门窗严密，房屋无渗、漏水。

（8）蓄电池编号完整。

**2. 充电装置**

（1）监控装置"运行"灯亮，无其他异常及告警信号。

（2）充电装置交流输入电压、直流输出电压、电流正常。

（3）充电模块运行正常，无报警信号，风扇正常运转，无明显噪声或异常发热。

（4）直流控制母线、动力母线电压、蓄电池组浮充电压值在规定范围内，浮充电流值符合规定。

（5）各元件标识正确，开关、操作把手位置正确。

**3. 馈电屏**

（1）绝缘监察装置运行正常，直流系统的绝缘状况良好。

（2）各支路空气开关位置正确、指示正常，监视信号完好。

（3）各元件标识正确，开关、操作把手位置正确。

**4. 事故照明屏**

（1）交流、直流电压正常，表计指示正确。

（2）交、直流开关及接触器位置正确。

（3）屏柜（前、后）门接地可靠，柜体上各元件标识正确可靠。

#### （二）全面巡视

除了全面巡视的项目外，还增加以下项目：

（1）仪表在检验周期内。

（2）屏内清洁，屏体外观完好，屏门开、合自如。

（3）防火、防小动物措施完善。

（4）直流屏内通风散热系统完好。

（5）抄录蓄电池监测数据。

#### （三）特殊巡视

（1）变电站站用电停电或全站交流电源失电，直流电源蓄电池带全站直流电源负载期间特殊巡视检查：

1）蓄电池带负载时间严格控制在规程要求的时间范围内。

2）直流控制母线、动力母线电压、蓄电池组电压值在规定范围内。

3）各支路自动空气开关位置正确。

4）各支路的运行监视信号完好、指示正常。

（2）交流电源恢复后，应检查直流电源运行工况，直到直流电源恢复到浮充方式运行，方可结束特巡工作。

（3）出现自动空气开关脱扣、熔断器熔断等异常现象后，应巡视保护范围内各直流回路元件有无过热、损坏和明显故障现象。

# 第五节　站用电设备运行操作

## 一、站用交流系统运行及操作注意事项

### （一）两台站用变压器不宜长期并列运行的问题

（1）降低了站用电运行的可靠性。

（2）两台站用变压器同时并列运行，无备用站用变压器。

（3）故障时，两台站用变压器有可能都会跳闸，对提高供电安全水平不利。

（4）在某些情况下，可能引起反送电。

### （二）两台站用变压器并列运行的问题

（1）增加了站用电系统的短路电流，两台站用变压器并列运行，短路阻抗减少了 1/2，站用电系统内短路电流大约增加一倍，将给设备的安全稳定运行带来隐患。

（2）引起电气设备运行条件恶化。有些变电站的低压电气设备的选择是以一台站用变压器的短路电流为依据设计的，两台站用变压器并列时短路电流增加一倍后，给电气设备的正常运行带来极大的影响。

（3）将使断路器（或熔断器）开断短路电流增加一倍，可能切除不了故障点，扩大事故。

（4）故障回路的电缆将出现严重过热，甚至烧毁。

（5）电气设备因承受不了短路电流增加一倍之后的动稳定、热稳定能量的作用，受到损坏。

综上所述，两台站用变压器不宜长期并列运行。在站用变压器倒闸操作过程中，如果站用电不允许停电，考虑到站用变压器并列运行时间短，在产生故障的概率较小的情况下，两台站用变压器可以短时并列运行。

### （三）站用低压系统的运行方式

（1）两段母线分列运行时，不得通过负荷回路构成环网。

（2）两段母线并列运行时也不宜通过负荷回路长时间构成环网。

（3）站用低压电源的切换操作。低压电源的切换操作方式可分为不间断供电切换和短时停电切换两种。

1）不间断供电切换。不间断供电切换，是先将低压母线并列，所有低压负荷由两台站用变压器共同供电，然后再退出欲停电的站用变压器。例如1号站用变压器需要停电，先合上低压分段断路器，然后再依次拉开1号站用变压器低压和高压断路器。

① 不间断供电切换的优点。不间断供电切换方式的优点是所有负荷不间断供电，防止了有些低压负荷失压后不能正常启动，特别适用于一些带有低电压保护（脱扣）的负荷，因为这种负荷间断供电后不能自动恢复供电。

② 不间断供电切换的缺点。采用这种方式要求站用变压器必须接在同一电源系统并满足并列条件，高压母线分段断路器必须在合闸位置。

2）短时停电切换。短时停电切换，是先将欲停电的站用变压器从低压母线断开，再合上低压分段断路器。例如1号站用变压器停电，先拉开1号站用变压器低压断路器，Ⅰ段低压母线短时停电，再合上低压分段断路器，恢复Ⅰ段低压母线供电。

短时停电切换的特点如下：

① 切换方式比较灵活，不受运行方式和接线方式限制。

② 站用变压器接线组别不同，接于不同电压母线或不同电源时必须采用这种方式。

③ 有些低压负荷失压后可能不能正常启动，特别是一些带有低电压保护（如低电压脱扣）的负荷，间断供电后不能自动恢复供电，需手动恢复供电。

④ 带有不允许停电的负荷时不能采用该方式。

（4）备用站用变压器的巡视检查到位，保证备用站用变压器及线路运行正常。如果线路有工作，应加强对1号站用变压器的监视工作，避免两台站用变压器同时失电的情况发生。定期检查备用站用变压器的相序，若果发现倒相序，应及时调整，保证备用站用变压器带全站站用交流负荷时运行正常、可靠。

## 二、110kV 及以下变电站站用系统操作方法

### （一）第一种接线方式下1号站用变压器停电操作

图 7-26 所示为 110kV 变电站常用的站用电系统接线方式，采用一段母线、两台站用变压器的接线方式，其中1、2号站用变压器为本站 10kV 或 6kV 双绕组变压器。

正常运行方式：1号站用变压器或2号站用变压器带 400V 母线交流负荷，另一台站用变压器空载运行。

事故情况下的运行方式：当1号站用变压器因故障退出运行时，400V Ⅰ、Ⅱ段母线所带交流负荷会失电，通过合上备用进线断路器，2号站用变压器通过 400V Ⅱ段母线和分段断路器将 400V Ⅰ段母线所带交流负荷送出。

1号站用变压器带全站所有交流负荷，2号站用变压器作为备用站用变压器时，1号站用变压器由运行转检修时，其站用交流系统操作步骤如下：

操作任务：1号站用变压器由运行转检修。

（1）拉开 401 断路器。

（2）检查 401 断路器确在断开位置。

（3）将 401 小车开关由"连接"位置摇至"分离"位置。

（4）检查 401 小车开关确在"分离"位置。

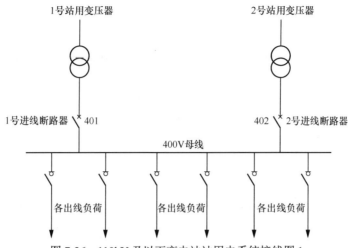

图 7-26　110kV 及以下变电站站用电系统接线图 1

（5）合上 402 断路器。

（6）检查 402 断路器确在合闸位置。

（7）检查 400V 母线电压指示正常。

（8）拉开 916 断路器。

（9）检查 916 断路器确在断开位置。

（10）将 916 小车开关由"工作"摇至"试验"位置。

（11）检查 916 小车开关确在"试验"位置。

（12）在 1 号站用变压器高压侧套管接头处验明无电。

（13）在 1 号站用变压器高压侧套管接头处装设 1 号地线。

（14）在 1 号站用变压器低压侧套管接头处验明无电。

（15）在 1 号站用变压器低压侧套管接头处装设 2 号地线。

（16）断开 926 断路器控制电源空气开关。

**（二）第二种接线方式下 1 号站用变压器停电操作**

图 7-27 所示为 110kV 变电站常用的站用电系统接线方式，采用一段母线、两台站用变压器的接线方式，其中 1、2 号站用变压器为本站 10kV 或 6kV 双绕组变压器，和方式 1 的区别就是配备了"备用电源自投装置"，此装置可分为"手动"和"自动"两种方式。

正常运行方式：1 号站用变压器或 2 号站用变压器带 400V 母线交流负荷，另一台站用变压器空载运行，即为备用站用变压器，"备用电源自投装置"切到"自动"方式。

事故情况下的运行方式：当 1 号站用变压器因故障退出运行时，400V Ⅰ、Ⅱ段母线所带交流负荷会失电，"备用电源自投装置"检测到 1 号进行断路器断开，400V 母线失压，自动合上 2 号进行断路器，2 号站用变压器将 400V 母线所带交流负荷送出，恢复站用交流负荷。

1 号站用变压器带全站所有交流负荷，2 号站用变压器作为备用站用变压器时，1 号站用变压器由运行转检修时，其站用交流系统操作步骤如下：

操作任务：1 号站用变压器由运行转检修。

（1）将备用电源自投装置的切换方式由"自动"切至"手动"。

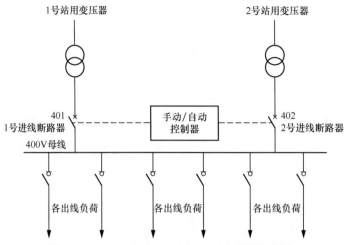

图 7-27　110kV 及以下变电站站用电系统接线图 2

（2）拉开 401 断路器。

（3）检查 401 断路器确在断开位置。

（4）将 401 小车开关由"连接"位置摇至"分离"位置。

（5）检查 401 小车开关确在"分离"位置。

（6）合上 402 断路器。

（7）检查 402 断路器确在合闸位置。

（8）检查 400V 母线电压指示正常。

（9）拉开 916 断路器。

（10）检查 916 断路器确在断开位置。

（11）将 916 小车开关由"工作"摇至"试验"位置。

（12）检查 916 小车开关确在"试验"位置。

（13）在 1 号站用变压器高压侧套管接头处验明无电。

（14）在 1 号站用变压器高压侧套管接头处装设 1 号地线。

（15）在 1 号站用变压器低压侧套管接头处验明无电。

（16）在 1 号站用变压器低压侧套管接头处装设 2 号地线。

（17）断开 916 断路器控制电源空气开关。

### 三、站用直流系统操作原则

站用直流系统一般采用两电两充（两组蓄电池配两套充电机）的配置。当对两电两充直流系统蓄电池组进行核对性充放电试验或者进行直流系统大修时，需要将一套蓄电池组和充电机退出运行，由另一套蓄电池组和充电机带全站负荷，待工作完毕后再恢复。

### 四、110kV 及以下变电站站用直流系统接线

#### （一）直流母线为单母线

单组蓄电池和单套充电装置接到同一母线上带全站直流负荷，母线上装设一套绝缘监察

装置和电压表，接线简单，可靠性低，一般 110kV 及以下变电站常用该接线方式。直流系统单母线接线示意图如图 7-28 所示。

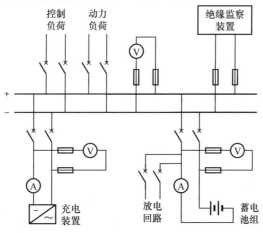

图 7-28　直流系统单母线接线示意图

### （二）单母线分段接线

直流系统单母线分段接线示意图如图 7-29 所示。充电装置和蓄电池接入不同母线，正常分段开关在合闸状态，蓄电池和充电装置并联运行，带全站直流负荷运行，可靠性较高，但是蓄电池不允许退出运行。当蓄电池退出运行时，需接入临时蓄电池组。当充电机退出运行时，由蓄电池继续对负荷供电，此时蓄电池得不到浮充，处于放电状态，不允许长时间放电。其特点是接线简单，可靠性差，在 110kV 及以下变电站有采用。

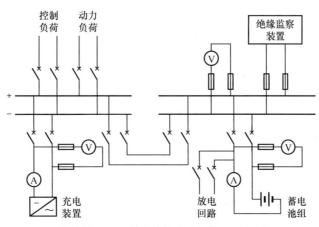

图 7-29　直流系统单母线分段接线示意图

### （三）操作要求

（1）装有两组蓄电池的变电站，正常两组蓄电池分列运行，不允许两组蓄电池长期并列运行。

（2）分列运行的两段直流母线并列前，应检查两条母线的电压基本一致。

（3）直流系统运行时，直流母线不能脱离蓄电池组；蓄电池组退运，充电装置也要退运。

（4）站用直流在操作中要解环运行，防止将整个直流系统二次合环。

**（四）典型直流电源操作**

**1. 正常运行方式**

Ⅰ套直流系统两路交流输入，经过交流切换控制板（ATS 装置）选择其中一路交流，并通过交流配电单元给各个充电模块供电（模块输入空气开关 1M1～1M4 在合位）。充电模块将输入三相交流电转换为 220V 的直流，经隔离二极管隔离后输出，空气开关 1QS1 至直流输出，给Ⅰ段直流母线负载供电；联络开关 1QS2 至蓄电池，给Ⅰ组蓄电池充电。空气开关 1QFC 分位（蓄电池核对性放电时合上）。

Ⅱ套直流系统两路交流输入，经过交流切换控制板（ATS 装置）选择其中一路交流，并通过交流配电单元给各个充电模块供电（模块输入空气开关 2M1～2M4 在合位）。充电模块将输入三相交流电转换为 220V 的直流，经隔离二极管隔离后输出，空气开关 2QS1 至直流输出，给Ⅱ段直流母线负载供电；联络开关 2QS2 至蓄电池，给Ⅱ组蓄电池充电。空气开关 2QFC 分位（蓄电池核对性放电时合上）。

正常运行时，两套直流系统分别带直流一段母线及一组蓄电池供电，联络开关 1QS2、2QS2 均投至蓄电池，即两套直流系统分段运行。变电站直流系统典型接线图如图 7-30 所示。

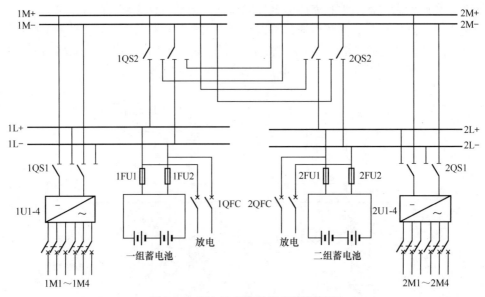

图 7-30　变电站直流系统典型接线图

**2. 充电机投入**

以 1 号充电机为例，首先接通交流电源，将交流输入空气开关 1QFA1、1QFA2 合上，本装置为两路交流输入自动互投，一主一备送电至交流小母线。再给上 1M1～1M4 空气开关，接通了 1～4 号模块输入电源，对应的模块上的数码管有显示，如果此时无负载，则每个模块显示的电流值为 0A，按下模块电压/电流按钮，则模块输出电压为 235V 左右。将联络屏上隔离开关 1QS1 切至直流输出位置，此时母线电压有显示，再将隔离开关 1QS2 切至电池投入位置，此时电池电压及电池电流表有显示。

### 3. 蓄电池故障操作

如 1 组蓄电池出现故障，应将 1 号充电机联络屏中的隔离开关 1QS2 切至联络开关位置（Ⅰ馈母—Ⅱ馈母），将 1QS1 切至停止位置即可，则 2 组蓄电池对Ⅰ馈母供电。

### 4. 充电机故障操作

当 1 号充电机故障时，首先 1QS2 Ⅰ段充电机联络开关切至"停止"位置将故障隔离，再将 2QS1 Ⅱ段母线联络开关切至"Ⅰ段/Ⅱ段馈母联络"位置，用Ⅱ段充电机带Ⅰ段及Ⅱ段串联运行；当 2 号充电机故障时，首先 2QS2 Ⅱ段充电机联络开关切至"停止"位置将故障隔离，再将 1QS1 Ⅰ段母线联络开关切至"Ⅰ段/Ⅱ段馈母联络"位置，用Ⅰ段充电机带Ⅰ段及Ⅱ段串联运行。

### 5. 蓄电池操作

（1）停用 1 组蓄电池时应将Ⅰ段充电机联络屏中的隔离开关 1QS1 扳切至联络开关位置（Ⅰ馈母—Ⅱ馈母），将 1QS2 切至停止位置即可，则 2 组蓄电池对Ⅰ馈母供电。

（2）停用 2 组蓄电池时应将Ⅱ段充电机联络屏中的隔离开关 1QS2 切至联络开关位置（Ⅱ馈母—Ⅰ馈母），将 1QS1 切至停止位置即可，则 1 组蓄电池对Ⅱ馈母供电。

### （五）站用电直流系统轮换操作

#### 1. 正常运行

直流系统不允许合环运行，对于环路供电方式的负荷，要求两路直流空气开关都是合上的，而 1 号屏 1ZK 和 2 号屏 2ZK 直流空气开关运行中只能合一个空气开关，保证直流系统解环运行，并且有明显的"禁止合闸"标识。

#### 2. 定期切换

（1）每月定时对 1 号屏 1ZK 和 2 号屏 2ZK 直流空气开关运行方式进行切换，保证整个站用直流正常运行。

（2）每月对充电机的两路交流电源进行切换，检查切换装置动作正确。

（3）每月对整流模块进行轮换，检查直流系统运行正常。

### （六）UPS 的切换操作

变电站 UPS 系统典型接线图如图 7-31 所示，UPS 切换流程如下：

（1）正常情况下，UPS 市电输入空气开关、自动旁路空气开关、UPS 直流输入空气开关均在合位，市电带负荷且各负荷正常。

（2）检查 UPS 装置市电输入灯亮，逆变正常灯亮。

（3）断开 UPS 交流输入空气开关。

（4）UPS 装置市电输入灯灭、逆变正常灯亮，UPS 运行正常，各负荷运行正常。

（5）合上 UPS 交流输入空气开关。

（6）检查 UPS 装置市电输入灯亮，逆变正常灯亮，UPS 运行正常，各负荷运行正常。

（7）断开 UPS 直流输入空气开关。

（8）检查 UPS 装置逆变正常灯亮、市电输入灯亮、电池低压灯亮，UPS 运行正常，各负荷运行正常。

（9）合上 UPS 直流输入空气开关。

（10）UPS 装置市电输入灯亮、逆变正常灯亮、电池低压灯灭，UPS 运行正常，各负荷运行正常。

操作前注意：自动旁路空气开关不能断、总输出空气开关不能断、维修旁路空气开关不能合。

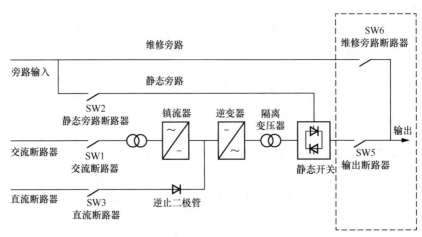

图 7-31　变电站 UPS 系统典型接线图

## 五、站用电低压系统维护

### （一）低压熔断器更换

（1）熔断器损坏，应查明原因并处理后方可更换。

（2）应更换为同型号的熔断器，再次熔断不得试送，联系检修人员处理。

### （二）站用交流不间断电源装置（UPS）除尘

（1）定期清洁 UPS 装置柜的表面、散热风口、风扇及过滤网等。

（2）维护中做好防止低压触电的安全措施。

### （三）测温

（1）必要时应对交流电源屏、交流不间断电源屏（UPS）等装置内部件进行检测。

（2）重点检测屏内各进线断路器、联络断路器、馈线支路低压断路器、熔断器、引线接头及电缆终端。

### （四）站用变压器维护

1. 吸湿剂更换

（1）吸湿剂受潮变色超过 2/3 应及时维护。

（2）保证工作中与设备带电部位的安全距离，必要时将站用变压器停电处理。

（3）吸湿器内吸湿剂宜采用同一种变色吸湿剂，其颗粒直径大于 3mm，且留有 1/5～1/6 空间。

（4）油杯内的油应补充至合适位置，补充的油应合格。

（5）维护后应检查呼吸正常、密封完好。

2．外熔断器（高压跌落式熔断器）更换

（1）运行中站用变压器高压进线外熔断器（高压跌落式熔断器）熔断时，应立即进行更换。

（2）外熔断器的更换应在站用变压器无负载时进行，更换过程中采取必要的安全措施，必要时将站用变压器停电。

（3）应更换为同型号、参数的外熔断器。

（4）再次熔断不得试送，应及时处理。

3．定期切换试验

（1）备用站用变压器每半年应进行一次启动试验，试验操作方法列入现场专用运行规程。

（2）不运行的站用变压器每半年应带电运行不少于24h。

（3）备用站用变压器切换试验时，先停用运行站用变压器低压侧断路器，确认相应断路器已断开、低压母线已无压后，方可投入备用站用变压器。

（4）切换试验前后应检查直流、不间断电源系统、主变压器冷却系统电源情况，强油循环主变压器还应检查负荷及油温。

4．红外检测

（1）精确测温周期：每年至少1次。新设备投运后1周内（但应超过24h）。

（2）检测范围为站用变压器本体及附件，重点检测储油柜油位、引线接头、套管、电缆终端、二次回路。

## （五）站用直流系统维护

1．蓄电池核对性充放电

（1）一组阀控蓄电池组。

1）全站仅有一组蓄电池时，不应退出运行，也不应进行全核对性放电，只允许用$I_{10}$电流放出其额定容量的50%。

2）在放电过程中，蓄电池组的端电压不应低于$2V \times N$。

3）放电后，应立即用$I_{10}$电流进行限压充电→恒压充电→浮充电。反复放充2～3次，蓄电池容量可以得到恢复。

4）若有备用蓄电池组替换时，该组蓄电池可进行全核对性放电。

（2）两组阀控蓄电池组。

1）全站若具有两组蓄电池时，则一组运行，另一组退出运行进行全核对性放电。

2）放电用$I_{10}$恒流，当蓄电池组电压下降到$1.8V \times N$时，停止放电。阀控蓄电池在运行中电压偏差值及放电终止电压值的规定见表7-2。

表7-2　　　　　阀控蓄电池在运行中电压偏差值及放电终止电压值的规定

| 阀控密封铅酸蓄电池 | 标称电压（V） | | |
|---|---|---|---|
| | 2 | 6 | 12 |
| 运行中的电压偏差值 | ±0.05 | ±0.15 | ±0.3 |
| 开路电压最大最小电压差值 | 0.03 | 0.04 | 0.06 |
| 放电终止电压值 | 1.80 | 5.40（1.80×3） | 10.80（1.80×6） |

3）隔 1～2h 后，再用 $I_{10}$ 电流进行恒流限压充电→恒压充电→浮充电。反复放充 2～3 次，蓄电池容量可以得到恢复。

4）若经过三次全核对性放充电，蓄电池组容量均达不到其额定容量的 80%以上，则应安排更换。

2. 蓄电池组内阻测试

（1）测试工作至少两人进行，防止直流短路、接地、断路。

（2）蓄电池浮充状态内阻一般为 1Ω 左右，在生产厂家规定的范围内。

（3）蓄电池内阻无明显异常变化，单只蓄电池内阻偏离值应不大于出厂值的 10%。

（4）测试时连接测试电缆应正确，按顺序逐一进行蓄电池内阻测试。

（5）单体蓄电池电压测量应每月至少一次。

3. 指示灯更换

（1）应检查设备电源是否已断开，用万用表测量接线柱（对地）是否已确无电压。

（2）拆除二次线要用绝缘胶布粘好并做好标记，防止误搭邻近带电设备，防止恢复时错接线。

（3）应更换为同型号的指示灯。

（4）更换完毕后应检查接线牢固、正确。

4. 蓄电池熔断器更换

（1）蓄电池熔断器损坏应查明原因并处理后方可更换。

（2）检查熔断器是否完好、有无灼烧痕迹，使用万用表测量蓄电池熔断器两端电压，电压不一致，表明熔断器损坏。

（3）应更换为同型号的熔断器，再次熔断不得试送，联系检修人员处理。

5. 采集单元熔丝更换

（1）应使用绝缘工具，工作中防止人身触电，直流短路、接地，蓄电池开路。

（2）更换熔丝前，应使用万用表对更换熔丝的蓄电池单体电压进行测试，确认蓄电池电压正常。

（3）更换的熔丝应与原熔丝型号、参数一致。

（4）旋开熔丝管时不得过度旋转。

（5）熔丝取出后，应测试熔丝是否良好，判断是否由于连接弹簧或垫片接触不良造成电压无法采集。

6. 红外检测

（1）红外检测宜每季度不少于一次。

（2）检测范围包括蓄电池组、充电装置、馈电屏及事故照明屏。

（3）重点检测蓄电池及连接片、充电模块、各屏引线接头。各负载断路器的上、下两级的连接处。

# 第八章 光伏电站常见故障分析与处理

## 第一节 光伏电站常见故障处理的基本要素

### 一、光伏电站故障处理的一般原则

（1）故障处理必须严格遵守电力安全工作规程、调度规程、现场运行规程及有关安全工作规定，服从调度和当值值长指挥，正确执行命令。

（2）正确判断故障的性质和范围，迅速限制故障的发展，消除故障的根源，解除对人身和设备的威胁。

（3）在处理故障时，应根据现场情况和有关规程规定启动备用设备运行，采取必要的安全措施，对造成故障的设备进行必要的安全隔离，保持其正常设备运行，防止故障扩大。

（4）开关跳闸后，应立即检查线路有无电压和开关是否正常，并迅速报告调度，对一次设备进行全面检查，无异常时按调度指令进行处理。

（5）设备故障消除后，应按设备试验规程，对必须进行电气试验的设备进行试验，试验合格后方可投入运行。

（6）设备故障消除后，电站应定期开展故障分析会，针对故障中出现的共性问题进行汇总，进行现场技术培训，做到举一反三，并制定切实可行的防范措施。

（7）影响安全文明生产、需要及时处理的异常和缺陷，必须尽快到现场办理消缺手续并进行处理。

（8）不需要停机、停电便可以处理的异常或缺陷，应做好安全防护措施，必须保证人身和设备安全；需要停机、停电处理的异常或缺陷，在不扩大异常范围的情况下，尽量以不影响发电量为前提进行处理。

（9）如果在交接班时发生故障，应停止交接班，由交班值长负责指挥本值人员进行处理，接班值长协助处理，故障处理结束后再进行交接班。

### 二、故障处理一般流程

（1）故障发生时，值班人员立即记录故障发生的时间、保护动作信息、开关跳闸情况、故障信号、故障报文、系统参数指示和设备是否停用等内容，并向值长汇报。

（2）当值值长指派值班人员立即核对保护及自动装置动作信息和开关跳闸情况，并及时汇报调度。

（3）故障发生后，指派运行人员对跳闸开关及回路设备进行全面检查。

（4）值长根据现场检查结果及故障信号、主要故障报文、故障录波波形进行分析比较，综合判断故障性质，对故障处理方案提出初步建议，并向调度汇报故障详细情况及分析判断结果。

### 三、故障处理的主要内容

（1）限制故障的发展，消除故障根源，解除对人身和设备的安全隐患。

（2）尽快恢复送电。

（3）调整运行方式，使其尽快恢复正常。

（4）处理故障要注意本站用电的安全，确保本站直流系统正常。

（5）故障发生后，值长根据故障现象对故障性质进行综合分析判断，将故障情况简要向调度进行汇报。

1）故障发生的时间。

2）跳闸设备、开关编号。

3）继电保护和自动装置动作情况。

4）主设备电压、负荷变化情况。

5）现场采取的初步处理措施。

（6）故障发生后，指派值班人员记录以下内容：

1）故障发生的时间。

2）开关位置变化情况。

3）主设备运行参数指示（电压、电流）。

4）操作员站全部光字信息、主要故障报文。

5）记录人将记录情况核对无误后，向值班长汇报。

（7）故障处理注意事项：

1）当光字情况比较严重、出现光字信号较多时，为避免耽误调度对故障的处理时间，值班长应先向调度对故障性质做简要汇报，告知开关跳闸、保护动作等情况。

2）故障处理过程中应及时记录调度命令等相关指令。

3）故障处理过程要及时与调度沟通，听取故障处理指令，并及时向单位领导汇报。

4）为防止故障扩大、损坏设备，值班人员在紧急情况下（如危及人身和设备安全），可先行处理，然后汇报值班长。

5）危及人身安全和可能扩大故障范围的设备应立即停止运行，将已损坏的设备以及一些可能造成损坏的设备进行隔离。

6）母线电压消失后，将连接在母线上所有设备断开。

7）电压互感器熔断器熔断或二次空气开关断开时，将可能引起误动的保护退出运行。

## 第二节　光伏组件常见故障处理

### 一、阴影遮挡

1. 现象

（1）同一组件温差较大。

（2）光伏系统输出功率下降比较严重。

2. 产生的原因

产生遮挡的原因较多，如图 8-1 所示。

图 8-1　组件遮挡示意图
(a) 积雪遮挡；(b) 落叶遮挡；(c) 沙尘遮挡；(d) 树木阴影遮挡

（1）临时阴影。

1）积雪遮挡。

2）落叶遮挡。

3）鸟粪遮挡。

（2）场地阴影。

1）相邻建筑物遮挡。

2）树木遮挡。

（3）建筑阴影。

1）建筑结构，主要是屋顶挑檐、女儿墙、结构柱、烟窗、空调设备等。

2）附属设备阴影。

（4）环境引起的阴影，主要由沙尘引起。

（5）自阴影。

1）组件阴影，主要是组件前后排的影响和组件左右列的阴影。

2）设备阴影，主要是组件连接螺栓的阴影、汇流箱阴影和连接线管阴影。

3. 处理方法

（1）临时阴影。

1）对于积雪遮挡，由于组件有一个 12°以上的倾斜角度，基本能够保持自清洁。

2）如果组件被落叶不均匀覆盖，必须及时清理。

3）如果组件被鸟粪不均匀覆盖，必须及时清理，若清扫不干净可以用清水冲洗，但不能用洗衣粉，切忌不能用硬刷。

（2）场地阴影。

1）对于建筑物的影响，在设计安装时就要避免发生，若出现可以通过调整组建的倾角及方向来消除。

2）对于树木的遮挡影响，可以通过修剪树枝来达到要求。

（3）建筑阴影。

1）通过变更安装区域或移动附属设备来避免阴影。

2）可通过组串方式尽可能降低阴影影响。

（4）当沙尘覆盖影响发电效率时，应尽快安排清扫。

（5）自阴影。

1）组件阴影可以通过调整倾斜角度或改变安装方式来消除。

2）对于螺栓的影响，可以通过调整长度来改善；对于汇流箱和线管可以通过移动位置来调整。

## 二、光伏阵列输出电压降低

**1. 故障现象**

（1）各汇流箱不同串输出电压异常，数值降低。光伏组件开路电压见表 8-1。

表 8-1 光伏组件开路电压 （单位：V）

| 汇流箱编号 | 1 | 2 | 5 | 8 | 9 |
|---|---|---|---|---|---|
| 组串 1 的开路电压 | 436 | 475 | 485 | 488 | 281 |
| 组串 2 的开路电压 | 490 | 480 | 471 | 492 | 305 |
| 组串 3 的开路电压 | 470 | 367 | 396 | 465 | 314 |

（2）个别组件有击穿现象。

**2. 故障原因**

（1）测量时太阳辐射照度不同，开路电压有较小（一般不会超过 5%）的差别。

（2）组串中某块组件的旁路二极管损坏或者组件损坏。

**3. 处理方法**

（1）检测组串中每个组件的开路电压，查出开路电压异常的组件，检测其旁路二极管，如果二极管有问题就直接更换二极管。

（2）如果二极管本身正常，可能是组件本身的输出存在问题。

## 三、组件变形

**1. 故障现象**

（1）组件外观产生形变，表面不平整，如图 8-2 所示。

（2）变形严重者，造成发电性能下降，甚至完全不发电。

**2. 故障原因**

（1）支架结构有问题造成组件被大风掀翻，具体原因如下：组件安装时由于存在一个倾斜的角度，组件边框受到存在应力和扭曲力作用，并且由于螺栓所配的平垫片不够大，组件边框在风力的作用下从支架上脱出，导致组件损坏。

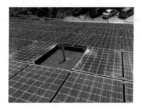 

图 8-2 组件变形示意图

（2）组件安装时，组件中间夹没有放在设计（组件厂家）要求的位置，下雪时组件无法承压，造成组件损坏。

3. 处理方法

（1）检查所有螺栓连接，更换不符合要求的平垫片。

（2）检查组件支架，如果组件中间夹没有放在规定的位置，要调整到位，如图 8-3 所示。

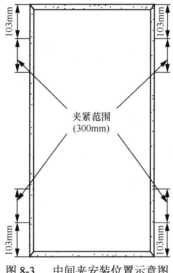

图 8-3 中间夹安装位置示意图

## 四、系统输出功率偏小

1. 故障现象

光伏发电系统输出功率小，没有达到设计预期。

2. 故障原因

（1）太阳辐照度。

（2）电池组件的倾斜角度不合适。

（3）灰尘和阴影遮挡。

（4）组件的温度特性。

3. 处理方法

（1）在安装前，检测每一块组件的功率是否满足设计要求。

（2）调整组件的安装角度和朝向。

（3）检查组件是否有阴影和积尘。

（4）检测组件串联后电压是否在范围内，电压过低系统效率会降低。

（5）多路组串安装前，先检查各路组串的开路电压相差不超过 5V，如果发现电压数值不对，要检查线路和接头。

（6）安装时，可以分批接入，每一组接入时，记录每一组的功率，组串之间功率相差不超过 2%。

（7）安装地方通风不畅，逆变器热量没有及时散出，或者直接在阳光下暴露，造成逆变器温度过高，要考虑降温措施。

（8）逆变器有双路 MPPT 接入，每一路输入功率只有总功率的 50%。原则上每一路设计安装功率应该相等，如果只接在一路 MPPT 端子上，输出功率会减半。阴干按照设计要求接线。

（9）电缆接头接触不良，电缆过长、线径过小，有电源损耗，造成功率损耗。应该按照设计要求选择电缆。

（10）并网交流开关容量过小，达不到逆变器输出要求，应该按照设计要求选用。

## 五、交流汇流柜故障

1. 故障现象

（1）熔断器熔断。

（2）防雷模块损坏（浪涌保护器击穿）。

2. 故障原因

交流汇流箱内接线错误。交流汇流箱接线示意图如图 8-4 所示。

3. 处理方法

（1）检查回路，发现三相电路中的其中一相相线与中性线间电阻为 $780\Omega$，判断接线错误，调整错误接线即把相线与中性线对调即可。

（2）更换熔丝。

（3）更换浪涌保护器。

## 六、汇流箱着火

1. 故障现象

（1）汇流箱和内部器件全部烧毁。

（2）汇流箱上部或周围组件因高温损坏。

2. 故障原因

（1）可能是断路器或者浪涌保护器内部短路造成电流过大。

（2）可能由于进入汇流排的输入端子线头没有使用压线鼻子，某股铜线与另一极短路所致。

（3）可能由于进入汇流排的输入端子线头没有使用压线鼻子，线头松动过热所致。

3. 处理方法

（1）更换汇流箱和内部器件。

（2）所有接入汇入排的线头要压接线鼻子。

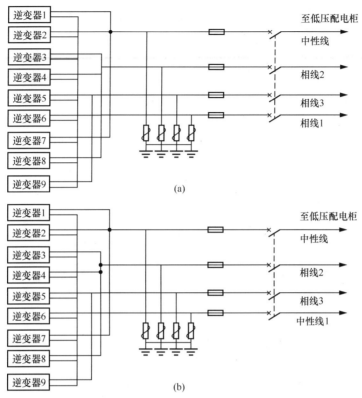

图 8-4　交流汇流箱接线示意图
（a）错误接线图；（b）正确接线图

（3）汇流箱和内部器件与原设计一致。

## 七、汇流箱整体数据有异常

1. 故障现象

计算机监控系统显示汇流箱数据有异常。

2. 故障原因

（1）直流开关断开。

（2）回路接触不良。

（3）数据采集模块异常。

（4）通信终端接头异常。

（5）直流防雷装置异常。

3. 处理方法

（1）直流开关不在合闸位置，检查出线电缆有无异常，各支路电压是否异常，若未发现异常，对直流开关进行分合操作一次。

（2）直流开关在合闸位置，无脱口，用万用表测量出线开关直流电压是否正常，用钳形电流表测量总输出电源是否正常，若不正常，检查出线开关进出线两端电压是否一致，以判断出线开关闭合情况，若出线开关进出线两端电压正常而电流不正常，则应检查电缆引出线两端接线端子是否松动，电缆是否有断线现象，办理工作票进行处理。

（3）检查采集板运行显示是否正常，若无显示，检查采集板电源模块运行指示灯是否正常，若不正常，检查电源模块熔断器是否熔断，电源模块是否烧损，若发现熔断器熔断、电源模块或采集板烧损，办理工作票进行更换处理。

（4）若电源模块、采集板工作正常，则应检查 RS-485 通信串接电缆是否正常，应检查通信线接头是否松动。如发现直流防雷汇流箱内数据采集器故障，应在停电状态下进行更换或处理。

（5）如发现直流防雷汇流箱内部接线头发热、变形、熔化等现象时，应拉开直流输入开关，再取下直流防雷汇流箱内熔断器，断开光伏组件输入该汇流箱的串并接电缆接头后，方可开始处理工作。

（6）当出现直流防雷配电柜有冒烟、短路等异常情况或者发生火警等时，值班人员有权立即进行全部或部分停电操作，根据现场情况立即断开配电柜上电源开关，进行处理。

# 第三节　逆变器常见故障处理

## 一、逆变器停止工作

1. 故障现象

（1）逆变器交流侧无电压。

（2）并网配电柜中交流断路器跳闸。

2. 故障原因

（1）组件发生直流接地。

（2）逆变器交流侧单相接地。

3. 故障处理

（1）检查逆变器有无异常。

（2）检查交直流回路有无明显的工作痕迹。

（3）采用测试手段进行查找。

1）测量组串两端电压，显示正常。组串两端电压测试示意图如图 8-5 所示。

2）分别测量两极对低电压，电压异常；正极对地电压 140V，不正常，而且不稳定。组串负极对地电压测量示意图如图 8-6 所示。

图 8-5　组串两端电压测试示意图　　　　　图 8-6　组串负极对地电压测量示意图

测试原理：若光伏组串中某一块组件的连接线与光伏支架连通了，有可能是电缆的绝缘层损坏造成的。组件标称的开路电压是 40V，此光伏组串共有 9 块组件，从检测的数据看可能是第 4 块与第 5 块组件之间的连接线与支架连接。组串对地电压测量原理示意图如图 8-7 所示。

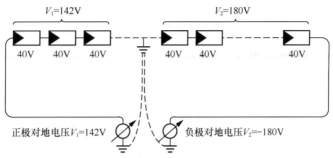

图 8-7　组串对地电压测量原理示意图

## 二、逆变器屏幕没有显示

1. 故障现象

（1）逆变器停止工作或者并网配电柜的交流断路器跳闸。

（2）内部器件老化，逆变器内部通风不畅，外部高温导致逆变器电子器件工作在高温环境，加速电子器件老化工作。

2. 原因分析

（1）组件电压不够，逆变器工作电压为 150～800V，低于 150V 时逆变器不工作；组件电压与太阳能辐照度有关。

（2）PV 输入端子接反，PV 端子有正负极性，要相互对应，不能和别的组串接反。

（3）直流开关没有合上。

（4）组件串联时，某一个接头没有接好。

（5）有一组件短路，造成其他组串也不能工作。

3. 处理方法

（1）用万用表电压档测量逆变器直流输入电压。电压正常时，总电压是各组件电压之和。如果没有电压，依次检查直流开关、接线端子、电缆接头、组件等是否正常。如果有多路组件，要分开单独接入测试。

（2）如果逆变器是正常工作一段时间后发生，检查以上因素没有发现原因，则是逆变器硬件电路发生故障，需联系设备厂家处理。

## 三、逆变器不并网

1. 故障现象

（1）逆变器和电网没有连接。

（2）交流侧功率为零。

2. 故障原因

（1）交流开关没有合上。

（2）逆变器交流端子没有接上。

（3）逆变器输出端交流端子松动。

3. 处理方法

（1）用万用表电压档测量逆变器交流输出电压，在正常情况下，输出端子应该有 220V

或者 380V 电压，如果没有，依次检测接线端子是否松动，交流开关是否闭合，漏电保护开关是否断开。

（2）逆变器防孤岛，电网失电。

（3）逆变器防逆流功能，功率超出设定值。

# 第四节　变压器常见故障分析处理

## 一、油浸式变压器常见故障分析处理

### （一）油位异常

1. 故障原因

（1）变压器的渗漏油及本体和调压开关油路互相渗透使油位异常。

（2）储油柜油位调节不当使油位异常。

（3）片式散热器变形或阀门未完全打开致使油位异常。

（4）油位计指示错误，即假油位。

2. 处理方法

（1）根据密封材料和结构、焊接、外购组部件、检修工艺和装配等因素，可以采取焊、堵、换、改等方法处理。

（2）在变压器安装、检修中，不同环境温度下的注油量，会出现油位异常变化，可采取补油或放油的方法处理。

（3）若片式散热器变形严重，影响散热效果时，可采用修复和更换的办法解决；若散热器阀门未开启，可借助手触摸感知或红外测温等方式比较运行温度与其他散热器有无明显温差来判断阀门开启情况。

（4）若因储油柜排气不彻底造成的假油位，应彻底排除气体；若因油位计故障造成假油位，应根据不同油位计查明故障尽快排除；若是呼吸系统堵塞造成假油位，应通畅气道恢复油位；若是胶囊破损造成假油位，应及时更换胶囊。

### （二）变压器渗漏油故障

1. 故障原因

（1）套管上部及下部法兰盘密封损坏。

（2）箱体及箱沿的焊缝焊接不良。

（3）放排油阀门封堵失效。

（4）散热器的管路连接密封失效。

（5）油箱上下部连接处密封失效。

2. 处理方法

（1）密封件渗漏油的消除。

1）大盖密封不良时，采用黏合办法，使接头形成整体，便能消除渗漏油故障。

2）密封件材质不良时，应选用优质耐油橡胶垫，其弹性、硬度、吸油率、抗氧化性能均符合质量标准；对于密封面不平的法兰，要重新加工修正。安装压紧橡胶垫时，要保持压缩率为 35%～40%，同时在接触面处涂抹压氧胶密封，拧紧螺栓时要求对角紧固，不得一次紧固到位，应经至少 2～3 次以上循环。

（2）焊接处的渗漏，首先找出具体的渗漏点，采用电焊补焊的方法消除。

（3）对于连接附件的管路发生渗漏油，可用堵漏胶堵上，然后进行密封；也可以采用焊接的方法或更换渗漏的管路。

（4）法兰连接渗漏油可更换密封垫，并在密封垫表面涂上 M-1 尼龙密封胶，最后安装压紧，螺栓要对角拧紧。

（5）散热器渗漏油采用负压补焊法处理。

（6）变压器各连接处渗漏油，更换失效的密封圈，更换密封圈时 6mm 厚的可换为 10mm 厚，一般一个组件应一起更换；螺栓要对角拧紧，且受力均匀。

### （三）绝缘受潮故障

1. 故障原因
（1）变压器暴露在空气中或注油前真空处理不到位引起绝缘受潮。
（2）制造周期较短，还未充分干燥就投入使用引起绝缘受潮。
（3）变压器本体或附件与空气接触部位密封性不够，致使水分进入引起绝缘受潮。

2. 处理方法
（1）在安装时一是监测现场的温度和湿度，应满足要求；二是使变压器器身暴露在空气中的时间尽可能短。
（2）若因制造周期短引起的受潮，在变压器安装完毕后，进行加热干燥处理。
（3）首先更换密封，然后对变压器进行干燥处理。

### （四）热故障

1. 故障原因。
（1）绕组出现匝间短路，主要是绕组松动、变形、位移等因素引起的。
（2）铁芯故障，主要由铁芯多点接地、接地不良、铁芯片间短路等因素引起。
（3）过负荷运行。
（4）冷却器故障停用。
（5）测温装置异常。

2. 处理方法
（1）当发现变压器内部发热明显时，检查负荷电流，若发现其中一相电流异常，则可以判断该相绕组有故障，联系调度值班人员停用变压器。
（2）铁芯接地故障可以用钳形电流表测量铁芯接地线上流过的电流，若超过规定值，可判断铁芯有接地故障。
（3）检查负荷情况，计算过负荷的数值是否在允许范围，若过负荷持续上升，应联系调度转移负荷。
（4）冷却器停用，一般先检查电源是否正常，方式开关位置是否正确，然后根据具体情况进行相应的处理。

（5）上述检查正常后，可以初步判断，可能是测温装置异常所致，检查后台温度显示数值与现场温度表指示值的差值，进一步判断是变送器故障还是温度表故障。

## 二、干式变压器常见故障分析处理

### （一）绝缘电阻下降

1. 故障原因
（1）绕组表面凝聚水汽。
（2）绕组表面积聚灰尘。
（3）绕组部分绝缘材料受潮。

2. 处理方法
（1）表面水蒸气凝露可用干布擦拭，自然风干即可恢复绝缘。
（2）用吹风机吹灰，清洁绕组表面。
（3）可用白炽灯、加热器等烘干。

### （二）变压器铁芯多点接地

1. 故障原因
（1）外部因素：
1）由于凝露或受潮大大降低绝缘性能导致铁芯出现低阻性多点接地；
2）变压器在运行中铁芯漏磁使附近空间产生弱磁性，吸引了周围的金属粉末和粉尘，长期积累容易引起铁芯多点接地；
3）由于长期过负荷、高温运行使硅钢片片间绝缘老化，铁芯局部过热严重，片间绝缘遭破坏造成铁芯多点接地。
（2）内在因素：
1）选用硅钢片质量有问题，如部分粗糙不光滑、锈蚀严重、绝缘漆涂层附着力差而脱落，造成片间短路，形成多点接地；
2）硅钢片加工工艺不合理，如毛刺超标，剪切造成片间短路；
3）硅钢片叠片叠装时压力过大，损坏了片间绝缘等。

2. 处理方法
（1）外部因素：
1）若观察确系凝露或受潮，可采用烘烤法祛除湿气，在条件允许的情况下，做好安全措施，采用空载法进行烘烤，所用时间较短；
2）若排除绝缘件受潮，可采用交流试验装置对铁芯进行加压，当故障接地点不牢固时，在升压过程中会出现放电，可根据相应的放电点进行处理。
（2）内部因素：
1）使用直流、交流法对铁芯多点接地故障进行查找，检查时应从上铁轭开始，拆除上铁轭的紧固螺栓，使铁轭与铁芯分离后测试铁芯对地绝缘电阻，可以判断故障点；
2）对于下铁轭，可采用电容放电冲击法、交流电弧法、大电流冲击法（采用电焊机）。

### （三）变压器保护跳闸故障

1. 故障原因

（1）确认变压器自身没有故障，若有，变压器短路故障引起保护动作跳闸。

（2）若变压器自身没有故障，检查确认保护装置是否误动。

（3）若在变压器投运过程中跳闸，可能是保护定值偏小，没能躲过变压器合闸时产生的励磁涌流。

2. 处理方法

（1）修复或更换故障变压器。

（2）修复或更换故障的继电保护装置。

（3）重新进行保护定值的计算和整定。

### （四）变压器异常噪声

1. 故障原因

（1）电压问题。电网发生单相接地或电磁谐振时电压升高，会使变压器过励磁，响声增大而尖锐。

（2）风机、外壳、其他零部件的共振将会产生噪声。

（3）安装问题。底座安装不稳会加剧变压器振动，放大变压器噪声。

（4）悬浮电位问题。干式变压器的铁轭槽钢、压钉螺栓、拉板等零部件在漏磁场的作用下，各零部件之间产生悬浮电位发出放电声。

2. 处理方法

（1）使用万用表测量变压器二次侧电压，若电压值高过允许电压，在保证供电质量的前提下，合理选择高压侧分接头调整电压。

（2）紧固松动外壳铝板（钢板），将外壳板固定好，对变形的部件进行校正；检查其他零部件并进行紧固。

（3）对原安装方式进行改造，变压器小车下面添加防震胶垫，车轮可靠止动，可消除部分噪声。

（4）悬浮电位放电不会对变压器正常运行造成大的影响，可以在停电检修时做接地处理。

### （五）绕组过热

1. 故障原因

（1）发热异常型多为变压器制造质量方面问题。

（2）散热异常型通常为变压器室通风不畅、变压器器身积灰多及环境温度高等多种因素导致绕组温度过高。

（3）异常运行过热常为长期过负荷或事故过负荷运行，变压器的温升通常随着负荷的增大而升高。

2. 处理方法

（1）检查变压器质量，确认是制造引起的应返厂修理或更换。

（2）检查变压器室的通风情况和变压器器身的积灰程度，对于积灰可用吹尘器清扫；对于通风不畅可实施技改，加装变压器散热装置，加强通风散热。

（3）及时调整负荷运行方式，降低变压器负载。

# 第五节　断路器常见故障分析处理

## 一、SF$_6$断路器常见故障分析处理

### （一）气体压力偏低,但是密度继电器未发报警信号

1. 故障原因

（1）测微水未及时补气。

（2）密度继电器存在微小泄漏。

（3）断路器存在泄漏点，如气管连接处、气管焊接头、极柱法兰面。

2. 处理方法

（1）必要时补气。

（2）更换密度继电器。

（3）检漏，根据检漏结果处理。

### （二）密度继电器发报警信号（压力正常）

1. 故障原因

（1）信号互串。

（2）密度继电器故障。

2. 处理方法

（1）若触点正常，处理信号互串问题。

（2）触点闭合，更换密度继电器。

### （三）密度继电器发报警信号（压力偏低）

1. 故障原因

断路器存在泄漏点：气管连接处、气管焊接头、极柱法兰面等。

2. 处理方法

检漏，根据检漏结果处理。

### （四）压力偏高

1. 故障原因

充气压力偏高。

2. 处理方法

情况属实应泄压（断路器压力不允许超过 0.62MPa）。

### （五）断路器合闸不到位

1. 故障原因

合闸弹簧的合闸力不够。

2. 处理方法

在合闸弹簧两侧增加垫片。

### （六）断路器合不上（一合即分）

1. 故障原因

（1）合闸扇形板复位弹簧疲劳或失效。

（2）合闸半轴复位弹簧疲劳或失效。

（3）合闸扇形板工作面缺少润滑，或润滑油干涸。

（4）扇形板和半轴扣接量太小。

2. 处理方法

（1）更换合闸扇形板复位弹簧。

（2）更换合闸半轴复位弹簧。

（3）在工作面添加低温润滑脂。

（4）调整扣接量到 1.8～2.5mm。

### （七）电动机不储能

1. 故障原因

（1）电动机回路或控制回路无电源。

（2）行程开关（CK）损坏/位移/触点接错。

（3）接触器线圈损坏或触点接错（ZLC）。

（4）电动机损坏（M）。

2. 处理方法

（1）送上电源或更换小型断路器。

（2）更换或者调整行程开关（CK）接线。

（3）更换 ZLC 或调整接线。

（4）更换电动机。

### （八）断路器拒合

1. 故障原因

（1）未合上电动机回路电源或电动机未储能。

（2）辅助开关未切换到位。

（3）合闸扇形板扣节量较大（应为 1.8～2.5mm），分闸电磁铁不能顶开半轴使合闸扇形板脱扣。

（4）合闸线圈损坏。

（5）合闸电压：检查回路接通时合闸线圈两端的电压是否低于额定值的 80%。

（6）控制回路：控制回路接线松动。

2. 处理方法

（1）送上电源。

（2）调整连杆或辅助开关转轴。

（3）调整扣接螺母。

（4）更换合闸线圈。

（5）调整电压。

（6）压紧接线。

### （九）断路器拒分

1. 故障原因

（1）分闸扇形板扣节量较大（应为 1.8～2.5mm），分闸电磁铁不能顶开半轴使分闸扇形板脱扣。

（2）辅助开关未切换到位。

（3）分闸线圈损坏。

（4）分闸电压：检查回路接通时分闸线圈两端的电压是否低于额定值的 65%。

（5）控制回路：控制回路接线松动。

2. 处理方法

（1）调整扣接量。

（2）调整连杆或辅助开关转轴。

（3）更换线圈。

（4）调整电压。

（5）压紧接线。

### （十）电动机储能超时

1. 故障原因

（1）行程开关损坏或位移。

（2）电动机损坏。

（3）延时继电器损坏。

2. 处理方法

（1）调整或更换行程开关。

（2）更换电动机。

（3）更换延时继电器。

## 二、真空断路器及手车常见故障分析处理

### （一）手车进不了或出不了柜

1. 故障原因

（1）机构处于合闸状态，机械联锁锁死，底盘车锁板打不开，车摇不动。

（2）接地联锁没复位。

（3）柜体挑帘门机构尺寸与断路器弯板尺寸不配套或调整不当。

（4）断路器梅花触头与柜体静触头不匹配。

（5）底盘车锁板打不开。底盘车接地连锁变形，不能复位。

2．处理方法

（1）手动或电动分闸。

（2）修复联锁使其复位，手车能摇进，与底盘车没有限位。

（3）小框小筒断路器两边弯板宽度为 78mm，大框大筒断路器两边弯板宽度为 86mm，用配套机构或重新调整。

（4）检查配置，推入匹配手车检查配置，推入相应的断路器。

（5）手车走偏，底盘车摇进舌板划不到限位槽，锁板打不开，锁板不灵活，丝杆上的拨块与锁板调整或修复。底盘车进车有阻碍，检查进车轨道或者挑帘门机构滑轮的配合问题，重新调整。底盘车锁板不灵活，重新调整调节螺钉位置。

## （二）断路器不合闸

1．故障原因

（1）合闸电磁铁烧坏或阻值偏离技术要求参数值。

（2）控制线路板合闸回路整流桥或限流电阻烧毁。

（3）控制线路板，底盘车插接端子插接不良。

2．处理方法

（1）更换电磁铁。

（2）更整流桥、电阻，更换线路板。

（3）XT1 可插拔连接式插件松开或者 XZ 可插拔式插件松开，造成回路不通。

## （三）断路器不分闸

1．故障原因

（1）合闸电磁铁烧坏或阻值偏离技术要求参数值。

（2）控制线路板合闸回路整流桥或限流电阻烧毁。

（3）控制线路板，底盘车插接端子插接不良。

（4）手车未摇到位，合闸回路未通。

（5）闭锁电磁铁铁芯没吸合，SP5 没闭合。

（6）底盘车 S8、S9 转换，触点接触不良。

（7）操作电压低于额定最低电压。

（8）储能保持掣子与滚子扣接太多。

2．处理方法

（1）更换电磁铁。

（2）更换线路板。

（3）重新插接。

（4）摇到位置。

（5）给闭锁电磁铁电源。

（6）调整底盘车辅助开关位置或连锁。

（7）调整电压，不得低于额定电压的 80%。

（8）适当调整可调螺栓，减少扣接量。

### （四）断路器合闸不成功

1. 故障原因

（1）保护动作。

（2）机械联锁或电气闭锁动作。

（3）分闸半轴复位不灵活。

（4）超行程超出技术要求，超出 4mm。

（5）二级掣子扭簧力度失效。

2. 处理方法

（1）查看速断或过电流保护装置。

（2）断开电气联锁或机械联锁。

（3）检查轴承轴套是否灵活，重新装配。

（4）重新调整到范围内将动端绝缘拉杆紧固螺母松开，往里旋半圈，超称变化 0.5mm 左右。

（5）更换扭簧。

### （五）电动机不储能

1. 故障原因

（1）储能回路整流桥击穿。

（2）电动机短路，电机电刷接触不良。

（3）电动机端极性接反。

（4）储能回路电压过低。

2. 处理方法

（1）检测更换损坏的整流桥。

（2）更换新电动机。

（3）调整电动机电刷的接触压力。

（4）调整电动机极性接线。

（5）检查回路电压，找出原因恢复电压。

### （六）储能电动机不停地转

1. 故障原因

电动机储能到位后，拨板没将微动开关压到位，微动开关触点没断开。

2. 处理方法

重新调整凸轮连接的拨板的行程。

### （七）储能后自动合闸

1. 故障原因

（1）合闸轴不灵活。

（2）闭锁电磁铁与合闸轴上的合闸顶板干涉，致使轴不能复位。

2. 处理方法

（1）检查轴套，重新调整或装配。

（2）调整闭锁电磁铁安装位置。

## 三、组合电器常见故障分析处理

### （一）设备内部绝缘放电

1. 故障原因

（1）绝缘件表面破坏，绝缘件浇注时有杂质。

（2）绝缘件环氧树脂有气泡，内部有气孔。

（3）绝缘件表面没有清理干净。

（4）吸附剂安装不对，粉尘粘在绝缘件上。

（5）密封胶圈润滑硅脂油过多，温度高时熔化掉在绝缘件上。

（6）绝缘件受潮。

（7）气室内湿度过大，绝缘件表面腐蚀。

2. 处理方法

（1）原材料进厂时严格控制质量。

（2）加工过程中控制工艺。

（3）零部件装配时清理。

（4）库房、过程管理，真空包装。

### （二）主回路导体异常

1. 故障原因

（1）导体表面有毛刺或凸起。

（2）导体表面没有擦拭干净。

（3）导体内部有杂质。

（4）导体端头过渡、连接部分倒角不好，导致电场不均匀。

（5）屏蔽罩表面不光滑，对接口不齐。

（6）螺栓表面不光滑，螺栓为内六角的，六角内毛刺关系不大，外表有毛刺时有害。

（7）导线、母线断头堵头面放电，一般为球断头。

2. 处理方法

（1）控制尖角、磕碰、毛刺、划伤。

（2）提高清洁度。

### （三）罐体内部异常

1. 故障原因

（1）罐体内部有凸起，焊缝不均匀。

（2）盆式绝缘子与法兰面接触部分不正常。

（3）罐体内没有清洁干净。

（4）运动部件运动时可能脱落粉尘。

2. 处理方法

（1）认真清理，打磨焊缝。

（2）增加运动部件运动试验次数，增加磨合 200 次。

（3）所有打开部件必须严格处理。

### （四）电阻过大、发热，固定接触面面积过大

1. 故障原因

（1）接触面不平整、凸起。

（2）接触面对口不平整、有凸起，接触不良。

（3）镀银面有局部腐蚀。

2. 处理方法

（1）打磨。

（2）涂防腐。

（3）按缩紧力矩要求把紧螺栓。

### （五）插入式接触电阻大

1. 故障原因

（1）触头弹簧装设不良。

（2）插入式长度小，接触深度不够。

（3）触头直径不合适，对接不好。

（4）镀银腐蚀问题。

2. 处理方法

（1）调整触头弹簧。

（2）更换或调整触头直径和插入尺寸。

（3）重新电镀银层。

### （六）六氟化硫漏气

1. 故障原因

（1）金属密封面表面有磕碰、划伤。

（2）铸件针孔，损伤。

（3）铝合金面时间长有老化、腐蚀现象。

（4）加工时表面粗糙，有砂眼。

2. 处理方法

（1）更换密封或修复表面。

（2）若存在砂眼（针孔），可用样冲修复。

（3）更换老化和腐蚀的部件。

（4）修复加工时造成的不足。

### （七）水分超标

1. 故障原因

（1）吸附剂安装不对。

（2）橡胶、绝缘子的气室可能会有烃气，用露点法仪器检测时，烃气干扰，导致测量误差。

（3）抽真空不足。

（4）存在空腔。

（5）保管不够，环境影响。

（6）部件受潮。

2. 处理方法

（1）运输、安装工艺严格把关。

（2）加吸附剂。

（3）抽真空尽量越低越好，国家标准为133Pa；工业上用50%，为67Pa。

（4）阴雨天湿度大不允许安装。

## 第六节　隔离开关常见故障分析处理

### 一、隔离开关拒分和拒合

#### （一）机构及传动系统造成的拒分拒合

1. 故障原因

（1）机构箱进水，各部轴销、连杆、拐臂、底架甚至底座轴承锈蚀，造成拒分拒合或分合不到位。

（2）连杆、传动连接部位、闸刀触头架支撑件等强度不足断裂，造成分合闸不到位。

（3）轴承锈蚀卡死。

2. 处理措施

（1）对机构及锈蚀部件进行解体检修，更换不合格元件。

（2）加强防锈措施，采用二硫化钼润滑，加装防雨罩。

（3）机构问题严重或有先天性缺陷时，应更换为新型机构。

#### （二）电气问题造成的拒分拒合

1. 故障原因

（1）三相电源闸刀未合上。

（2）控制电源断线。

（3）电源熔丝熔断。

（4）热继电器动作切断电源。

（5）二次元件老化损坏使电气回路异常而拒动。

（6）电动机故障。

2．处理措施

（1）电气二次回路串联的控制保护元器件较多，包括微型断路器、熔断器、转换开关、交流接触器、限位开关及联锁开关、热继电器以及辅助开关等，任一元件故障都会导致隔离开关拒动。

（2）当按分合闸按钮不启动时，要首先检查操作电源是否完好，熔断器是否熔断，然后检查各相关元件。

（3）发现元件损坏时应更换，并查明原因。

（4）二次回路的关键是各个元件的可靠性，必须选择质量可靠的二次元件。

## 二、隔离开关分、合闸不到位或三相不同期

1．故障原因

（1）分、合闸定位螺栓调整不当。

（2）辅助开关及限位开关行程调整不当。

（3）连杆弯曲变形使其长度改变，造成传动不到位等。

2．处理措施

（1）检查定位螺栓和辅助开关等元件，发现异常进行调整，对有变形的连杆，应查明原因及时消除。

（2）在操作现场，当出现隔离开关合不到位或三相不同期时，应拉开重合，反复合几次，操作时应符合要求，用力适当。

（3）如果还未完全合到位，不能达到三相完全同期，应戴绝缘手套，使用绝缘棒，将隔离开关的三相触头顶到位。

（4）安排计划停电检修。

## 三、隔离开关导电系统过热现象

1．故障原因

（1）触头材质和制造工艺不良，如主触头没有搪锡或镀银，触头虽镀银但镀层太薄磨损露铜，以及由于锈蚀造成接触不良而发热严重甚至导致触指烧损。

（2）出线座转动处锈蚀或调整不当造成接触不良。

（3）导电带、接线夹以及螺栓连接部位松动造成接触不良，从而导致出线座及引线端子板发热。

2．处理措施

发现隔离开关的主导流接触部位有发热现象时，应汇报调度，设法减小转移负荷，加强监视。

# 第七节　互感器常见故障处理

## 一、电压互感器故障处理

### （一）本体发热

1. 故障现象

红外检测：整体温升偏高，油浸式电压互感器中上部温度高。

2. 处理原则

（1）对电压互感器进行全面检查，检查有无其他异常情况，查看二次电压是否正常。

（2）油浸式电压互感器整体温升偏高，且中上部温度高，温差超过 2K，可判断为内部绝缘降低，应立即汇报值班调控人员申请停运处理。

### （二）异常声响

1. 故障现象

电压互感器声响与正常运行时对比有明显增大且伴有各种噪声。

2. 处理原则

（1）内部伴有"嗡嗡"较大噪声时，检查二次电压是否正常。若二次电压异常，可按照二次电压异常处理。

（2）声响比平常增大而均匀时，检查是否为过电压、铁磁谐振、谐波作用引起，汇报值班调控人员并联系检修人员进一步检查。

（3）内部伴有"噼啪"放电声响时，可判断为本体内部故障，应立即汇报值班调控人员申请停运处理。

（4）外部伴有"噼啪"放电声响时，应检查外绝缘表面是否有局部放电或电晕，若因外绝缘损坏造成放电，应立即汇报值班调控人员申请停运处理。

（5）若异常声响较轻，不需立即停电检修的，应加强监视，按缺陷处理流程上报。

### （三）外绝缘放电

1. 故障现象

（1）外部有放电声响。

（2）夜间熄灯可见放电火花、电晕。

2. 处理原则

（1）发现外绝缘放电时，应检查外绝缘表面，有无破损、裂纹、严重污秽情况。

（2）外绝缘表面损坏的，应立即汇报值班调控人员申请停运处理。

（3）外绝缘未见明显损坏，放电未超过第二裙的，应加强监视，按缺陷处理流程上报。超过第二伞裙的，应立即汇报调控人员申请停电处理。

### （四）二次电压异常

1. 故障现象

（1）监控系统发出电压异常越限告警信息，相关电压指示降低、波动或升高。

（2）变电站现场相关电压表指示降低、波动或升高。相关继电保护及自动装置发"TV断线"告警信息。

2. 处理原则

（1）测量二次空气开关进线侧电压，如电压正常，检查二次空气开关及二次回路；如电压异常，检查设备本体及高压熔断器。

（2）处理过程中应注意二次电压异常对继电保护、自动装置的影响，采取相应的措施，防止误动、拒动。

（3）中性点非有效接地系统，应检查现场有无接地现象、互感器有无异常声响，并汇报值班调控人员，采取措施将其消除或隔离故障点。

（4）二次熔断器熔断或二次空气开关跳开，应试送二次空气开关，试送不成汇报值班调控人员申请停运处理。

（5）二次电压波动、二次电压低，应检查二次回路有无松动及设备本体有无异常，电压无法恢复时，联系检修人员处理。

（6）二次电压高、开口三角电压高，应检查设备本体有无异常，联系检修人员处理。

### （五）冒烟着火

1. 故障现象

（1）监控系统相关继电保护动作信号发出，断路器跳闸信号发出，相关电流、电压、功率无指示。如为室内设备，则监控系统有火灾报警信号发出。

（2）变电站现场相关继电保护装置动作，相关断路器跳闸。

（3）设备本体冒烟着火。

2. 处理原则

（1）检查当地监控系统告警及动作信息，记录相关电流、电压数据。

（2）检查记录继电保护及自动装置动作信息，核对设备动作情况，查找故障点。

（3）处理过程中应注意二次电压消失对继电保护、自动装置的影响，采取相应的措施，防止误动、拒动。

（4）在确认各侧电源已断开且保证人身安全的前提下，用灭火器材灭火。

（5）应立即向值班调控人员及上级主管部门相关人员汇报，及时报警。

（6）应及时将现场检查情况汇报值班调控人员及有关部门。

（7）根据值班调控人员指令进行故障设备的隔离操作和负荷的转移操作。

## 二、电流互感器

### （一）运行中声音不正常或铁芯过热的处理

1. 故障原因

（1）运行中的电流互感器在过负荷、二次回路开路、绝缘损坏而放电等情况下，都会产生异常声音。

（2）半导体漆涂刷得不均匀造成局部电晕，以及夹紧铁芯的螺栓松动，也会产生较大的声音。

（3）电流互感器铁芯过热，可能是长时间过负荷或二次回路开路引起铁芯饱和而造成的。

2. 处理方法

（1）若是由绝缘破坏造成的放电现象应及时更换电流互感器。

（2）若是过负荷造成的，应将负荷降低到额定负载下，并继续进行监视和观察。

（3）若是二次回路开路引起的，应立即停止运行或将负荷降到最低限度。

### （二）二次回路开路处理

1. 故障原因

（1）二次侧接线盒和屏柜端子排端子接头压接不紧、接触不良。

（2）二次侧接线盒和屏柜端子排外露造成脏污或受潮引起接触电阻增大。

（3）回路电流过大，接线端子过热烧毁。

2. 处方法理

（1）在运行中若发现电流互感器二次侧开路，应尽可能及时停电处理，如果不允许停电，应尽量降低一次负载电流，然后在保证人体与带电体保持安全距离的情况下，用绝缘工具在开路点前用短路线将电流互感器二次回路短路，再将故障排除，最后将短路线拆除，在操作过程中要有人监护，注意人身安全。

（2）定期清扫或加热干燥，积极做好防护措施。

（3）回路电流超过允许值时，尽量降低负荷到额定值的范围。

### （三）发生过热现象

1. 故障原因

（1）一次侧接线接触不良。

（2）二次侧接线板表面氧化严重。

（3）电流互感器内匝线间短路或一、二次侧绝缘击穿引起。

2. 处理方法

（1）若发热严重应停用互感器；若连接螺栓松动，紧固螺栓；若接触面小接触电阻增大时，打磨接触面，减小电阻，使用导电膏和弹簧等进行压紧控制。

（2）用白布擦拭接线板表面，清除氧化层，并涂抹导电膏防止氧化。

（3）若无法修复，更换互感器。

### （四）内部有放电声或表面放电现象

1. 故障原因

（1）若电流互感器表面有放电现象，可能是互感器表面过脏使得绝缘降低。

（2）内部放电声是电流互感内部绝缘降低，造成一次侧绕组对二次侧绕组以及对铁芯击穿放电。

2. 处理方法

（1）对于表面脏污要定期清扫，若处于高污染地区可以考虑喷涂 RTV 防止污闪。

（2）内部绝缘降低的情况下，若无法修复，则更换互感器。

# 第八节　输电线路常见故障处理

以吴忠四十五光伏站为例，介绍常见故障预想分析及处理方法，电气主接线如图 8-8 所示。

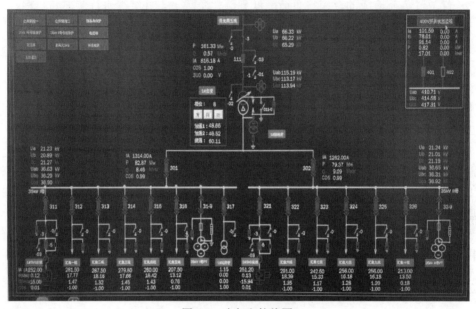

图 8-8　电气主接线图

## 一、110kV 吴光四十五线 111 线路短路故障处理

1. 主要象征

（1）故障预告信号、音响信号。

（2）线路保护动作信号。

（3）线路电流差动保护动作。

（4）故障录波器动作信号。

（5）35kV Ⅰ、Ⅱ母失压信号。

（6）站用系统切换动作信息。

（7）相关装置发"TV 断线"信息。

2. 处理步骤

（1）监控后台检查：主画面检查吴光四十五线 111 断路器位置信号，负荷电流，系统电压、事故及告警信息。立即简要向调度汇报事故现象、断路器跳闸情况。

（2）现场检查。

1）保护装置检查：对吴光四十五线 111 线路保护动作情况进行检查，记录保护动作情况详细信息。

2）一次设备检查：检查吴光四十五线 111 断路器实际位置在分位，检查 $SF_6$ 气压、电流互感器以下设备到出线设备外表有无放电痕迹，不得误动误碰运行设备。

3. 根据保护动作、故障录波数据初步分析

（1）分析判断：吴光四十五线 111 线路 A 相永久接地故障，吴光四十五线 111 线路保护动作跳闸，保护动作正确。

（2）详细汇报：××时××分吴光四十五线 111 线路差动保护动作跳闸，故障电流×× A。一、二次设备无异常。汇报调度及相关领导。

4. 故障处理

（1）检查 111 线路断路器在分闸位置。

（2）拉开 111-2 隔离开关。

（3）拉开 111-1 隔离开关。

（4）断开 111 线路断路器控制电源空气开关。

（5）断开吴光四十五线 111 线路 TV 二次侧空气开关。

（6）断开主变压器低压侧 301 断路器。

（7）检查 301 断路器在分闸位置。

（8）将 301 断路器小车由"工作"位置摇至"试验"位置。

（9）断开 301 断路器控制电源空气开关。

（10）断开主变压器低压侧 302 断路器。

（11）检查 302 断路器在分闸位置。

（12）将 302 断路器小车由"工作"位置摇至"试验"位置。

（13）断开 302 断路器控制电源空气开关。

根据调度指令，将 110kV 吴光四十五线 111 线路转检修；将 1 号主变压器转冷备用。做好安全措施以及恢复送电的准备。

5. 汇报记录

将处理情况汇报调度，做好记录。

## 二、35kV 汇集一线 312 线路短路故障处理

1. 主要象征

（1）故障预告信号、音响信号。

（2）线路保护动作信号。

（3）线路电流差动保护动作。

（4）故障录波器动作信号。

（5）312 断路器跳闸信号。

2. 处理步骤

（1）监控后台检查：主画面检查汇集一线 312 断路器位置信号，负荷电流，系统电压、事故及告警信息。立即简要向调度汇报事故现象、断路器跳闸情况。

（2）现场检查。

1）保护装置检查：对汇集一线 312 线路保护动作情况进行检查，记录保护动作情况详

细信息。

（2）一次设备检查：检查汇集一线 312 断路器实际位置在分位，检查电缆接头、电流互感器以下设备到出线设备外表有无放电痕迹，不得误动误碰运行设备。

3．根据保护动作、故障录波数据初步分析

（1）分析判断：汇集一线 312 线路短路故障，汇集一线 312 线路保护动作跳闸，保护动作正确。

（2）详细汇报：××时××分汇集一线过电流保护动作跳闸，故障电流××A。一、二次设备无异常。汇报调度及相关领导。

4．故障处理

（1）检查 312 断路器在分闸位置。

（2）将 312 小车断路器由"工作"位置摇至"试验"位置。

（3）检查 312 小车断路器在"试验"位置。

（4）断开 312 断路器控制电源空气开关。

根据调度指令，将 35kV 汇集一线 312 线路转检修。做好安全措施以及恢复送电的准备。

5．汇报记录

将处理情况汇报调度，做好记录。

### 三、35kVⅠ母线故障

1．主要象征

（1）故障预告信号、音响信号。

（2）母线保护动作信号。

（3）母线电流差动保护动作。

（4）故障录波器动作信号。

（5）312、313、314、315、316、317、302 断路器跳闸信号。

（6）35kVⅠ母失压信号。

（7）站用系统切换动作信息。

（8）相关装置发"TV 断线"信息。

2．处理步骤

（1）监控后台检查：主画面检查 311、312、313、314、315、316、317、301 断路器位置信号，负荷电流，系统电压、事故及告警信息。立即简要向调度汇报事故现象、断路器跳闸情况。

（2）现场检查。

1）保护装置检查：对 35kV 母线保护动作情况进行检查，记录保护动作情况详细信息。

2）一次设备检查：检查 311、312、313、314、315、316、317、301 断路器实际位置在分位，站用电切换的断路器位置，检查各进出线电缆接头、电流互感器以下设备到出线设备外表有无放电痕迹，不得误动误碰运行设备。

3．根据保护动作、故障录波数据初步分析

（1）分析判断：35kVⅠ母线短路故障，Ⅰ母线保护动作相关断路器跳闸，保护动作正确。

（2）详细汇报：××时××分 35kVⅠ母线差动保护动作跳闸，故障电流××A。一、二次设备无异常。汇报调度及相关领导。

4. 故障处理

（1）检查 311 断路器在分闸位置。

（2）将 311 小车断路器由"工作"位置摇至"试验"位置。

（3）检查 311 小车断路器在"试验"位置。

（4）断开 311 断路器控制电源空气开关。

（5）检查 312 断路器在分闸位置。

（6）将 312 小车断路器由"工作"位置摇至"试验"位置。

（7）检查 312 小车断路器在"试验"位置。

（8）断开 312 断路器控制电源空气开关。

（9）检查 313 断路器在分闸位置。

（10）将 313 小车断路器由"工作"位置摇至"试验"位置。

（11）检查 313 小车断路器在"试验"位置。

（12）断开 313 断路器控制电源空气开关。

（13）检查 314 断路器在分闸位置。

（14）将 314 小车断路器由"工作"位置摇至"试验"位置。

（15）检查 314 小车断路器在"试验"位置。

（16）断开 314 断路器控制电源空气开关。

（17）检查 315 断路器在分闸位置。

（18）将 315 小车断路器由"工作"位置摇至"试验"位置。

（19）检查 315 小车断路器在"试验"位置。

（20）断开 315 断路器控制电源空气开关。

（21）检查 316 断路器在分闸位置。

（22）将 316 小车断路器由"工作"位置摇至"试验"位置。

（23）检查 316 小车断路器在"试验"位置。

（24）断开 316 断路器控制电源空气开关。

（25）检查 317 断路器在分闸位置。

（26）将 317 小车断路器由"工作"位置摇至"试验"位置。

（27）检查 317 小车断路器在"试验"位置。

（28）断开 317 断路器控制电源空气开关。

（29）检查 302 断路器在分闸位置。

（30）将 302 小车断路器由"工作"位置摇至"试验"位置。

（31）检查 302 小车断路器在"试验"位置。

（32）断开 302 断路器控制电源空气开关。

（33）检查 35kV I 母线三相电压为零。

（34）取下（断开）35kV I 母线 TV 二次侧熔断器（空气开关）。

（35）将 35kV I 母线 TV 31-9 小车由"工作"位置摇至"试验"位置。

（36）检查 35kV I 母线 TV 31-9 小车在"试验"位置。

根据调度指令，将 35kV I 母线转检修。做好安全措施以及恢复送电的准备。

5. 汇报记录

将处理情况汇报调度，做好记录。

## 四、主变压器故障

1. 主要象征

（1）故障预告信号、音响信号。

（2）变压器保护动作信号。

（3）变压器差动保护、重瓦斯保护动作。

（4）故障录波器动作信号。

（5）111、301、302 断路器跳闸信号。

（6）35kVⅠ、Ⅱ母失压信号。

（7）站用系统切换动作信息。

（8）相关装置发"TV 断线"信息。

2. 处理步骤

（1）监控后台检查：主画面检查主变压器两侧 111、301、302 断路器位置信号，负荷电流，系统电压、事故及告警信息。立即简要向调度汇报事故现象、断路器跳闸情况。

（2）现场检查。

1）保护装置检查：对主变压器保护动作情况进行检查，记录保护动作情况详细信息。

2）一次设备检查：检查主变压器 111、301、302 断路器实际位置在分位，检查主变压器高低压套管、高压侧引线、低压侧引线以及设备外表有无放电痕迹，不得误动误碰运行设备。

3. 根据保护动作、故障录波数据初步分析

（1）分析判断：主变压器内部短路故障，主变压器保护动作两侧断路器跳闸，保护动作正确。

（2）详细汇报：××时××分主变压器保护动作跳闸，故障电流××A。一、二次设备无异常。汇报调度及相关领导。

4. 故障处理

（1）检查 111 断路器在"分闸"位置。

（2）拉开 111-1 隔离开关。

（3）检查 111-1 隔离开关在"分闸"位置。

（4）断开 111-1 隔离开关操作电源空气开关。

（5）拉开 111-3 隔离开关。

（6）检查 111-3 隔离开关在"分闸"位置。

（7）断开 111-3 隔离开关操作电源空气开关。

（8）断开主变压器高压侧 TV 二次侧空气开关。

（9）断开 111 断路器控制电源空气开关。

（10）检查 302 断路器在"分闸"位置。

（11）将 302 小车断路器由"工作"位置摇至"试验"位置。

（12）检查 302 小车断路器在"试验"位置。

（13）断开 302 断路器控制电源空气开关。

（14）检查 301 断路器在"分闸"位置。

（15）将 301 小车断路器由"工作"位置摇至"试验"位置。

（16）检查 301 小车断路器在"试验"位置。

（17）断开 301 断路器控制电源空气开关。

根据调度指令，将 35kV 汇集一线 312 线路转检修。做好安全措施以及恢复送电的准备。

5. 汇报记录

将处理情况汇报调度，做好记录。

# 第九节　典型故障案例分析

## 一、××站 110kV××线二次回路故障，保护动作跳闸

### （一）事故简况

2020 年 11 月 25 日 10 时前，北京四方一名厂家打开故障解列屏后柜门勘查新增的故障解列装置后背板端子布置情况，为装置后期配线做准备工作，突然听到屏柜内有放电声，在 119 线路保护屏附近的工作人员同时听到保护装置内也有持续的放电声，随后 119 线路断路器跳闸。

### （二）事件经过

（1）一次设备检查。现场检查 119 断路器在分位，断路器、电流互感器 $SF_6$ 压力正常，隔离开关外观完好无变形。对 119 断路器、电流互感器进行气体检测，结果正常。B 相 TA 二次接线盒开盖检查无异常。

（2）二次设备检查。××变监控后台显示"119 枣兴泰线保护差动 B 相 TA 断线、保护 TA 不平衡、保护告警总信号、测控装置呼唤"。现场检查 119 枣兴泰线线路保护装置跳位灯亮，装置报"2020 年 11 月 25 日 10 时 00 分 38 秒 228 毫秒启动，10 时 00 分 59 秒 641 毫秒，相间距离Ⅱ段出口跳闸，测距−0.48km"。现场发现保护装置内部有烧焦味道，拆下装置插件逐个检查，发现采样插件内部严重烧毁，插件内 B 相电流接线端子融化，插件内部分电压互感器被同时烧损。

现场检查有放电声的故障解列屏内，在 110kV 故障录波器更换改造的临时电流回路措施处，发现 119 间隔 B 相电流回路开路，线芯从端子排内脱落，端子排接线处有放电烧黑痕迹，其他二次接线牢固。

现场保护人员对临时措施处开路点二次接线进行了恢复，更换了受损端子排，对线路保护装置故障采样插件进行了更换，用保护试验仪加电流电压对保护装置进行了采样检验，并且对电流二次回路进行了绝缘检测，无异常后向地调调度申请送电，11 时 40 分，中卫地调遥控 119 断路器合闸，设备恢复正常运行。

### （三）事故原因

结合现场的检查情况及 119××线线路保护装置报文、故障录波分析，分析此次故障跳闸起因是故障解列屏内 119××线临时电流回路措施处 B 相电流回路开路产生高压，将 119

线路保护采样插件内部元件绝缘击穿，造成插件内电压互感器烧损，导致电压采样异常，三相电压同相位，阻抗元件满足动作条件，AC相间距离Ⅱ段动作出口跳闸。图8-9所示为保护动作时刻故障录波图。

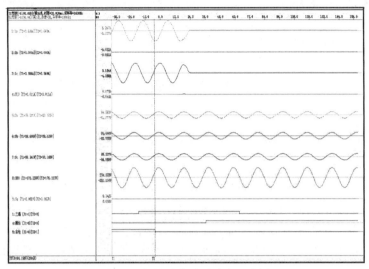

图8-9　保护动作时刻故障录波图

电流回路开路的原因：厂家服务人员（××）打开故障解列屏后柜门时二次线芯挂在柜门上拉拽脱开造成开路。一是故障录波更换所做临时转接方案不合理，在相邻故障解列屏转接未考虑该屏有工作，易误碰误动。二是短接电流回路未按工艺要求执行，防护不到位，线芯插入深度不足，端子紧固不牢固。三是厂家服务人员对现场危险点不清楚，失去监护作业。

**（四）暴露的问题**

（1）现场交叉作业危险点分析不到位，管控不严格。110kV故障录波器更换作业在相邻故障解列屏做了安全措施，同时故障解列屏又有112扩建共用回路接入工作，存在交叉作业，交叉作业危险点分析不到位，管控措施未落实，作业人员对危险点及防控措施不掌握。

（2）安全措施布防不到位。一是故障解列屏内运行设备未隔离。二是二次安全措施布防不严谨，工艺质量差，无防拽脱措施。安措转接电缆未固定，电缆线芯走线不规范，较长线芯随意盘在屏柜内，开关屏柜门易挂住、拽脱。

（3）现场工作组织管理不力。××公司施工组织混乱，扩建工程作业准备不充分，同一项作业前期勘察、方案编写、现场实施人员频繁更换，工作没有连续性，工作交接缺失。××公司××及二次中心××被安排参加现场协调联络会，负责此项目二次工作，但是现场实际工作人员却不是他们，导致现场工作不连续，实际现场作业人员对联络会确定的部分工作部分细节不清楚。厂家服务人员管理缺失，安全、技术交底不细不实，厂家服务人员在运行屏柜内工作时失去监护。

（4）运维基础管理缺失、辅助设施维护不到位。110kV小室内视频系统无法使用，长时间处于瘫痪状态未处理状态，造成远程巡视、应急处理不及时，给后续跳闸分析造成不便。

（5）改扩建工程准入手续及方案批审不严格。××公司二次公用回路接入方案未完成审批手续，二次中心工作负责人没有收到方案，未对接入方案进行现场核实，工作交接缺失，对此扩建工程图纸变更情况、接入工作没有完全搞清楚，便开始安排进行现场接入工作。

（6）各级到岗到位人员履职不到位。二次检修中心、××公司到岗到位人员未组织并展开针对性的风险辨识，对作业中的风险和危险点不掌握，对现场作业风险分析不到位、把关不严的情况未能及时指出。

**（五）反措要求**

（1）立即对失步解列屏所做的电流转接电缆进行处理，严格按工艺要求执行，检查端子接线牢固，并做好安全防护措施。

（2）组织专题分析会，深刻吸取教训，认真反思暴露的问题，全面查找运维检修管理工作存在的薄弱环节，制定防范措施和整改计划，坚决堵塞安全漏洞，按照"四不放过"原则严肃追究责任。

（3）加强运检专业精细化管理。运检部负责组织各专业部门，针对施工方案中组织机构不明确、任务分配不到人、施工方案不具体、安全注意事项空泛等问题进行讨论，编制检修公司施工方案编制、审核要求，以及典型施工方案范本。

（4）加强变电站（换流站）视频监控管理。运检部负责统计变电站（换流站）视频监控可视率，具体到每一个摄像头；督促视频维护厂家及时进行维护消缺，明确视频监控缺陷隐患处理资金计划上报的方式、时间节点与责任人。

（5）加强到岗到位管理。检查各级管理人员到岗到位履职情况，杜绝管理人员到位不履职，忙于到位现象。

（6）加强人员业务技能培训，提高员工的责任意识和安全意识。强化对修试、运维人员的安全责任意识培养，采取必要的监督与考核措施，保障修试、运维工作质量。

## 二、××站××线电压互感器 C 相漏油事件

**（一）事故简况**

2021 年 9 月 18 日 11 时 30 分，×× I 线电压互感器 C 相发生漏油。

**（二）事件经过**

2021 年 9 月 18 日 11 时 30 分，××运维中心运维人员开展"中秋节"前特殊巡视时，发现××线电压互感器 C 相基础处有油迹，观察油位由之前满油位下降到三分之二处，观察油迹从二次接线盒电缆穿管处渗出，怀疑二次接线盒内接线柱渗油。现场人员通过测量二次电压端子及检查保护、测控、录波装置确认电压正常，并对保护、录波装置历史波形及报文检查，均未发现异常。利用红外测温仪对其测温未发现异常。

现场人员立即将现场情况汇报生产调度，并联系检修人员到站进一步检查、确认。2021 年 9 月 18 日 14 时 00 分，打开××线电压互感器 C 相二次接线盒进行检查，发现第二绕组 5、6 号及线缆（编号：YHC-2n/1SSB-206C 和 YHC-2a/1SSB-206C）有烧黑痕迹，6、11 号接线柱之间接线板呈烧蚀状态并渗油。11 号接线柱空接，12 号接线柱有一连片未接。

2021 年 9 月 19 日 7 时 30 分停电，××中心对××线电压互感器 C 相进行更换，试验

无异常，于 2021 年 9 月 19 日 21 时 20 分停电恢复送电。

**（三）事故原因**

2021 年 8 月 11 日，××站当日发出两张第一种工作票，第一份工作票 16 时许可，开展××线（现××线）、黄××线间隔断路器、电流互感器、电压互感器及避雷器检查、预试、消缺，热工仪表校验，电压互感器取油等工作，工作负责人为××中心检修二班××，试验工作专责监护人为高压试验一班××，工作班成员××（8 月 12 日离去）、××、××、××、××、××（后三人为外协人员）。两名外协人员配合试验作业，一人负责拆接线、一人扶梯子，拆线后未及时将 N 端子与 XL 端子连接，导致 TV 接线盒内接线板击穿漏油。经核查，5、6 号接线柱为电容式电压互感器中间变压器二次第二个绕组首位端，11 号接线柱为电容式电压互感器分压电容 $C_2$ 末端抽头。电容式电压互感器正常运行时，其分压电容末端抽头 N 与中间变压器一次尾端 XL 必须可靠接地，未接地将产生悬浮电位。本次××线电容式电压互感器 C 相接线盒分压电容末端抽头 N（端子 11）未接地，导致末端抽头 N（端子 11）持续放电，6、11 号接线柱之间接线板烧蚀渗油。

**（四）暴露的问题**

（1）"四个管住"执行不力。安全技术交底不彻底，工作班成员作业过程中责任心不强、专责监护人监护缺位、工作负责人现场安全管控不足。试验作业依赖外协人员，但外协人员专业技术水平和能力达不到专业标准。

（2）《安规》学习执行欠缺。标准化作业执行粗放，作业组织不扎实。在工作过程中，监护人对一些关键工序、安全风险、关键工艺要求未及时提醒，规程中"因试验需要断开设备触头时，拆前应做好标记，接后应进行检查。""试验结束时，试验人员应拆除自装的接地短路线，并对被试设备进行检查，恢复试验前的状态，经试验负责人复查后，进行现场清理。"要求没有认真执行。

（3）班组长对于班组工作疏于管理。试验班组年初已成立，但工作方式仍然停留在之前检试班的工作模式，对试验工作重视程度和教育培训不足，班组新老员工组织管理不力，对试验作业的风险辨识、提醒不足，对试验专业标准化作业流程执行、落实不力。

（4）现场到岗到位管理人员责任缺失，未能严格履行到岗到位职责，对试验作业主要风险点掌握不足、管控不到位。

（5）××中心试验工作管理欠缺。类似事件××中心此前已重复发生，中心制定的"电压互感器试验工作完成后应将二次接线拍照片发至管理人员审核"要求，在现场未能坚持执行，暴露出中心各级人员思想麻痹，工作未做到闭环管理。

**（五）反措要求**

（1）针对此次××站××线试验工作中暴露的问题，由分管领导牵头，××中心组织全体职工召开事件分析会，分析事故原因，举一反三制定整改措施，对相关责任人进行责任处罚。

（2）再次组织各班组梳理检修试验工作流程，完善符合实际作业指导卡，对一次设备检修、预试工作中的注意要点、危险点、关键环节逐项讨论，确保作业过程中不漏项，提升修试工作质量。

（3）针对电容式电压互感器试验过程中二次拆、接线工作，编制拆接线记录表，严格填写拆、接线记录。拆、接线工作不得由外协进行，拆接线后工作负责人（专责监护人）必须亲自检查，核对二次接线正确无误后，进行盖板螺栓紧固。

（4）借助停电机会，对接线盒内分压电容末端抽头 N 连接片（短接线）做明显标识。

（5）开展试验专业工作负责人能力评价，依据其工作年限、专业、业绩，确定其作为工作负责人在现场作业管控范围、管控人员，每年发布一次。

（6）加强外协人员管控，编制外协人员工作负面清单，列入负面清单的工作，严禁外协人员进行。

（7）强化现场管控措施落实。严格作业现场开（收）工会标准流程，工作负责人在作业前对作业人员进行安全技术交底，明确人员职责、关键风险点及防控措施，并确认每一个工作班成员都已知晓；收工会上对作业中的不安全因素、现象提出防范措施。

（8）提升员工技能。加强试验人员能力培训，特别是对新进人员和工作年限较短人员进行培训，重点开展《电力安全工作规程》、设备结构原理、试验标准化等方面培训，以安全技术能力提升降低作业风险。

（9）到岗到位人员应严格履职，对于作业现场关键点、关键作业流程应严格把控，严格落实到岗到位"十必查"，确保不走过场。

## 三、×××光伏电站事故造成人员伤亡事件

### （一）事故简况

××年 6 月 1 日，河南省永城市×××光伏电站发生一起安全事故，造成 1 人死亡、3 人受伤，事故原因是光伏组件起火，引发燃爆。

### （二）事故原因

1. 设备管理不到位

该光伏电站作为一项重点能源工程，其设备技术应处于较为高端的水平。但是，在日常管理中，该电站存在多种问题：设备过于老旧，缺乏必要的维修和更换管理；缺乏完善的安全建设措施，没有定期进行设备安全检查，更没有制定相应的应急预案；员工培训不到位，对常规事故和危险行为的预防和避免意识不强。

2. 光伏电池组件质量不过关

在电站运行中，光伏电池组件质量不过关是导致事故的重要原因之一。据了解，电池组件在装运过程中可能因撞击等造成物理损伤，如果不能及时检查替换组件，则在电站长时间运行中就可能发生磨损、脱落等情况，增加了安全隐患，可能导致事故的发生。电池组件质量低劣是导致光伏电站事故的常见原因之一。

### （三）暴露的问题

1. 设备管理问题

对于能够运作 10 年以上的光伏电站来说，设备的质量和管理都是至关重要的，缺少安全检查、维护和更换管理，可能导致电站设备严重老旧和使用寿命损失。

2. 光伏电池组件问题

目前，光伏电池组件已经被广泛应用于家庭和工业用电领域，光伏电站是使用光伏组件的建筑设施之一，然而，由于其在运行过程中可能遭受多种原因的损害，导致设备老化或完全失效。因此，组件的质量和管理失至关重要的。

### （四）改进要求

（1）加强设备检查和维护管理，制订周期性安全检测和维修计划，定期检查设备状况，及时更换老化设备，保证设备的正常运行。

（2）开发和应用可靠的技术手段，保证系统的安全和稳定性，如光伏分析仪、红外线检测、紫外线诊断等。

（3）建立完善的应急预案，应对各种事故类型，最大限度地减小事故损失。

（4）关注光伏电池组件的使用寿命，要求厂商提供可靠的质量保证，充分了解自己使用和管理指南。

（5）建立完善的供应链管理，确保组件的来源和质量的可追溯性。

（6）定期检查组件质量情况，如检测电源电压、电容、电阻等参数，或通过每月抽查15%左右组件检查其完整性和质量。

# 第九章　光伏电站验收与投运

## 第一节　验收申请及准备工作

### 一、验收申请

具备工程启动验收条件后，施工单位向建设单位送交验收申请报告，建设单位收到验收申请报告后，应根据工程施工合同、验收标准进行审查，确认工程全部符合竣工验收标准。具备了交付使用的条件后，应由建设单位组织，设计、监理、施工、项目所在地有管辖权的电网公司各专业成员、电站运营单位共同对工程项目进行验收。配合验收的成员包括逆变器、变压器、电气二次设备厂技术人员。

（1）施工单位向建设单位发出《竣工验收通知书》。

（2）多个相似光伏发电单元可同时提出验收申请。

（3）由建设单位组织设计、监理、施工及有关方面共同参加，进行验收。

（4）签发《工程竣工验收报告》并办理工程移交。在建设单位验收完毕并确认工程符合竣工标准和合同条款规定要求后，向施工单位签发《竣工验收证明书》。

（5）进行工程质量评定。

（6）办理工程档案资料移交。

（7）办理工程移交手续。

### 二、验收准备工作

#### （一）工程启动验收前完成的准备工作内容

（1）应取得政府有关主管部门批准文件及并网许可文件。

（2）应通过并网工程验收，包括下列内容：

1）涉及电网安全生产管理体系验收。

2）电气主接线系统及场（站）用电系统验收。

3）继电保护、安全自动装置、电力通信、直流系统、光伏电站监控系统等验收。

4）二次系统安全防护验收。

5）对电网安全、稳定运行有直接影响的电厂其他设备及系统验收。

6）单位工程施工完毕，应已通过验收并提交工程验收文档。

7）应完成工程整体自检。

8）调试单位应编制完成启动调试方案并应通过论证。

9）通信系统与电网调度机构连接应正常。

10）电力线路应已经与电网接通，并已通过冲击试验。

11）保护开关动作应正常。

12）保护定值应正确、无误。

13）光伏电站监控系统各项功能应运行正常。

14）并网逆变器应符合并网技术要求。

### （二）工程启动验收主要工作内容

（1）由建设方负责协调成立光伏电站验收小组。

（2）召开验收启动会，具体内容包括：

1）由到场参与验收的各单位人员推选验收小组负责人。

2）召开验收启动会，由验收小组负责人说明验收规定，形成会议纪要。

3）各参与验收单位根据在光伏电站实施过程中的主要工作职责及其履行情况审查工程建设总结报告。

4）按照启动验收方案对光伏发电工程启动进行验收。

5）对验收中发现的缺陷提出处理意见。

6）签发"工程启动验收鉴定书"。

## 第二节　验收标准和验收流程

### 一、验收标准

（1）符合国家、各行业主管部门以及当地行业主管部门颁发的有关法律、法规；施工质量验收规范、规程、质量验收评定标准，环境保护、消防、节能、抗震等有关规定。

（2）满足上级主管部门批准的可行性研究报告、初步设计、调整概算及其他有关设计文件的要求。主要包括：

1）施工图纸、设备技术资料、设计说明书、设计变更单及有关技术文件。

2）由发包单位确认并提供的工程施工图纸，是进行施工质量验收的重要依据。其中，工程设计变更单是施工图纸的补充和修改。

3）满足设备技术说明书的要求，其是设备调试、检验、验收的重要依据。

4）符合工程项目的勘察，设计、施工、监理以及重要设备、材料招标投标文件及其合同。

### 二、验收流程

（1）组成光伏电站验收小组。

（2）召开验收启动会。

（3）组织检查各类基础性文件、资料、报告、证书等。

（4）根据设计要求、设备技术规范书和国家有关标准及要求，检查各类型设备。

（5）现场进行各类型设备检查。

（6）安装工程的检测。

（7）光伏电站系统调试结果与实际情况符合程度的检查。

（8）光伏电站系统电能量计量及通信系统的检查。

# 第三节 光伏发电设备验收

## 一、发电设备验收

发电设备验收应包括对支架安装、光伏组件安装、汇流箱安装、逆变器安装、电气设备安装、防雷与接地安装、线路及电缆安装等分部工程的验收。

## 二、设备资料

设备制造单位提供的产品说明书、试验记录、合格证件、安装图纸、备品备件和专用工具及其清单等应完整齐备。

## 三、设备记录及报告

设备抽检记录和报告、安装调试记录和报告、施工中的关键工序检查签证记录、质量控制、自检验收记录等资料应完整齐备。

## 四、光伏组件安装及布线的验收要求

### （一）光伏组件安装的验收要求

（1）光伏组件安装应按设计图纸进行，连接数量和路径应符合设计要求。

（2）光伏组件的外观及接线盒、连接器不应有损坏现象。

（3）光伏组件间接插件连接应牢固，连接线应进行处理，整齐、美观。

（4）光伏组件安装倾斜角度偏差应符合现行国家标准 GB 50794—2012《光伏电站施工规范》的有关规定。

（5）光伏组件边缘高差应符合 GB 50794—2012 的有关规定。

（6）方阵的绝缘电阻应符合设计要求。

### （二）布线的验收要求

（1）光伏组件串、并联方式应符合设计要求。

（2）光伏组件串标识应符合设计要求。

（3）光伏组件串开路电压和短路电流应符合 GB 50794—2012 的有关规定。

## 五、汇流箱安装的验收要求

（1）箱体安装位置应符合设计图纸要求。

（2）汇流箱标识应齐全。应在显要位置设置铭牌、编号、高压警告标识，不得出现脱落和褪色。

（3）箱体外观完好，无形变、破损迹象。箱门表面标志清晰，无明显划痕、掉漆等现象。

（4）箱体门内侧应有接线示意图，接线处应有明显的规格统一的标识牌，字迹清晰、不褪色。

（5）采用金属箱体的汇流箱应可靠接地。

### 六、逆变器安装的验收要求

（1）设备的外观完好，不得出现损坏和变形；主要零、部件不应有损坏、受潮现象，元器件不应有松动或丢失。

（2）应在显要位置设置铭牌、编号、高压警告标识，不得出现脱落和褪色。

（3）设备的标签内容应符合要求，应标明负载的连接点和极性。

（4）逆变器应可靠接地。

（5）逆变器的交流侧接口处应有绝缘保护。

（6）所有绝缘和开关装置功能应正常。

（7）散热风扇工作应正常。

（8）逆变器通风处理应符合设计要求。

（9）逆变器与基础间连接应牢固可靠。

（10）逆变器悬挂式安装的验收还应符合下列要求：

1）逆变器和支架连接应牢固可靠。

2）安装高度应符合设计要求。

3）水平度应符合设计要求。

### 七、电缆验收要求

（1）光伏组件串、并联方式应符合设计要求。

（2）光伏组件串标识应符合设计要求。

（3）光伏组件串开路电压和短路电流应符合 GB 50794—2012 的规定。

## 第四节　变电（升压）站设备验收

### 一、变压器、电抗器的验收要求

（1）本体、冷却装置及所有附件应无缺陷，且不渗油。

（2）设备上应无遗留杂物。

（3）事故排油设施应完好，消防设施齐全。

（4）本体与附件上的所有阀门位置核对正确。

（5）变压器本体应两点接地。中性点接地引出后，应有两根接地引线与主接地网的不同干线连接，其规格应满足设计要求。

（6）铁芯和夹件的接地引出套管、套管的末屏接地应符合产品技术文件的要求；电流互感器备用二次线圈端子应短接接地；套管顶部结构的接触及密封应符合产品技术文件的要求。

（7）储油柜和充油套管的油位应正常。

（8）分接头的位置应符合运行要求，且指示位置正确。

（9）变压器的相位及绕组的接线组别应符合并列运行要求。

（10）测温装置指示应正确，整定值符合要求。

（11）冷却装置应试运行正常，联动正确；强迫油循环的变压器、电抗器应启动全部冷却装置，循环 4h 以上，并应排完残留空气。

（12）变压器、电抗器的全部电气试验应合格；保护装置整定值应符合规定；操作及联动试验应正确。

（13）局部放电测量前、后本体绝缘油色谱试验比对结果应合格。

## 二、互感器的验收要求

（1）设备外观应完整无缺损。

（2）互感器应无渗漏，油位、气压、密度应符合产品技术文件的要求。

（3）保护间隙的距离应符合设计要求。

（4）油漆应完整，相色应正确。

（5）接地应可靠。

## 三、高压电气设备的验收要求

（1）断路器应固定牢靠，外表应清洁完整；动作性能应符合产品技术文件的要求。

（2）螺栓紧固力矩应达到产品技术文件的要求。

（3）电气连接应可靠且接触良好。

（4）断路器及其操动机构的联动应正常，无卡阻现象；分、合闸指示应正确；辅助开关动作应正确可靠。

（5）密度继电器的报警、闭锁值应符合产品技术文件的要求，电气回路传动应正确。

（6）六氟化硫气体压力、泄漏率和含水量应符合现行国家标准 GB 50150—2016《电气装置安装工程电气设备交接试验标准》及产品技术文件的规定。

（7）瓷套应完整无损，表面应清洁。

（8）所有柜、箱防雨防潮性能应良好,本体电缆防护应良好。

（9）接地应良好，接地标识清楚。

## 四、低压电气设备的验收要求

（1）电器的型号、规格符合设计要求。

（2）电器的外观完好，绝缘器件无裂纹，安装方式符合产品技术文件的要求。

（3）电器安装牢固、平正，符合设计及产品技术文件的要求。

（4）电器金属外壳、金属安装支架接地可靠。

（5）电器的接线端子连接正确、牢固，拧紧力矩值应符合产品技术文件的要求，且符合相关规定；连接线排列整齐、美观。

（6）绝缘电阻值符合产品技术文件的要求。

（7）活动部件动作灵活、可靠，联锁传动装置动作正确。

（8）标志齐全完好、字迹清晰。

### 五、盘、柜及二次回路接线的验收要求

（1）盘、柜的固定及接地应可靠，盘、柜漆层应完好、清洁整齐、标识规范。

（2）盘、柜内所装电器元件应齐全完好，安装位置应正确，固定应牢固。

（3）所有二次回路接线应正确，连接应可靠，标识应齐全清晰，二次回路的电源回路绝缘应符合相关规定。

（4）手车或抽屉式开关推入或拉出时应灵活，机械闭锁应可靠，照明装置应完好。

（5）用于热带地区的盘、柜应具有防潮、抗霉和耐热性能，应按现行行业标准 JB/T 4159—2013《热带电工产品通用技术要求》的有关规定验收合格。

（6）盘、柜孔洞及电缆管应封堵严密，可能结冰的地区还应采取防止电缆管内积水结冰的措施。

（7）备品备件及专用工具等应移交齐全。

### 六、光伏电站监控系统安装的验收要求

（1）线路敷设路径相关资料应完整齐备。

（2）布放线缆的规格、型号和位置应符合设计要求，线缆排列应整齐美观，外皮无损伤；绑扎后的电缆应互相紧密靠拢，外观平直整齐，线扣间距均匀、松紧适度。

（3）信号传输线和电源电缆应分离布放，可靠接地。

（4）传感器、变送器安装位置应能真实地反映被测量值，不应受其他因素的影响。

（5）监控软件功能应满足设计要求。

（6）监控软件应支持标准接口，接口的通信协议应满足建立上一级监控系统的需要及调度的要求。

（7）监控系统的任何故障不应影响被监控设备的正常工作。

### 七、计量点规定

检查计量点装设的电能计量装置，计量装置配置应符合现行行业标准 DL/T 448—2016《电能计量装置技术管理规程》的有关规定。

### 八、防雷与接地安装的验收要求

（1）光伏方阵过电压保护与接地的验收应依据设计的要求。

1）接地网的埋设和材料规格型号应符合设计要求。

2）连接处焊接应牢固，接地网引出应符合设计要求。

3）接地网接地电阻应符合设计要求。

（2）建筑物的防雷与接地安装的验收应符合现行国家标准 GB 50057—2010《建筑物防雷设计规范》的有关规定。

### 九、安全防范工程的验收要求

（1）系统的主要功能和技术性能指标应符合设计要求。

（2）系统配置，包括设备数量、型号及安装部位，应符合设计要求。

（3）消防器材应按规定品种和数量摆放齐备。

（4）安全出口标志灯和火灾应急照明灯具应符合现行国家标准 GB 13495—1992《消防安全标志》和 GB 17945—2010《消防应急照明和疏散指示系统》的有关规定。

# 第五节　光伏电站投运

## 一、电站验收申请

工程启动验收完成并具备工程试运和移交生产验收条件后，施工单位应及时向建设单位提出工程试运和移交生产验收申请。

## 二、工程试运和移交生产验收组的组成及主要职责

（1）工程试运和移交生产验收组应由建设单位组建，由建设、监理、调试、生产运行、设计等有关单位组成。

（2）工程试运和移交生产验收组主要职责应包括下列内容：

1）应组织建设单位、调试单位、监理单位、生产运行单位编制工程试运大纲。

2）应审议施工单位的试运准备情况，核查工程试运大纲。全面负责试运的现场指挥和具体协调工作。

3）应主持工程试运和移交生产验收交接工作。

4）应审查工程移交生产条件，对遗留问题责成有关单位限期处理。

## 三、工程试运和移交生产验收应具备条件

（1）光伏发电工程单位工程和启动验收应均已合格，并且工程试运大纲经试运和移交生产验收组批准。

（2）与公共电网连接处的电能质量应符合有关现行国家标准的要求。

（3）设备及系统调试，宜在天气晴朗，太阳辐射强度不低于 $400W/m^2$ 的条件下进行。

（4）生产区内的所有安全防护设施应已验收合格。

（5）运行维护和操作规程管理维护文档应完整齐备。

（6）光伏发电工程经调试后，从工程启动开始无故障连续并网运行时间不应少于光伏组件接收总辐射量累计达 $60kWh/m^2$ 的时间。

（7）光伏发电工程主要设备光伏组件、并网逆变器和变压器等各项试验应全部完成且合格，记录齐全完整。

（8）生产准备工作应已完成。

（9）运行人员应取得上岗资格。

## 四、工程试运和移交生产验收主要工作内容

（1）应审查工程设计、施工、设备调试、生产准备、监理、质量监督等总结报告。

（2）应检查工程投入试运行的安全保护设施的措施是否完善。

（3）应检查监控和数据采集系统是否达到设计要求。

（4）应检查光伏组件面接收总辐射量累计达 $60kWh/m^2$ 的时间内无故障连续并网运行记录是否完备。

（5）应检查光伏方阵电气性能、系统效率等是否符合设计要求。

（6）应检查并网逆变器、光伏方阵各项性能指标是否达到设计的要求。

（7）应检查工程启动验收中发现的问题是否整改完成。

（8）工程试运过程中发现的问题应责成有关单位限期整改完成。

（9）应确定工程移交生产期限。

（10）应对生产单位提出运行管理要求与建议。

（11）应签发工程试运和移交生产验收鉴定书。

# 附录 并网验收项目清单

并网验收项目清单见附表1~附表5。

附表1                                            涉网电气设备

| 序号 | 内容 | 检查方法 |
|------|------|----------|
| 1 | 光伏电站应按照核准备案文件完成全部逆变器、光伏整列的建设 | 现场检查发电装机容量 |
| 2 | 光伏逆变器、无功补偿设备应具有高、低电压穿越能力，高、低电压穿越能力满足国家相关标准的要求 | 查阅光伏逆变器及无功设备高、低电压穿越能力技术资料，制造方提供的同型号型式试验报告 |
| 3 | 光伏逆变器应具有耐频能力，耐频能力满足国家相关标准的要求 | 查阅光伏逆变器耐频技术资料，制造方提供同型号耐频能力型式试验报告 |
| 4 | 光伏逆变器电能质量应满足规程要求（闪变、谐波等在规定的范围内） | 光伏逆变器电能质量测试报告 |
| 5 | 光伏逆变器的电压、频率、三相不平衡等涉网参数定值单齐全 | 查阅设备厂家提供的设备参数定值单 |
| 6 | 光伏电站无功容量配置和无功补偿装置（含滤波装置）选型配置应符合接入系统审查意见，其响应能力、控制策略应满足电力系运行需求，无功补偿装置应无缺陷，出厂试验结果合格 | 查阅设计资料和相关资料，无功补偿 装置配置原则及配置容量是否满足要求，检查无功补偿装置出厂试验报告，查阅交接试验报告。检查无功补偿装置控制功能及控制参数，检查静态调试报告、功能及控制策略说明 |
| 7 | 主变压器交接试验项目齐全，试验结果合格。光伏电站主变压器气体色谱分析应按规定进行测试，其数据和产气率结果不应超过注意值，110kV及以上变压器电气试验应合格 | 查阅试验报告和现场记录 |
| 8 | 变压器油温度计及远方测量装置应准确、齐全，测温装置应有校验报告，变压器各部位不应有渗漏油现象 | 查阅现场记录、温度计校验报告，现场检查 |
| 9 | 光伏电站高压断路器、隔离开关试验项目应齐全，试验结果合格，涉网高压断路器遮断容量，分、合闸时间，继电保护配置应满足要求，并按规定校核。查阅断路器文档资料及年度时间，继电保护装置文档资料等 | 查阅电气预防性试验报告或交接试验报告，查阅断路器文档资料及短路容量校核计算书、继电保护装置文档资料等 |
| 10 | 应进行变电站接地网电气完整性试验，即测试连接于同一接地网的各相设备接地线之间的电气导通情况，应进行变电站接地电阻导通测试 | 查阅试验记录，现场检查 |
| 11 | 具备可靠的事故照明，重要场所应具备事故照明切换功能 | 查阅有关图纸资料，现场检查 |
| 12 | 新扩建的发变电工程，防误闭锁装置应与主设备同时投运，并有相应的管理制度 | 查阅试验报告、规程制度、现场检查 |
| 13 | 成套高压开关柜"五防"功能应齐全，性能应良好 | 查阅试验报告及厂家资料，现场检查 |
| 14 | 集电系统电缆终端应满足电缆终端交流耐 压和雷电冲击耐压水平 | 查阅试验报告及厂家资料，现场检查 |

附表 2　　　　　　　　　　　　　　　调度自动化系统

| 序号 | 内容 | 检查方法 |
|---|---|---|
| 系统部署 | | |
| 1 | 配置计算机监控系统,接入数据网关交换机的信息应满足电力调度机构的需要,应具备完整的技术资料及远动信息参数表等 | 查阅远动系统信息表,现场检查相关设备,数据网关交换机按双主模式配置,应支持 8 个以上主站同时双链路采集,服务器、操作员站等设备应放于机柜内,做好散热措施。服务器、操作员站、调度数据交换机应使用双电源模块。电源插座应使用 PDU 专用插座,插头应牢固。连接网线及水晶头应具有屏蔽功能。屏柜及设备应有良好接地 |
| 2 | 配置有功功率控制系统,控制调节能力满足电网运行要求及调度要求 | 检查现场有功功率控制系统的后台界面,检查其是否与调度正常通信 |
| 3 | 配置无功电压控制系统（AVC）,控制调节能力应满足电网运行要求及电力调度机构要求 | 检查现场无功电压控制系统的后台界面,检查其是否与调度机构正常通信 |
| 4 | 配置功率预测系统,场站应具备向电力调度机构上报功率预测曲线的条件 | 查阅功率预测系统技术资料,检查是否与调度机构正常连接,是否已具备向电力系统调度机构上报功率预测的功能 |
| 5 | 光伏电站应配置光辐照度仪,并按调度机构规定实时上报光伏电站光资源监测数据 | 检查该系统的本地功能和性能是否满足标准要求,检查与调度机构通信是否正常 |
| 6 | 配置相量测量系统（PMU）,PMU 应将场站出线端电压、电流信号,主变压器高低压侧电压、电流信号,每条汇集线的电流,无功补偿装置的电压、电流接入 PMU 装置,并进行数据采集和存储 | 检查 PMU 装置的配置情况,配置双数据集中器,检查 PMU 装置的信号接入情况,检查 PMU 装置的数据存储功能（本地存储不小于 14 天） |
| 7 | 配置计量表计和双套电量信息采集设备 | 检查各关口点、并网点表计配置情况,电量采集终端配置情况和运行情况 |
| 8 | 配置调度数据网、二次安全防护设备 | 现场检查调度数据网、二次安全防护设备运行情况及配置,现场查看业务接入情况,检查设备配置情况 |
| 9 | 配置北斗Ⅱ代、GPS 双卫星时间同步系统及卫星时钟同步实时监测测系统 | 检查设备配置及出厂试验报告,检查卫星时钟同步实时监测系统对时钟状态、时钟时间精度、继电保护、测控、故障录波、PMU、监控系统进行正确监测,卫星时钟需要使用北斗Ⅱ代和 GPS 双信号 |
| 10 | 配置 UPS 电源系统 | 检查 UPS 设备配置情况,检查 UPS 的出厂试验报告及容量,检查 UPS 输出回路,负载分配是否合理 |
| 11 | 主控室控制系统应能实现对全站网络拓扑图的监视,正确显示设备运行基础数据和实时数据信息。及时、准确地显示控制界面,并记录各设备异常报警信息及继电保护动作信息等 | 现场检查是否已具备相关监视的控制界面和功能 |
| 12 | 配置电能质量在线监测装置 | 检查电能质量检测装置的出厂试验报告,检查电能质量接线情况 |
| 13 | 光伏电站远动装置是否为双机运行,调度数据网是否按照双套网络设备分别接入调度机构,远动装置、PMU 装置上送数据是否正常,时钟对时装置运行是否正常,电站是否统一对时。UPS 电源运行是否正常,容量使用是否满足要求,接入方式是否正确。安全防护设备配置是否满足规定要求,防护方案是否与现场实际一致。隔离装置是否完成加固升级,程序版本是否为最新。主机、数据库、网络和安全防护设备是否按照要求完成加固。终端防护设备是否部署完成,电站本地是否可以实时监控。等级保护测评及安全风险评估是否完成。涉网部分主机、网络和安全防护设备是否全部接入网络安全监测装置,告警事件是否正常上送调度机构,白名单配置是否合理。电站本地是否可以实时监控,网络安全监测装置遥信信号是否接入监控系统,是否正常上送调度机构,主机类设备是否存在高危以上漏洞 | 现场检查 |

续表

| 序号 | 内容 | 检查方法 |
|---|---|---|
| | 网络设备及专用安全防护设备 | |
| 14 | 电站通信设备是否满足 $N-1$ 安全运行要求，光通信通道是否从不同的电缆沟道分设 | 现场检查 |
| 15 | 防火墙、加密装置、隔离装置、内网监测、网络设备等访问控制设备应能根据会话状态信息为数据流提供明确的允许/拒绝访问的能力，控制粒度为端口级（包括 IP 和服务端口） | 现场检查 |
| 16 | 防火墙、网络设备是否在会话处于非活跃一定时间或会话结束后终止网络连接，包括登录超时（console、远程登录）、登录失败策略 | 现场检查 |
| 17 | 防火墙、网络设备、隔离装置检查重要网段是否采取技术手段防止地址欺骗（IP-MAC 绑定） | 现场检查 |
| 18 | 防火墙、网络设备、隔离装置、内网监测装置是否对登录网络设备的用户进行身份认证，防火墙、网络设备、隔离装置、内网监测装置、网络设备是否实现设备特权用户的权限分离设置三权分立 | 现场检查 |
| 19 | 电力监控系统是否部署内网安全监测装置，电力网安全监测装置监控对象是否接入完整 | 查看机房是否部署设备内网安全监测装置，登录查看内网安全监测装置接入情况 |
| 20 | 防火墙、网络设备、隔离装置、电力系统内网监测装置身份认证信息应不易被冒用，口令复杂度应满足要求并定期更换，应修改默认用户和口令，不得使用缺弱口令，口令长度不得小于 8 位，且为字母、数字或特殊字符的混合组合，用户名和口令不得相同，禁止明文存储口令。网络设备是否采用安全的远程管理方式，网络设备是否关闭不需要的网络端口和服务，如需使用 SNMP 服务，应采用安全性增强版本，并应设定复杂的 Community 控制字段，禁止使用 Public、Private 等默认字，检查网络设备的管理员登录地址和端口是否进行限制 | 现场检查 |
| 21 | 是否根据所涉及信息的重要程度，划分不同的子网或网段，并按照方便管理和控制的原则为各子网、网段分配地址段 | 查看 IP 地址表 |
| 22 | 网络设备是否修改 banner 信息 | 现场检查 |
| | 主机安全 | |
| 23 | 操作系统和数据库系统管理用户口令是否满足要求并定期更换，口令长度不得小于 8 位，且为字母、数字或特殊字符的混合组合，用户名和口令不得相同，禁止明文存储口令。操作系统是否启用登录失败处理功能，可采取结束会话、限制非法登录次数和自动退出等措施，应限制同一用户连续失败登录次数 | 现场检查 |
| 24 | 操作系统是否启用访问控制功能，依据安全策略控制用户对资源的访问（控制目录和文件访问权限）。是否限制账户的访问权限，重命名系统默认账户，及时删除多余的、调试用及过期的账户，避免共享账户的存在 | 现场检查 |
| 25 | 操作系统审计功能是否开启，查看操作系统关键日志，查看日志保存周期是否为 6 个月 | 现场检查 |
| 26 | 本机是否安装防恶意代码软件，并及时更新防恶意代码软件版本和恶意代码库 | 现场检查 |

续表

| 序号 | 内容 | 检查方法 |
|---|---|---|
| 27 | 主机是否通过设定终端接入方式、网络地址范围等条件限制终端登录。检查主机是否根据安全策略设置登录终端的操作超时锁定。检查主机是否根据需要限制单个用户对系统资源的最大或最小使用限度，是否禁用 ssh 在 root 账户远程登录 | 现场检查 |
| 28 | 关闭或拆除主机的软盘驱动、光盘驱动、USB 接口、串行口等。遵循最小安装原则，卸载与生产业务工作无关的软件 | 现场检查 |
| 29 | 操作系统应遵循最小安装的原则，仅安装必要的组件和应用程序 | 现场检查 |
| 30 | 合理设置主机路由，按业务需求明细配置路由，避免使用默认路由 | 现场检查 |
| 数据库 | | |
| 31 | 操作系统和数据库系统管理用户口令是否满足要求，口令长度不得小于 8 位，且为字母、数字或特殊字符的混合组合，用户名和口令不得相同，禁止明文存储口令。操作系统是否启用登录失败处理功能，可采取结束会话、限制非法登录次数和自动退出等措施，应限制同一用户连续失败登录次数 | 现场检查 |
| 32 | 数据库系统账户是否实现权限分离，数据库是否限制账户的访问权限，重命名系统默认账户，及时删除多余的、过期的账户，避免共享账户的存在 | 现场检查 |
| 33 | 数据库是否开启审计功能 | 现场检查 |
| 34 | 数据库系统是否设定了终端接入方式、网络地址范围等条件限制终端登录。数据库是否根据安全策略设置登录终端的操作超时锁定。数据库根据需要限制单个用户对系统资源的最大或最小使用限度 | 现场检查 |
| 应用系统 | | |
| 35 | 操作系统和数据库系统管理用户口令是否满足要求并定期更换，口令长度不得小于 8 位，且为字母、数字或特殊字符的混合组合，用户名和口令不得相同，禁止明文存储口令。操作系统是否启用登录失败处理功能，可采取结束会话、限制 非法登录次数和自动退出等措施，应限制同一用户连续失败登录次数 | 查看系统参数配置 |
| 36 | 应用系统账户是否实现权限分离，应用系统是否限制账户的访问权限，重命名系统默认账户，及时删除多余的、调试用及过期的账户，避免共享账户的存在。 | 查看系统用户权限设置 |
| 37 | 应用系统是否能够对系统的最大会话连接数进行限制，应用系统是否能够对单个账户的多重会话进行限制。应用系统是否能够对一个时间段内可能的会话连接数进行限制 | 查看系统参数配置 |
| 网络拓扑图及安全防护方案 | | |
| 38 | 网络拓扑图与现场网络架构是否符合 | 现场核查 |
| 39 | 安全防护方案内容是否有问题，内容包括设备 IP 地址、设备型号、网络拓扑图、网络架构描述等 | 查看安全防护方案 |
| 物理安全 | | |
| 40 | 是否配备火灾自动报警系统，是否配置自动灭火装置 | 查看机房房顶有无烟感检测，门口的报警系统，检查机房有无自动灭火装置 |

续表

| 序号 | 内容 | 检查方法 |
|---|---|---|
| 41 | 机房是否采取措施防止雨水通过机房窗户、屋顶和墙壁渗透。是否具有防水报警装置 | 查看机房窗户、屋顶和墙壁有没有水痕迹。检查机房有没有防水报警装置 |
| 42 | 是否配备温湿度自动调节设施和监控设备 | 检查机房有没有配置控制湿度和温度的空调或者温湿度的检测装置 |
| 43 | 机房是否配备门禁系统 | 查看机房门有没有安装门禁系统 |
| 44 | 动力电缆和通信电缆是否隔离铺设 | 查看沟槽的动力电缆和通信电缆有没有隔离铺设 |
| 45 | 计算机供电线路上是否配置稳压器和过电压防护设备，检查是否配备冗余UPS电源，是否为双路供电 | 查看UPS装置 |
| 46 | UPS负载是否满足35%以下，检查是否有UPS巡检记录 | 查看UPS装置，查看现场记录单 |
| 47 | 机房建筑应设置避雷装置，应设置防雷保安器，防止感应雷，机房应设置交流电源地线 | 查看机房屋顶有没有安装避雷针，查看配电柜，查看机房接地线 |

### 附表3　　　　　　　　继电保护及安全自动装置

| 序号 | 内容 | 检查方法 |
|---|---|---|
| 1 | 应有交完整的、符合工程实际的竣工图纸，并符合相关规程规范要求 | 查有关图纸资料，现场检查 |
| 2 | 电站二次室屏柜安装牢固，屏柜门开关灵活、上锁方便，屏门接地不小于4mm²多股铜线，并与屏体可靠连接。保护屏上连接片、按钮、把手等元件安装牢固、端正、合理，保护屏配置空气开关大小负荷规程要求 | 现场检查 |
| 3 | 电站用于继电保护和控制回路的二次电缆应使用铠装屏蔽铜芯电缆，二次电缆端头应可靠封装。保护用控制电缆和电力电缆不应同层敷设。控制电缆无损伤，绝缘层与铠甲应完好无破损，电缆应固定良好。屏柜内回路电缆、光缆、网线等接线在柜门关闭状态下无受力挤压等影响安全的情况，配线应整齐、清晰 | 现场检查 |
| 4 | 电站主控室、户外电缆沟应敷设二次等电位接地平台，连接应符合反措要求 | 现场检查 |
| 5 | 电站二次回路连接导线的截面积应符合下列要求：对于强电回路，控制电缆或绝缘导线的芯线截面面积不应小于1.5mm²，屏柜内导线的芯线截面面积不应小于1.0mm²，对于弱电回路，芯线截面面积不应小于0.5mm²，电流回路的电缆芯线，其截面面积不应小于2.5mm²，电流回路和电压回路线号标识应清楚，两端相对应，电流二次回路不应开路，电压二次回路不应短路接地 | 现场检查 |
| 6 | 电源联络线应配置光纤差动保护，两侧保护装置型号一致，软件版本一致。保护通道调试合格，通道设备参数、通道时延等试验数据齐全 | 现场检查 |
| 7 | 电站配置的故障解列装置或者防孤岛保护装置功能应齐全，策略应正确，并与高低穿相配合，并经过调试验证，具备实验报告，应与一次设备同步投入运行 | 装置说明书、定值单，现场检查 |
| 8 | 电站所有继电保护及安全自动装置应经过有资质的试验单位进行逻辑调试、断路器传动、电流互感器极性升流试验，二次加压试验，并附有效公章的实验报告 | 查阅试验报告，现场抽查 |
| 9 | 保护装置连接片符合要求：出口连接片采用红色，功能连接片采用黄色，检修连接片采用绿色，备用连接片采用浅驼色，备用连接片应拆除 | 现场检查 |

续表

| 序号 | 内容 | 检查方法 |
|---|---|---|
| 10 | 光缆敷设应与动力电缆有效隔离，电缆沟内光缆敷设应穿管或经槽盒保护并分段固定。铠装光缆敷设弯曲半径不应小于缆径的 25 倍，室内软光缆（尾纤）弯曲半径静态下不应小于缆径的 10 倍，动态下不应小于缆径的 20 倍。熔纤盘内接续光纤单端盘留量不少于 500mm，弯曲半径不小于 30mm | 现场检查 |
| 11 | 屏（柜）内尾纤应留有一定裕度，多余部分不应直接塞入线槽，应采用盘绕方式用软质材料固定，松紧适度且弯曲直径不应小于 10cm。尾纤施放不应转接或延长，应有防止外力伤害的措施，不应与电缆共同绑扎，不应存在弯折、窝折现象，尾纤表皮应完好无损 | 现场检查 |
| 12 | 保护用网线应采用带屏蔽的网线，网线水晶头与装置网口的连接应牢固可靠，网线的连接应完整且预留一定长度，不得承受较大外力挤压或牵引 | 现场检查 |
| 13 | 电站汇集线路和汇集母线保护应满足涉网安全运行与故障快速切除要求，汇集线路应综合考虑系统可靠性、保护灵敏度及短路电流状态，选择合理的中性点接地方式，实现集电系统接地故障的可靠快速切除 | 查阅有关图纸资料，现场检查 |
| 14 | 配置故障录波系统、继电保护及故障信息管理系统，故障录波系统应将光伏电站出线端电压、电流信号，主变压器高、低压侧电压电流信号，无功补偿装置的电压、电流信号接入故障录波器，并进行数据采集和存储 | 检查故障录波器、继电保护及故障信息子站的配置情况，检查故障录波装置的信号量接入及命名情况，检查故障录波器的参数配置和故障数据的调阅功能 |
| 15 | 具备继电保护及安全自动装置现场运行规程，包括继电保护配置、连接片名称及投退说明、装置故障处理方法等 | 查阅现场运行规程 |
| 16 | 继电保护及安全自动装置的最新定值单及执行情况，继电保护设备投运前安装调试单位与运行单位双方核对无误后打印的定值上签字，该定值报告将存档保存。已执行的保护定值通知单，应有安装调试单位及运行单位的签字 | 查阅现场资料 |
| 17 | 光伏电站设备的继电保护及安全自动装置应按规定配置齐全，所有继电保护装置、故障录波、继电保护及故障信息管理系统应与相关一次设备具备投入运行条件 | 查阅继电保护及安全自动装置有关资料和配置图（表），对照现场实际设备核实 |
| 18 | 两套相互独立的电气量保护装置直流电源应由不同的母线段供电，两组跳间线圈的断路器直流电源应由不同的控制电源母线段供电 | 现场检查 |
| 19 | 电流互感器及电压互感器的二次回路必须分别有且只能有一点接地 | 现场检查核实 |
| 20 | 继电保护整定计算书或定值单的审批手续需完备，依据电网短路容量的变化进行校核或修订 | 查阅整定计算书、继电保护及安全自动装置定值单 |
| 21 | 直流母线电压应保持在规定的范围内，直流系统绝缘监察装置运行工况应正常，直流空气开关应有极差配置图，并应具备直流开关极差试验报告 | 查阅试验报告或记录，现场检查 |
| 22 | 强电和弱电回路、交流和直流回路、电流和电压回路、不同交流电压回路，以及来自电压互感器二次绕组 4 根引入线和电压互感器开口三角绕组的 2 根引入线均应使用各自独立的电缆 | 查阅有关图纸资料，现场检查 |

续表

| 序号 | 内容 | 检查方法 |
|---|---|---|
| 23 | 保护装置、二次回路及相关的屏柜、箱体、接线盒、元器件、端子排、连接片、交流直流空气开关和熔断器应设置恰当的标识，方便辨识和运行维护，标识应打印，字迹应清晰、工整，且不易脱色 | 现场检查 |
| 24 | 建立完善的继电保护技术监督体系，制定各级岗位技术监督责任制 | 查阅有关规章制度 |

**附表4　　　　　　　　　　计量装置**

| 序号 | 内容 | 检查方法 |
|---|---|---|
| 1 | 关口电能表、计量用电流互感器、计量用电压互感器、计量二次回路、计量柜（屏）、试验接线盒 | 资料检查 |
| 2 | 电能表配置原则：型号、规格（电流、电压）、准确度等级 | 查阅接入方案、现场检查 |
| 3 | 电能表：检定证书或检定合格证 | 资料检查 |
| 4 | 计量用电流及电压互感器配置：准确度等级、变比、电压等级 | 查阅接入方案、现场检查 |
| 5 | 计量用电流及电压互感器：检定证书或检定合格证 | 资料检查 |
| 6 | 计量二次回路配置：计量绕组（专用）、导线截面积、导线长度、导线线色、导线标识 | 现场检查 |
| 7 | 计量二次回路：回路检查、工艺要求 | 现场检查 |
| 8 | 终端配置：下行通信、上行通信、网络安全 | 现场检查 |
| 9 | 试验接线盒三种接线功能：带电换表、现场校表、现场试验 | 现场检查 |
| 10 | 计量柜（屏）：电能表、终端、试验接线盒应满足安装条件 | 现场检查 |

**附表5　　　　　　　　　　通信装置**

| 序号 | 内容 | 检查方法 |
|---|---|---|
| 1 | OPGW/ADSS 光缆或通信普通光缆的全程测试资料 | 资料检查 |
| 2 | OPGW/ADSS 光缆施工工艺检查，包括余缆长度、盘放质量、"三点"接地情况、标示标牌情况 | 查阅接入方案、现场检查 |
| 3 | 光缆熔接盒、光纤盒状况外观及机械部分检查 | 资料检查 |
| 4 | 机柜、电缆孔洞的防火措施 | 查阅接入方案、现场检查 |
| 5 | 通信设备及机柜防雷接地情况 | 资料检查 |
| 6 | 光传输设备应无告警，两路-48V 输入来自不同通信电源的直流端子或配电屏的不同母线出线端子，收发光功率在设计要求范围内 | 现场检查 |